行銷計畫與策略個案研究

Marketing Planning & Strategy

Subhash C. Jain◎著
李茂興◎譯

序

在這個競爭全球化、科技日新月異、消費需求不斷翻新、人口狀況快速變化的時代裡，企業如果要生存、乃至持續茁壯，策略性行銷技巧的發展已屬不可或缺。由於獨特的策略性行銷手法通常難以被競爭對手識破，模仿起來也是曠日廢時且困難重重，因此注重行銷策略通常可以創造對手難以匹敵的優勢。

本書《行銷計畫與策略個案研究》內容豐富且包羅萬象，涵蓋策略環境中的各種行銷課題。

今日，許多公司都同樣面臨了必須確認與瞭解周遭未開發市場的挑戰。而成功的關鍵，則在於是否有能力察覺並瞭解這些市場的微妙性與變動性──亦即其複雜性。本書希望能夠盡力呈現這些複雜性，以便學生能夠確切地瞭解這些現實的複雜面貌。

本書對於行銷策略的形成提供了一些新的概念、新的洞察、以及可靠的觀點。這些重點包括：

◇判斷何種行銷策略可以真正為企業達成目標。
◇判斷企業何時需要重新研擬行銷策略。
◇區辨行銷策略與行銷管理。
◇確認發展行銷策略時應考慮的基本因素。
◇分析組織與評估優劣勢。
◇檢視引導世人重視行銷策略的美國社會與企業環境的基本變化。
◇發展可以促進行銷努力的任務聲明。
◇設定實際的行銷目標。
◇判斷事業單位中不同產品的角色。
◇在策略決策與資源配置中運用組合技術。
◇成功的策略執行方式。

◇蒐集資訊、進行策略分析、以及形成策略的最新技術。

近年來，爲了描述行銷在策略發展中的角色，出現了一個新的名詞── 策略性行銷。面對行銷，我們可以有三種角度：行銷管理、行銷策略或策略性行銷、以及組織行銷。行銷管理處理策略的執行，通常處於產品與市場或品牌的層次。策略性行銷的焦點在於策略的形成，而組織行銷的重點則在於組織的整體策略。

策略一般被定位在事業單位的層次。事業單位之策略的重心在於行銷策略，而這也是事業單位其他功能的策略基礎。而所有功能策略的整合，就是事業單位策略。本書由事業單位的角度出發，將焦點放在行銷研究。書中所探討的原則與概念適用於各式各樣的組織：生產業與服務業、營利與非營利事業、本土與外國企業、中小企業與大型企業、低技術性與高科技、消費性與工業性產業。本書在方法上屬於分析性，在取向上則屬於管理性。

S C J

Storrs, Connecticut

目錄

個案 3. 傑士先生時尚公司 43

個案 4. Arctic Power 61

個案 5. Kortec and Wrenware 建材公司 81

個案1 吉列公司

刮鬍刀科技
競爭情勢
企業文化
刮鬍子的心理性質
新區隔
產品改善
第三世界國家的機會
吉列公司的其他產品
吉列的策略

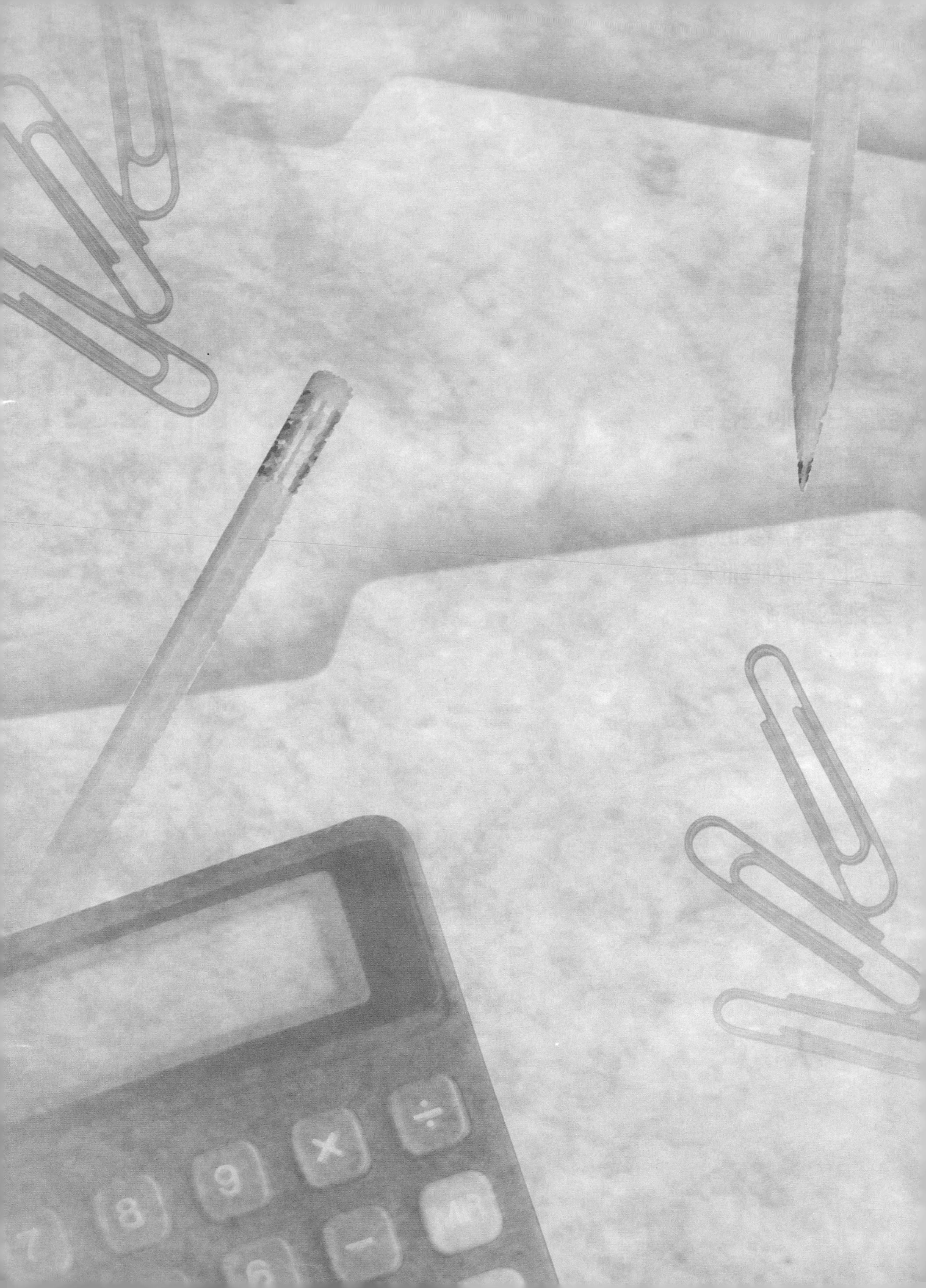

1986年的春天，吉列公司（Gillette）刮鬍刀部門的行銷副總Joseph A. Marino思考著業務的前景。由於具有24億元的銷售額，吉列公司是世界上最大的刀片及刮鬍刀製造商，且聲稱在銷售量7億的美國刮鬍刀市場中佔有率達到62%。

刮鬍刀的成長已經逐漸減緩，然而，競爭者對於吉列的績效產生一些衝擊。在過去三年中（1982-1985）收益增加3%，在1985年獲利只增加約1%而成爲1.6億美元。吉列必須持續穩定地製造新的刮鬍刀以維持其在美國市場的競爭地位。

令人頭痛的是便宜的拋棄式刮鬍刀——在十二年前還未出現——現在佔有美國市場銷售量的一半以上。這個數字還在不斷的上升中，而即使吉列爲這個市場的領導者，較便宜的刮鬍刀代表較低的獲利。對於一個銷售量三分之一以及收益三分之二來自刀片和刮鬍刀的公司而言，這是一個壞消息。同時，佔公司銷售量57%以及61%獲利的海外事業也是公司心中的痛。雖然弱勢美元可望提昇吉列海外獲利，但這僅在短期之中會有幫助。外國的刀片及刮鬍刀市場也達到的成熟的階段。

刮鬍刀科技

由1903年熱情的發明家King C. Gillette推出第一款安全刮鬍刀開始，男士們在刮鬍子上已經習慣了持續且廣泛宣傳的進步。該公司在刮鬍子的研究與發展上一年花費超過2,000萬美元。藉由最先進的科學儀器之協助，二百名員工鑽研冶金科技並進行生化研究。他們讓鬍子保養以及刮鬍子變成一種十分安全的程序。

每天都有一萬名男士爲吉列仔細把他們刮鬍子的結果記錄在資料處理卡上，這些資料包含他們正確的傷口數目。這些男士中的五百位是在用雙面鏡以及錄影機觀察之仔細控制與監控的環境下，在三十二個工廠的特別小房間中刮鬍子。在某些情況下，刮掉的鬍子會收集、秤重並測量。測試的結果會輸入電腦並經過複雜的統計系統分析處理。

例如，吉列的科學家瞭解一位男士的鬍子每天成長的速度平均爲千分之十五英吋，或每年5.5英吋；這些鬍子涵蓋臉的大小爲三分之一平方英尺，並有15,500根的毛髮；刮鬍子每天刮掉65毫克的毛髮，每十六年會達到一磅；平均一個男士一生中會花掉3,350個小時由他的臉上刮掉27.5英尺長的鬍子。

偶爾，其他公司會獲得科技上的突破。在1960年代早期，由Wilkinson Sword of Great Britain發展出來的新型、使用壽命較長的鋼製刀片，在短時間奪取了吉列碳鋼超級藍色刀片很大的市場。然而吉列，如其慣用手法，很快推出自己壽命較長的樣式並重新奪回大部分的市場。

爲了要完全瞭解吉列的研發進展，我們必須要拜訪其位於波士頓南區的研究機構。在那裡展示的是由電子顯微鏡掃瞄放大五萬倍的放射掃瞄照片。這些照片顯示出吉列以及部分競爭者刮鬍刀鋒的極小區域── 萬分之一英吋。競爭者的刮鬍刀鋒看起來凹凸不平而成鋸齒狀。吉列的刮鬍刀鋒雖然不完全像Iowa州的農田一般平坦，但類似Connecticut州的平緩小山丘。吉列較不可怕的地形原因是新發明的「微平滑」程序，使用超音波構成之氫化鋁分子所製造的刮鬍刀，能有較平滑的刀鋒。

競爭情勢

在那個國家中可能沒有一家公司可以像吉列一般如此長久主宰一個消費市場。大部分焦點集中於其24億美元的年銷售量（1985年的數字），該公司控制超過62%的刮鬍刀市場。電動刮鬍刀一開始似乎對吉列的濕式刮鬍產品產生很大的挑戰。但是在今天，它們只佔市場的四分之一，大部分的使用者只偶爾會用電動刮鬍刀刮鬍子。事實上，由於濕式刮鬍刀持續的進展以及電動產品無法舒服地把鬍子刮乾淨，電動刮鬍刀的使用開始逐漸下滑。吉列的少數競爭者，例如，舒適（Schick）（佔市場22%）、American Safety Razor、以及Wilkinson之業務已經減少到主要在製造廉價的複製品以及吉列刮鬍刀的補充刀片。

在競爭對手調整自身刮鬍刀系統的同時，吉列推出另一項新產品。1971年公司推出Trac II，這是一種在一個千分之六十英吋大小匣中分別放置兩片平行刀片的刮鬍刀。吉列說這個觀念來自於一種由研發人員在慢動作微攝影技術中所發現的磁滯現象（hysteresis）。在刮鬍刀刮著鬍子的時候，鬍子會稍微由毛囊中拉出來。前後排列的第二片刀片可以在鬍子縮回毛囊之前進行第二次較接近的刮鬍子動作，而能夠刮得更乾淨。在1977年研發支出超過800萬美元後，吉列的擁有匣式的雙刀片且可以沿著面頰曲線轉動的Atra銷售量大幅上升。吉列說其測試顯示雙刀片的Trac II接觸面頰的時間平均爲77%，而Atra的數字提昇爲89%。

價值7.95美元的Atra刮鬍刀展現吉列科技、工程與設計極致。重量只有1.5盎司，這是一款用鋁漂亮包裝的豪華、精緻機器。補充刀片零售價格爲56分錢。Atra也有較昂貴的禮品款式：一款有著玫瑰木鍍金把手（19.95美元）；另一款由Reed與

Barton設計，有著銀色的手把的仿古刮鬍刀（49.95美元）。

近來，公司推出新的Atra款式Atra Plus，這是一種在刀片上有潤滑液而能夠更平滑刮鬍子的刮鬍刀。

最近進入此產業的競爭者爲Bic Pen公司，這是一家著名的原子筆製造商。該公司位於Connecticut州Milford的樸實地區中，年銷售額達到2億美元。該公司並未指派任何人去發展刮鬍刀科技。該公司並未擁有電子顯微鏡掃瞄技術。它也沒有超音波設備。它只維持大約一百人編制的小型刮鬍測試小組，這個小組也不塡寫資料處理卡。它並不瞭解也不關心平均一個男士有多少根鬍子，也不關心這些鬍子的成長速度。

Bic公司科技、工程與設計的極致爲Bic Shaver。重量只有四分之一盎司，這是一種由白色塑膠製成，看起來就像是醫院用品一樣的極小又平凡之物體。事實上，眞的有一種款式用於醫院。其產品是在一根空心的短柄上放置一片刀片，售價約99分錢四支或每支25分錢。當刀片不利的時候，就可以把整支刮鬍刀丟棄。除了塑膠以外，Bic Shaver並沒有鍍金或鍍銀或鋁製或其他的款式。該產品也沒有禮品的款式。

雖然如此，Bic Pen公司一年在美國銷售二億支刮鬍刀，幾乎是吉列所銷售的Atra刮鬍刀數量之2倍。事實上，Bic Shaver是由吉列早期King Gillette時代以來所遇到最大的挑戰。

雖然Bic和吉列由不同的觀點來處理用後即可丟棄的概念，但這兩間公司遲早無法避免彼此競爭的局面。第一次的衝突發生在原子筆上。由1950年代起，原子筆市場迅速變成便宜的大宗物資市場，但是高品質的原子筆仍然是高價位、高品味的象徵。當Bic宣傳的「硬」筆開始以每支19分錢的價格在美國銷售時，其主要的競爭對手爲Paper Mate所製造之每根98分錢的塡充筆，這間公司在1955年被吉列所買下。Paper Mate以其低價的Write Brothers的硬筆產品線反擊。但吉列的大眾廣告與促銷技巧無法與Baron Bich較量。Bic現在在原子筆市場的佔有率爲60%，而Paper Mate只有20%。

第二次的衝突發生在丁烷打火機上。吉列最初以1971年購買S.T. Dupont的方式進入這個市場，這是一間銷售價值數百元豪華打火機的有名法國公司。根據一份宣傳顯示，製造Dupont打火機需要花上六個月的時間進行五百個步驟才能完成。然而，Bic和吉列認爲打火機市場已經成熟爲一般商品市場。於1974年，這兩間公司都以1.49美元的價格銷售輕便的打火機，而稍後價格進一步降低爲89美分。這些輕便的打火機很快地奪取高階打火機的市場。

「Dupont打火機自成一格，且消費者願意爲它支付較高的價格。」一般說來，Dupont特殊的打火聲可以讓你在餐廳使用時，讓其他人都知道你在使用Dupont打火機。現在，你可以用89美分的價格購買一只輕便的打火機——一具塑膠的打火機。爲何消費者想要輕便的打火機？它們夠實用。它們能夠點火。因爲你沒有花很多的錢購買，所以不會對它們有感情，遺失也沒有關係。

吉列在輕便的打火機上的表現比可拋棄的原子筆上略佳。Bic的打火機現在佔有52%的市場；吉列的輕便Cricket佔有率爲30%。Bic最受注意的大眾市場直覺並未發生作用。價格較低的Bic Banana原子筆功能比不上吉列的Flair筆。Bic的一位行銷經理承認：「老實說，Banana並非一項絕佳的商品。」

刮鬍刀市場是這兩間公司近來最重要的衝突點。Bic於1975年在歐洲推出拋棄式刮鬍刀，且於1976年前進加拿大市場。吉列體認到美國市場是他下一個目標。該公司於1976年推出藍色塑膠製的拋棄式刮鬍刀Good News！，這種刮鬍刀具有Trac II的雙刀片。吉列對於銷售刮鬍刀比打火機和原子筆更在行，因此對Bic來說不是一個差勁的對手。現在這兩間公司在拋棄式刮鬍刀市場各保有一半的佔有率。

然而，Good News！這項產品對吉列來說卻是一項壞消息。我們必須要瞭解刮鬍刀事業是一個總報酬固定的賽局：在這個國家每年的銷售量保持爲每年約二十億片刮鬍刀。由於吉列爲市場主導廠商，其推出的任何新型刮鬍刀都會侵蝕到原有產品的市場。Atra搶走Trac II的市場，而Trac II原先搶走了雙鋒刮鬍刀的生意。然而，吉列並未受其所困，因爲其新產品定價一向比原有產品來得高。

問題在於Good News！售價遠低於吉列原有產品。價格爲大宗物資產品的競爭關鍵，而爲了能與售價25分錢的Bic Shaver以及其他製造商所生產的拋棄式刮鬍刀競爭，吉列必須要以遠低於Atra以及Trac II的價格銷售Good News！。如同越來越多Trac II以及Atra使用者所知，雖然他們爲吉列的雙刀片支付高達56分錢，他們可以以低至25分錢的價格得到使用塑膠握把的相同產品。Good News！不僅讓吉列每片刮鬍刀的收益降低，也產生較高的成本，因爲吉列必須要同時提供刀片與握把。每當Good news！的市場佔有率上升2%，吉列銷售額與利潤就會損失數百萬美元。

企業文化

為了更瞭解Bic Pen公司與吉列的競爭情勢，我們有必要簡單地回顧Bic與吉列早期歷史。這兩間公司的創辦人都是心智堅定，而且一心一意追尋強而有力且極為相似的願景。King Gillette的願景是在1985年的一個早上他用自己的老舊刮鬍刀刮鬍子時產生。他知道，這刀子不只是鈍掉了，而且沒有辦法再用磨刀皮帶磨利。要重新磨利就必須要由本地的理髮師或刀匠來打磨。當時，Gillette替一間因為製造瓶蓋而賺了很多錢的公司工作。瓶蓋的發明者常常以從人們重複使用與丟棄的不值錢小物品所賺取的利潤，慷慨的獎勵Gillette。在他盯著那把鈍掉的刮鬍刀的一瞬間，Gillette想出使用可拋棄刀片之安全刮鬍刀的點子。

對於Marcel L. Bich早期的情況比較不為人所知，這個生於義大利的寂寞商人及船員在巴黎創立了Societe Bic，這間公司控制位於美國的Bic Pen公司。但據說在1940年代晚期，「Baron」 Bich想出低價、可靠、拋棄式原子筆的點子。當時的鋼珠筆不只是昂貴，還需要重新裝填墨水，並常常發生故障。

Gillette與Bich由可拋棄的概念賺了一大筆錢。但是隨著時間的經過，他們公司的哲學開始有了差異。尤其是在King Gillette於1932年死後，其公司想要讓它的刀片以及帥氣的刮鬍刀不僅具有較佳的功能，同時也有較高的地位與名聲。每次新技術的突破可以輕易帶來價格與獲利率的飛漲。吉列之核心行銷策略變成新「系統」或刮鬍刀組合的促銷。如同Kodak大部分的收益並非來自照相機而是來自軟片一般，刮鬍刀產業的利潤並非主要來自於刮鬍刀，而是來自於刀片。然而，若一位男士可以被說服去使用如同Atra之類較新且較貴的刮鬍刀，他必須要購買專為此類刮鬍刀設計之較新且較昂貴的刀片。

吉列並不重視所謂的「低階市場」，也就是便宜的私有品牌刮鬍刀。吉列相信，若你推出一項尊貴的商品，大部分總是追求地位的消費者就會購買。刮鬍刀是一個正當的事業，且一整天中一個人的面子問題是有某種程度的重要性，吉列認為大部分的男士在可以多花一點錢由吉列得到「最佳」的刮鬍子服務的情形下，不會想要在日常的刮鬍子上節省一些花費。

近年來，由於其創立者的一時喜好，吉列把事業觸角伸展到不是可拋棄的產品上。該公司買下其他的公司，並開始銷售諸如照相機以及Hi-Fi設備之類的高級耐久商品。然而對吉列而言，耐久性商品從來沒辦法向刮鬍刀與刀片那樣賺錢。在1985

年，雖然公司的刮鬍刀部門銷售額只佔的33%，卻創造了該年獲利的67%。

由巴黎製造原子筆零件起家的Baron Bich規避高階市場而擁抱大眾市場。他充分掌握如Bic員工所稱之「大宗商品化」的潛力，這是近來包含手錶、打火機，部分昂貴、高級耐久產品退化爲廉價、與身分無關、以及某種程度使用即拋的產品趨勢。大宗商品化（commoditization）有一些基本的原因。其一爲偏好的改變：不同的世代在不同的產品中尋求身分特徵。更重要的是大量生產的科技出現。一項能表現地位的商品通常製造時十分困難且耗時，因此需要以較高的價格出售。然而，若是發展出新技術在不損及產品功能及品質的情形下，可以用自動生產線以較低的價格生產，此產品的地位及尊榮將會降低。人們將可較輕易地購買並使用較新且較便宜的商品。

最後一項大宗商品化的理由是顧客對於所謂的市場「區隔」、新品牌、香味、以及其他一般消費品的不同選擇之增加而逐漸產生的抗拒心理。根據《洛杉磯時報》的文章所言，雖然在三十五年前，零售商只能提供五種品牌的香菸來滿足88%的顧客，現在他們可以提供相同百分比的癮君子依照長度、濾嘴、包裝、氣味、以及焦油和尼古丁含量區分，共五十八種不同的香菸產品。大型消費性用品巨人不僅在售價上競爭，也在競爭看誰可以更積極地用大量的新產品來滿足市場。

雖然這些理由都會增加成本，顧客通常願意爲外表上的差異支付較高的價格。這讓公司可以分攤增加的成本並獲取更多的利潤。然而現在，根據一篇「哈佛管理評論」研究顯示消費者越來越重視價格與價值，並開始反抗。越來越多的消費者拒絕爲個別差異支付更高的價格。他們規避全國性品牌而選擇折扣價較多的無品牌商品。

Baron Bich在產品上打上品牌商標。但是以最便宜的價格銷售公司商品，並儘可能吸引到更多的顧客，他把它們從地位、魔力以及其他非功能性的裝飾中解放出來。他讓這些產品只剩下一般的功能。他讓它們成爲大宗商品。其行銷策略十分簡單：低價格高價值。這是King C. Gillette一貫採行的策略。

刮鬍子的心理性質

Bic與吉列之爭奪戰非僅爲人們對刮鬍刀選擇的爭鬥形式。這是對於長久以來美國男性每日生活儀式的一種挑戰。

我們之中較年長者可能會記得此儀式過去的進行方式，因爲大多數人每日清晨都會見到這個儀式。如同化學家需要缽和杵一般，我們父親用一個陶杯來打出很多的刮鬍泡沫。他們如同一個指揮家在快版樂章中的動作一般，將單鋒刮鬍刀片在刮鬍皮革上磨利。作家Richard Armour有一次回憶道：「我喜愛看到他扮鬼臉並讓臉頰緊綳，同時用手指由顴骨拍打至下巴。我摒住呼吸看著他刮著上唇、然後十分貼近鼻子，以及他冒險地沿著他的下顎和耳朵附近修鬍子。在他冒險著在喉嚨開個洞的危險而在喉結附近刮著時，我必須要轉過身去，直到我認爲危機已經遠離之後才轉過身來。」

Armour對於安全刀片以及罐裝泡沫消除刮鬍子中的「技巧、樂趣、以及危險性」感到十分地哀傷。雖然這位觀眾可能心不甘情不願，但是這項晨間儀式仍然在大部分男士生活中佔據了一個特殊的位置。修面是現存少數男性專屬的特權之一。這是每日男子氣概的展現。一項研究指出，鬍子的成長速度會受到性關係的刺激。紐約心理學家研究報告顯示，雖然大部分男士抱怨刮鬍子的麻煩，樣本中97%的人不會想要用膏藥來永久去除臉上的毛髮。吉列有一次推出有濃密、一般、稀疏鬍子三種樣式的新型刮鬍刀。幾乎沒有人選購稀疏鬍子的樣式，因爲沒有人想要自承鬍子稀疏（稍後吉列推出一種改良式樣，讓鬍子較稀少者可以私下依自己的需要作調整）。

第一次刮鬍子仍然是一種成人的儀式，且通常會獲贈一把新式的帥氣刮鬍刀（或是傳承一把歷史悠久的刮鬍刀），並由父親示範其使用方法。雖然現在刮鬍子所需要的技巧不如以前多且較不危險，大部分的男性仍然希望他們所使用的刮鬍刀可以反應出他們的信念：刮鬍子是一件嚴肅的事。他們視刮鬍刀如同昂貴的筆、打火機、公事包、高爾夫球球具一般，是一種重要的私人物品、個人的一種延伸。吉列的努力成功地讓刮鬍刀的陽剛外觀、份量、及質感和地位如同能夠彰顯個人獨特品味的聖誕禮物一般。

在超過八十年的期間中，大致而言吉列對於刮鬍刀市場以及刮鬍子之心理性質的觀點是正確無誤的。雖然其產品一般僅維持大約62%的市場佔有率，其科技與行銷哲學卻主導了整個市場。

然而，目前數以百萬計的男士——更明確的說約一千兩百萬——使用價值25分錢的輕巧、無性徵、無特徵的塑膠玩意兒修面，這樣的行爲似乎讓刮鬍子的儀式變得較不浪漫、甚至更消極，因而讓刮鬍子變成平凡且微不足道的日常工作。

新區隔

對吉列而言，Good News！是一種防禦性的產品。雖然廣泛地鋪貨，該公司幾乎不針對此商品投入任何的廣告支出。然而，吉列體認到除了還擊Bic的威脅以外仍應該作更多的事。它必須要從容不迫地保有整個拋棄式刮鬍刀市場。這代表必須要抓住這個區隔的兩大主要顧客群：青少年與女性。

根據Marino的說法，在高中的孩子中，刮鬍子並非一個高度涉入的區隔：「他們不會使用吉列的刮鬍刀或自己父親的刮鬍刀已證明他們成熟到可以刮鬍子了。他們也不需要在刮鬍刀中反映出自己的生活品味。他們需要一把好的刮鬍刀，但他們不想要為此花太多錢。」有人試圖去為青少年對於刮鬍刀無所謂的態度尋求一些解釋。根據一些人的說法，美國男性有逐漸喪失陽剛之氣的趨勢。根據此一假說，中性的可拋棄塑膠刮鬍刀的發展是一種可以預見的回應。另外一種觀點認為今日的少年比以前的世代更能認同自己的性別屬性，因而不再需要古老的男子氣概象徵。

不論情況如何，就吉列而言，使用拋棄式刮鬍刀是一種短暫青春期偏好。當男孩長大之後，吉列預期促銷、廣告以及樣品將說服他們相信，使用諸如Atra以及Trac II之類的刮鬍刀才是比較好且較成熟的刮鬍子方式。

女性方面的問題較為複雜。雖然剔除毛髮的成年女性數目跟男性一樣多，當然使用的頻率少得多，吉列以及其他的美國刮鬍刀製造商都把焦點放在男性的市場，以至於直到最近之前，它們並未針對女性的需要設計過任何的刮鬍刀。女士們別無選擇地為諸如有份量的金屬手把之類的陽剛特色支付更高的費用。一位吉列的行銷人員略帶輕蔑地說：「女性為了某些不知名的原因而偏好較長的手把。」然而，已經有大約40%的女性轉為採用拋棄式刮鬍刀剃除毛髮。Bic現在推出Bic Lady Shaver，這是一種將其標準的拋棄式刮鬍刀略維修改過的式樣。吉列、舒適以及其他的製造商試圖要用它們男性商品針對女性設計的式樣，來說服婦女們不要使用拋棄式刮鬍刀。

目前為止，吉列的策略並非十分成功。1976年吉列說明該公司認為拋棄式刮鬍刀的市場佔有率將永遠無法超過7%。當時Marino說：「如你所知我們認為這種刮鬍刀只針對旅遊、儲物櫃以及臨時忘記刮鬍刀的人。」然而，拋棄式刮鬍刀市場佔有率很快地超過7%，迫使吉列持續地調升其預測數字。就銷售的支數而言，拋棄式刮鬍刀已經達到市場的50%。

Bic預估拋棄式刮鬍刀的市場佔有率最終將達到60%。事實上，Bic投資大量資金廣告其刮鬍刀── 1985年投入1,500萬美元── 而使其在該項產品中損失500萬美元。Baron Bich以其在市場佔有率提昇的前提下，大手筆促銷商品而聞名。如同證據顯示佔有率將持續上升，Bic在歐洲之拋棄式刮鬍刀市場的佔有率也隨之成長：希臘市場佔有率75%，奧地利50%、瑞士45%、法國40%。根據Bic的看法，大宗商品通常會遵循人口曲線。若一個區隔有40%的人使用拋棄式刮鬍刀，最終所有的人都會使用它。

產品改善

在過去的競爭中，吉列公司總是能夠使用其最終武器，技術能力上的優勢，贏得最後勝利。然而，刮鬍子的相關科技由1903年起已有相當程度的進展。進一步的創新並不那麼容易。要再有另一個大幅度的改良是一件十分困難的事。

一項可能的進展可能是讓刀片變得更堅硬，讓使用者不需要在使用前先洗臉以軟化鬍子。然而，只有少數專家認爲這樣的刀片在技術上可行。乾的鬍子摩擦力很大，且硬度與相同粗細的銅線類似。即使今日的刀片多半以非常耐用的鋼鐵製成，其鋒利的刀鋒仍然會很快地被乾燥的鬍子所損壞。

另一項潛在可能的進展是一種壽命較長的刀片。然而，這樣的進步可能並不值得。目前相關的科技在於裝配線上，這樣的技術可以降低生產成本。

不論未來進展的可能性有多大，下列的事實仍然存在：雖然由高倍率顯微鏡中顯示出刀鋒平整程度不同，今天所有品牌的刮鬍刀都可以讓使用者刮鬍子刮得更乾淨。吉列公司的研究顯示，超過93%的使用者認爲他們的鬍子能夠刮乾淨或刮得很乾淨。詢問關於舒適牌刮鬍刀的品質，吉列公司的一位主管承認其品質與該公司雷同。「他們使用相同的鋼材、以及相同的塗料。舒適公司模仿我們的工作十分成功。我認爲我們的品質較爲穩定，但只要給你任何一把好的刮鬍刀，其刀片的品質就是好的沒話說。」

吉列相對於Bic的關鍵賣點就是主張雙刀片功能優於單刀片。然而，這樣的優勢可以利用到什麼程度卻有很大的爭議。如同Bic公司的主管所說：「我們並不眞的瞭解在雙刀片刮鬍子時發生了什麼事，然而我們的測試顯示大部分的顧客無法分辨出其差異。我十分尊敬吉列公司想出雙刀片的觀念。『雙刀片比單刀片還好』這個觀念就字面上的意義而言十分符合邏輯，但是就我們所處理的各種感受層次而言，這並未存在任何的差異性。」

第三世界國家的機會

吉列發現只有8%的墨西哥男子在刮鬍子時使用刮鬍膏。其他的人用肥皂水或是一般的水來軟化他們的鬍子，這兩種東西吉列公司都沒有賣。

瞭解其中存在的機會後，吉列公司於1985年在墨西哥的Guadalajara以美國的一半價格推出塑膠軟管裝的刮鬍膏。一年後，在Guadalajara中13%的男子都使用刮鬍膏。吉列公司現在計畫要在墨西哥其他地方、哥倫比亞以及巴西銷售新產品Prestobarba（西班牙語，代表「快速刮鬍」）。

針對第三世界的預算和偏好修正行銷手法──由分別包裝刀片讓顧客可以一次購買一片，至教育無刮鬍子習慣者臉部光滑的樂趣──成為吉列公司成長策略中重要的一環。該公司在開發中國家銷售鋼筆、盥洗用品、牙刷、以及其他商品。然而，雖然吉列公司努力地多角化，刮鬍刀事業仍然佔據公司收益的三分之一以及稅前盈餘的三分之二。

已開發國家的刮鬍刀市場陷入停滯狀態。另一方面，在第三世界中有很大比例的人口年齡低於十五歲。這些年輕男子很快會變成刮鬍子的族群。

在第三世界國家中很少有美國的消費品公司投入像吉列公司一樣多的心力，該公司的海外營運佔公司銷售的比率超過一半。自公司於1969年起開始重視開發中國家以來，來自拉丁美洲、亞洲、以及中東的銷售額比率已經倍增為20%；就金額而言已經增加了7倍。

吉列公司自1940年代建立工廠開始，就在拉丁美洲建立強而有力的事業。有一次卡斯楚告訴電視採訪者Barbara Walters說他的鬍子長出來了，因為在山中作戰時他找不到吉列刮鬍刀。

該公司於1969年開始進入亞洲、非洲以及中東時，它的政策為只在能夠開始百分之百擁有的子公司時才投資。那一年該公司在馬來西亞成立一個合資公司，因為該國威脅要禁止吉列公司的產品進口。該公司幾乎每年都在諸如：中國、埃及、泰國、及印度等地開設新工廠，且目前開始把目標轉向巴基斯坦、奈及利亞、以及土耳其。

該公司開始時通常開設一間生產雙刀片的工廠──該產品在第三世界國家仍然十分受歡迎──接下來若一切順利，該公司拓展生產鋼筆、除臭劑、洗髮精、或牙刷。只有很少數的合資結果不佳：南斯拉夫的合作案一直無法邁入常軌，而且吉列公司已經將伊朗的股份賣給當地的合資夥伴。

在少數的市場中，吉列公司特別針對第三世界發展新產品。低價的刮鬍膏是這類的產品。另一種爲Black Silk，這是一種針對南非的黑人設計的潤絲精，且現在也在肯亞推出。

吉列公司通常以不同的包裝或較小的尺寸銷售著名的商品。舉例來說，由於許多拉丁美洲的顧客無法負擔七盎司瓶裝的Silkience洗髮精，吉列公司用半盎司塑膠袋裝的方式銷售。在巴西，吉列公司銷售塑膠瓶而非金屬罐裝的Right Guard除臭劑。

然而對於吉列公司而言，最困難的工作是要說服第三世界男士開始刮鬍子。該公司近來開始在偏遠的鄉村運用攜帶式的劇場──吉列稱之爲：「活動宣傳單位」──去播放教導每天刮鬍子的影片以及廣告。在南非以及印尼的版本中，一個不知所措的大鬍子進入一間乾淨的房間，這間房間中有鬍子刮的乾乾淨淨的朋友教他如何刮鬍子。在墨西哥的版本中，一位英俊的治安官正追逐著擄走美女的大盜，但他每天清晨都會停下來刮鬍子。攝影機拍下了他在刮鬍刀上安裝雙刀片以及仔細刮鬍子的樣子。當然，最後這個鬍子刮得乾乾淨淨的治安官救回了美女。

在其他的廣告中，拿著一把超大尺寸的刮鬍刷子以及一大杯刮鬍泡沫的吉列公司銷售代表，在其他人圍觀之下正替一個村民刮鬍子。塑膠刮鬍刀免費發送，而刀片，當然是需要購買的，就交給雜貨店老闆負責。

這樣的活動也許無法立竿見影地看到成效，然而就長期而言，他們在市場上建立了好名聲。

吉列公司的其他產品

對吉列公司重要性排名第二的市場盥洗用品其前景更爲黯淡。該公司自1981年起在主要產品區隔中的市場佔有率逐漸下滑。看看吉列公司的領導品牌Right Guard的例子。在1970年他宣稱在總額12億美元的除臭劑市場中的佔有率爲30%；目前佔有率僅有區區的7%。在競爭者成功把市場區分爲男用與女用產品時，Right Guard的

「家用除臭劑」定位遭受破壞。吉列公司目前進行三千萬的廣告活動，重新強調此品牌爲男性除臭劑，但是這也無法扭轉佔有率下滑的趨勢。

由於刀片與盥洗用品的前景不佳，吉列公司開始在個人保健商品中尋求新的機會。在吉列公司過去的記錄以及謹慎的特性下，這樣的工作並不容易。諸如：Paper Mate以及Flair原子筆之類的書寫以及辦公用品銷售額於1981年達到3.04億美元高峰。於1985年獲利減少12%，達到1,000萬美元。書寫與辦公用品部門目前佔公司銷售額的11%，但只佔獲利的2%。在近來其他多角化意圖中，吉列公司在諸如：助聽器、生物科技以及個人電腦軟體之類的不同領域中買下半打小公司的部分股權。然而，這些「溫室計畫」成熟還需要一段時間。

爲何此公司無法作得更好？評論家認爲吉列公司變得更規避風險，部分原因是因爲在員工心中的公眾服務信念。由於該公司有依照年資擢升的慣例，該公司的中階管理者被認爲較爲脆弱。這樣的習慣讓吉列公司無法很積極的行動。

吉列公司創造一系列有品牌的低價個人衛生用品的行動是一個很好的例子。該公司花了十八個月的時間去測試一系列用Good News！品牌的中性的盥洗用品，這個品牌現在只在拋棄式刮鬍刀中才找得到。吉列公司計畫銷售其中的十二種產品，範圍由刮鬍膏至洗髮精，所有的商品售價相同，且採用幾乎相同的包裝。他希望這些「有品牌的一般商品」在全國推出後，其銷售量可以達到1億美元。

很不幸地，這樣的計畫不斷的延後。試銷期間比預計多了六個月，且在全國首次展示的時間就延後一年以上。這樣延遲的部分原因來自於廣告的修改。一開始具有愛國主題的廣告並未強調品質與低價。吉列公司也把這些商品的批發價格由1.25美元調降到1.09美元。

另一項新的嘗試也有一些問題。吉列的德國分公司Braun在美國推出電動刮鬍刀。這個以相對較少的700萬預算支持之計畫於1985年秋天開始其全國性的廣告活動。然而成功並不容易。Braun進入美國一個衰退中的電子刮鬍刀市場，這裡面堅定的顧客忠誠度爲市場領導者Norelco以及Remington創造了非凡的90%重複購買率。

吉列的策略

在最終分析中，吉列的策略是要儘可能的保持對Bic獲利能力的壓力，並希望把競爭對手趕出刮鬍刀市場。爲了增加壓力，吉列開始壓縮Bic其他事業的空間。

在這位於波士頓的巨人以及法國擁有的暴發戶之間的競爭逐漸變成一種惡性的街頭鬥爭，在這之中降價是主要的武器，而市場佔有率是最重要的獎勵。就規模來看，這樣的組合並不平衡。吉列公司的銷售量約240億美元；Bic的規模約爲7.5億美元，其中2.25億來自美國的分支Bic Pen公司。即便如此，這家小公司習於傷害其競爭對手，一開始是拋棄是原子筆，其次爲拋棄式打火機，而最近是拋棄式刮鬍刀。

看看在打火機市場中競爭的情況。吉列公司是這兩個公司中率先進入美國市場的公司。1972年它買下了Cricket的品牌。當時Bic推出其自己的打火機，在後面那一年吉列公司霸佔了40%的市場。然而，由於需求成長得很快，這是Bic第一次沒有給吉列公司帶來麻煩。然而，在供給開始追上需求的速度時，Bic開始體會到它有了麻煩。雖然其宣稱有較佳的產品並推出「輕擊我的Bic」的廣告活動，這兩間公司的打火機銷售卻不分軒輊。

此刻，Bic必須要決定想要達到的目標爲何。正如一個公司主管所回憶的：「我們必須要決定我們只是停下來享受短期利潤，或是繼續尋求市場佔有率。」Bic選擇市場佔有率，且在1977年中將打火機的批發價格降低32%。

吉列公司並未立刻跟進，很大的原因是其單位生產成本比Bic還要高，且其管理階層不願意接受這樣低的報酬率。當吉列公司最後降價回應時，Bic進一步降低其價格且隨後掀起了一場殘酷的價格戰。在1978年底，很明顯Bic的「豪賭」已經成功了。Bic佔有將近50%的市場；吉列公司的市場佔有率下滑到30%。此外，1978年Bic的打火機部門稅前獲利爲920萬美元，而吉列公司的預計虧損數字約略相同。

1981年，雖然仍持續的虧損，吉列公司企圖扭轉戰局且開始以低於Bic售價10%的方式銷售Cricket打火機。此一反擊行動並未對Bic的市場佔有率造成嚴重的損害，然而這限制了Bic的獲利以及Bic可以繼續投入刮鬍刀市場的資金。

此處最重要的問題是這樣的獲利壓力是否能夠迫使Bic在吉列公司自有的事業產生巨變，甚至永遠受損之前放棄刮鬍刀市場。根據一位觀察家的看法，這兩間公司的競爭不再僅限於原子筆或打火機或刮鬍刀的事業。這是所有產品線彼此爭鬥的戰爭。

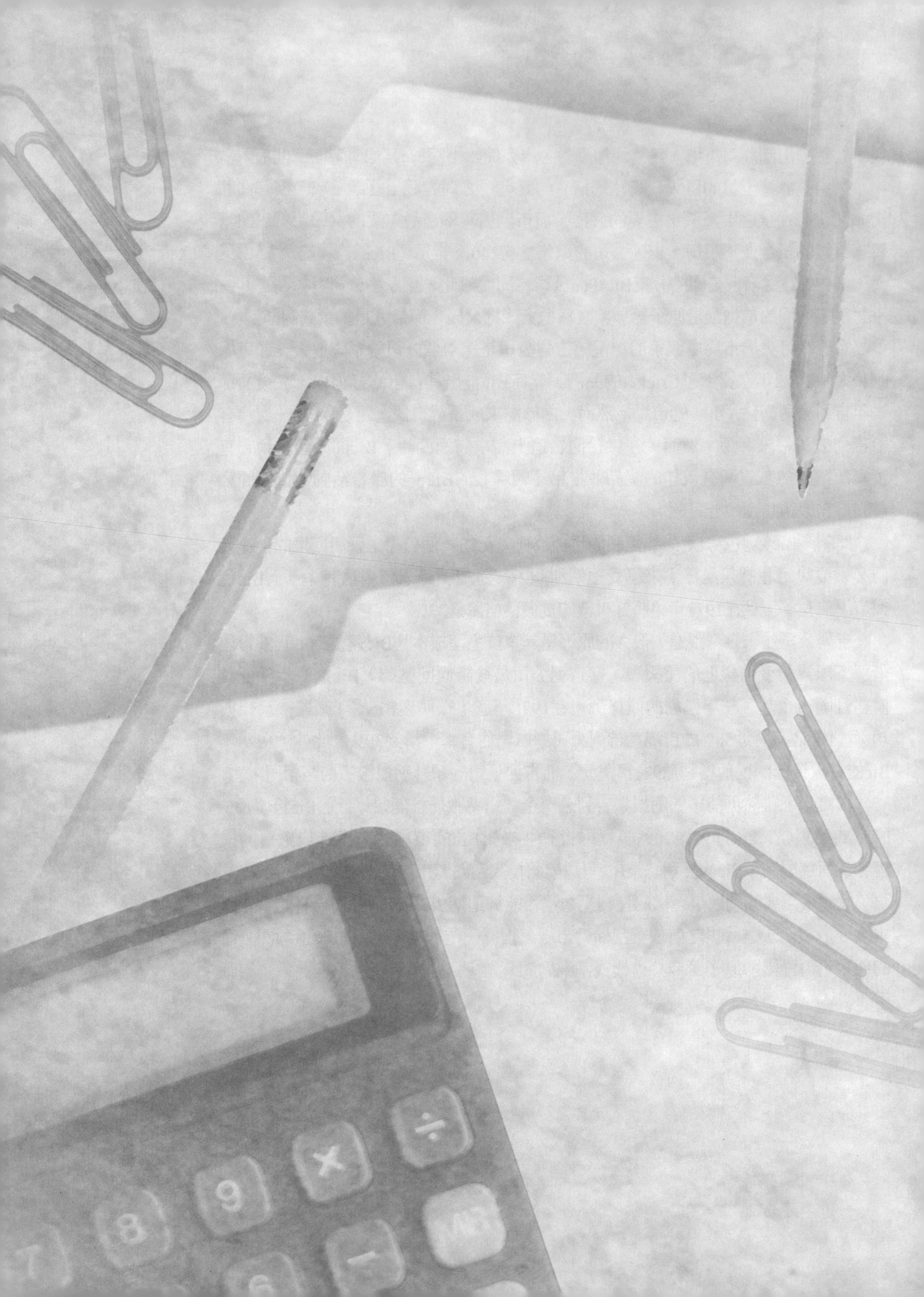

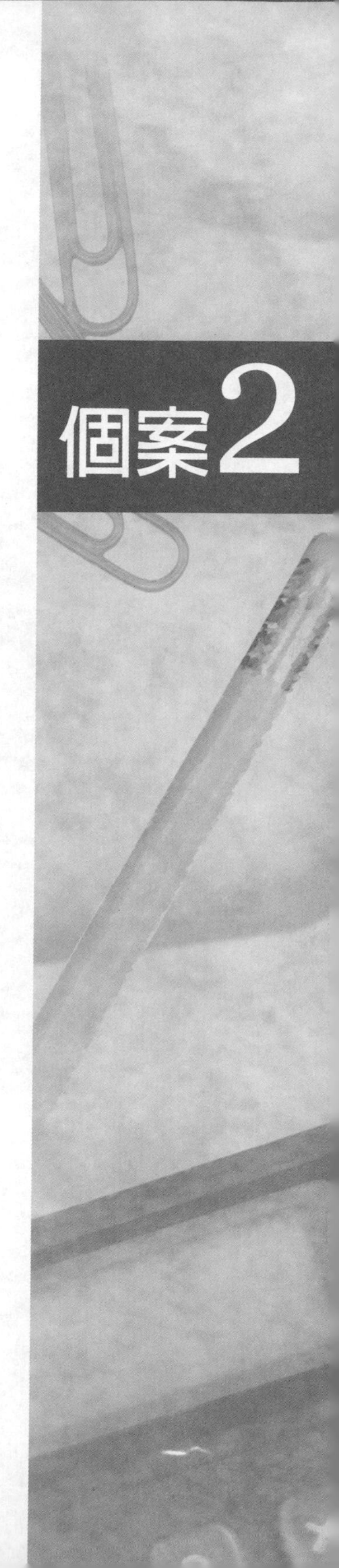

公司背景

多部門行銷方案的發展

健康醫療中心（HMC）

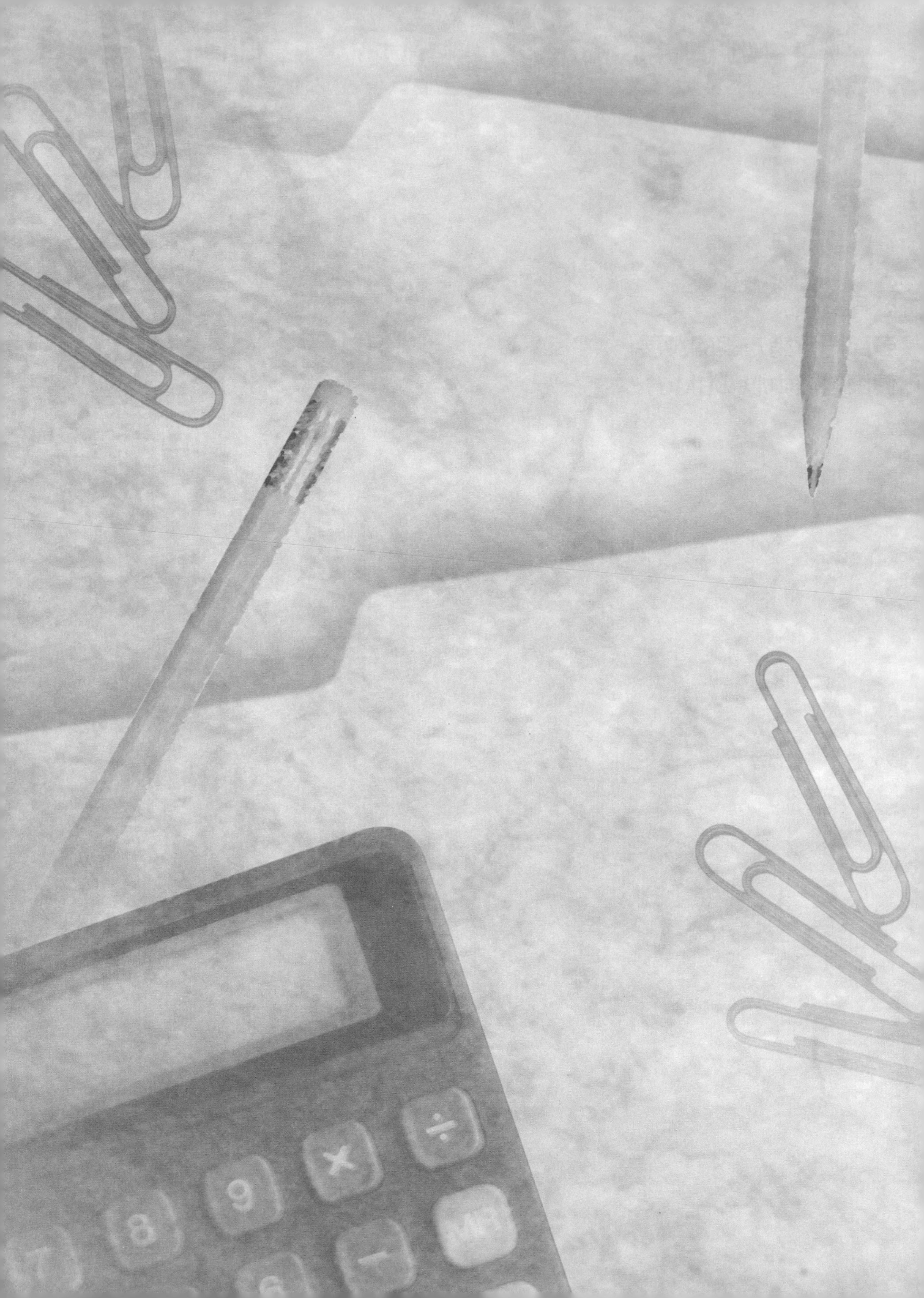

1990年1月，Becton Dickinson分部（BDD）的副總裁Robert Jones，接到了一通由BDD行銷代表John Kmetz打來的電話。Kmetz解釋健康醫療中心（HMC）——一家有435張床位的教學醫院，正在評估其競爭對手有關皮下注射的產品，醫院並預備以競爭者的成本優勢，轉換到它們的產品。Kmetz另外也提醒Jones下列事項：

* HMC透過與Allied Purchasing Group（APG）：一家大型的醫院採購集團，訂立的契約向BDD購買注射器及針頭。但是HMC卻遭遇財務困難，且其競爭對手願意接受比HMC便宜15%的價格，透過APG向BDD購買注射器。
* 除了BDD，HMC也向其他BD的分部購買產品。
* 經過與地區行銷經理諮詢後，Kmetz建議HMC減價10%。但是他也強調，BDD的契約銷售總裁Ed Haire，十分關心這行爲將破壞BDD與其他APG醫院成員的價格結構。Haire的最初反應，是希望讓HMC來代替競爭者，因爲它們的產品未經測試，最終使用者可能發現產品功能不良。Haire指示若競爭者的產品確實失敗，BDD將能維護其大型採購團的價格結構，並能利用競爭者的負債情況。
* HMC期望BDD能在十天內提出企劃書。

Jones連絡了BDD的總裁Robert Flaherty，向他通知HMC期望BDD能夠審愼提出回應，以及提示了對HMC可能造成的影響、聲譽等問題。Flaherty同意他的看法，並解釋BD目前正執行一項方案，希望能藉此發展出多部門的行銷優勢。他懷疑Jones的方法是否眞能幫助解決HMC的問題。Jones認爲比起用價格回應，這是個有潛力、有吸引力的做法，但比較值得關心的是只有十天的時間能做出回應，若用來預備多部門的反應，時間非常寶貴。另外，Jones不確定BD部門爲了HMC，能夠提供他多少協助。Jones同意先收集多一點資訊，再向Flaherty提出解決HMC問題的建議。

公司背景

Becton Dickinson（BD）製造的產品，可供專業看護人員、醫療機構、產業、及一般大眾使用。公司組織可分兩大部門——醫療（佔1989年銷售額59%）以及診

Exhibit1 營運結構—Becton Dickinson醫療及診斷部門

醫療部門

* BD急性醫療
* BD加拿大
* BD消費性產品
* BD重大看護監控
* BD部門
* BD注入物系統
* BD製藥系統
* BD聚合體研究
* BD醫用手套
* Deseret醫療
* Ivers Lee

診斷部門

* BD ACCU-GLASS
* BD先進診斷
* BD診斷工具系統
* BD Immunocytometry系統
* BD實驗室
* MD微生物系統
* BD重大看護診斷
* BD VACUTAINER系統

註：「BD」爲Becton Dickinson之縮寫

斷（41%）——以及十九個營運部門。（參閱Exhibit1）

每個部門都是利潤中心，有各自的行銷銷售組織、會計制度、通路網絡、顧客服務部門、請款及應收帳款程序、以及倉儲設備。一位總裁曾說「從以前到現在，各部門之間的互動都非常的少；這或許代表有些無效率及重複。但這分權方式也使部門各自負責任、可靠、且有清楚的產品／市場焦點。不過我們必須逐步增加對顧客更有效快速的回應，以滿足他們對營運、服務上的需求。」

Exhibit1（continued）

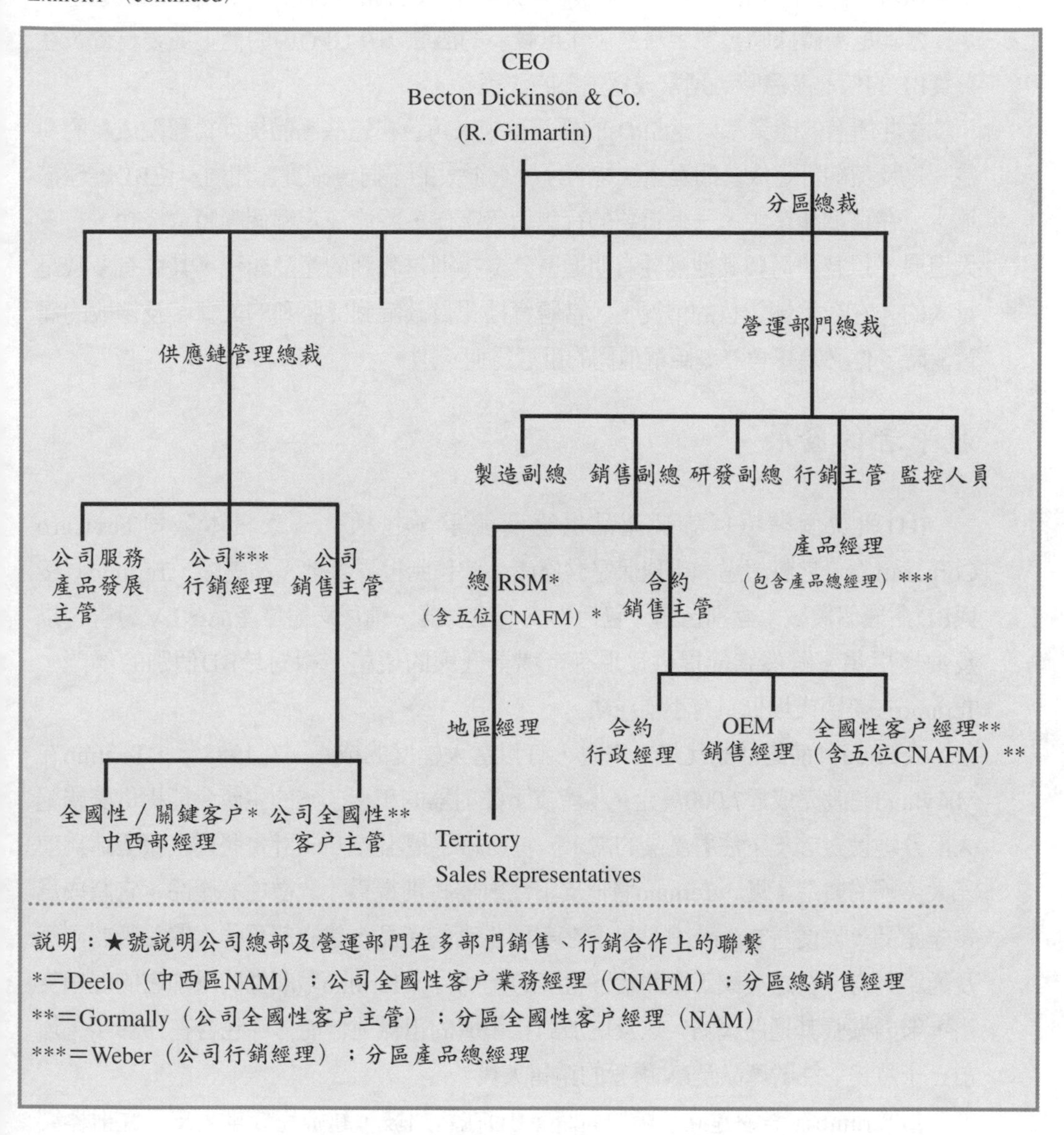

市場趨勢

1980年代醫療市場最重要的趨勢之一是採購團的成長，或稱集體採購組織（GPOs）。影響之一是許多主要醫療供給產品的重大決策的權力，由醫療產品的終端使用者，逐漸轉移（部分或整體轉移，依照產品及其應用而定）至非使用者（採購行政部門、或原料管理），且通常由個別機構，轉一到中央統一的GPOs。如此一來，BD的營運部門中，本來能夠處理個別醫院部門的決策者，在採購產品的過程中──尤其是團體採購，多半嚐到了「重疊」的滋味。在GPO中的個人或委員會，在負責BD的核心產品時，通常成為主要的決策者。

並非所有的產業都同意GPOs的價值及未來角色。這些團體提供給醫院成員的利益、以及契約訂定成員間互相扶持的程度有很大的不同。確實，如同一位BD經理描述：「在這個產業中，一個重要的行銷銷售工作，將能決定哪個團體會成功，有多大進展，以及如何與其他團體有明顯區分。特別是我們的產品類別，其中有多數是量大的，在競爭性銷售的情況下，當體育播報員談論到『勝利的興奮、及慘敗的痛苦』時，你必須學會立刻瞭解他們的用意為何。」

競爭者的發展

BD與數個醫療與診斷產品供應商競爭，包括：一家日本公司Terumo Corporation，它將超過一千種保健醫療產品銷售到世界各地。在美國，Terumo直接與BD在幾個領域中互別苗頭，包括：皮下注射器、糖尿病醫療產品、I.V.導管、以及抽樣採集。雖然它能提供比現有市場更低廉的價格，相對於BD個別的部門，Terumo在美國市場仍只有小幅成功。

Terumo目前的活動比過去來說，有相當大幅度的成長。在1988年，Terumo在Maryland建設完成達7,000萬元、生產皮下注射器的工廠，它的生產量能提供美國絕大部分地區對於皮下注射產品的需求。貿易報導指出Terumo計畫將這工廠塑造為前三大美國的製造工廠，Terumo將把皮下注射器特別視為「象徵性」產品，它將成為領先產品，以便替Terumo其他計畫在美國生產的產品，建立起更強大的品牌認同感及通路勢力。在這美國工廠開始啓用前的幾個月，Terumo戲劇性的增加它的促銷支出，努力擴張其通路網絡，以及增加銷售領域的組織運作能力（包含在1989年，增加三十位皮下注射產品及I.V.導管的銷售人員）。

當Terumo在美國建立工廠的同時，BD在新加坡，建造完成重大皮下注射器製造的設備，以便能深入遠東市場。1989全球統計，BD比Terumo創造約2.5倍的銷售利潤，同時在注射器、針頭（兩者都是公司最大的單項銷售額產品類別）的市場佔有率是Terumo的2倍。

多部門行銷方案的發展

雖然BD的管理部門一直認定部門制組織是用來維持競爭優勢、及財務表現最好的方法，在1988年，公司同時也開始調查多部門對於市場發展的反應。一位總裁解釋，若這方法能夠正確執行，將能產生許多好處：

首先，我們能向客户展示BD的重要性。在許多情況中，我們對於某一醫院、或某GPO的總銷售金額相當龐大，但是卻被「隱藏」起來，因為這些銷售額會被分配到不同的部門的生產線上。

其次，適當的方法將有利替許多服務做促銷，以公司的角度來考量，這部分其實我們已經展示給客户。BD的產品傳統上的定位為高品質品牌、搭配寬廣的產品線類別（這使消費者在訂貨、使用上更加方便）、密集的通路網絡（這使得存貨管理、計畫變得容易）、由銷售代表人員向終端使用者示範、以及其他的服務。但是許多客户將焦點集中在價格上，以致忽略了這些服務，除非我們能將各部門提供給同一客户的服務全都整合起來。

第三，這方法代表有效運用資源，這將產生額外附加價值的服務。利用產品組合的協議、或是事前訂單處理系統、或提供給部門客户相對規模來說，非常昂貴的服務，可產生附加價值的服務，由多部門的角度來看，這方法相當具吸引力且可行。

因此在1989年上旬，BD的總裁Raymond Gilmartin，建立了新的營運團隊，稱爲供應鏈管理（SCM），向總裁報告、並且負責向與BD部門簽約的客戶們提供更好的服務。新SCM小組的領導人Alfred J. Battaglia曾任抽樣採集部門的總裁。Battaglia描述了這個小組的任務：

供應鏈管理（SCM）是指在我們的供應商以及終端使用者之間，傳輸訊息及物料活動的活動。每個步驟中對於產品及服務的任何修正，最終都會集合成一套能由公司提供給各客户的價值組合。

SCM服務的對象包含內部與外界的客戶團體。我們試著將不同功能的部門結合起來，希望能解決與數個BD營運單位有關的外在團體的問題；這將包含許多通路商、GPOs、個別醫院、倉儲營運中心、以及物料供應商。統一採購可能代表我們所能獲得最佳的短期機會，但是整合的MIS、以及公司的銷售能力則為最大的長期機會。

我們的方法有個重要的前提，在供應鏈上，所有有關醫療看護的層面，都將以資產管理的技術與系統來支援，以便能由使用的產品及服務上獲得成本降低的好處。我們用於管理這些部門活動的能力，將能進一步改善我們與終端使用者、通路商、供應商之間的關係，以增加優勢。

幾個經理人負責向Battaglia報告多部門的觀點（參閱Exhibit1）。過去幾年Battaglia不斷解釋SCM組織的演進，他強調以下的觀念與議題格外的重要：各部門對於市場區隔、客戶選擇指標等觀念的發展及傳播；附加價值與基本服務之間的重大差異；共用訊息及溝通系統要持續發展；以及要描繪出組織角色的輪廓，以引發多部門培養行銷銷售專長的動機。

市場區隔

首要工作當然是找出哪些爲有潛力的多部門／方案客戶。BD的企業策劃總裁Mark Throdahl，幫忙找出許多區隔、以及用來選擇客戶的指標們，之後告知SCM部門。他解釋道：

傳統上，我們依照產品、以及向各個BD部門購買的數量，將客户分類。我們曾這麼認為，但實際上這卻非市場運作的情形。為了達成多部門一行銷的目的，有效的區隔牽涉到顧客的人口統計資訊（包含客户大小、位置、基金類型，例如，是非營利、或營利醫院）；營運變數（包含使用何種產品品牌、使用頻率）；購買方式（由部門集中或分別採買、使用通路情形、購買頻率）；使用到的技術（包含拋棄型、或重複使用型）。若未針對某一客户將這些指標與我們提供的產品、服務結合起來，我們的優勢可能會被「稀釋」。

使用這些指標，SCM團體、以及各部門的行銷、銷售經理，一起建立出一個包含四大部分的「雛形與計畫發展過程」。第一部分爲選擇客戶，包含找出「重要、易受影響、或脆弱的客戶」，再以多部門優勢動之以情。此階段的目標是找出全國性客戶、及關鍵客戶之間的差別，因爲後者才是多部門方案所著重的。

全國性客戶通常指醫院的採購團體，其會員廣佈好幾十州；此團體爲了單一BD產品類別，直接與BD訂立契約。爲了這種客戶，每個部門下設立全國客戶經理（NAMs），負責這部門的產品銷售、議價、以及與客戶訂立契約。NAMs向部門總裁報告契約銷售事宜，他們要負責契約的執行，還要向公司總部報告這客戶帶來的銷售量。接著公司將這些資料加總，視這類客戶購買總金額的情況，提供這類客戶財務優惠。

BDD透過Allied Purchasing Group，將其皮下注射產品銷售給HMC，而HMC就是一種全國性客戶，它們向BD購買大量的產品，因此可得到所謂Z契約中的價格折扣。

關鍵客戶是指獨立的醫院，也許屬於GPO，但直接向BD訂立購買契約。這類客戶具夠大的規模或重要性，應得BDD付出更多時間、精力與之交易、溝通、訂立多部門協約。Throdahl表示：「比起全國性客戶，這些關鍵客戶的方案，確實依賴高度的部門間合作與溝通。通常這些關鍵客戶之所以被選取，是因爲我們遭遇競爭威脅、或重大機會，它們值得我們提供具差異性、有附加價值的服務，而非使用價格折扣。」

計畫發展過程的第二部分亦須多部門的投入，工作重點在於關鍵客戶。其中最重要的階段，在於由各部門中的區域銷售經理（RSMs）收集關鍵客戶的資料。一位RSM描述道：「這份資料包含與我們的處境最攸關的資訊，有助針對某關鍵客戶做出重大決策。它幫助我們定義框架，有效的部門間行動計畫才能因此產生。」

關鍵客戶的資料，列出了客戶與各部門間的重要聯繫、目前產品使用狀況、個別RSM對於此客戶、此產品的評價，客戶目前所屬團體、通路使用情形、最常使用的經銷商（如果有）、以及一份評估（一位RSM如此描述），目的在「產生討論以及共識，有關於關鍵客戶目前的優劣勢。這份評估雖以產品分類爲主軸，但它能也對服務提供建議，以便幫助減低風險和增加機會。」

客戶計畫過程中，下一部分是針對客戶進行多部門行動計畫的發展。一位RSM描述目的在於「將客戶資料，轉換爲特定的戰術計畫，詳加說明各部門、行銷人員的責任，以及達成使命的時間。一定要清楚規定，以便讓業務人員確實感受規劃過程的必要，這些人員要負責向客戶採取實際行動，而不是訂定通盤計畫。」

另一位RSM說：

首先必須將關鍵客户的資料，清楚標出我們若藉由合作所欲達成的標的。接下來，行動計畫必須針對單一部門所無法獲得的資源及機會：我們如何能有效合作，而非分頭進行？我很忙碌，並不相信團隊；因此我認為一定要將綜效的可能性說清楚，而非憑空猜測。

附加價值及基本服務

多部門合作一項重大的目標，在於爲BD在顧客服務方面，達成更佳的競爭優勢。SCM團隊要分清楚何爲基本、何爲預期服務，何爲附加價值、何爲非預期服務。基本服務包含正確、準時送達、零折損率、快速訂單詢問系統、有效的銷售行爲、正確開立發票、以及能確實服務到終端使用者。附加價值服務包含了客製化產品、客製化品質控制、支票展期，由經驗豐富的專家，提供優先訂單處理；JIT存貨管理、延長保證期間、以及新領域的服務，例如，廢棄物處理、風險管理等。若要提供後面這些新服務，通常需要多部門的共同合作。

Throdahl解釋道：「合作的終極目標強調我們的銷售力量、及客戶用來衡量採購項目的標準，重點在於所花費的成本，而非價格。」他說BD的業務人員，通常只與採購團體或終端客戶交涉，而不是對成本花費最了然於心的行政人員。「這代表我們未來訓練的重點」，他說。Battaglia更進一步說明：

如果我們的銷售人員不明就理、不願意去瞭解、或不願意採用，則世界上所有附加價值的方案都不具任何意義。所以這份饑渴必須由有效的銷售管理來引發，特別由RSM，因為他們是實務上最能引發動機的人。接下來，針對任何一位單一的銷售人員，它代表（在其他相關的事項中）你能充分瞭解你的客户，因此你能夠影響縮短送貨時間、處理訂單的成本、或是存貨量。但是曾在不同環境中磨練出的銷售人員，對於這種銷售方式不會立刻習慣。這也是我們之所以要各部門中的業務、行銷人員密切合作的關係。

資訊系統

發展出共用的資訊系統，被視爲多部門合作的重要關鍵。「許多創新都以資訊爲本，」Battaglia說道，「MIS的發展能創造出降低成本、產品服務差異化、良好供應商與買主關係的機會。」

在BD中，每個部門都有各自的資訊系統，其中包含不同產品的編號、訂單擬定規範、存貨追蹤、付款、財務系統。在1989年，SCM開始一項多年的計畫，目的在於將各部門中共同的產品、顧客、供應商整合起來。「我們需要共同的公司資料庫，以提供完整的客戶、產品資訊，」一位BD的經理說道。「有了這項計畫，我們在契約談判中的地位提昇了；沒有這計畫，各部門中的業務人員就要花許多時間在開會上，這會削弱各部門的優勢。」

公司服務產品發展的總裁Naz Bhimji，負責將服務發展電腦化。他說明：「我目前的工作重點放在通路商上；在這個產業中，他們是供應鏈中最重要的連結。」根據一份產業報導：「在醫療供應這通路上，有多達25%-30%的成本是多餘的，如果有人願意重新整合，則這些成本都可免除。但這需要通路商、製造商、與醫院間大量的信任——一份眞正的『合夥關係』——……另外還要一份極有份量的技術，來使資料間的交換更有效率。」根據對九百五十家醫院及一百五十個通路商的調查，同一份報導預估，這將能減少原料方面的成本達25萬美元。「因有這些成本（倉儲、經手、財務等）的減少，以及固定償款方案，這將能使醫院的收入增加8,300萬美元。」不過這份報告也同時指出：

> 原料管理從來就不是醫院總管所關心的，這些總管並不瞭解有什麼成本、或這些成本有多少。醫院管理者相信成本佔總營業預算的15%，變動幅度可達到25%～33%。（另外）產品價格是醫院尋找附加價值的服務時，重要的決策因素。舉例來說，較低的進貨成本絕對會被選取，尤其若上級屬意利潤在（2）更好的生產率，（3）更好的服務，（4）增加收入，及（5）良好的供應商關係之前……這些顯示醫院並不注重總運送成本。這可能會造成通路商或製造商額外的倉儲成本。

Bhimji正在發展一項新的電子連結（即Speed-Com®系統），將BD及許多通路商聯繫起來，他說明這就好像「長期合作方案的第一步。」第一階段重點在於電子化訂單、及付款程序。這系統中的供應商宣稱當交易電子化後，相較於郵寄或電話，每一筆交易可節省0.5～1美元。第二階段則尋求能替代越來越花時間的回扣系統的方法，改採淨付款方式（即任何回扣、或任何大量折扣，根據通路商通知BD有關產品的運送，就將已包含在付款金額中）。Bhimji說明：

> 這帶來的影響之一在於能減少季節性的購入（即通路商在有季節促銷時，會購買大量的產品，儲存在不同的運輸中心裡）。這將減低通路商的倉儲成本、對流動資本的需求，並改善他們的現金流量。只要對不同部門的產品，都規劃有單一訂單程序，它能夠減低我們的運輸成本，有助於緩和花費高昂的行政管理、訂單傳送成本。還能讓終端客户自行選擇通路商——即透過這連結，能夠降低醫院存貨及營運成本的通路商。

Speed-Com提供通路商的存量、終端客戶對於產品需求的資訊，然後建立起第三階段的根基，即BD、通路商、與使用客戶間的自動補貨系統。根據通路商對於使用者需求、以及爲滿足已約定服務的目標存貨所做的預測，這個補貨系統目標在於提供一項「無訂單」系統，它將根據排程，補充通路商的存貨量。「這個系統能降低總使用成本」，Bhimji說明：「所有參與者都享有能平等、或進階的服務水準。對通路商來說，它能減低中間存貨，提高訂單正確率，並撤銷最低訂單量的要求；對使用者來說，它代表了更低的行政成本，但卻有更好、更有保障的服務水準；對BD來說，它代表我們逐步強大的自動製造能力，能快速回應、更符合經濟效益就能改善需求模式。」他也說明這些創始都是「爲了多部門方案，所必要的基礎建設及動機。」

銷售及行銷組織

到了1990年1月，爲因應推動多部門方案，銷售及行銷結構已演變爲在公司及部門層級中，都設有經理職位。Battaglia解釋這個結構同時反應出資源的限制，以及「關鍵客戶的方案最終將由各部門來主導，另有公司從旁合作」的哲學。

在公司總部方面，Noah Gresham被指派擔任公司的銷售執行長，他要負責全國性客戶、及關鍵客戶兩者。Gresham曾擔任BD的銷售職務將近二十年。公司中西部的全國性客戶經理Phil Deelo、以及全國性客戶的總裁（一個到了1989年11月都還是Gormally假想的職位），要向Gresham報告。

Deelo的責任在於協助各部門發展多部門協議，若可能的話將提供總部的支援。

他參與了關鍵客戶資訊的蒐集工作，協助銷售人員，並且是部門銷售人員、及總部銷售管理之間重要的橋樑。他說明：「我曾在BD的兩個部門中，擔任過RSM，我相信分權制度：競爭性職位不同，好的銷售人員會是不同型態、規模、及方法。但我也相信公司整合的銷售力量，因為我們通常不會將機會讓給其他部門來共同合作。」

當Deelo所任職位產生後，它同時也決定在芝加哥建立新的銷售辦公室，除了Deelo以外，辦公室內還包括七個由部門召來的中西部RSM，這七個部門為：BDD、急性醫療、Deseret醫療系統、微生物、BDVS、實驗室、及診斷工具系統。每個RSM先前都曾在各部門的銷售辦公室待過。「共同的辦公室，」他解釋道：「將使忙碌的業務人員，能夠考慮到多部門的觀點，而且每天能貫徹實施。」

身為公司的全國性客戶執行長，Gormally與部門的NAM們合作，共同拜訪GPOs。每個部門的銷售副總裁依據年度銷售量、毛利、及誘因，訂立他或她底下的NAM的目標。Gormally在這類決定上並無權力過問，但確實能藉由與NAM、部門銷售經理之間的會議，灌注一些想法。Gormally同時也負責七個全國性客戶。

Gormally曾在四個不同BD的部門、不同的銷售職位上做了十一年。他說：

> 在我現任的職位，我主要的客戶是不同部門的NAM，一切應該如此進行：客戶經理，而非公司，總是有客戶要什麼的實際知識。以我的職位來說，當你能使不同的NAM，都能同意足以影響跨部門客戶的決策時，你便「贏了」。我的工作在於將這遠景持續展現在他們面前，必要時促使他們共同合作。

以部門階層來看，多部門銷售能力著重在兩個職位上：分區銷售總經理（總RSM），以及公司的全國性客戶業務經理。

總RSM是中央負責多部門合作的協調者。他或她將客戶資料、客戶計畫方案組織起來，帶領銷售人員朝向成功達成計畫而邁進，而且負責聯繫有關多部門合作事宜，通常為主要的客戶聯繫者（參閱Exhibit2）。當一或兩個部門，為關鍵客戶設計客製化的服務，尤其注重附加價值服務的方案上，而非財務誘因（雖然後者通常也包含在這類協議上），一項多部門的協議（或契約）就此產生。任何在多部門協議內的財務誘因，按參與的部門涉入程度比例分配，並由總RSM代表部門，來向關鍵客戶說明。定價及產品內容，則由參與的部門間互相溝通。

總RSM也許來自公司總部，但通常是部門的RSM來擔任，附加在他或她原先的銷售經理職務上。Gresham解釋總RSM「通常是來自部門的人，全權負責關鍵客戶

Exhibit2 總RSM多部門關鍵客户方案中所扮演的角色

1.找出關鍵客戶

*一個有潛力的客戶，通常能由部門們觀察出，這些部門須承擔競爭的壓力、或發現新的營運機會、或我們希望鞏固一有力的職位。
*總RSM也許會來自一部門、或是公司的全國性客戶銷售經理、或是公司的全國性客戶經理－中西部區域。
*總RSM負責所有適合部門在利益上的投票。
*總RSM要審閱客戶回應的調查報告，並與所有的RSM討論「是否執行」的決策。

2.發展關鍵客戶資料、計畫、及企劃書

* 總RSM排定與一個RSM團隊開會。
* 團隊要負責完成關鍵客戶資料、行動計畫、原始企劃書，包含來自行銷領域有用的建議。
* 團隊成員負責附加價值服務，要得到部門經理在定價方面的允許。
* 若公司的全國性客戶業務經理、或是公司的全國性客戶經理－中西部區域，因爲他們被要求要與總部的銷售部門定期溝通，而有參與擬定企劃書，則要先徵詢公司的全國性客戶的意見。

3.與關鍵客戶接觸、溝通

* 總RSM排定與客戶、及選定的團隊成員開會。
* 將企劃書呈現給客戶，彼此討論，提出客製化服務滿足客戶需求。
* 也許需要額外的RSM會議來作客製化服務的修正。
* 修正後的企劃書以協議或契約型式呈現，由總RSM交由客戶簽約。

4.在多部門協議簽訂後，管理關鍵客戶

* 與客戶經理、及參與的部門們，排定計畫實現會議。大家要同意完成合約內容。
* 每個部門RSM團隊成員，都應將部門執行計畫狀況，向總RSM報告。
* 總RSM要與客戶在每季審核執行狀況。
* RSM團隊要提供每季的執行狀況報告給總RSM。

的利益。我們提供了誘因讓人員來擔任這角色，他要督促銷售人員，他是團隊的加速者，也是與客戶間的協調者。」這個想法在1989年3月一次銷售會議上首先被提出，來自不同部門的RSM被編派在團隊中，討論、計畫多部門方案。參與這次會議的RSM及部屬，對於此過程有不同的意見：

客户——計畫方案非常重要，因為它使人員能深入、仔細思考我們對不同客户所簽訂契約的內容、區隔議題、以及風險／機會評估等。一開始，每個部門的RSM對於部門行程都有各自的想法。但是一連串的會議，能灌輸RSM們正確的取捨觀念。

每個步驟都要花一整天完成，傳統上四到六個忙碌的銷售經理，要花兩個月的前置時間來訂出行程。同時，不同部門對於行銷、銷售有不同的見解，一些部門似乎認為多部門行銷能由他們來訂立規則，則一切都會運作非常順利。

在我們的公司中，跨部門溝通向來不被重視。少數RSM在過去都有獨立運作的經驗，儘管他們的對象是同一客户。另外，回到部門上，總RSM會被視為一個矛盾的個體。特別當產品對某一客户而言有很重要的地位，一些部門會覺得總RSM可能會只為了促使多部門合作，反而犧牲更多利益。

這個新的步驟，替創造對於共同合作的期望，及RSM們間的一個非正式財務機制。不過對許多客户來說，我花了許多年，在日益艱困的行銷環境中努力耕耘。現在，某個從別的部門來的人，比我的經驗少太多，卻能夠影響我的計畫、我與客户間的互動。不禁令人懷疑這些人對客户是否真誠。

若總RSM能夠成功簽訂一項關鍵客戶的合約，他或她有資格接受200美元的現金獎賞。若能簽訂第二份合約，這份誘因會增加到250美元，第三份合約則能增加到300美元，以此類推下去。另外，任何在關鍵客戶團隊上，扮演「積極角色」銷售或行銷經理，都有資格獲得相當於總RSM半數的獎賞。總RSM要有堅定、果決的積極參與心，獎賞則由公司提供。

公司全國性客戶業務經理的職務（CNAFM）首先在1989年10月成立，它將多部門責任加以正式化，由某些資深銷售總裁——在除了他們原先的部門銷售工作外——來擔任。一開始被指派到這職位上的，是來自不同部門、不同地理區域的五位RSM以及兩位NAM。他們要貢獻出約10%的時間在CNAFM職務上，包含要參與關鍵客戶銷售及行銷訓練方案，還有要在至少一位關鍵客戶溝通上，擔任總RSM的角色。這些被指派爲CNAFM的人，由他們的部門總裁提名，薪水將增加1,500美元，若擔任總RSM及關鍵客戶團隊成員，則有機會獲得上述的獎賞。Gresham說明道：「對公司外而言，一些客戶純粹只希望能與某個在名片上，標明他或她是公司代表的人來談生意。當要簽訂多部門協議時，這點尤其重要。對公司內部而言，這職位

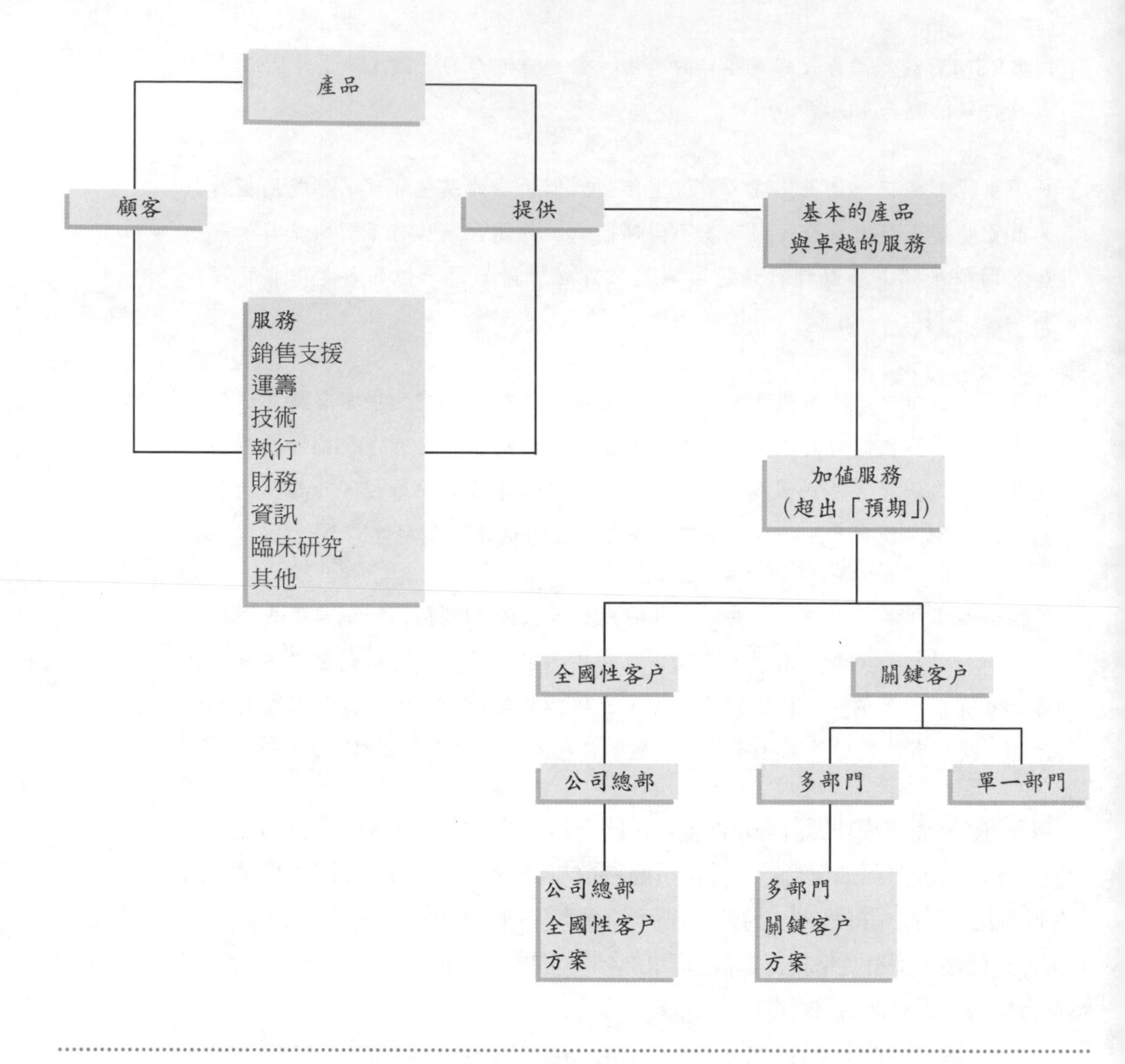

Exhibit3 概觀

能培養出一群具有經驗、能夠以整體公司來思考、有正式職責的核心人員。」

這些銷售職位由一群專注在多部門合作的行銷人員兼任。1989年Bette Weber被指派爲公司的行銷經理，這是一個新的職位，其責任包含：要與部門的銷售及行銷人員共同合作關鍵客戶的方案；主導訓練課程，以擴充部門對於BD關鍵客戶方案的瞭解程度；以及提供公司的行銷分析及支援給特定的客戶。Weber指出四個與客戶連結的人事物——財務長、物料管理、採購、及終端使用者——並且說明她的工作目的在「將我們的階層往上移至到財務長及物料管理的水準」。她指出銷售及行銷對於促成階層上移非常重要，因爲「銷售及行銷人員能聽出不同的心聲；每個人都有與眾不同的資訊取得管道、及經驗」。

去年Battaglia及其他SCM小組中的人，與一群BD上下的部門銷售人員舉行會議。Exhibit3顯示了SCM經理覺得有用的解釋，是有關於附加價值服務的觀念，要如何與BD內不同的銷售努力及提供給顧客的最終服務連結起來。

健康醫療中心（HMC）

HMC是美國西南部著名的教學醫院。在這區域內，大多數的健康醫療機構認定HMC是健康醫療訓練、醫療程序、以及醫學器材的創新者。身爲一個顧客，HMC也享有「特立獨行」機構的名聲：它是除了APG以外，另兩個GPOs的成員之一，它持續在這些GPOs中，選擇最好的價格、最佳的產品類別。在1989年，HMC透過BDD-APG全國性客戶的合約，開始購買BDD的注射器及針頭。在過去都是直接與BDD獨立簽訂合約購買這些產品。

除了BDD，另外四個BD的部門也透過不同的銷售及通路商、及不同的合約，賣給HMC大量的產品。但是BDD是最主要的來源，去年的銷售額達到252,000美元，其中216,000美元爲針頭及注射器。Exhibit4顯示五個BD部門賣給HMC的產品簡介、它們主要的產品線、主要的醫院合約、以及與像HMC這類客戶的合約內容。Exhibit5提示了目前BD賣給HMC的產品用途，以及針對HMC，該產品項的預估銷售量。Exhibit6顯示負責HMC業務的BD銷售人員；一共有五位銷售代表（以及五個不同的銷售管理組織），負責HMC的銷售及服務業務，顯示與BD的分權運作同步。

HMC面臨了嚴重的負債。國家補助大幅減少，HMC設定了減少開銷的方法，包含裁撤超過一百位醫院人員。減少開銷的重責大任落在金融服務部副總裁Stan Delaney上（參閱Exhibit7），他計畫由原料管理中，減少175,000美元的開支。他要求Phil Robinson（金融服務部執行長）要與Judy Koski（原料管理的總裁）一起完成這項任務。爲了達成這175,000美元的任務，Robinson建議其中10萬美元來自於醫療用品成本的減少。Koski同意，並交由Joanne Wilson（採購經理）來決定如何減少這10萬美元的醫療用品支出。

根據John Kmetz（BDD對於HMC的銷售代表），Wilson對這份工作具保留地同意：

Exhibit4 五個BD營運部門描述

部門	主要產品	主要使用者	主要部門影響者	通路系統	契約機制	銷售代表人數
BDAC	*手術刀 *醫用手套 *scrubs *preps *抽氣設備	*擦洗護士 *開刀醫師 *循環系統護士	*採購團體 *採購經理 *OR總裁	*廣（除了Beaver線）	*直銷，與客戶接觸	98
BDD	*皮下注射器／針頭 *胰島素注射器 *拋棄式產品 *實驗手套 *溫度計	*護士 *醫生 *藥劑師	*採購團體 *採購經理 *評審委員會 *通路商（非醫院）	*非常廣	*醫院一直銷，合約（Z）	100
BDMS	*prepared plated media *dried culture media *manual sensitivity disks *厭氧系統 *快速手動試驗	*微生物醫師	*微生物部門 *病理學者 *採購團體（有限）	*選擇性	*直銷，合約（Z）	75
BDVS	*B.C.管 *B.C.針頭 *SST管	*醫院實驗室 *商業實驗室	*採購團體 *實驗室主管 *部門主管 *放血醫師	*廣／有焦點	*直銷，合約（Z）	54
DM	*IV導管	*護士	*採購團體 *頭部重大醫療護士 *麻醉醫師 *IV治療師	*廣	*直銷，合約（Z）	72

BDAC = Becton Dickinson急性醫療部門
BDD = Becton Dickinson部門
BDMS = Becton Dickinson微生物系統
BDVS = Becton Dickinson VACUTAINER系統
DM = Deseret醫療部門

Exhibit5 健康醫療中心——Becton Dickinson產品使用情形

部門	產品	BD產品被醫療中心使用？	年度或潛力銷售額（$000）
Becton Dickinson急性醫療	*動脈血管Gas注射器／裝備	沒有	$31
	*BARD-PARKER手術刀／手術小刀	有	17
	*E-Z擦洗	沒有	50
	*EUDERMIC及SPECTRA手術用手套	有	40
	*抽氣罐	沒有	40
	*抽氣導管及裝備	沒有	34
Becton Dickinson部門	*BD品牌溫度計	有	$22
	*BD品牌製藥	有	7
	*BD品牌注射器及針頭	有	216
	*BD品牌專業針頭	有	7
	*TRU-TOUCH乙烯基實驗手套	沒有	40
Becton Dickinson微生物系統	*prepared plated media	有	$53
Becton DickinsonVACUTAINER系統	*MICROTAINER品牌微收集管	有	$5
	*SST品牌血清分離管	有	4
	*VACUTAINER品牌血液收集針頭	沒有	11
	*VACUTAINER品牌血液收集管	有	21
Deseret醫療	*ANGIOCATH IV導管	有	$40
	*E-Z裝備	沒有	15
	*硬膜托盤	沒有	30
	*INSYTE IV導管	沒有	45
	*PRN	沒有	15

Exhibit6 負責健康醫療中心的BD銷售部門結構

BDVS	BDAC	BDD	BDMS	DM
B. Brown 銷售經理	J. Schofield 銷售經理	R. Jones 銷售副總裁	P. Ferrigno 銷售經理	H. Nicholas 銷售／行銷副總裁
J. Williams RSM	B. Hancock RSM	M. Hart RSM	H. Henderson RSM	P. Mason RSM
R. Giardino 銷售代表	T. Pilkington 銷售代表	J. Kmetz 銷售代表	M. Papagano 銷售代表	A. Carr 銷售代表

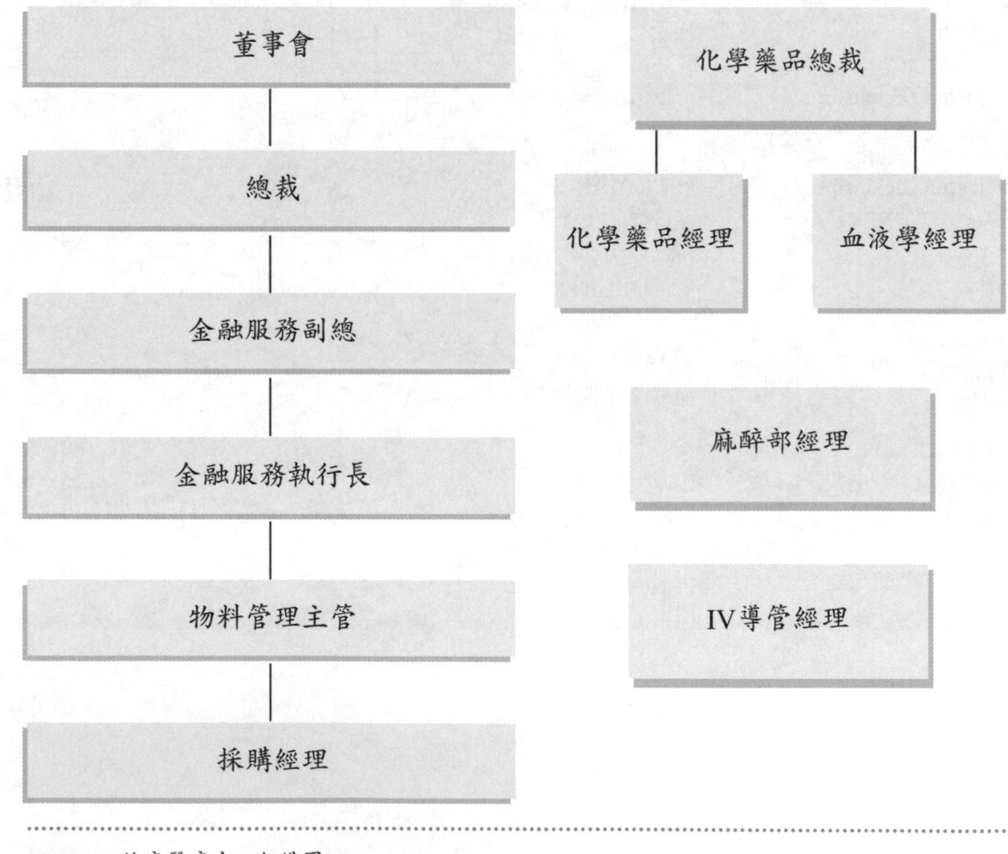

Exhibit7 健康醫療中心組織圖

Wilson感覺Koski（她的老闆）低估了節省這筆錢的困難度。Koski從未真正涉入過任何有關採購醫療用品的活動，Wilson多少惱怒她身為一個採購專家，為何不早一點想到這個方法。儘管如此，Wilson體認到Koski承受的壓力，也明白她沒有多少選擇，只能接受這份責任，而沒有提及她心中的疑慮。

Wilson首先分析醫療使用品量及成本，列出了十大醫療用品。爲了完成此表，她向City Surgica— HMC最大的通路商，它提供HMC80%的醫療用品— 的總經理Ted Barber尋求幫助。根據BDD的銷售人員表示，City Surgical在生意上，對HMC十分密切的關係。

競爭者的反應

爲了完成分析，Wilson注意到注射器及針頭是HMC所使用之醫療用品中第二多的。另外，在不久前，她曾經拜訪一位Terumo的銷售人員（City Surgical在當地的競爭者，派出一位通路銷售代表陪同），他鼓勵她好好考慮Terumo新的皮下注射產品。HMC曾經多年使用Terumo的IV導管、血液收集針頭、以及動脈血管gas kits。不過在那時，Wilson尙未經歷過終端使用者集體要求一份皮下注射產品的評估。這種重大評估程序，通常會花三到四個月，牽涉到要在護理站測試、許多醫院人員要填寫各種表格、醫院委員會要彼此開會。不過Wilson爲了目前這減少開支的工作，她決定要舉行一次評估。

爲了這次評估，Wilson首先詢問Barber，是否City Surgical能夠提供Terumo的注射器及針頭給HMC。Barber說可以。Kmetz補充道：

City Surgical是Terumo的經銷商。不過，City Surgical也是BDD的Advantage Distributor方案的成員之一，如果它今年賣BDD的產品，能夠超越前一年的銷售額，且同意不「積極地」將BDD的客户轉給其他廠牌，它將能夠獲得財務上的誘因。同時，Terumo的皮下注射器生產線，經由一個競爭者的經銷商，推薦給Wilson。因此，我的認知是Barber絕對對於供應他們的產品給HMC有高度的興趣，但是對於推薦某客户給Terumo卻持保留的態度。

Barber接下來與Wilson本人、及Terumo的代表舉行會議。與Terumo的當地銷售代表一道來參加會議的，還包括Terumo的的東北區銷售經理、及全國銷售總裁。在會議中，Terumo的代表示範了Terumo新型皮下注射器的特殊功能，但是Wilson說明她曾經在BDD新的皮下注射器樣品上，看過類似的功能。當討論進行到價格時，Terumo保證提供比BDD目前提供給HMC的皮下注射器便宜15%（Terumo的經理明白HMC依據APG合約購買這些產品，因此將價格定在比合約價格便宜15%。依照目前的購買量，這表示HMC能在皮下注射器上，省下32,000美元的花費）。會議終了時，Terumo的代表邀請Wilson到Terumo新的美國製造工廠參觀。Wilson婉拒了，不過她表達出她若有時間，會很樂意去參觀，並且非常感謝Terumo「關切HMC的重要性，及目前的財務困難。」

Wilson同意替HMC做出一份針對Terumo的皮下注射器的評估。她明白如果能成功，她即完成縮減花費三分之一的任務。她同時也明白若使用BDD的皮下注射器，BDD會要求HMC能夠保持高度忠誠度，一旦換成別的新品牌，這又是個棘手的問題。但是她覺得在目前醫院的財務狀況下，能採購到便宜的產品，會比這種轉換新品牌議題要來的重要多了。

Wilson接下來的行動，是將Terumo皮下注射器產品引介給HMC的評審委員會（由不同的行政及醫療部門經理所組成），以便決定哪個部門來執行這份評估。結論是由麻醉科、小兒科、及藥房來執行。

BDD的回應

當這份評估起始時，Kmetz給了Wilson一份詳盡BDD產品線廣度、服務支援、及對於皮下注射產品品質毫無瑕疵的報告。但是Wilson解釋了她費用縮減的任務，暗示若評估成功，則HMC可能轉換到Terumo。不過Wilson同意讓Kmetz能參與評估過程，如果BDD也能提供相同的節省成本方案，則這給了BDD一個保留皮下注射器生意的機會。

在評估過程的最後階段，Kmetz爲了留住生意而加強行銷力。他示範Terumo無法如BDD般，提供所有的針頭及注射器產品，如果不按APG合約來採購這些產品，這將增加HMC7,000美元的成本支出（因此使得原本欲節省的成本，少了25,000美元）。Kmetz同時也說明BDD爲何無法在APG合約下，提供較低廉的價格。Wilson說她明白這情形，但是也說明唯有同樣的價格折扣，才符合HMC的需求，且重申如果必要，她將推動這次評估邁向成功，以便轉向Terumo的生產線。

到了1990年1月，評估完成了：HMC的評審委員會同意換到Terumo，並把這結果呈交給正式的委員會。正式委員會在經過審視產品後，也同意HMC轉向Terumo購買皮下注射器產品。

Kmetz向Ed Haire（BDD的合約銷售經理）以及Wally Joyce（BDD的分區經理，Kmetz要向他報告）諮詢。兩人都強調破壞了一個大型的GPO合約將會帶來的危險性及潛在後果；但也都覺得HMC太重要了，不值得失去，尤其當Terumo正積極將注射器產品，打入名聲良好的教學性機構中。Kmetz說明道：「我發現有個方法能留住這客戶：我們與終端使用者有良好互動，也許將價格減少10%，能夠留住這筆生意。」

現況

在與Flaherty（BDD的總裁）溝通後，Jones（BDD的銷售副總裁）連絡Kmetz與Joyce，詢問以多部門方法留住HMC的可能性。他解釋道，HMC可能會成爲關鍵客戶，部門間的方案及服務，將能提供HMC節省成本，功效甚至會比Terumo降低價格更好，特別是這方法BDD將能維持APG合約的價格，或許也能在Wilson心中留下更好的印象。他發現Kmetz與Joyce兩人，都很關心他們所謂的這「關鍵轉捩點」。「Wilson期望我們能在十天內提出正式的企劃書」某位人士表示。「這個客戶已清楚表達它的期望，也就是直接給予折扣，」另一位人士表示，「我們被迫要在這麼短的時間內，冒險使用我們從未使用過、全新的方法，以便留住這生意。」

Jones及Marty Hart（BDD的東南區RSM）都一致贊同與其他BD部門具影響力的人員一起商討。以下是他們由其他部門所得出的反應及訊息總結：

BD的急性醫療部門（BDAC）與Wilson及其他採購單位有非常良好的關係。它們的主要產品爲手術刀／小刀以及手術用手套。這兩者就包含了BDAC八個主要的產品線，因此對HMC而言，有銷售逐年成長的潛在優勢。BDAC的總裁David Pulsifer，也指出他與Barber（City Surgical總裁）熟識，他同意打電話給Barber，以便釐清通路商的立場。在電話交談後，Pulsifer向Barber報告道：「我已經與BD生意來往多年，寧願與他們維持關係，讓BD是HMC主要的注射器供應者。但是如果客戶仍決定要換到另個品牌，我得尋求自保。」Pulsifer表達他願意針對HMC，參與多部門計畫。

Deseret醫療（DM）部門在1986年被BD併購。Deseret的RSM Pam Manson，說明部門只向HMC的麻醉部門有IV導管的生意往來。「我們與主要的麻醉部門人員關係良好，包括了部門經理，」Mason女士說明，「但是我們對此客戶總體的影響力不大，我的業務代表向我報告說至少還有一個其他的重大影響因子存在——也就是IV治療部經理——他很難對付。」

Mason也說明道，在六個月前，她曾試著讓HMC採用Deseret最新的Insyte導管產品，這產品在許多功能上，都大幅降低了使用者對先前產品的抱怨。HMC評估了Insyte，發現它適用於各種領域，除了新生兒及小兒科，因爲這些使用者比較喜歡過去的產品。「如果沒有在這些關鍵部門獲得採用，」她說明道：「Deseret將無法對HMC提出有效的成本節省方案。除此之外，HMC目前並沒有衡量Insyte能節省的那些成本。」Mason說明她樂意針對HMC，投入多部門方案中，「尤其如果能有助於我們將新產品推入HMC中。」

BD的VACUTAINER系統（BDVS）販售血液採集管及針頭。BDVS的RSM Jeff Williams，說明這個部門長久以來，「在採集管方面與HMC有堅固、深入的關係，但是在血液採集針頭上，我們就弱了。我們與主要實驗室人員的關係非常良好，不過在血液採集產品上，一直與HMC涉入不深。事實上，我們的銷售策略是強化終端使用者對BDVS產品的品牌認知，期望他們會不斷重複購買。」William表達他針對HMC的多部門方案的關心，這方案將能增加HMC採購血液採集產品，並且說明在方案中，他與BDVS的涉入程度是「不確定的」。

BDD的微生物部門（BDMS）販售產品給不同的醫院及商業實驗室，以利它們進行傳染性疾病的研究，找出治療方法。BDMS的RSM Harry Henderson，說明這個部門對HMC有重大影響力，因爲HMC將利用它們的產品，進行重大的培養工作。他進一步指出，在近幾年，BDMS能夠在不影響銷售量及買者的反抗下，提高產品售價：

> 首先，我們的產品在品質上非常卓越，眾所皆知；第二，我們的銷售人員與終端使用者一對一溝通，使用者認為產品的品質在醫療應用方面，是最重大的課題。對研究及教學機構——例如，HMC——而言，這點尤其重要。相較大多數其他BD的部門，它們就得在某些部分在價格上讓步。

因爲有以上幾點顯著不同，Henderson說明BDMS「非常關心」多部門方案能對HMC造成的影響。

Jones及Hart也與其他部門的銷售與行銷人員談過，發現到許多不同的觀點。一位分區經理表示：「HMC不值得用部門間花這麼多時間與精力。HMC長久以來與採購團體及供應商有生意往來；它們有興趣的是價格，而不是服務。」一位銷售代表表示：「我很關心哪些通路商能夠由任何多部門協議中得到利益。City Surgical並不顯著重要、或對於我們產品線有特別幫助。我倒是很樂意看到有其他與HMC往來的通路商，在多部門方案下，能獲得協助。」

一位RSM（與HMC無生意往來）描述多部門方案是：「欲從艱困的環境中解救BDD，這是有點太遲的方法。」另一位RSM描述：「這幾年來，我一直努力與HMC這客戶維持良好的關係。不過一旦使用多部門方案，其他部門的人將會接管我的計畫與方案。那些對我所曾付出的努力不懂的RSM們，我很難與他們一起為了我的合約與客戶合作。」

一位與HMC有關的部門產品經理支持多部門方案：「如果跨部門合作，將會產生許多契機，尤其在運籌、訂單輸入、及廢物處理的議題上。」公司總部方面，Gresham表達他願意積極參與總部與部門的活動，以便幫助分配資源、提供支援。Deelo雖然不負責東南區的客戶，也同樣自願提供協助，提供前次多部門合作的經驗，也許對這次HMC的情況有助益。

在這些會議後，Jones要求Kmetz與HMC連絡，以便衡量HMC是否會接受採用多部門的方案，因為它能強化的服務及產品包裹，展現出節省成本的好處，將會超越Terumo提供在注射器方面的折扣的好處。Kmetz接下來與Wilson溝通，說明「Joanne似乎對多部門的可能性不置可否，但也並沒有強烈反對這意見。她重複強調她能提供與Terumo的折扣等質的服務，她仍然期待未來能看到BD的企劃書。」

結論

Jones與Flaherty再一次溝通。兩方都同意為了HMC這客戶，雙方建立起不同部門間的每日會議。與會者將包括五位部門總裁、銷售總裁、RSM們、及銷售代表、Gresham與Deelo。Flaherty對Jones說道：

> Bob，我將利用開會這機會，改造HMC能適用多部門的方案，我希望你能夠思考，如果要獲得其他部門支持，可能會遇上哪些議題。既然成本如此重要，我希望BDD能成為領先部門，接受弱行使多部門方案可能會使花費增加的情形。不過你若認為多部門方案不適合HMC的情況，BDD最好也採用價格折扣予以回應，你也要讓我知道。

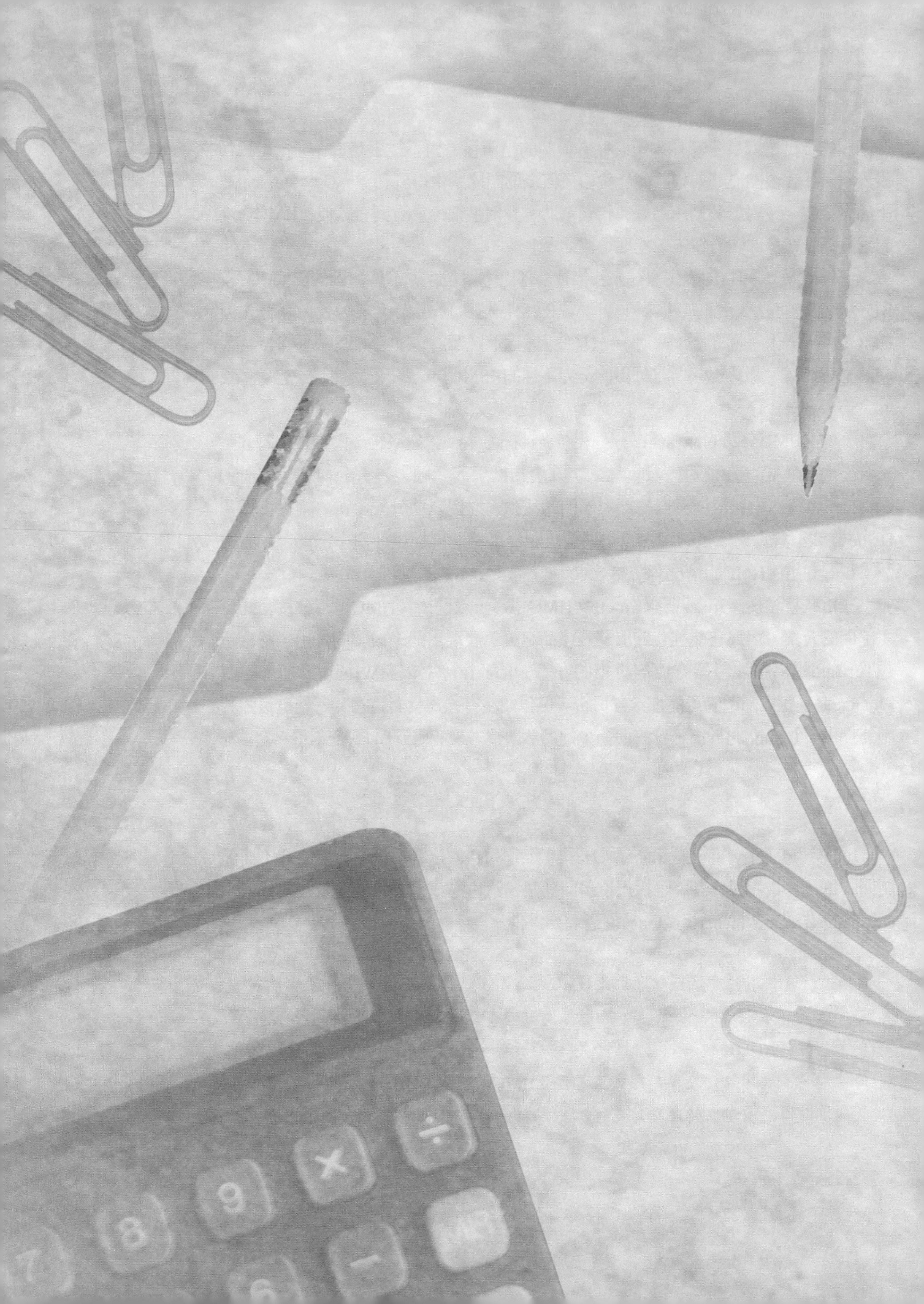

個案3

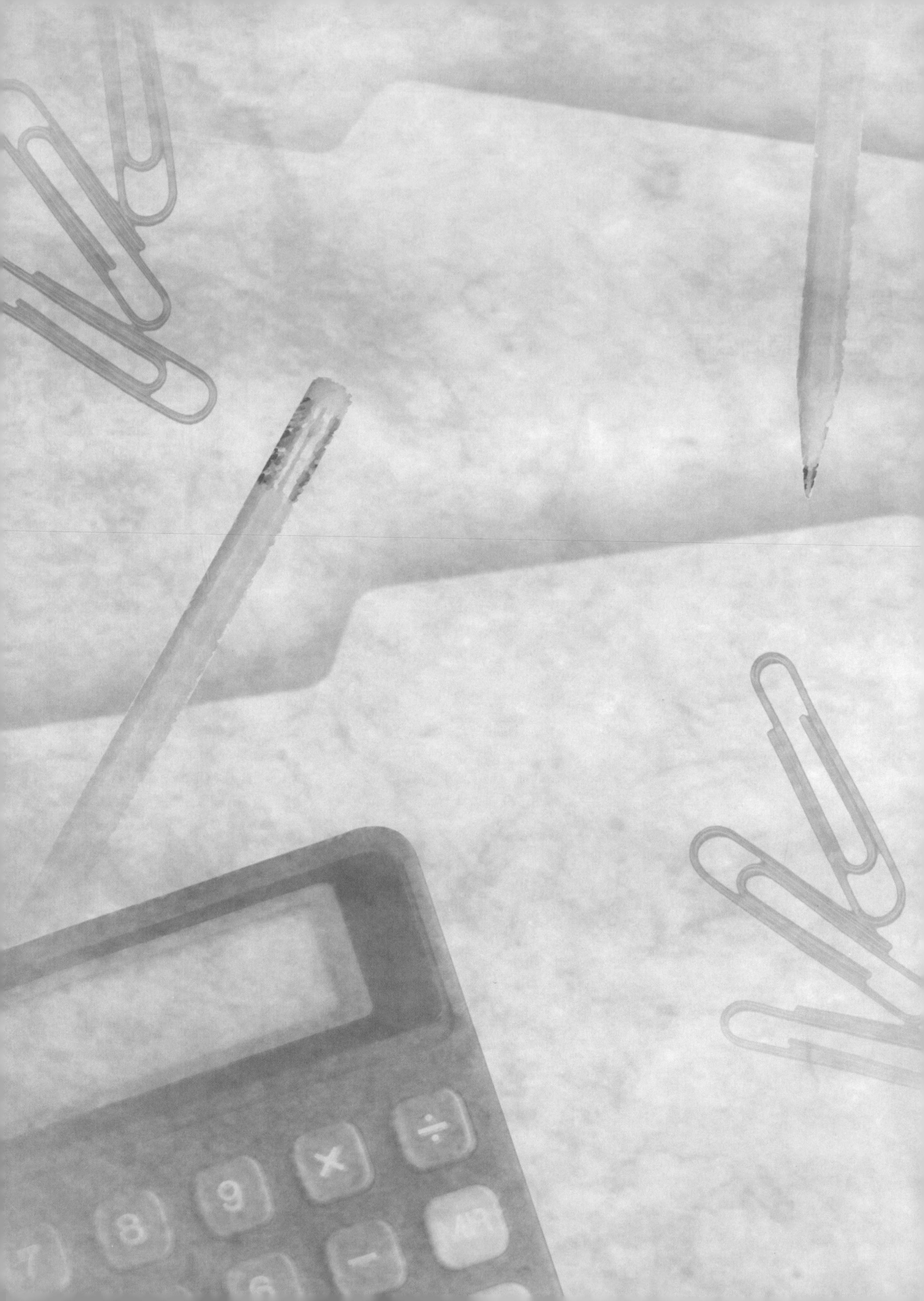

現在是1989年1月16日週一的早上六點半；溫哥華天空尚未破曉，而傑士先生時尚公司（Mr. Jax Fashion Inc.）的總裁Louis Eisman正坐在桌子上思索未來的成長機會。成長一直是Eisman與另一個主要股東Joseph Segal的重要目標。起初，該公司重心爲職業婦女的服飾、套裝、以及配件市場，但在1986年的加拿大市場中公司幾乎已經完全達到飽和的地步。此時，以收購四個公司的方式尋求成長：包含一間羊毛紡織公司以及三間服裝公司。長達十年的成長讓公司成爲加拿大第六大服裝公司。

未來，Eisman認爲要尋求成長就需要不同的方法。進入美國市場可能是一個不錯的成長機會。對於公司而言，未來數年的美國市場似乎十分有利。該市場中傑士公司重心的職業婦女服飾市場展望良好，而且近來自由貿易協定（Free Trade Agreement）提供優惠的關稅。然而，Eisman希望確定選擇合適的策略，因爲他相信，若採行了合適的方法，傑士公司可以在十年後變成重要的國際服飾公司。

產業概況

根據性別、服裝、以及價格可將服裝業分爲許多區隔。基於價位可將婦女市場由低價位一直區隔到高度流行的區隔。低價區隔主要在低成本生產能力上競爭，而高品質區隔憑藉設計與行銷能力競爭。事實上，在高價區隔的公司通常將生產轉包出去，因爲生產需要的技能不同。

上班女性區隔爲中價位至中高價位服飾。在1970年代晚期及1980年代早期，由於職業婦女的激增而使該區隔呈現驚人的成長。在美國，在1980年代前半以每年50%的速度成長，但在1988年減緩至20%，而專家預測在1990年代中期的成長率會滑落到GNP成長率的水準。據估計，1988年美國職業婦女市場爲20億美元。加拿大的市場規模爲其十分之一，且成長率與美國市場相若。然而，時尚業的景氣循環波動卻讓成長減緩的正確時間更難以預測。

競爭

在加拿大職業婦女區隔主要的競爭公司如下：

*Jones New York of Canada，這是美國時尚公司的行銷子公司，與傑士公司在加拿大的職業婦女服飾市場中共享領導的地位。該公司重點完全放在這個市場區隔。其製造部分外包給亞洲企業。

*The Monaco Group，這是1980年代加拿大主要男士與仕女時尚的設計與零售公司。在1988年，該公司銷售額達到2.100萬美元，資本報酬率超過20%。他自行設計其時尚產品並在自有通路與重要的百貨公司中銷售。製造外包給亞洲企業。近年來，該公司被加拿大擁有在美國與加拿大二千家零售點的大型零售集團Dylex Inc.所收購。

*Nygard International Ltd.，收益超過兩億美元，這是加拿大最大的服飾製造商。其銷售與生產約有三分之一位於美國境內，該公司歷史上一直專注於低價服飾，但它僱用了前傑士公司設計師而創造了Peter Nygard Signature Collection，這是一系列針對職業婦女設計的服飾。新的系列只推出六個月，而據傳銷售量平平。

其他的競爭上有不同的美國與歐洲的進口商品。這些公司通常在亞洲生產服裝，並經由獨立的加拿大銷售代理商在加拿大境內銷售。歷史上，大部分公司將行銷資源投入到快速成長的美國市場中，然而，許多公司憑藉強烈的國際品牌認同而在加拿大市場中佔據重要的地位。

在美國著名的公司包含：

*Liz Claiborne，爲開創職業婦女流行時尚的領先廠商。該公司創始於1976年，在1970年代晚期以及1980年代初期快速成長，在1988年，其於美國的銷售量超過12億美元。Claiborne習慣以價格與品牌認同來競爭，此策略被此區隔中其他較大的企業所模仿。爲維持較低的價格，Claiborne將製造部分外包給低成本的製造商，85%都位於亞洲。該公司較大的規模讓它可以對製造關係有很大的影響力。近來，公司把事業擴張至銷售。

*J.H. Collectibles，是一家位於密爾瓦基的公司，該公司策略十分的獨特。它製造一些強調品質與遞送的高階商品。其製造設備位於Wisconsin與Missouri州，在美國市場銷售量爲2億美元。

*Jones of New York，是Jones New York of Canada的母公司，該公司是美國最大的廠商。事實上，其2億美元的銷售量主要來自美國市場。

*Evan-Picone，爲美國的成衣設計與銷售公司，該公司在中年職業婦女市場運作得十分成功。該公司亦將製造外包，在美國的年銷售額超過2億美元。

此外，市場中也有許許多多各式各樣在該區隔中彼此競爭的成衣設計者、銷售商、以及製造商，包含諸如：Christian Dior、Kasper、Pendleton、Carole Little、Susan Bristol;、J.G. Hooke、Ellen Tracy、Anne Klein II、Perry Ellis、Adrienne Vittadini、Tahari、Harv、Bernard、Norma Kamali、Philippe Adec、Gianni Sport、Regina Porter、以及Herman Geist。

在該市場區隔的獲利十分豐厚，而Liz Claiborne在該產業的獲利名列前茅，平均五年的股東權益報酬率爲56%，十二個月的報酬率爲45%。J.H. Collectibles過去五年的權益報酬率超過40%。而過去五年美國成衣業平均報酬率爲12.5%，加拿大爲16%。

通路

1980年代，銷售通路的選擇與維持變成成衣製造商重大的考量之一。1988年零售業經歷了一段特別艱困的時期，雖然相對而言，職業婦女的區隔獲利狀況仍然十分良好。整體需求降低，且銷售分析師預測，相對於1980年代中期的6%-7%成長率，1989年平均收益僅可能增加1%-2%。一般認爲高漲的利率以及通貨膨脹率和停滯的需求水準對整體產業獲利造成嚴重的衝擊。此外，業界也進入一個整合的時代，這使得權力由設計師逐漸轉移到銷售商手中。

爲反制銷售者日益高漲的權力，部分設計師垂直整合並跨足銷售。該選擇的吸引力來自於控制下游配銷通路活動，並讓公司可以積極地增加市場佔有率。成衣銷售產業成功的要素來自於地點、品牌認知、以及較佳的採購技術。能夠成功跨足銷售的成衣公司通常爲較具市場導向的公司，諸如：Benetton與Esprit。

北美自由貿易區協定

就歷史上而言，已開發國家採用相對較高的關稅與進口配額的方式來保護自身紡織與成衣業。加拿大成衣進口關稅平均爲24.5%，美國爲22.5%，而傑士公司主要的產品之一的毛料在加拿大稅額爲22.5%，美國爲40%。進口配額進一步限制開發中國家製造商出口至這兩個國家的數量。雖然存在這些障礙，1980年代加拿大成衣進口船數成長率由20%增加至30%，且大部分來自開發中國家。據估計，1988年由美國進口的數量達到2億美元，而加拿大製造商出口至美國的金額約7,000萬美元。

自由貿易區協定（Free Trade Agreement, FTA）將大幅度改變北美的貿易限制。在未來十年之內，美國與加拿大間的所有成衣與紡織關稅都將逐步取消，但同時施行嚴苛的「原產地法案」（rules of origin）。爲符合這樣的資格要求，產品不僅必須要在北美製造，製造產品的原料（即紡織品的紗線、以及成衣業的布匹）亦需在北美生產。很不幸地，這樣的原產地要求對於美國的成衣業較有利，因爲它們85%的原料都在美國境內生產，而加拿大製造商採用的原料多爲進口產品。爲扭轉此一劣勢，在協定中增加一項條款允許加拿大每年出口至美國的成衣中有5億美元不須遵守原產地法案，但在加拿大的附加價值需要超過50%。在除外條款執行前的五年之內，若需求超過這樣的配額，就有可能會產生許多的投機行爲。專家預測在美國市場具有競爭力的公司將有獲取此權力的優先權。

許多產業專家對FTA的結果進行預測，並同意短期間FTA會對加拿大低價成衣區隔產生嚴重的衝擊，因爲美國市場存在規模經濟（美國成衣製造商的平均規模爲加拿大對手的10倍大）。然而，所有的區隔長期而言會遭受限制，因爲大部分的觀察者同意此產業將逐漸地受到想要具備國際競爭力之加拿大政府的壓力。這裡的問題在於國際談判將降低對該產業的許多保護措施。就是這樣的疑慮讓Eisman一直努力要讓公司變成主要的國際時尚設計者與製造商。

整體而言，Eisman認爲FTA利害參半。在加拿大的競爭將隨時間經過而漸趨和緩，但他覺得較低的關稅以及該公司的高品質和家庭羊毛工廠代表潛在於美國市場擴張的極佳競爭優勢及機會。

傑士先生時尚公司

Joseph Segal所擁有的一家創投公司在1979年買下一家位於溫哥華，銷售額300萬美元，70%銷售額來自於男士服飾，搖搖欲墜的成衣製造商。Segal立刻僱用著名的婦女時尚專家Louis Eisman，而他也開始著手剔除公司的男士服飾產品線並積極的投入職業婦女的市場區隔。

Eisman認識到設計的重要性，而且在頭三年他設計了所有新的產品線。在1982年他僱用了年輕的加拿大時尚設計師，然而，他仍然維持設計的走向。他每年在歐洲旅行約兩個月，以重新掌握歐洲時尚設計風潮，並取得適當的布料以供下一季的時尚設計使用。他亦獨自檢視所有的設計。傑士公司結合婦女時尚知識以及設計能力而生產出與其他加拿大競爭者不同的高品質古典設計產品。1989年設計師辭職，而Eisman僱用了位於紐約的時尚設計師Ron Leal。Leal在一些大型的美國設計工作適擁有不錯的工作經驗，而且，不像之前的設計師，他帶給公司一些美國市場經驗。

建立採購與配銷通路時十分倚重Eisman的能力與動力。他靠自己發展出與許多大型銷售商的關係。他僱用並開發銷售代理、兼職銷售人員，而且在1983年僱用稍後成為公司行銷與銷售VP的Jackie Clabon。該公司的銷售人員在同業中名列前茅。Clabon在加拿大的銷售與交易經驗以及Eisman的設計與行銷優勢讓傑士公司在這些活動上具備驚人的管理深度。

最初，西方時尚購買者的接受並不熱絡。時尚界十分懷疑這家位於溫哥華的成衣設計與製造商。因此，Eisman專注於小型的獨立銷售點，在這些地方比較容易操作它們的購買決策；當傑士公司得到高品質、古典設計以及優質服務的名聲時，較大的銷售連鎖商開始向公司下訂單。在1988年，傑士公司的產品在加拿大超過四百間百貨公司以及專賣店中展售。主要的顧客包含：The Bay、Eaton's、Holt Renfrew、以及Simpson's，而且，雖然一開始行銷重心放在較小的零售商上面，傑士公司當時銷售量中大部分已經移轉到大型的銷售連鎖中。成衣產品經由銷售代理商以及兼職的銷售人員進行銷售。Ontario以及Quebec佔了銷售額的72%。此外，最近亦在溫哥華與西雅圖開設兩間大型的零售店；溫哥華店獲利十分豐厚，但是西雅圖店的業績不佳。

許多產業專家覺得傑士公司的產品線可以直接歸功於Eisman。他以其精力與急躁個性和創造力及對婦女時尚的知識而聞名。在他過去經商及行銷的經驗中，他發展出對於婦女服飾多變風格的敏銳直覺。此產業通常被認為是一個需要直覺多過理性的產業。Eisman特別擅於設計、銷售、及行銷的工作。他與這些部門緊密合作，且常常深入到最小的細節之中。如Eisman所說的「就是這些細節讓我們的事業與眾不同。」雖然Eisman將其時間與精力投注於這些功能上，他也努力提供生產功能一些指導原則。生產功能在提供傑士公司優於進口商品服務優勢上扮演著重要的地位。在1988年，傑士公司在職業婦女時尚產品中的收益為2,500萬美元，淨利為300萬美元。（參閱Exhibit1）

Exhibit1 傑士公司時尚公司

損益表（單位：千美元）

年份	1981	1982	1983	1984	1985	1986	1987（9個月）	1988
銷貨	4,592	4,315	5,472	7,666	13,018	24,705	53,391	72,027
銷貨成本	2,875	2,803	3,404	4,797	7,885	14,667	38,165	49,558
毛利	1,717	1,512	2,068	2,869	5,133	10,038	15,226	22,469
管銷費用	1,172	1,117	1,458	1,898	2,434	4,530	9,071	18,175
營運獲利	545	395	610	971	2,699	5,508	6,155	4,294
其他收益	22	25	25	10	16	564	418	117
處分部門損失								(554)
稅前淨利	567	420	635	981	2,715	6,072	6,573	3,857
所得稅								
當期	150	194	285	432	1,251	2,874	2,746	1,825
遞延	47	2	(5)	28	24	57	245	(195)
淨利	370	224	355	521	1,440	3,141	3,582	2,227
股價區間						$7.5-$11	$8-$18	$7.5-$14

資產負債表

年份	1981	1982	1983	1984	1985	1986	1987	1988
流動資產								
短期投資	—	—	—	—	—	5,027	1,794	495
應收帳款	709	874	961	1,697	2,974	6,430	16,133	14,923
存貨	464	474	684	736	1,431	3,026	15,431	16,914
預付費用	11	15	20	22	201	398	404	293
可退稅額	—	—	—	—	—	—	—	1,074
廠房設備	318	349	424	572	795	4,042	7,789	13,645
其他資產	—	—	—	—	—	273	526	513
資產總額	1,502	1,712	2,089	3,027	5,401	22,196	42,077	47,857
流動負債								
銀行債務	129	356	114	351	579	575	1,788	4,729
應付帳款	490	435	678	963	1,494	3,100	4,893	6,934
應付所得稅	126	58	86	153	809	1,047	546	
遞延所得稅負債	84	86	81	109	133	217	462	267
股東權益								
股本	127	7	13	5	4	12,252	26,577	26,577
保留盈餘	546	770	1,125	1,446	2,347	5,005	7,877	9,350
負債暨股東權益總額	1,502	1,712	2,097	3,027	5,401	22,196	42,077	47,857

附註：1987年會計年度結束時間由1988年2月變爲1987年11月。這讓1987年會計年度只有9個月的時間。
1981年至1984年的數字乃根據財務變動報表（Change in financial Position Statements）推估。

以購併多角化

1986年Segal與Eisman讓傑士公司公開上市，籌募到超過1,700萬美元的資金，而仍保有三分之一的股權。新增加的資本用來分散投資，以購併四個相關公司的方式尋求成長機會。

在1986年以200萬美元的價格買下Surrey Classics Manufacturing Ltd.，這是個位於溫哥華而由家族經營的公司。該公司主要是一個低價的婦女服飾與大衣製造商。這個購併案最初目的只是要讓公司變成一個獨立的單位。然而，過去的所有人以及經營團隊與傑士公司組織調適不良，而且在非競爭條款失效後他們開設了一家新的公司。不幸地，銷售量因爲新的競爭以及管理能力缺乏而開始迅速下滑。爲遏止損失，公司以合約方式僱用了許多不同風格的設計師。然而，Surrey貧瘠的現金流量無法支撐必要的促銷活動，而其新的時尚產品遭遇挫折，因而導致驚人的營運損失。

在1988年稍後，Eisman重新任命傑士公司的財務副總爲Surrey Classics的臨時經理人。如Eisman所說的「這家公司需要一個瞭解產業中財務優先順序，並能善加利用公司產能的經理人」。部分管理功能轉移到傑士公司中，這些功能包含：設計、樣式設計、尺寸、以及規模設計。行銷與生產仍然獨立在溫哥華之外的出租設備中營運。Surrey Classics現在生產多樣的產品線，包含授權之年長婦女毛衣產品線Highland Queen、以及傑士公司專爲年輕婦女設計的Jaki Petite。經歷這次轉變，Eisman自己提供了產業特有的管理技巧，而這又需要他投入大量的時間與注意力。目前，Eisman保持每日監督的習慣，並參與重大的決策。在這段期間內，Surrey的收益由1986年的1,200萬美元降到1988年的1,080萬美元，且淨利由1986年的10萬美元降至1988年損失約200萬美元。Eisman認爲未來兩年Surrey的營運需要與傑士公司進一步整合以節省營運費用。

West Coast Woolen Mills Ltd.是一個位於溫哥華，且由家族經營四十年之久的羊毛紡紗公司。傑士公司在1987年用220萬美元買下該公司。Eisman維持原有的經營團隊，這些經理人擁有產業專屬的獨特技術。West Coast將毛線銷售給加拿大的顧客。1986年其銷售量達到500萬美元，沒有獲利，而預計產能爲每年1000萬美元。該公司爲加拿大境內三個羊毛紡紗公司中最小的一個，而美國有大約十八個紡紗公司，部分公司擁有世界上最大型的紡織部門。

傑士公司與West Coast都由此購併案獲利。此關係讓傑士公司可以獲得有關紡織品生產的排程、設計以及品質的控制權。此外，傑士公司能夠大幅降低子公司紡織品訂單的前置時間，而這對West Coast的影響尚未研究出來。West Coast得到了更多的資本，這讓它可以投資新的設備與科技，而這兩個要素是這個資本密集產業的重心。這些投資支持公司成爲北美品質最佳、最注重設計的羊毛紡織公司之長期策略目標。公司已經在加拿大達成此目標。

傑士公司目前可以在West Coast獲得30%～40%的紡織原料。剩下的部分就要由歐洲購買。在1988年，West Coast的收益達到650萬美元，並達成損益兩平的境界。

1987年傑士公司以1,830萬美元的價格買下Olympic Pant and Sportswear Co. Ltd.以及Canadian Sportswear Co. Ltd.，這兩間公司都是私人所擁有的。在這兩間位於Winnipeg的公司中，之前的經營團隊，除了所有者以外，都仍然在公司中進行營運。

Olympic生產低價的男士與男孩褲子、外衣以及一些女士的運動服。Canadian Sportswear生產低價爲的女士與女孩外衣及外套。Canadian Sportswear也具有加拿大陸軍服飾供應商資格，而且，雖然這些銷售只佔該公司收益的一小部分，這樣的資格讓公司可以維持一個較小但受保護的市場利基。這些公司和傑士公司目標市場與地點的差異顯示它們大部分的營運都各自獨立。其綜效多半侷限於諸如財務與系統管理的少數公司管理功能上面。

這些公司的收益總和由1986年的3,500萬美元降至1988年的3,000萬美元。在這段期間個別公司仍然維持獲利，雖然獲利已經下降了。在1988年，淨利總額爲一百二十萬美元。管理者將下降的收益怪罪於增加的競爭壓力以及過去擁有者退休產生之管理能力的欠缺。

公司現況

多角化讓公司加速成長，但這樣的行動也產生了一些問題。最嚴重的問題就是對目前多角化的結構缺乏管理控制（Exhibit2）。1988年，情況變得很明顯，若沒有管理控制以及過去管理者的驅力，該公司將無法像購併之前一樣具有競爭力。因此，在1988年稍後Eisman僱用新的財務長Judith Madill以協調公司控制整合計畫。Madill具有豐富的會計與公司重組經驗，但缺乏在類似時尚產業中的營運經驗。Madill建議公司應設置人事、財務、以及系統管理部門，以整合並協助子公司營運。Eisman並不完全相信這會是正確的方法。他一向主張傑士公司的競爭優勢之一

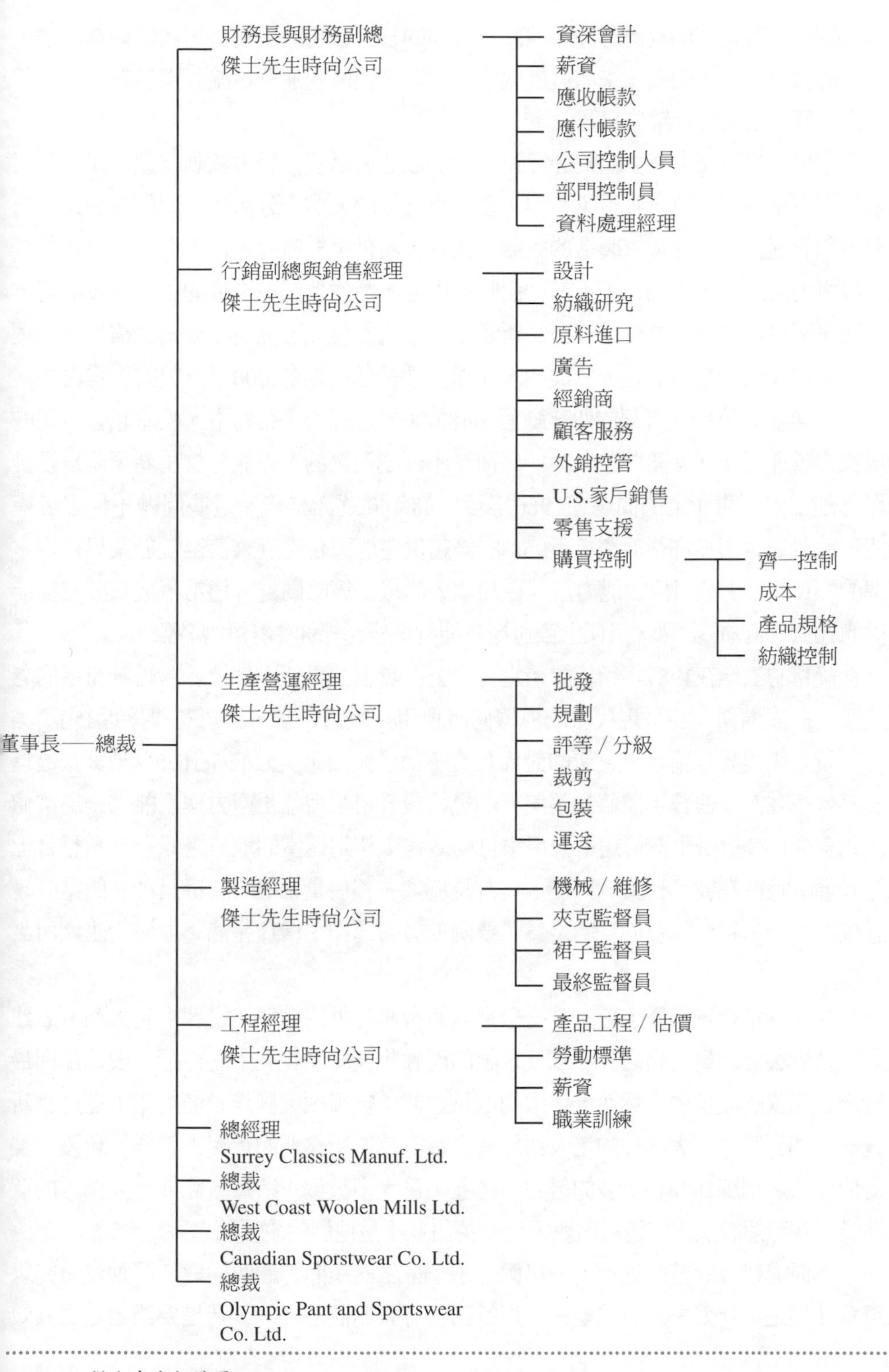
董事長──總裁
財務長與財務副總
傑士先生時尚公司
資深會計
薪資
應收帳款
應付帳款
公司控制人員
部門控制員
資料處理經理
行銷副總與銷售經理
傑士先生時尚公司
設計
紡織研究
原料進口
廣告
經銷商
顧客服務
外銷控管
U.S.家戶銷售
零售支援
購買控制
齊一控制
成本
產品規格
紡織控制
生產營運經理
傑士先生時尚公司
批發
規劃
評等 / 分級
裁剪
包裝
運送
製造經理
傑士先生時尚公司
機械 / 維修
夾克監督員
裙子監督員
最終監督員
工程經理
傑士先生時尚公司
產品工程 / 估價
勞動標準
薪資
職業訓練
總經理
Surrey Classics Manuf. Ltd.
總裁
West Coast Woolen Mills Ltd.
總裁
Canadian Sporstwear Co. Ltd.
總裁
Olympic Pant and Sportswear
Co. Ltd.

Exhibit2 傑士先生組織圖

爲其彈性以及迅速的反應時間。他認爲增加的管理費用將限制公司內的創業因子，且多餘費用將嚴重限制未來的發展機會。因此，他將營運費用擴張限制在未來一年中僅有兩個工業會計師的範圍內。

在現存的組織中產生統整的行動。Eisman過去試圖僱用生產副總裁。傑士公司未曾擁有這樣的職位，且很不幸地，要僱用合格的人選十分困難。問題在於北美只有少數管理人員具有成衣製造的經驗。此外，溫哥華對時尚經理人而言不是一個具有吸引力的地方，因爲這裡不是一個時尚中心，將使他們與未來的工作機會隔絕，且在美國他們也可以享受到較高的薪資以及較低的稅賦。然而，公司急需生產經理以協調內部生產整合計畫。一開始，生產主要位於一個22,000平方呎的廠房之中。在1986年變成位於溫哥華的四座總面積48,000平方呎的建築物中。生產包含典型的成衣業營運工作（參閱Exhibit3）。然而，不同建築物的工作劃分讓生產規劃以及排程更加困難。生產上的問題在1986年至1988年間逐漸累積。這些問題不僅限於產能，而且顧客服務亦從原來接近95%的優越供應能惡化到近來甚至低於業界平均水準的75%。傑士公司供貨能力是其在加拿大的成長策略關鍵。通常，成衣製造商能供應70%～80%的訂單，但傑士公司擁有能夠供應超過90%訂單的名聲。

統整的工作在1987年稍後繼續進行。公司買下並更新一棟位於溫哥華市區的老建築。該設備與一些最現代化的機器同時運用。整體而言，公司花費接近350萬美元的資金來提昇技術水準。新的設備包含一部價值22萬美元的Gerber自動裁衣機以改善效率並減少浪費；價值30萬美元的縫紉設備用來增加生產力與產能；一部價值20萬美元的Gerber生產傳送系統用來自動輸送工作到適當的地方；以及一套整合上述設備（追蹤在製品存貨、排程、規劃及協調、和估量合適的裁縫尺寸）的電腦設計輔助系統。這些投資的目的是爲了要降低勞力運作、增加產能、並減少生產所需的時間。

在1988年最後一季，傑士公司搬進重新裝修完畢的總部。這棟由義大利著名建築師負責裝修的建築物之天窗以及升騰的門廊代表一項建築上的奇蹟。製造部門最近搬進昂貴的設備中。然而，這樣的遷移並非一帆風順。操作設備的工人在適應新機器上遇到困難。大部分的工人習於過去舊有技術所需要的重複性工作。新設備強迫他們自我訓練並需要更多的努力；這並不爲大多數員工所喜。此外，大部分的亞洲員工在瞭解說明書時遭遇困難，因爲英語並不是他們的主要語言。

爲促進整合計畫的施行，公司僱用了一位生產顧問。顧問採取時間動作研究以瞭解並促進工作效率以及效能。類似行動所導致的問題之一，乃是要讓營運更具效

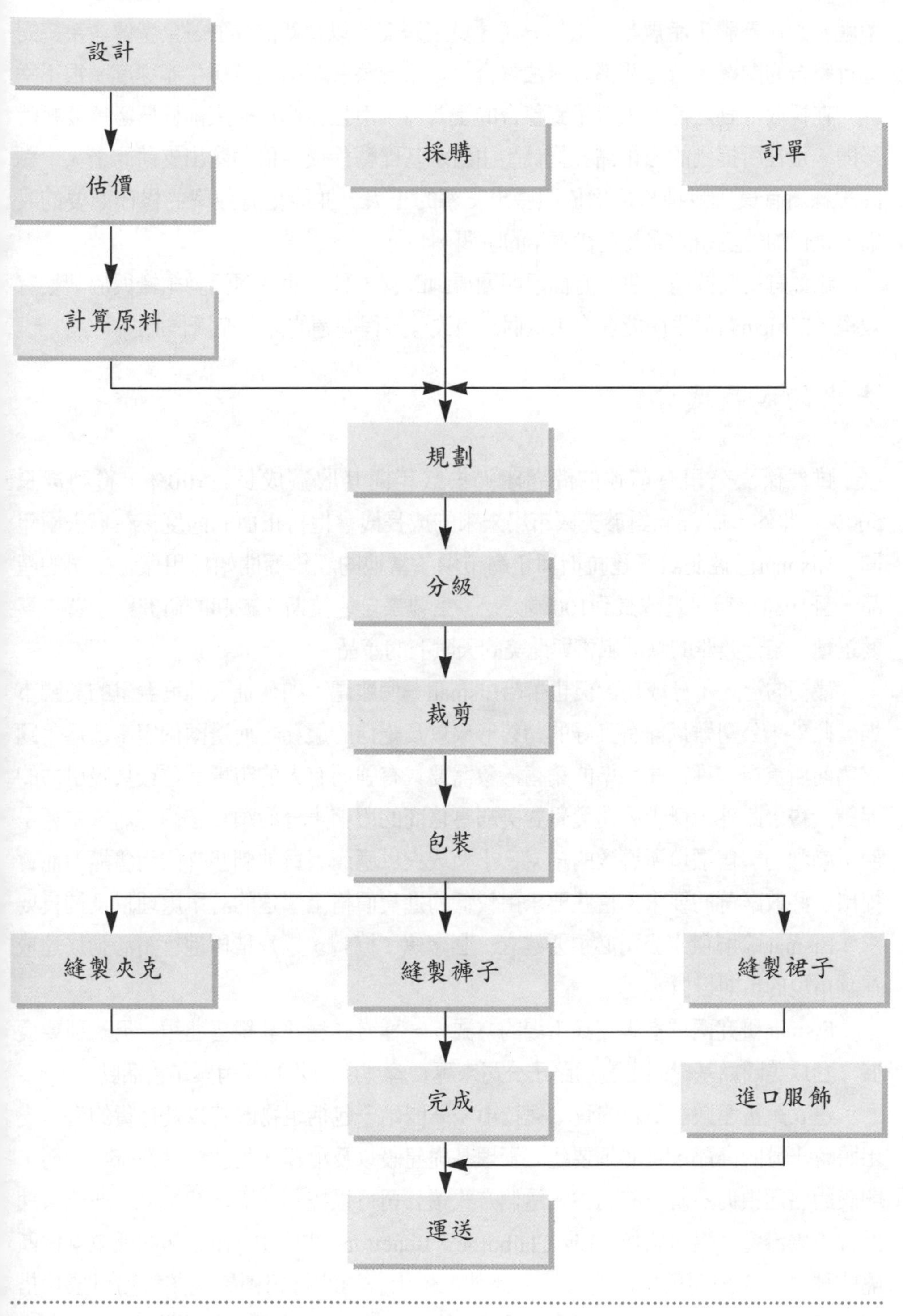

Exhibit3 生產流程圖

率就必須在整體生產規劃、工作分派、員工薪資、以及新的Gerber生產傳送系統間進行整合的問題。若這些部分無法整合，新系統將會明顯地減緩生產速度。很不幸地，在採取行動之前並未考量到整合的重要性，而且在修正結束前機器必須要暫時移開。這裡所提到的修正需要把員工由薪水基礎轉移成爲依照產出支薪的工人。顧問訓練所有員工以轉移成爲依照產出支薪的工人，並能更有效率的操作必要的設備。這樣的轉變預計需要花費兩年的時間。

雖然有這些問題，生產方面已明顯得到改善，且目前營運活動組織與協調較有效率。Eisman對於生產能在未來六個月內改善排程問題的能力充滿信心。

未來的成長機會

雖然傑士公司有前述的問題，過去八年間其收益成長1,500%，獲利成長500%。此外，Eisman對於美國市場未來的成長機會抱持正面的態度。在過去兩年間，Eisman已經測試了達拉斯與紐約市場。當地的經銷商開始採用傑士公司的產品，且1988年銷售量成長到100萬美元，主要來自達拉斯。繼起的研究顯示買主喜愛這種「結合典雅的歐洲風格與北美的天賦」的產品。

最初的進入十分成功，但也帶給Eisman一個難題：如何進入高度競爭的美國市場。此外，公司難以擁有良好的銷售形象以及絕佳的服務，而這兩個因素卻爲美國零售商所重視。獲得高水準的銷售形象需要具有強而有力的市場地位或具吸引力的促銷計畫。此外，傑士公司發覺對美國零售商的服務十分麻煩。它們的需求主要是競爭劇烈的零售環境所導致的結果。小型成衣供應商因爲他們些許的銷售能力而會提出一些較嚴苛的要求。這些要求由較低的進貨價格至快速的訂單處理以及補貨要求。Eisman瞭解傑士公司必須要建立一套聚焦、協調、以及積極地行銷活動以達成在該市場的預期目標。

Eisman研究兩種進入美國市場的方式。一種方式爲建立銷售連鎖，另一種要發展一套以美國爲基礎的批發通路子公司來專責管理所需要的促銷與銷售活動。

建立銷售連鎖需要新的資本與技術。一開始，包括租物改善以及存貨的資本支出將會十分的高昂，且必須要建立管理基礎建設以及配銷和生產倉儲系統。然而，開設銷售連鎖仍然有一些利益。這個方式讓公司可以控制、更具知名度、並能快速進行市場滲透。這是諸如：Liz Claiborne、Benetton、以及Esprit之類的職業女性區隔的積極成衣公司所採用的策略。此外，傑士公司的行銷優勢與該策略可成功搭配。專家預估開設最初三十間店所需資本約1,000萬美元，而其後每間店的開店成本

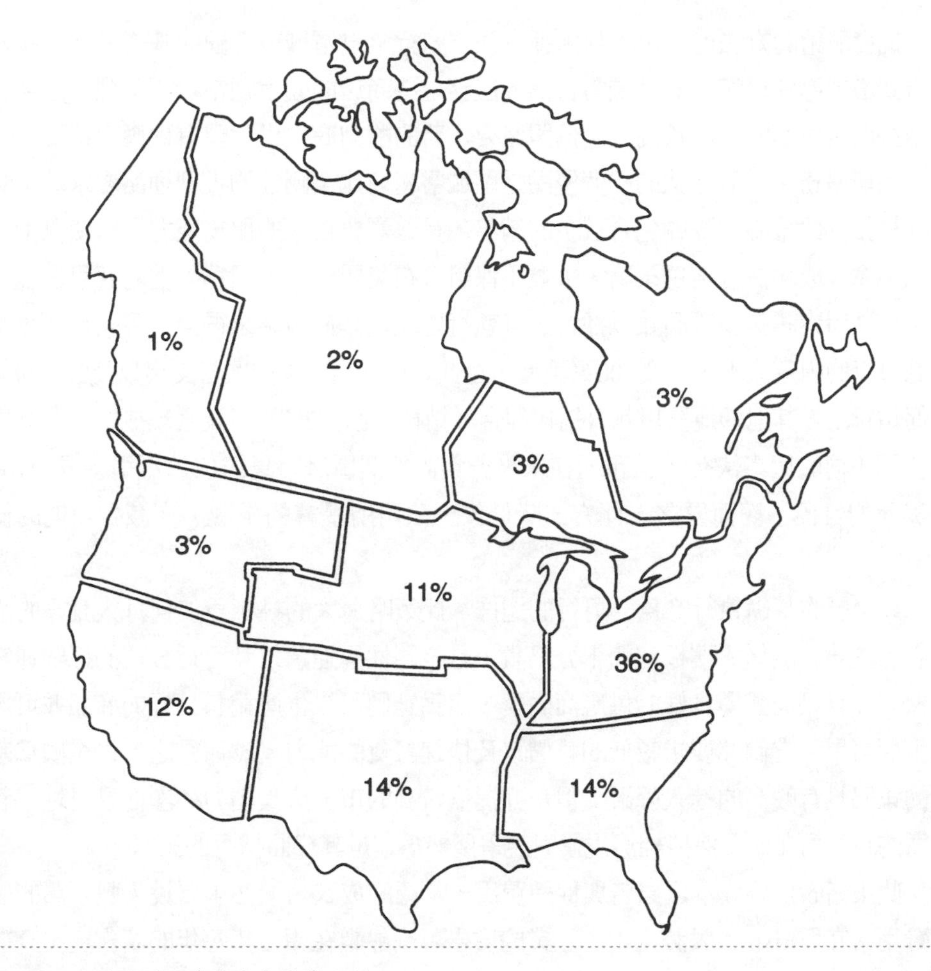

Exhibit4 北美不同區域的成衣消費比例

資料來源：US. & Canadian Governments.

為30萬美元。二至五年後，依所處地點的不同，每間店所帶來的銷售成長將介於30萬美元至75萬美元之間。邊際獲利率將略低於10%。專家認為五年之間該公司可望開設四十五間分店；第一年五間，且其後每年以十間的速度展店。總言之，此選擇具有較大的財務風險，但亦具有較高的潛在獲利。

另一個選擇是建立一套美國的配銷子公司。此策略需要資本以及與公司在加拿大營運相同的經驗。一般而言，該公司必須要在美國設立一間或更多間展示商店。展示店的地點對於此策略的執行成功與否十分重要。Exhibit4說明北美不同區域的成衣購買行為。

批發配銷的方法可以用下列兩種方法來執行：以區域或全國的基礎執行。區域的方式必須專注於較小的區域零售商。服務這些商店的競爭通常較不劇烈，因爲服務這些商店所須的支出較高。這個策略要求新的配銷商提供比現有供應商優質的時尙產品與服務。這個方法的一個優點是區域零售商比全國性的大型通路要求較小的價格折扣。此策略的障礙包含較多的銷售人員並需要較佳的服務能力。即使傑士公司在加拿大成功採行這項策略，這並不保證會在美國成功，因爲兩地的競爭環境不同。這些因素讓這項策略難以採行，且執行速度較其他策略來得慢。專家預估每個區域每年的固定成本平均爲100萬美元，在此之中包含75%的廣告支出以及25%的其他促銷費用。其他營運費用包含銷售佣金（銷售金額的7%）以及管理成本。收益也需要靠不同的因素決定，但預期在未來五年內每個區域可以達成每年銷售成長100萬美元的目標。總而言之，此方式降低傑士公司所暴露的風險，亦減少短期的機會。

以全國的基礎執行亦爲一可行的選擇。此策略最大的挑戰爲如何打入良好的購買者／銷售者關係。樓板空間十分昂貴，且全國性的連鎖以及百貨公司的採購通常較保守，且只向聲譽良好的供應商購買，因爲它們可以生產銷售良好的商品並可服務大額訂單。它們亦要求較低的售價以及快速訂貨的能力。總而言之，以全國爲基礎的策略具有較高的進入障礙，但是亦提供較高的市場成長潛力。顯而易見地，若公司的目的爲在北美保持經濟規模與競爭優勢，這是其終將採行的策略。

此策略的主要成本爲廣告與促銷費用。全國的成衣公司必須要投入數百萬的廣告費用。在與Eisman討論之中，產業的廣告專家建議在頭三年每年的廣告支出介於300萬至500萬美元之間，且若能成功營運，稍後兩年每年支出增加100萬美元。其他的營運支出包含銷售佣金（銷售量的7%）以及管理費用。此策略的結果十分不確定，並可能會有兩種結果。若此策略成功，Eisman預估在前兩年可以得到一至兩個銷售量100～200萬美元的客戶。Eisman預估第三年的銷售量將增加到約500萬美元，並在接下來兩年中每年增加500萬美元。然而，若無法維持預期的品質、設計或服務條件，銷售量可能在第三年時下跌到第一年的水準，並在稍後完全消失。

以全國或區域爲基礎的策略都需要基礎建設。總部位置因採取的策略不同而有數個選擇。若採行以全國爲基礎的策略，傑士公司必須要位於美國主要成衣中心地點之一（例如，紐約或加州）。Eisman評估此策略立刻需要一個全職的美國營運負責人，而以區域爲基礎的策略可以把這個要求延後。營運主管必須要在產業中具有豐富的經驗，並有能力執行並融入傑士公司的行銷、營運、與策略方法之中。爲留住高水準的人選，Eisman認爲至少必須提供10萬美元的獎金。這項紅利將與銷售成長率與數量連結，但在銷售量達到某個最低數量之前仍須保障最低的薪水。此外亦需要一位全職的銷售經理。Eisman預估採行區域爲基礎的策略時，子公司營運費用約爲50萬美元，而全國爲基礎的不同策略需要100萬美元。而營運成本在前五年中將以每年約50萬美元的速度攀升。

Eisman目前正研究美國未來六個月的成長選擇。他認爲必須要很快的作下決定，否則公司將喪失市場成長的時機。新的自由貿易區環境以及職業婦女的市場區隔成長是很強烈的誘因，而延遲決策將只會增加成本以及失敗的機會。Eisman瞭解此決策在達成公司想要變成主要的國際時尚企業目標上佔據重要的地位。這個挑戰是在決定要採行何種策略，以及採行後序步驟的順序和時機。

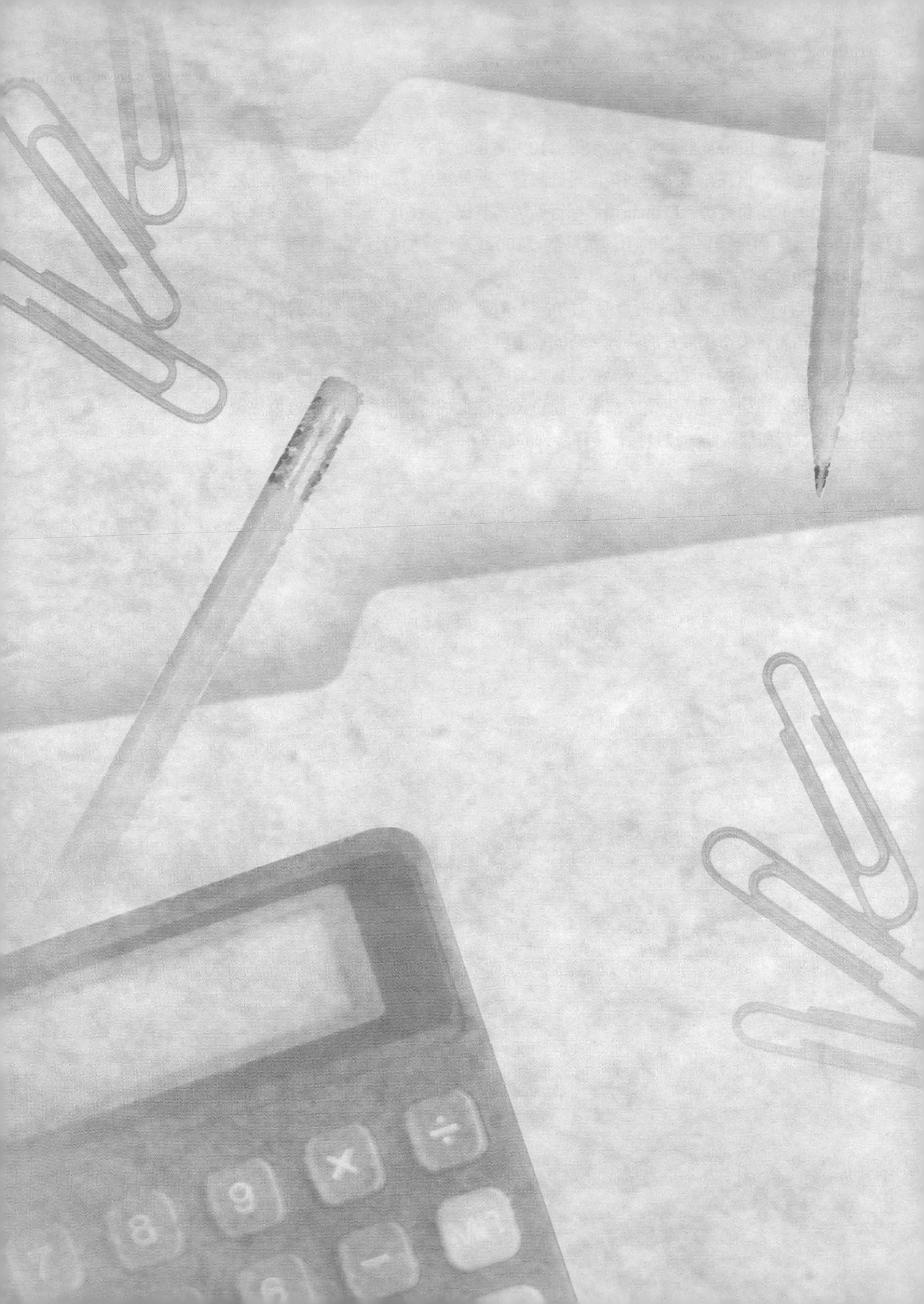

個案4

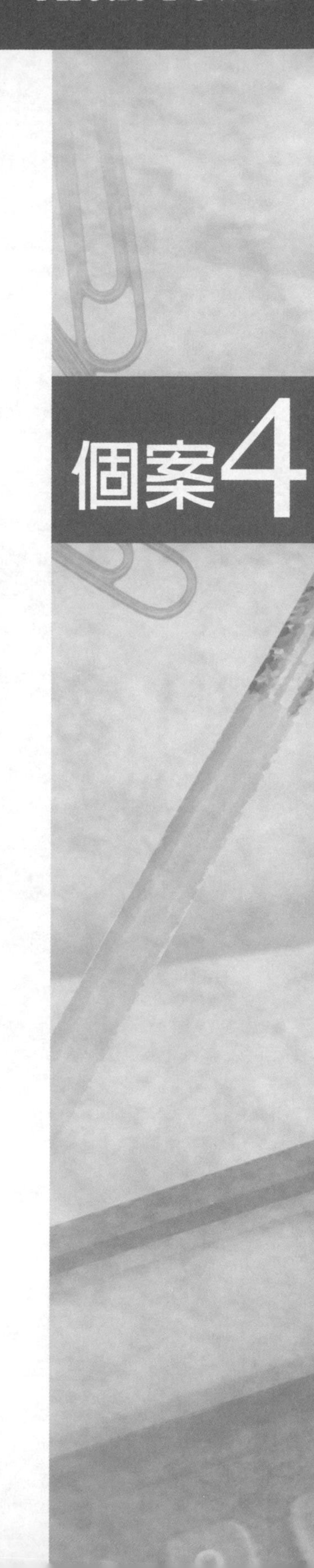

公司背景
洗衣粉市場
競爭對手
定位策略
冷洗市場
Arctic Power
Arctic Power：1987
決策

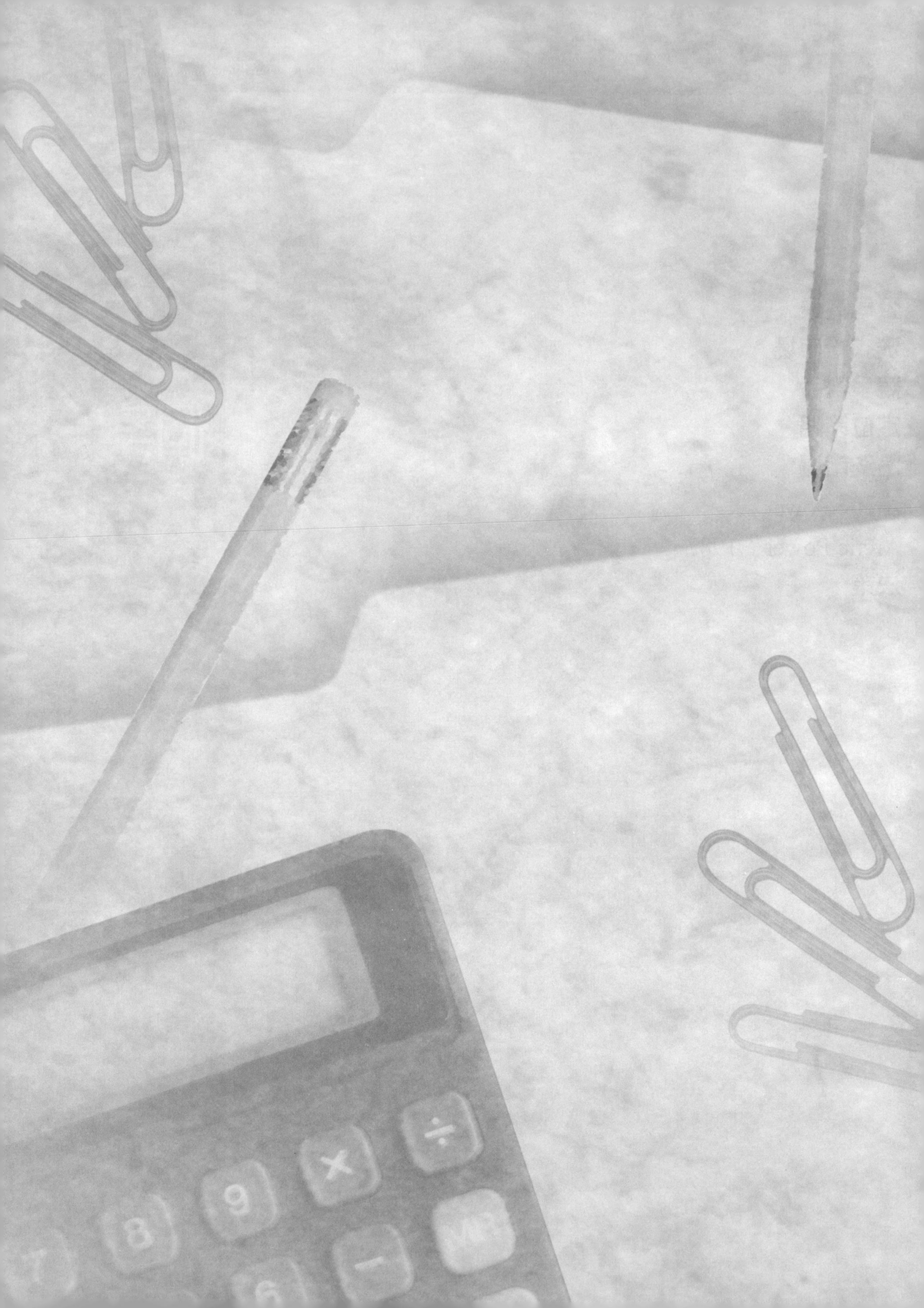

資深品牌經理琳達巴頓說：「我們對Arctic Power 1988年計畫已有重要的決定，我們知道能繼續發展廣大的市場，例如，魁北克、Maritimes、及不列顛哥倫比亞，我們也能嘗試在加拿大其他地方開發市場佔有率。」 Arctic Power是加拿大地區領導的洗衣粉品牌之一，隸屬於高露潔棕欖公司，巴頓小姐正和產品助理經理蓋瑞巴森討論此產品的未來。

巴森說：「不只是必須考慮策略方向，我們也必須思考Arctic Power的定位策略，我建議採用魁北克成功的方法來擴張我們的市場」，巴森先生指的是魁北克廣告，內容將Arctic Power塑造成冷水洗衣產品中的優越品牌。

但琳達說：「就算有1986年西方計畫的成功結果，我也不確定會同樣奏效。我們現在在不列顛哥倫比亞播放廣告，也已有不錯的成績，這也許會在魁北克以外的地方奏效。要記住冷水洗潔的概念對西部省分來說比較新，因此在促使人們買Arctic Power前，還是會遇到障礙。我們最好再一次檢查資料之後再作決定。」

公司背景

加拿大高露潔棕欖公司（Colgate-Palmolive Canada, CPC）是高露潔棕欖公司的子公司，它在全世界五十八個國家中均設有分公司，1986年全世界的銷售總額爲49億美元，獲利爲1.78萬美元。加拿大分公司每年銷售額均超過2.5億美元，其產品包括：家庭用品、健康、及個人用產品。加拿大分公司主要的品牌爲：ABC、Arctic Power、及Fab（洗衣粉）、棕欖（洗碗精）、Ajax（洗潔劑）、Irish Spring（肥皂）、Ultra Brite、及高露潔（牙膏）、Halo（洗髮精）、及Baggies（食物密封袋）。

在CPC的產品管理系統中，產品經理會對某特定品牌負有專責，例如，Arctic Power，其目標在於增加該品牌的銷售量及獲利。爲了達成這些目標，產品經理必須監看所有的行銷功能，包括了：規劃、廣告、銷售、促銷、及市場調查。在規劃及執行計畫時，產品經理會有一位產品助理來協助，一起努力達成品牌目標。

在1970年代晚期以前，CPC主要是依國別策略支援其大多數品牌，但卻造成該公司因爲太多產品而使力量分散。由於沒有足夠的資源能適當地進行促銷及發展所有產品線，因此獲利及市場佔有率皆不能令人滿意。從1970年代晚期開始到1980年代初期，加拿大公司改變了策略，它們開始以廣泛的角度檢查所有的產品線，並開始發展區域性的品牌策略。當某一品牌有區域性的優勢時，資源便會集中在這個區域努力建立夠強勢且有利可圖的品牌。例如，Arctic Power在魁北克及Maritimes有相對優勢的市場佔有率，因爲該地民眾較其他地方更喜歡用冷水洗衣服，於是加拿大分公司將其他地方的促銷資源集中到這兩個地方。Arctic Power在全國仍然繼續在通路中鋪貨，在1981年底，全國市場佔有率有4%，其中魁北克佔11%，Maritimes佔5%，加拿大其他地方則佔了2%。但在四年後，行銷資源主要集中在魁北克，而Maritimes佔的比例較少的情形下，Arctic Power成功了，在1985年底，其全國佔有率增加爲6.4%，魁北克佔了18%，Maritimes佔6%，其他地方則佔了不到2%。由於銷售及獲利的增加，加拿大分公司決定在1986年將火力集中在Alberta和不列顛哥倫比亞，結果在不列顛哥倫比亞有了超乎預期的成績，但Alberta的成績卻不盡理想。

洗衣粉市場

洗衣粉是個成熟市場，在1983～1986年間，其每年的銷售量僅增加1%，銷售額每年則增加約5%（詳見Exhibit1），主要由三家大型消費品公司主導整個市場，包括：寶鹼、聯合利華、及高露潔棕欖公司。這三家均有多國子公司，而且在加拿大販售許多的家用品及個人用品。寶鹼加拿大分公司每年的銷售額超過10億美元，其中主要品牌爲：Crest（牙膏）、象牙及Zest（肥皂）、祕密（除臭劑）、幫寶適及Luvs（免洗尿褲）、及海倫仙度絲（洗髮精）。寶鹼在1986年時，佔了洗衣粉市場中的44%，主要是由於汰漬的廣大佔有率（34%），在加拿大爲領導品牌。

聯合利華清潔用品在加拿大的銷售額超過4億美元，主要產品有洗衣粉、肥皂、及浴廁產品、主要的品牌包括：Close-up（牙膏）、及多芬和麗仕（肥皂）。聯合利華在洗衣粉市場中佔有24%，其中領導品牌爲Sunlight，擁有13%。

高露潔棕欖加拿大公司是1983～1986年間，三家公司中唯一市場佔有率增加的公司，1986年其總市佔率自1983年的16%躍升爲23%。ABC的品牌定位在吸引顧客用較少的錢獲得價值，到1986年時其市佔率爲1983的兩倍，即14%，成爲第二大之領導品牌。

Exhibit1 洗衣市場

	1983	1984	1985	1986
高露潔				
ABC	6.0	9.8	11.8	13.9
Arctic Power	4.7	5.6	6.4	6.5
Fab	2.1	1.3	1.6	1.4
Punch	2.0	.7	.4	.3
Dynamo	1.0	.8	.6	.5
高露潔加總	15.8	18.2	20.8	22.6
寶鹼				
汰漬	34.1	35.1	32.6	34.1
Oxydol	4.9	4.2	4.0	3.3
Bold	4.8	4.2	3.2	2.3
其他寶鹼品牌	4.7	4.8	4.4	4.3
寶鹼加總	48.5	48.3	44.2	44.0
聯合利華				
Sunlight	13.9	12.2	14.2	13.4
All	4.1	3.7	3.8	3.2
Surf	2.6	2.6	2.7	2.2
Wisk	3.8	4.1	4.1	4.4
其他聯合利華品牌	.9	.8	.6	.4
聯合利華加總	25.3	23.4	25.4	23.6
所有其他品牌	10.4	10.1	9.6	9.8
總合	100.0	100.0	100.0	100.0
市場總額				
*千公噸（'000）	171.9	171.9	173.6	175.3
（變動百分比）	2.0	0.0	1.0	1.0
*工廠銷售額（'000,000）	$265.8	$279.1	$288.5	$304.7
（變動百分比）	6.2	5.0	3.0	6.0

source:Company records.

競爭對手

洗衣粉市場的生態是高度競爭的，不只是三家主要企業本身擁有足智多謀且有經驗的行銷人員，他們如果想在這個低成長的市場中增加銷售額，唯一的辦法是奪取競爭品牌的市佔率。任何一位產品經理遇到的困難是找出某種行銷組合以最大化市場佔有率，並能維持或是增加品牌的獲利性，這個困難有長期及短期的意涵。長期來說，競爭者均努力以其有品質的產品及強勢的品牌形象或定位，企圖建立起堅固的忠誠使用者加盟，維持永久的市佔率。這些定位策略主要是透過產品配方及廣告達成，然而企業也透過消費及交易促銷（例如，折價券、報紙廣告的策劃報導）等屬於較短期的技巧來互相競爭。交易及消費促銷活動在維持上架的主導權及吸引競爭者的消費者來說是很重要的，幾乎每個禮拜至少會有一個洗衣粉品牌會在任一家超級市場進行促銷活動。產品經理的工作是找出制定品牌決策時的相關因素間之平衡點。

品牌的重新配方，即品牌成分的改變是在洗衣粉市場中常見的活動之一。重新配方牽涉到選擇洗衣粉中活性化學成分的數量及種類，這些活性化學成分是用來清洗衣服的，每個清潔成分都有特定的洗潔效果。成分中有些對清除棉類衣物及其他天然纖維上的泥巴特別有效，也有針對清除聚酯纖維上的油污，還有一些是對其他清潔問題時，特別有效果的。大多數的洗衣粉配方會包括好幾種活性成分以處理不同的洗衣需求，當然，其中也包括：漂白、軟化纖維、及增加香味的功能。

因此洗衣粉包括了不同活性成分的含量及組合，對一個品牌而言，用多少活性成分的數量是最重要的決定因子，簡單來說，活性成分佔的比率愈高，洗潔效果會愈強，但是所有的洗衣粉都可以用來清潔衣服。例如，測試了四十二家洗衣粉的研究後，消費者報告指出：「是的，有些洗衣粉會讓衣服更潔白更明亮，但其效果差異是從乾淨到最乾淨，而非從骯髒到乾淨。」

加拿大的洗衣粉品牌有好幾種不同的活性成分組合，如下表所示，汰漬及

洗衣粉中添加的活性成分

1	*2*	*3*	*4*	*5*
某些私有品牌	Bold III Oxydol Surf All	ABC Fab Cheer2 Sunlight	--	Arctic Power 汰漬

資料來源：企業資料

附記：活性成分的多寡依1到5增加

Arctic Power比其他品牌加入了較多的活性成分。

事實上汰漬及Arctic Power在活性成分的比例上是相同的，但他們亦被視爲「凱迪拉克」級的洗衣粉，因爲他們比其他品牌的活性成分明顯地高出許多。雖然這兩個品牌的實際活性成分組合是不同的（Arctic Power的活性成分較高，適合用冷水洗滌），但汰漬及Arctic Power的洗潔效果是相等的。

如果某品牌的活性成分比例增加，代表其成本也增加了，製造廠商常會碰到成本及活性成分比例的取捨問題。有時候他們有機會藉由改變活性成分（一種基本化學原料），視其相對成本來降低單位成本。如此一來，成分的比例維持不變，只有成分組合改變。製造商改變某品牌的物理成分主要是爲了讓每單位成本運用得更有效率，提供品牌重新定位或重新展開生命週期的基礎，及持續傳遞較佳的消費價值。

因爲牽涉到的獲利，對品牌來說，藉由重新定位或其他方式維持或增加銷售量是很重要的。一個市佔率百分比價値幾乎是300萬美元的銷售量，一般亦相信對於領導品牌之成本及利潤結構百分比來說是相等的。雖然最大品牌能有一定程度的經濟規模，但平均的銷售成本估計約佔了54%的銷售額，毛利則有46%，行銷支出包括：交易促銷（16%）、消費促銷（5%）、及廣告支出（7%）。另外還有管理費用及成本（例如，產品管理薪資、行銷研究支出、業務員薪水、及廠房維修費用），這些通常是固定的成本。有時候，市佔率較低的品牌會花更高的成本在交易促銷，以達成其行銷目標。

競爭活動可從1982～1986年間的廣告支出反應出來，這個期間總媒體廣告費增加12%，達到1,440萬美元（Exhibit2），同樣的，交易促銷也在此時有明顯的增加，雖然不能取得實際的支出資料，但有些經理人覺得他們花在交易促銷及廣告的費用是這些數字的兩倍。蒙特婁有個例子，在1986年的九個月時間裡，汰漬每週在超市廣告了八十次，而Arctic Power有六十次。通常活動之廣告成本會由製造商及零售商共同分攤，在1986年時，消費者能有機會以3.49美元購買6公升裝的汰漬或Arctic Power（市價爲5.79美元）。這意指著洗衣粉的價格折扣頻率及規模都在增加，洗衣粉的市場平均零售價在過去三年只增加了4%（以洗衣粉銷售量計算，不論是市價或是特別價格賣出的），而銷售成本在同時間卻增加了15%。

最後還有一項有力的觀察結果，在1983～1986年間，四個領導品牌——汰漬、ABC、Sunlight、及Arctic Power——的總市佔率從58.7%增加至67.9%，看得出來三家製造商主要將資源集中在其領導品牌，並降低其他品牌市場佔有率。

Exhibit2 國際媒體支出比例（1982-1986）

	百分比				
	1982	1983	1984	1985	1986
ABC	6.4	8.9	12.3	14.0	13.6
Arctic Power	6.1	6.1	6.7	7.2	9.3
汰漬	21.0	17.8	19.1	16.4	29.77
Oxydol	5.1	4.5	5.9	6.6	6.4
Sunlight	14.1	10.8	10.5	9.1	11.3
All	10.3	5.5	6.9	7.7	4.0
Wisk	9.9	12.8	10.3	10.4	14.6
所有其他品牌	27.1	33.6	28.3	28.6	12.1
加總	100.0	100.0	100.0	100.0	100.0
總支出（'000）	$12,909	$13,338	$14,420	$13,718	$14,429
變動百分比	29.2	3.3	8.1	-4.9	5.2

source: Company records.

定位策略

雖然定位策略是經由行銷組合通力合作執行的，但廣告的效果最明顯可見。

汰漬是著名的領導品牌，不論是在市場佔有率或是總市場媒體支出的佔有率，汰漬的策略是經由將品牌定位在比任何其他一種品牌擁有更優越的洗潔效果，維持其主導地位。在1986年，汰漬共執行了四個國家性及四個地區性的商業廣告，均為此策略下的產物。這些商業廣告中做了一個調查，證實汰漬在最難處理的情況下，洗潔效果最好，例如，深層污垢、污點、及難聞氣味等。汰漬也在魁北克的廣告中宣稱在所有溫度中均有同樣效果，而其大部分的廣告片通常都以生活片段的概念或測試比較的形式來做發想。

市場上其他品牌則面臨到一個抉擇問題，如果不與汰漬的地位直接面對面的挑釁，就是得在汰漬沒有特別強調的特色上與其競爭。大多數品牌均選擇後者，高露潔棕欖的ABC洗衣粉在過去四年很強勢地取得不少市佔率，其價值地位自市場中的第六名爬升至第二名。ABC定位在低價高品質的洗衣粉，最近其廣告中運用了展示效果，即同時用ABC及高價之領導品牌洗衣粉分別試洗雙胞胎的T恤，結果是一樣乾淨，廣告口白爲：「爲什麼要付那麼多錢呢？我看不出來有哪裡不一樣。」聯合利華的品牌，Sunlight，已經試著直接與汰漬競爭好幾年了，並且試圖在消費通路上建立其有效性及具檸檬清新味道的概念。廣告手法爲優質的生活型態描述，而較少像其他洗衣廣告中的直接性問題解決或是直接訴求法。但在最近，Sunlight開始朝ABC的定位移動，並維持其檸檬清新的傳統訴求，Sunlight在1986年定位在以合理的價格提供非常乾淨及味道清新等洗潔效果的洗衣粉。至於最後一個試圖爭奪價值地位的品牌爲All，其廣告訴求爲漂白效果及令人愉悅的香味。

Arctic Power定位在專爲冷水洗潔配方的優質洗衣粉，對東部市場來說，Arctic Power 的廣告中用了幽默的背景來溝通品牌之優越性及其冷洗效果，至於西部市場，則採用攻佔的廣告來擴大冷水洗滌的市場。

Wisk的廣告「領子周邊的警示」吸引了許多注意力，且直接與汰漬在洗衣品質上競爭，並具有流體配方的額外優點。汰漬洗衣精在1985年引進市場，但在1986年廣告出現頻率仍然很少。

Fab及Bold 3是在軟衣精市場中競爭，這兩個產品都在配方中加入纖維軟化成分，定位在除了有效洗潔之外，能軟化衣物並降低靜電吸附的問題。另一個洗衣粉產品爲Oxydol，裡面加入處理溫和污垢的配方，Oxydol定位在維持衣物的亮度並能漂白。

另外兩個採用國家性廣告的品牌爲Cheer 2及象牙白，Cheer 2定位在能讓衣物清潔及清新，象牙白是香皂，而非洗衣粉，定位在嬰兒衣物洗滌，並提供優質的柔軟及舒適。

這些品牌的定位策略反應出在行銷洗衣粉產品時用的區隔方法，大多數品牌都在吸引廣大的目標族群（主要是十八到四十九歲的女性族群），分別以其產品特點與優點，而非特定的人口統計區隔。

冷洗市場

每年2月，CPC會進行大規模的市場調查研究，以確知洗衣粉市場中的潮流趨勢。在每年的研究中，都有近一千八百名員工在加拿大與家庭主婦做面對面的溝

Exhibit3 家庭採用冷水洗衣的比例（1981-1986）

	百分比					
	1981	**1982**	**1983**	**1984**	**1985**	**1986**
全國	**20**	**22**	**26**	**26**	**26**	**29**
Maritimes	**23**	**25**	**32**	**40**	**32**	**33**
魁北克	**35**	**41**	**49**	**48**	**53**	**55**
Ontario	**14**	**13**	**18**	**16**	**11**	**17**
Prairies	**12**	**12**	**13**	**11**	**10**	**17**
B.C.	**13**	**19**	**20**	**17**	**22**	**21**

source: Tracking study.

表4 1986年冷水洗衣的最主要利益訴求點

理由	全國	Maritimes	魁北克	Ontario	Man./Sask.	Alta.	B.C.
*防止縮水	**22.7**	**19.4**	**5.2**	**32.7**	**35.4**	**35.4**	**30.2**
*節省能源	**16.5**	**12.5**	**32.1**	**8.2**	**2.1**	**9.9**	**12.9**
*防止褪色	**11.6**	**17.4**	**0.0**	**21.8**	**21.3**	**9.9**	**2.9**
*較便宜	**11.1**	**19.4**	**10.4**	**10.2**	**2.8**	**9.3**	**16.5**
*省熱水	**9.7**	**9.7**	**15.5**	**6.8**	**11.3**	**3.1**	**3.6**
*永保顏色亮麗	**8.8**	**4.2**	**7.8**	**11.6**	**9.2**	**6.8**	**7.9**
*省電	**8.7**	**19.4**	**0.5**	**8.2**	**5.7**	**16.1**	**25.9**
*易清洗	**8.5**	**11.1**	**6.7**	**8.8**	**10.6**	**13.7**	**5.0**

source: Tracking study.

通。其中最有趣的一個發現是加拿大市場中冷水使用的資料，在加拿大經常使用冷洗的比率（十次有五次以上）開始成長，在1986年，有29%的家庭被歸類在經常冷洗之使用者（見Exhibit3）。由於文化及市場的差異點，魁北克（55%）及Maritimes（33%）比全國平均有更多的使用冷洗的用戶，加拿大全國則是有近25%的家庭偶爾會用冷水洗衣服（十次有一到四次）。

對於不管是經常使用或偶爾使用冷洗的用戶來說，用冷水有兩個好處（Exhibit4）。第一是當停止攪動時，衣服冷洗會防止顏色褪色，常保衣服亮度。第二是較節省資源，能節省精神、較便宜、節省熱水、而且省電。魁北克、Maritimes、及不列顛哥倫比亞的家庭提到「節省」好處的次數較多，而加拿大其他地方的家庭則比較常提到「較容易／較好的」好處。

Arctic Power

琳達巴頓在加拿大東部獲得成功並開始回收品牌的利潤後，決定在1986年增加Alberta及不列顛哥倫比亞的品牌佔有率，其品牌計畫如下。

1986年Arctic Power的品牌計畫

目標：整體目標為持續利潤的成長，維持魁北克及Maritimes銷售量的穩定成長，並開發Alberta及British Columbia地區的市場。

長期（1996年為止）：長期目標為成為第三大牌，並擁有12%的市場，Arctic Power將會持續維持至少18%的毛利率，要達成這些目標則必須做到（1）有效的創意／媒體維持；（2）陳列架上的主導地位，特別是在關鍵的魁北克；（3）持續調查發展機會；及（4）如果有可能，發展銷貨成本的節省計畫。

短期：短期目標是維持單位成長，並建立冷水洗潔的主導地位。必須強化現有用戶的關係，及持續教育溫水洗滌的使用者轉換成冷洗。在1986年Arctic Power將會達成6.5%的市佔率，22,00萬美元的銷售額，及18%的毛利。而地區市佔率的目標為Maritimes——6.3%；魁北克——17.2%；Alberta——5%；及B.C.——5%。

行銷策略：Arctic Power定位在最有效的冷洗洗衣粉配方，其原有目標為18～49歲的女性，將轉向25到34歲的族群。在後者的區隔中全是成人。

Arctic Power為了維持現有用戶，將會分配與品牌發展成比例的區域性資源來保護其經銷商，在西部省分的擴張策略中，將會以Alberta及B.C.兩省為主打戰場，以增強冷水洗滌的接受程度，並擴大對偶爾及不曾使用過Arctic Power的吸引力。

媒體策略：媒體策略的目標是透過高度的持續發布訊息及其頻率／接觸，以達成訊息高度傳遞至目標團體的成效。媒體花費在地區性電視中，其中有75%的比例

	電視支出	GRP週數
1985計畫	$1,010,000	92
實際	$990,000	88
1986計畫	$1,350,000	95

GRP（Gross Rating Points）是一種測量廣告影響力的衡量標準，將廣告所接觸到的目標人口數乘上每人所接收到的平均廣告數。

用來維持品牌知名度，25%則會投資在品牌及冷洗市場的發展。Arctic Power在全國排名上，媒體花費佔了第五名，但在魁北克省是第三大的洗衣粉廣告主。

Arctic Power在1986年的媒體支出爲135萬美元，比1985年增加了36%，使得Arctic Power在魁北克的接觸目標高達90%，比一年前多了5%。除此之外，有兩個新興的電視媒體加入了B.C.和Alberta的市場，增加這兩個市場的支援力。接觸目標將會花較多的成本，播放較爲有效的白天短片，因爲它比晚間的網絡式廣告便宜，且區域性的接觸目標會比較有彈性。

排程將維持1985年的模式，在東部有一年四十週的曝光在西部則有三十二週。

廣告策略：魁北克／Maritimes：創意發想的目標爲說服消費者，Arctic Power是冷水洗衣的優質洗衣粉，消費者的利益爲當他們用冷水洗衣時，Arctic Power比其他品牌洗得更乾淨，且能更有效地去除污垢。這項訴求的支持點爲Arctic Power的特殊配方，表現的手法是幽默的，但搭配著清晰而理性的解釋。

廣告策略：B.C.／Alberta：創意目標爲說服消費者用Arctic Power及冷水洗衣會比較好，且冷水比熱水好。消費者的利益點爲冷水洗衣能減少縮水、褪色，並能節省能源成本。表現的手法必須迥異於其他品牌廣告，以突破傳統洗衣態度，而且是年輕成人訴求的，要明亮、很「酷」、及有力的。

消費促銷：在魁北克及Maritimes兩省的消費促銷目標爲藉著增加現有使用者的購買頻率，以增加使用率。而在B.C.及Alberta兩省的目標則爲增加試用Arctic Power的比例。總合來說，消費促銷將會花費85.6萬美元之多。

1.1月：0.5美元的袋內折價券── 在面對強烈競爭活動的情勢下，爲了鼓勵通路增加存貨量，並維持現有顧客，將在魁北克及Maritimes的通路範圍內發放四十萬張折價券，每張折價券是專爲6公升或12公升的容量設計的，而預期會被兌換使用的約爲18%，成本爲5萬美元。

2.4月：爲了達成在Alberta及B.C.兩地有17%的Arctic Power普通包裝的試用率，500毫升裝的樣本包裝會在食品店及藥局以0.49美元的價格出售，除此之外，也會在這些樣本包裝中放0.5美元的折價券，以購買6公升或12公升大包裝。這個設計將能使當地44%的家庭開始試用，成本爲38.2萬美元。

3.6月：在免費試用品中放置0.4美元的折價券──爲了維持消費者的興趣及刺激試用，發放0.4美元的折價券給Alberta / B.C.兩地30%的家庭，這張折價券可以抵購3公升包裝品，並預期約有4.5%折價券會被使用，而成本爲2.8萬美元。

4.4月 / 7月：競賽（集字換獎）──若能從Arctic Power包裝中，集出POWER五個字母，即可獲得大獎。全國的每個包裝盒中會有兩個字母，並會配合強力的交易活動，而且此時的獎項爲最大，成本約爲18.4萬美元。

5.9月：全國0.75美元折價券直接郵寄（不包括Ontario）──爲了使魁北克省的使用量最大化，並鼓勵西部省分的試用，將會直接郵寄給主要市場地區中70%的家庭，價值0.75美元可折抵6公升或12公升的包裝，估計約有3%的抵換率，成本約爲21.2萬美元。

交易促銷：交易促銷的目標在於維持固定使用，將價格訂得與汰漬相等，並增加架上的陳列空間。在魁北克及Maritimes的每次促銷活動，廣告的特點都由每個主要經銷商所決定，每種包裝的通路預期將增加至95%。而在西部省分，將會盡全力在建立6公升的通路陳列上，有四個策劃活動將會由每個主要經銷商執行之。B.C.的通路應該上升至71%，而Alberta會有56%。平均的經銷價爲標價折價14%，即每6公升5元美金。另外，大多數的交易促銷應包含了每盒1美元的折讓，做爲共同廣告及商品促銷的費用。總交易的預算爲346萬美元，包括了100萬投資在西部的花費。促銷的計畫如下表所示。

Arctic Power
1986年的促銷計畫

	J	F	M	A	M	J	J	A	S	O	N	D
交易促銷												
Maritimes	X			X		X			X		X	
魁北克	X	X		X		X	X		X		X	X
Alberta / B.C.	X			X		X		X	X			
消費促銷												
東部的0.5美元折價券	X	X										
西部樣本 / 折價券				X								
西部的0.4美元折價券						X						
全國性競賽				X	X	X	X					
全國性的0.75美元折價券									X			

西部活動的成果

在1986年8月，即針對西部省分進行促銷活動的中期，有一項針對這兩個省分做的小型追蹤調查，以監視活動的成果。8月的調查結果與2月份的調查相比較後，結果爲Exhibit5。Arctic Power的市場佔有率亦每兩個月進行評估，其表現爲下表所示。

Arctic Power市場佔有率

				1986						Total
	1983	*1984*	*1985*	*D/J*	*F/M*	*A/M*	*J/J*	*A/S*	*O/N*	*1986*
Alberta	**0.7**	**2.3**	**1.7**	**1.4**	**1.1**	**2.8**	**2.8**	**2.4**	**1.9**	**2.1**
B.C.	**3.2**	**4.0**	**3.9**	**4.0**	**4.0**	**6.1**	**6.1**	**7.3**	**5.4**	**5.5**

這個活動有很大且明顯的成果，因爲對品牌及廣告知名度有所增加，特別是在Alberta（Exhibit5）。Alberta地區在過去六個月的品牌試用率加倍，而B.C.亦超過了25%。然而，Alberta的市佔率達到了2.8%的高峰後，隨即在年底又降回1.9%。而B.C.市佔率在達到了7.3%的高點後，年度平均爲5.5%。

琳達巴頓及蓋瑞帕森試圖解釋這兩個省分的不同結果，將兩個因素分別獨立出來。第一，B.C.已成爲Arctic Power的好市場，其市場率約爲4%，而Alberta卻不到其一半。第二，該年度在Alberta有許多競爭性的活動在進行，三家主要競爭廠商均增加交易及消費促銷活動，以維持其現有品牌佔有率。

Arctic Power：1987

1987年Arctic Power品牌計畫的要點及花費水準與1986計畫相同，在Alberta的花費水準降低至1986年活動達成目的的所有開支總額，其1987的市佔率預期爲6.7%，自1986年達成的6.5%略微上升（Exhibit6）。

每年每位CPC的產品經理會進行廣度的品牌檢視，而Arctic Power的檢視則包括詳細對區域中四個領導品牌的競爭分析，主要依據追蹤調查的結果。在1987年7

Exhibit5 西部活動之成果

	上市前（1986年2月）		上市後（1986年8月）	
	Alberta	*B.C.*	*Alberta*	*B.C.*
未暗示過的品牌知名度				
品牌印象加總（%）	13.3	20.3	18.1	24.2
廣告知名度				
1.廣告提示（未暗示的）（%）	1.9	7.9	20.3	11.5
2.廣告提示（有暗示的）（%）	18.5	27.9	31.4	34.6
品牌試用				
1.曾經試過（%）	25.0	43.0	36.3	48.0
2.使用過（過去六個月內）（%）	6.8	15.1	17.1	19.4
形象衡量				
*清潔並移除污垢	1.0	1.2	1.2	1.5
*移除頑強污垢	0.7	0.9	0.9	1.4
*物超所值	0.5	0.9	1.0	1.4
*冷水洗潔的效果良好	1.2	1.3	1.7	1.8
轉換成冷水洗滌				
*十個家庭中改而用冷水洗滌的平均數量	1.8	2.2	2.0	2.3

source: Tracking Study.

Exhibit6 **Arctic Power**市場佔有率及地區別的總量（1983-1987E）

	市場佔有率					1986年
	1983	1984	1985	1986	1987E	總量地區別（千公升）
全國	4.7	5.6	6.4	6.5	6.7	406,512
Maritimes	5.3	5.7	6.3	6.3	6.3	32,616
魁北克	12.3	13.8	17.7	17.5	18.0	113,796
Ontario	0.9	1.1	1.1	0.8	1.0	158,508
Manitoba／Saskatchewan	0.2	0.2	0.1	0.1	0.1	28,440
Alberta	0.7	2.3	1.7	2.1	2.0	40,644
不列顛哥倫比亞	3.2	4.0	3.9	5.5	6.0	32,508

source: Company records.

月，琳達巴頓及蓋瑞帕森檢視了追蹤調查的資訊，包括四個關鍵市場的資訊──品牌印象（Exhibit7）、品牌及廣告知名度（Exhibit8）、過去六個月的品牌試用及使用率（Exhibit9）、及市場佔有率與媒體支出的比例（Exhibit10）。Arctic Power的主要決策將有大部分依據這項資訊。

Exhibit7 地區別品牌印象（1986年）

形象衡量	全國	Maritimes	魁北克	Ontario	Man. / Sask	Alberta	B.C.
Arctic Power							
* 清潔並移除污垢	1.4	2.0	2.5	0.8	0.4	1.0	1.2
* 移除頑強污垢	1.1	1.6	1.9	0.7	3.0	0.7	0.9
* 物超所值	1.1	1.4	2.6	0.3	0.2	0.5	0.9
* 冷水洗潔的效果良好	1.6	2.1	2.8	1.0	0.4	1.2	1.3
ABC							
* 清潔並移除污垢	1.0	1.9	0.5	0.9	1.1	1.2	1.6
* 移除頑強污垢	0.5	1.1	0.0	0.6	0.8	0.7	0.9
* 物超所值	1.5	2.4	0.8	1.5	1.3	1.7	2.1
* 冷水洗潔的效果良好	0.6	1.0	0.1	0.7	0.7	0.7	0.7
Sunlight							
* 清潔並移除污垢	2.0	1.9	1.8	2.4	1.9	1.6	1.6
* 移除頑強污垢	1.6	1.6	1.5	1.9	1.4	1.2	1.2
* 物超所值	2.0	1.7	1.9	2.4	1.8	1.7	1.5
* 冷水洗潔的效果良好	1.4	1.1	1.5	1.7	1.2	1.1	0.7
汰漬							
* 清潔並移除污垢	3.4	3.7	3.2	3.6	3.5	3.3	3.2
* 移除頑強污垢	3.0	3.1	2.8	3.3	3.0	2.7	2.7
* 物超所值	3.1	3.1	3.3	3.1	2.8	3.0	2.4
* 冷水洗潔的效果良好	2.4	2.3	2.6	2.5	2.4	2.3	1.9

source: Tracking Study.

Exhibit8 地區別之品牌及廣告知名度（1986年）

	百分比						
	全國	Maritimes	魁北克	Ontario	Man/Sask	Alberta	B.C.
未暗示的品牌知名度							
1.事先提醒品牌							
Arctic Power	4.4	7.0	12.5	0.0	0.0	1.0	2.6
ABC	8.1	18.4	4.6	7.3	4.7	8.4	12.8
Sunlight	9.3	8.4	9.6	9.3	12.0	9.1	7.9
汰漬	57.9	55.5	41.9	69.7	63.1	59.7	54.4
2.提醒品牌加總							
Arctic Power	23.0	43.5	49.8	5.0	3.0	13.3	20.3
ABC	61.3	82.6	47.9	64.0	56.1	67.5	64.9
Sunlight	58.1	60.2	50.8	65.0	58.5	62.0	46.6
汰漬	94.8	95.7	88.8	98.0	97.3	97.4	94.4
廣告知名度							
1.提醒廣告（未經暗示）							
Arctic Power	7.0	10.7	17.5	0.7	0.0	1.9	7.9
ABC	25.2	32.8	20.8	27.0	17.3	30.5	24.9
Sunlight	8.6	4.7	5.9	13.0	5.0	6.8	8.2
汰漬	44.0	40.1	32.7	55.0	46.2	48.4	35.4
2.提醒廣告（經暗示）							
Arctic Power	29.2	38.8	55.1	15.3	5.6	18.5	27.9
ABC	56.1	61.5	55.1	56.0	51.5	60.4	53.4
Sunlight	29.9	20.1	26.4	40.3	21.3	21.1	24.9
汰漬	65.3	60.9	54.8	78.0	68.1	65.3	48.4

souse: Tracking study.

Exhibit9 依地區別，區分在過去六個月試用品牌產品（1986年）

品牌試用	全國	Maritimes	魁北克	Ontario	Man./Sask.	Alberta	B.C.
1.曾經試用							
Arctic Power	42.4	67.9	75.6	19.7	20.3	25.0	43.0
ABC	60.4	83.9	50.8	60.0	53.5	62.7	67.9
Sunlight	66.3	65.6	59.4	75.0	67.1	58.1	58.7
汰漬	93.6	91.0	90.1	97.3	95.0	91.9	92.1
2.使用（過去六個月內）							
Arctic Power	19.4	29.8	46.5	4.3	2.3	6.8	15.1
ABC	37.2	56.2	34.7	32.3	29.2	39.3	47.5
Sunlight	38.3	29.8	38.0	44.3	36.2	36.7	28.5
汰漬	68.1	66.6	66.0	73.3	67.8	69.5	54.8

source: Tracking study.

Exhibit10 依地區別之市場佔有率及媒體支出比例（1986年）

	百分比						
	全國	Maritimes	魁北克	Ontario	Man./Sask.	Alberta	B.C.
市場佔有率							
Arctic Power	6.5	6.3	17.5	0.8	0.1	2.1	5.5
ABC	13.9	27.8	8.6	13.8	11.6	16.1	21.5
Sunlight	13.4	7.7	12.1	16.4	14.2	10.4	11.3
汰漬	34.1	24.5	28.3	39.3	40.0	36.9	28.5
所有其他品牌	32.1	33.7	33.5	29.7	34.1	34.5	33.2
加總	100.0	100.0	100.0	100.0	100.0	100.0	100.0
媒體支出比例							
Arctic Power	9.3	13.1	16.1	0.5	1.4	16.0	13.1
ABC	13.6	14.7	9.1	18.4	17.3	12.1	12.1
Sunlight	11.3	11.1	11.1	12.6	10.2	10.1	9.8
汰漬	29.7	27.8	25.1	33.1	38.1	30.2	28.7
所有其他品牌	36.1	33.3	38.6	35.4	33.0	31.6	36.3
加總	100.0	100.0	100.0	100.0	100.0	100.0	100.0
總合（單位：千美元）	14,429	695	4,915	4,758	928	1,646	1,487

source: Company records.

決策

在對Arctic Power進行策略方向的決策時，巴頓及帕森開會討論目前的狀況，這一天是1987年7月初的多倫多日，巴頓開始討論的過程。「我已經得到一些1987年的佔有率估計值，全國佔有率約爲6.7%，分別如下：Maritimes（6.3%）、魁北克（18%）、Ontario（1%）、Manitoba / Saskatchewan（0.1%）、Alberta（2%）、B.C.（6%）。」

帕森回應道：「我想我們在Alberta的最大問題是競爭活動，在正常情況下，我們會有5%的市場，但是當你思考我們能在其他未開發的市場中做些什麼時，Alberta的目標不大，我想了很久，我們應該將Arctic Power推展至全國。我們的品牌和汰漬一樣好，但我們必須停止在加拿大其他地方視其爲祕密資產。假如我們能複製在B.C.的成功，我們會成功的獲得市場認同。」

「等一下，蓋瑞」琳達說，「在1986年我們在西部花了將近200萬美元在廣告及消費 / 交易促銷活動上，即使成果是正常的銷售狀況，仍然是一筆龐大的投資，而且我們必須花上至少四年的時間來回收成本。如果我們進攻全國市場，你可以預期到汰漬會以交易促銷的方式來回擊，會讓你的市佔率及毛利目標更難達成。在每一元投資的概念下，我們至少要花如同我們花在西部的錢，在未開發的市場上。我們有一個很現實的問題，我們的品牌也許和汰漬一樣好，但我不認爲我們能改變許多消費者的觀念，尤其是汰漬的忠誠使用者。我很不願意這樣說，但對許多加拿大人來說，當他們想到洗衣服，汰漬是他們認爲洗得比其他品牌乾淨的牌子。我同意未開發市場的大小會是另一個考量，但記住，任何決策必須由實際的分析來支持，而且是一個高階管理人會接受的計畫。」

蓋瑞回應道：「我知道即使我是對的，它會是一場硬仗，我還沒有完成這個計畫，但我會算出如果我們擴張至全國，我們必須達成的市場率以達損益平衡。」

琳達說：「那就等到你完成後，我們再來討論全國擴張的問題。現在我們必須解決定位的兩難問題。我並不喜歡兩面的做法，但在這裡似乎很合理，我認爲我們仍然在東方著重在品牌的推廣，而在西方持續開發冷洗市場。」

蓋瑞想要繼續討論全國擴張的問題，但瞭解到他想討論這個話題前，必須做一些功課，至少要找出佔有率的估計值。因此他回答：「我同意加拿大不是一個同質的市場，但可以考慮極致值。我擔心我們在區域性市場的所有資料是經由裝飾過後的行銷評估而成的，我比較喜歡統一的策略，而魁北克的活動已是被認可的追蹤紀錄。」

琳達總結說：「我們再來看一次資料，然後開始做我們的決策。記住我們的目標是發展1988年Arctic Power的品牌知名度。」

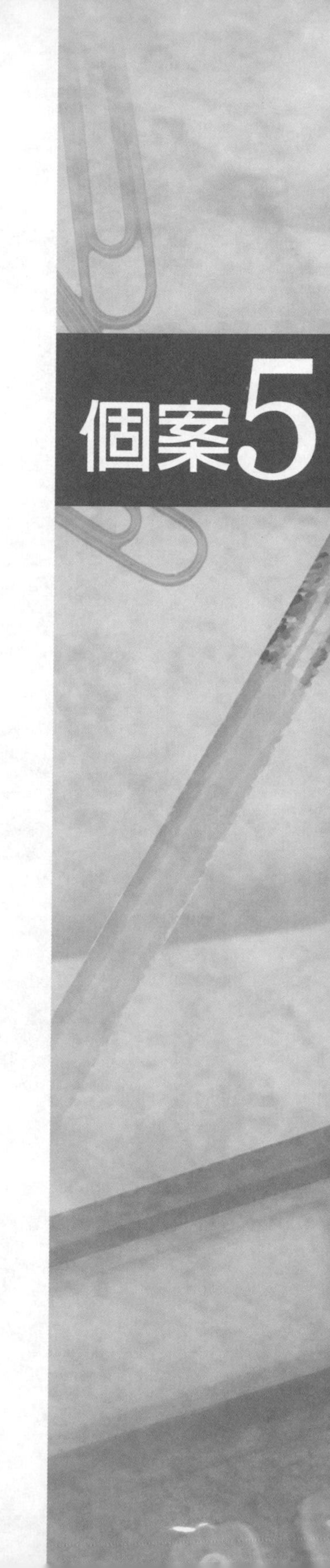

公司背景
市場優勢與劣勢
決策……決策……
共通因子
方案1：字面上不做任何改變
方案2：維持同樣的名字，但將產品差異化
方案3：合併現有品牌名
方案4：採用其中一個品牌名
方案5：新名字

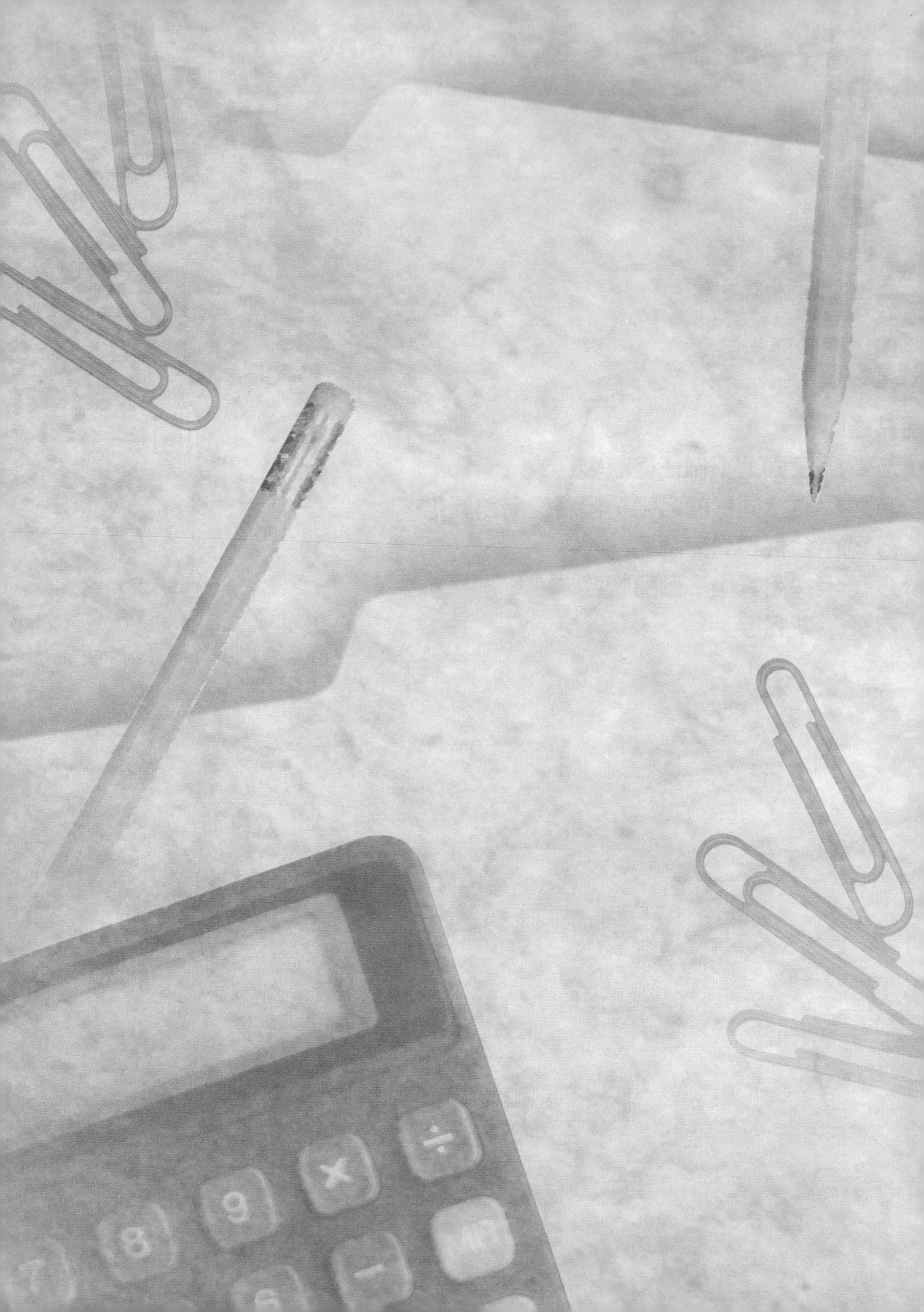

現在是1991年的春天，Tim McDern剛從每週例行的網球比賽後回到辦公室，他贏了這場比賽，這給了他短暫但迫切需要的喘息空間，並暫時遠離目前所擔任Kortec and Wrenware公司之國際業務協理所碰到的問題。

Kortec and Wrenware公司位於康乃狄克州中部，爲兩家獨立運作的公司，是財星100大企業（The Lock Company）的一個部門。兩家公司皆獨立運作，有其自有品牌、產品線、及銷售通路，但由於產業的轉變，此種營運方式已不再如以往有利，而成本也不再能夠有效地支持兩家獨立的品牌。

重組工作即爲合併兩個品牌原本各自獨立運作的地區，目前則考慮重新命名，爲兩家公司取一個全新的品牌名。McDern的職務就是要找出解決方法，如果眞的決定取一個新的品牌名，The Lock Company可以試著接受採用，但公司必須知道每個方案執行的正面及負面結果（特別與國際市場有關的結果）。

公司背景

Kortec and Wrenware公司都生產商業用鎖座、出口設備、門鎖、及鑰匙系統。他們在1980年代中期都是獨立的生產不同產品，從鎖、傢具到郵箱。而且他們在鎖的市場上是強勁的競爭者，經過一段時間之後，他們的產品線完全沒有傢具和郵筒，而集中在商業用鎖上。而之後持續擴張產品線，包括：出口設備及門鎖。

當他們繼續獨立的發展，他們也發展各自獨特的產品線、通路、及市場。

1900年早期，這兩個獨立的競爭者採取了一個震驚市場的動作，他們決定合併，但仍繼續獨立運作其產品線、通路、及市場。

1930及1940年代，他們採用同一種螺旋推進器製作兩個不同的鎖，分別由兩家公司銷售，並開始獲利。這是讓兩家公司進一步採用經濟規模概念的第一個里程碑。

在1950及1960年代，複製動作仍然持續，他們開始採用同樣的成分原料來製造鎖座，但不包括鑰匙系統。當時，兩個公司均生產相當類似的鎖座設計，只有在鑰匙系統上有比較大的差異。他們仍然繼續維持各自的品牌名、通路、地區市場（只有國際）、銷售力、及管理。

在1960年代晚期，財星500大企業的其中一家公司購併了兩家公司，並開始將其視爲一個部門運作，此時，兩家公司第一次被帶入同一個屋簷下——800,000平方哩的廠房。由於他們現在必須共享實體的設備，使得他們必須合併其製造過程、工程設備、及新的產品發展。然而他們仍維持不同的品牌名、銷售力、通路、及地區市場。

1980年代晚期，財星500大企業被財星百大企業所取代（即The Lock Company），這是第一次高階管理階層決定將其銷售及行銷組織合併以支援不同的品牌。由於在接下來會討論到的不同意見，維持獨立的銷售及行銷組織被認定爲不再符合成本效益，也不再有利可圖。

產品說明

Kortec and Wrenware的產品線已經發展成用同樣的原料生產，只除了鑰匙系統。鑰匙系統是鎖座的一部分，亦被稱爲圓柱。鑰匙系統是維持兩家品牌產品最大不同點的主要元素，一旦建立後，鑰匙系統經由系統內任何一種鎖來控制誰有許可通行。這是一個很重要的觀念，因爲：

1. 當訂單確認後，必須仔細規劃鑰匙系統的設計（有幾道門及那些門必須安裝系統）。有個例子是醫院的安全需求，醫院裡的每一座鑰匙系統必須分別安裝設定，以提供或限制進入系統的通行身分。在安裝醫院的鑰匙系統時，系統安裝者必須知道誰有進入某一個房間的權利，醫院不會想讓管理人員有麻醉室的鑰匙，但必須給管理人員其他幾個房間的鑰匙，以進行維修等工作。因此，事前仔細確認誰有權利進入某個區域是非常重要的，以避免未來安裝者的麻煩及顧客不可預知的安全問題。

2. 因為Kortec and Wrenware的鑰匙系統設計不同，購買者在挑選使用哪一家的鑰匙系統前，必須仔細地考慮這些差異。在鑰匙系統的使用其中可能會有對系統做改善或修改的動作，因此購買者需要保證書，確保他們將來若有需要時，能獲得符合現在鑰匙系統的相容鎖座。

市場

Kortec and Wrenware的產品主要是賣給新的商業建築及成屋市場（即建築物重整，例如，辦公室、學校、醫院、及旅館）。這兩家公司都在美國、加拿大、及海外六十五個國家中進行銷售。這兩家公司都從1800年代開始往海外市場銷售，並在過去十～二十年極為重視國際市場的銷售。每個品牌都有其區域性的主導優勢，Kortec的優勢區域主要在於北美及亞洲，而Wrenware的優勢區域為歐洲及中東地區。

通路

製造商→通路代理商→最終使用者：Kortec及Wrenware的產品通路代理商主要是小型私有的家族事業，通常是新屋及成屋的外包商。這個通路被視為一階通路，因為產品在到達最終使用者之前只經由一個通路代理商。這種通路商大部分都有Kortec和Wrenware的品牌，但在某些城市中，只有一個或三個不到的通路代理商。

製造商→經銷商→通路代理商→最終使用者：某些時候也採用經銷商，此時即為二階通路，在建材產業的經銷商實際上都銷售兩個相近的品牌，通路代理商及最終使用者也逐漸認知到Kortec和Wrenware基本上是一樣的。因此最終使用者會直接詢問通路代理商這兩家品牌的狀況。例如，如果最終使用者詢問Kortec的通路商關於Wrenware的產品，這個通路商會尋求經銷商的協助以取得產品，因為通路商會有Kortec的協議限制，不能直接與Wrenware直接交易。

通路代理商以往是對品牌相當忠誠的，但隨著時間經過已產生變化。新的競爭者提供了新的選擇，而The Lock Company的高階管理階層已不再覺得兩個獨立的品牌名並存於市場上仍「有利可圖」，這是因為最終使用者及在建材產業的人知道他們在鑰匙系統上的產品相似性及差異性。經驗顯示通路代理商能從經銷商處取得兩家的產品，因此減少通路代理商的總數目似乎是很合理的。高階管理人進而降低了通路商總數，自1970的九百家減少至1980晚期的四百家（二百家是Korec，二百家為Wrenware）。

通路支援

為了維持兩個獨立的銷售及行銷組織運作，The Lock Company必須維持兩個獨立的通路系統，以支援各自的銷售人員、文宣品（型錄、價目表、及技術手冊）、促銷（在商展上必須設立兩個獨立的攤位，而且任何的促銷品都必須具有品牌獨特性）、及廣告（廣告必須具品牌專屬性）。維持兩個通路是相當昂貴的，特別是在競爭逐漸加劇的現實挑戰下，這個產業也愈來愈知悉Kortec和Wrenware的產品有多相似。在這些區域營運所得到的利得不再超過經濟成本，The Lock Company的高階管理人決定公司必須統合花在銷售及行銷上的資金，以取得更佳的產品定位──總之，他們希望由此得到更多。

市場優勢與劣勢

The Lock Company體認到Kortec與Wrenware在建築硬體市場的定位具有一些優勢與劣勢。這些資訊將會影響任何與變更個別品牌名稱有關的決策。

優勢

品牌知名度：不論是Kortec或是Wrenware的品牌，在國內商業用建材的知名度都很高，其中包括了建築圖稿設計者及最終使用者。但在國際市場並非如此，因為每家公司都只有地區性的銷售，在這些地方，都只有其中一家會有知名度，而非兩家。

市場覆蓋率：Kortec和Wrenware都有國內及國際市場（北美洲、加拿大、及海外六十五國）。

產品線齊全：兩家公司都有相當齊全的商業用產品線，包括：鎖座、鑰匙系統、門鎖、及出口設備，如此一來購買者能夠自其中一家公司獲得他們想要的任何產品（有些競爭者並沒有那麼齊全的產品線）。

產品線廣度：Kortec及Wrenware的產品線包括：鎖座、鑰匙系統、門鎖、及出口設備，並有選擇性廣的價目區隔及評價水準。

國際市場的區域銷售辦公室：兩家公司都已涉入世界上的主要市場，國際辦事處負責其自有銷售及行銷力（意即他們準備自己的小冊子），因此他們能有「全球性思維，本土化行動」的彈性。國際辦公室有自由選擇他們想從母公司得到的產品，也能改變或進行符合當地需求的修改。除此之外，小冊子的設計具有國際意涵（例如，用當地語言撰寫而成，而且包括公制的轉換表）。

劣勢

通路商忠誠度的降低：Kortec及Wrenware面臨到因為競爭的加劇，而使得通路商的忠誠度降低的問題，建材產品同質性也愈來愈高。

品牌名稱可見度降低：經濟狀況的限制及廣告促銷所需負擔兩個不同品牌所花費的成本，會降低每個品牌整體的可見度。

產品的品質及運送：特別是在國際市場，在過去五年產品的品質及運送已逐漸失控，反而被競爭者掠奪了其部分的市場。Kortec及Wrenware試著在新的製造過程中解決這些問題，然而所產生的利益並未如預期一般立即見效。

促銷和技術支援文宣不足：Kortec及Wrenware都需要新的促銷及技術支援的文宣，然而由於修正品牌名的決策，管理人不想要發展新的文宣品。完整的產品型錄要花每家公司20萬美元來發展、設計、印刷、及運送至全球通路代理商。管理人決定目前仍用現存的文宣維持即可。

需要新的92年銷售小冊：新的小冊子必須爲來年做準備，每家公司成本約爲8萬美元，管理階層並不確定是否要合併兩家品牌產品的內容。

通路代理商的專業素質：如前所述，販賣鑰匙系統的商家必須知道每筆訂單的正確鑰匙系統的細節，而且必須全面的瞭解產品的應用。購買者／建商必須小心配合不同的防火規定、殘障者條款、UL（Under-writers 實驗室）條款及其他相關法律。

Kortec及Wrenware的通路網絡目前是優勢所在，但有可能變成劣勢，因爲全球的通路代理商正在逐漸縮減。

決策……決策……

Tim McDern坐回他最喜歡的躺椅，並仔細思考他的新任務。他得要發展出幾個方案，The Lock Company也知道什麼時候該決定新的品牌名，除此之外，當要決定新品牌名時，他必須找出各種正面及負面因子所可能造成的影響（特別是那些與國際市場有關的）。

McDern啜飲一小杯Gatorade想著：「在這幾種方案中，一定有些因素會影響到不只其中一個方案的。」他決定把這些因素稱爲「共通因子」（generic factors），而且他會分別列出每種不同方案下的其他因子。

因此，依據他對Kortec及Wrenware背景及其優勢與弱勢的認識，McDern打開他的筆記型電腦並開始工作。

共通因子

McDern認為共通因子有可能是語言差異、品牌冒用的可能性及兩家公司都有的市場中，有可能影響新品牌名的相關法律，這些問題是不管採用哪種方法都有發生的可能性。

語言

由於Kortec and Wrenware公司在海外六十五個國家銷售，行銷上就必須考慮到多種的外國語文問題。在品牌名決定之前，有好幾個問題必須先解決，這個品牌名是否容易轉成其他語言使用？此品牌名是否能以所有的語言發音（例如，如果以Wrenware為品牌名，亞洲顧客可能會發成不同的音，因為他們對於英文發音中的R及W有點困難，這是否會對銷售造成影響呢？）品牌名是否會污辱到某種文化，因為此品牌名所指的意思會在轉成該文化所使用的語文時會有不同的意涵（或乾脆不轉譯成當地語言？）McDern瞭解到在操作Kortec and Wrenware的運作時，必須瞭解到不同文化的問題。

除此之外，另有兩個因素需要考慮，分別為名字的長度和名字可能影射的形象。The Lock Company不希望這個新品牌名過長，特別是分別以許多不同語言印製目錄文宣時，長度也可能影響顧客記得這個名字的能力，尤其是在採用一個全新名字的時候。另外，一旦名字選好了，可能會在一個或多個不同文化區域中影射某些負面的印象，有個例子是名字可能隱涵著弱小的公司或是在任何市場中的質感卑劣的產品，就看品牌品是如何翻譯或解釋。另一個例子是選出來的名字可被接受，但與市場中的另一家品質低劣的公司名相近；The Lock Company不會想將品牌名與品質低劣的公司或產品牽連在一起，而受混淆。

還有許多其他因素可能會對The Lock Company海外市場造成負面影響。

品牌冒用

在選擇品牌名時，不同國家對於品牌名冒用的法律一定得被考慮，有三種品牌冒用的方式：

1.仿造：某公司複製你的品牌名或標誌。

2.僞造：某公司將其產品印上與你的品牌名或標誌很相近的名字或標誌。

3.先佔：某公司在你進入該國家前先註冊你的品牌名，並且有可能試著將他的產品賣到你的銷售區域以獲利。。

在這之中，Kortec and Wrenware已經在六十五個國家營運，並沒有發現任何現有品牌的冒用問題。

當地法律

目前在海外所使用的名字都遵從當地的法律，但The Lock Company必須考慮在註冊新品牌名時，將會遇到的不同的法律及程序。而The Lock Company必須瞭解到假如必須選擇新的品牌名，就必須確定在任何一個市場中沒有一家公司是用這個名字在當地從事商業行爲。

一旦McDern完成其共通因子的分析，他就把注意力轉移到The Lock Company在決定新品牌名之前的其他方案。他列出在選擇品牌名之前必須考慮的不同國際因素，有正面的也有負面的。

方案1：字面上不做任何改變

The Lock Company有可能不做任何改變，並繼續在兩個不同公司名下各自營運，McDern知道這個方案不會被考慮，但仍列出來。The Lock Company已經決定將公司營運的不同環節結合起來，並試著找出一個新的品牌名，正如以上所述，用不同公司名運作的經濟規模已將不再存在。

但是如果沒有一個新品牌名能被決定時，它仍是一個方案。這時候一個正面因子是Kortec及Wrenware兩個已經在海外建立的品牌；而負面則爲The Lock Company必須維持兩個不同支援系統（已被視爲不合成本一效益法則）。

方案2：維持同樣的名字，但將產品差異化

McDern覺得在這個方案中，The Lock Company可以維持兩個不同品牌名，但在某部分差異化各自的產品類別，差異化能使The Lock Company發現營運成本或許足夠支持兩個品牌名。

品牌差異化可以由產品品質來區隔，例如，Kortec可定位爲高品質高價格的產品，而Wrenware可以代表較低品質低成本的產品。

另一個方法是依產品市場來區隔，例如，Kortec可能目標爲旅館及醫院市場，而Wrenware目標爲學校及監獄市場。

第三種差異化方法爲地理市場區隔，例如，Kortec目標爲北美洲及亞洲，而Wrenware爲歐洲及中東。他們目前所擁有的區域優勢已經建立在這些市場中。

產品差異化所造成的正面及負面效果如下：

產品品質

負面效果：兩家支配海外市場的公司會分割市場集中度，例如，The Lock Company有可能要花上一大筆錢，才能將Wrenware的品牌引入亞洲市場，這個市場目前仍是未開發的。

負面效果：如果原本代理Wrenware的通路代理商開始必須行銷品質較差的產品，他們可能會覺得失望。這會影響未來銷售及與現有客戶間的關係，因爲通路代理商原本賣給顧客的是高品質的Wrenware產品。因此與通路商的關係及與現有及未來顧客的關係都有可能受影響。

負面效果：市場重疊可能會讓購買者及一部分提供售後服務和技術支援的人員產生困擾。

正面效果：如果能由產品品質差異化，就證實繼續維持兩個品牌的必要性。它可能可以幫助擴張兩條產品線的市場佔有率，如果The Lock Company採用高品質產品及另一個品質較低的產品來進行行銷，即會有機會取得其競爭者的市場佔有率。

產品市場

正面效果：同樣地，如果此策略成功的話，維持同樣的品牌名但差異化產品

別，會讓The Lock Company更專注在特定市場。

負面效果：同樣地，這個方案會對通路代理商及現有客戶造成負面的影響。在某些產業（例如，學校）的通路代理商會突然發現他們的產品目標群變成醫院，進而影響他們的銷售成績。現有客戶也會感到困惑，例如，學校客戶需要額外的鎖這些原本是買自Kortec的，他們如果發現Wrenware開始將目標鎖定在他們的學校——特別是因爲兩家公司原本的系統並不相容——他們會感到困惑。McDern註明如果決定要這麼做，The Lock Company必須小心如何將它引進並促成改變。

地區市場

正面效果：在不同的地區，產品已經各自建立知名度，並各有優勢。The Lock Company並不需要擔心引進新的品牌名，因爲品牌名在當地不是已經廣泛地被認知，否則就是領導品牌——因此並不需要中斷此過程。

負面效果：這是The Lock Company目前遇到的狀況，並期望能改變。

產品品質及市場

負面效果：外國的建築師對現有的兩品牌間的相似點並不熟悉，因此如果公司突然開始將產品目標定位在不同的市場，會在推薦產品時有反效果。建築師可能會感到困惑或不熟悉不同品牌產品的特性。

方案3：合併現有品牌名

在這個方案中，兩家公司名合併成爲一個，例如，「Kortec & Wrenware Architectural Hardware」。

正面效果：能讓The Lock Company保有兩個名字，建築師及最終使用者不會對這個改變感到完全陌生，因爲他們仍然會看到他們認得的名字。

正面效果：會比引進一個全新的或不同的品牌名花較少的成本。

負面效果：公司名會變得很長，尤其是在準備手寫文案時（型錄、小冊子、廣告—— 太長並不好），是很重要的因素。例如，這個名字必須放在每個可能出現的地方，例如，信紙頭、企業卡片、貿易展攤位等等。較長的名字成本較昂貴，而且不容易準備這些文案資料，顧客也不太容易記得。

負面效果：現有市場中會產生困惑，例如，Wrenware在香港沒有任何意義，因為產品並未在該市場進行銷售。

重要負面效果：在兩家品牌均設有通路的國家中，假設（a）每個品牌的通路目前降至約二百家，（b）大多數通路代理商僅銷售其中一家品牌，The Lock Company就必須說服通路代理商銷售他們原本視爲競爭品牌的產品。例如，這些負責銷售Kortec的通路商會批評Wrenware的產品，因爲他們只持有Kortec的產品。原本對通路商的銷售力量也必須以此模式開始運作，他們被要求銷售一家他們已經視爲「瑕疵品」的品牌產品，這會對通路商目前與其顧客的關係上造成反效果。

負面效果：現存的品牌名對於建築師來說代表著某種特殊意義，The Lock Company並不希望喪失他們與現存品牌名之間的關聯性。

方案4：採用其中一個品牌名

正面效果：正如之前所討論的，我們必須考慮語言、文化、及區域品牌法律等。基於這些考量，The Lock Company會傾向於選擇一個能有較強烈形象（例如，Kortec聽起來是一家有力的公司）或是容易發音的（例如，Kortec會比較容易發音，依文化而有不同）。

正面效果：由某家公司負責的某些國家可能會因此而失去已經建立起的通路系統，如果The Lock Company不打算採用建立好的通路及支援系統，就會有額外的工作必須進行，例如，準備完善的廣告、支援、及促銷材料，以更快速回應顧客認知的問題。

負面效果：只用一家品牌名，The Lock Company必須承擔另一品牌名退出某些國家的風險，而且會有額外的成本來負擔將其引入市場及促銷，在這些地方的風險在於銷售量滑落，至少會持續到新品牌名的知名度建立起來之前。

方案5：新名字

方案5即採用一個全新的品牌名。

正面效果：這時會有一個機會發展出一個清楚而有意義的品牌名及／或商標或標誌，脫穎而出的名字能讓The Lock Company將品牌名更緊密地與其供應的產品相連結。

正面效果：新名字能讓The Lock Company更新其技術手冊等需要更新的資料，而且它提供The Lock Company有機會發展出較佳的新資料。

正面效果：The Lock Company可以將品牌名掛在「財星百大企業：The Lock Company」之下，以維持顧客對其產品的識別，而且可以減輕因爲更換品牌名而引起的焦慮感。

正面效果：假設在找到一個新名字前能考慮文化因素，那麼這個步驟對於The Lock Company在未來如何使用並有效地運用此名稱就是很重要的。例如，「Coke」本身並不代表任何意義，但是它成功地被行銷成軟性飲料的代名詞。

負面效果：新名字會需要The Lock Company廢棄原有的銷售支援材料，而必須發展全新的材料，此前置作業將花費昂貴。無論哪一種方案，都得讓公司能有一段時間運用原有的材料。

負面效果：發展一個全新的品牌名有很大的可能性，必須僱用一個專業顧問，他得負責決定如果已經使用一個新的品牌名，是否會侵犯到現存的商標或標誌，以及新品牌名推廣至海外國家時，在語言、文化、及目前地方法律等的影響。

McDern看看時鐘，已經半夜一點鐘。在他準備就寢之前，他再度檢視他寫下的筆記。

在看到當The Lock Company決定其海外市場的新品牌名時，可能採用的行動方案，他發現有把公司改名的方案會比只改變品牌名所花的成本要划算。例如，語言、文化、及法律等都必須考慮，不只是要建立與通路代理商的關係，顧客之間的關係也有可能會被忽略。總而言之，有許多相關的議題需要考慮，而不單單是品牌名字的改變。找到一個新品牌名需要專業顧問、品牌認知研究（國內的及國際的）、Kortec和Wrenware所使用的通路網絡研究、以及龐大的相關分析研究。The Lock Company會需要強而有力的事實來支持其所做的任何決定。

這不是一個短期的決策，而是會影響公司長期定位的長期決策，主要的策略性決定必須將The Lock Company定位在奪取全球的市場佔有率，這些決策應該是在考慮不同的國際因素及意義後才能決定。

公司歷史沿革
環境變遷
問題癥結
新策略
紐約的試驗
其他事業的策略

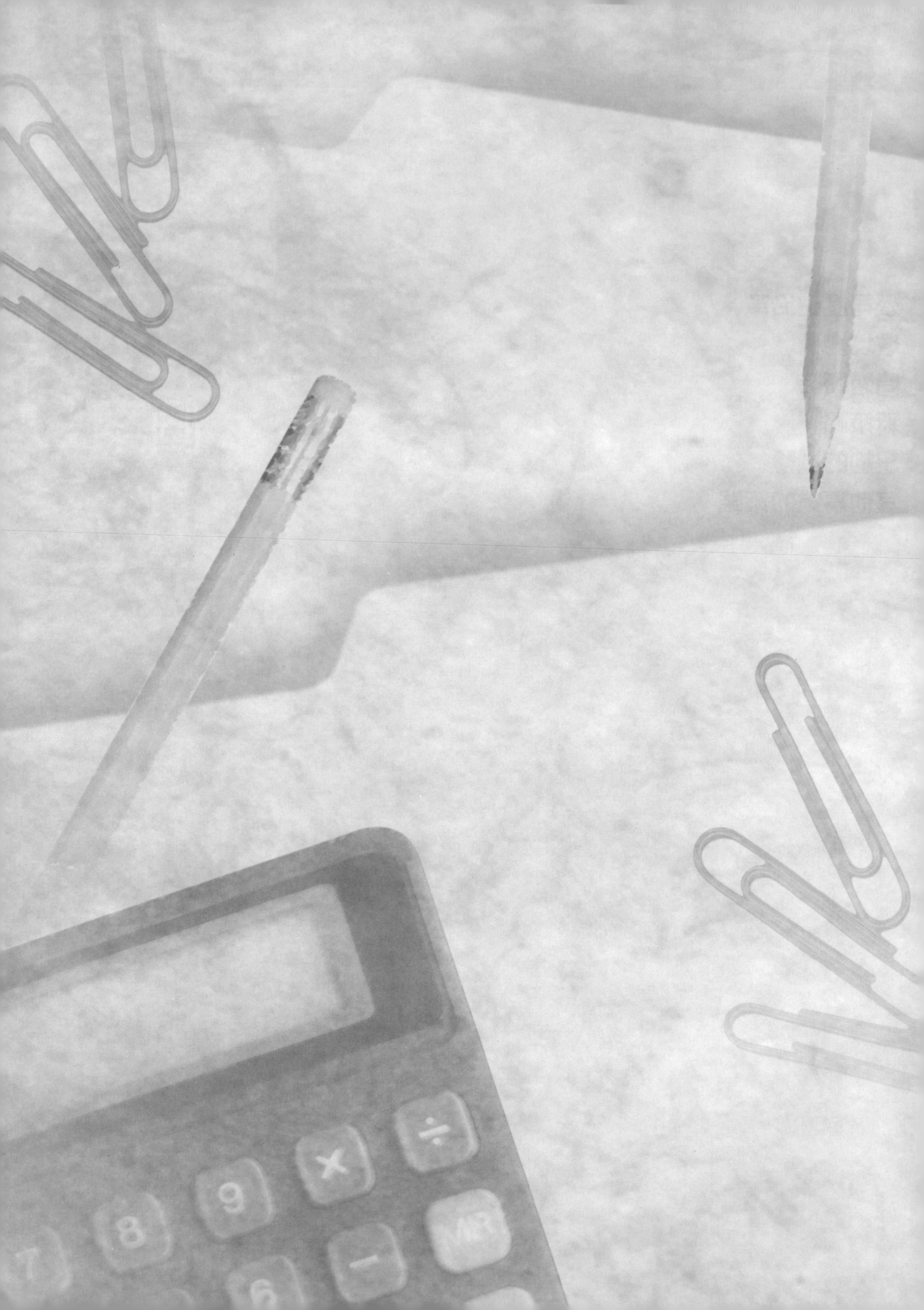

1986年初，花花公子（Playboy Enterprises, Inc.）的總裁兼執行長Christie Hefner重新檢視了公司的策略，以因應未來變動的世界。曾經被公認爲都會流行風潮的設定者，這家成人休閒公司卻發現有愈來愈跟不上時代的現象。

就如一位社會議題作家所說的，「在抽煙專用夾克上的Playboy的形象顯得相當孤立的。今天，人們較有興趣的是他們的車子和工作，而不是性。」雖然這個說法常常引起爭議，但是對Playboy來說，這讓他們有足夠的理由拉出警報。他們的旗艦刊物的流通數量已經從1972年超過七百萬本的水準，萎縮至目前約四百萬本的數目，Playboy Club的讀者數目也持續地下滑。而曾被視爲關乎公司前途的有線電視頻道Playboy Channel，也未能證明它是否能在競爭激烈的環境下存活，且處於虧損狀態。

在1983～1985年間，Playboy的收入下降了近50%。在1982～1985年的四年當中，只有一年有盈餘，而這幾年也正是Playboy因法令問題，而被迫放棄有利可圖的賭場業務的同時。只有1985年公司因爲當年6,000萬美元的投資收益，才出現盈餘（約670萬美元）。另外，審計人員則對當年的財務報表出具了保留意見，因爲Playboy所出售的賭場價金的收回仍有不確定性存在。

公司歷史沿革

起初，花花公子的前身是創立於1953年的HMH Publishing Company，專責出版*Playboy*雜誌。而現今使用的公司名稱則是自1971年開始採用。

今天的花花公子，其業務除了*Playboy*與*Games*雜誌之外，包含：付費電視與錄影節目的開發和製作，直銷產品，以及Playboy名稱與品牌的授權。此外，花花公子還擁有Playboy Club並且開放加盟。在1970年代，公司在各地經營渡假飯店和賭場的業務，包含：倫敦、邁阿密、巴哈馬、與大西洋城。然而，在1982年，公司結束了渡假飯店與賭場的經營。

環境變遷

Playboy正是他所鼓吹的社會改變之下的犧牲者。自從*Playboy*刊載了兩張

Marilyn Monroe一絲不掛的照片，衝擊數百萬人之後，人們對於性的態度便快速地演變。今天的*Playboy*不只必須和多如牛毛的庸俗的「skin book」競爭，還必須面對熱門媒體的的競爭。流行音樂可能有著限制級的歌詞，而「朝代影集」就向全版彩頁一樣過癮。

正如Hefner女士所言：「我們將不再能夠將自己和灰色法藍絨的艾森豪社會相對比，現在想要提出一些獨特的東西是困難許多。」

不過，Playboy這些日子來也發現，那些認爲他們所經營的業務是非道德、性慾主義的人，對他們有相當的爭論。舉例來說，雖然有線電視費用並非其收入重心，但是Playboy不斷受到來自社團法律上的挑戰，要求對其節目頒發禁令（至今仍未有成功的案例）。

最近在ABC播放出一部以1963年Gloria Steinem爲基礎的影片之後，Playboy總裁Christie Hefner發出了一份文件，要求她的部屬「仔細衡量Playboy能夠且應該做些什麼事，以扭轉Playboy不是什麼好東西的認知差距。」

不過，對Christie Hefner而言，更嚴峻的問題是如何找到引領Playboy進入90年代的明確目標，而這也正是她父親當時對公司的願景。處於兩性之間極爲積極的事業主義年代，Playboy不再能從Hefner先生男人生活形態的休閒概念，即所謂Playboy哲學中得到太多的進展。

問題癥結

一些公司的主管相信Playboy最嚴重的缺陷之一，可能是公司與其創立者的公眾形象之間的牽連，其創立者現今已五十九歲。正如一位Playboy高階經理所說：「Pajamas已經不如其過去身爲時尚領導者的地位。」

雖然*Playboy*仍然是最暢銷的男性雜誌，然而在書報攤的銷售量已經遠落後於其主要競爭者*Penthouse*。據*Penthouse*發行人Bob Guccione所說：「*Playboy*的市場已經老化，它的讀者漸漸被世人所遺忘。」而Playboy的主管則宣稱*Playboy*讀者的年齡與其他雜誌沒有顯著的差異。然而，還有其他令人擔心的徵候。一位曾經銷售*Playboy*雜誌的芝加哥書報攤經營人這樣形容*Playboy*的讀者「一個自認爲新潮但事實並非如此的人。」一位被刊載在雜誌上的女模特兒看到附於其照片旁的文字時，感到相當的驚訝。那行文字是「他們全都來自監獄」。前任Playboy的公關經理認爲：「公司不願意面對他們已被時代巨輪輾過的現實。」

新策略

面對這樣的時空背景，花花公子正在進行Hefner所謂的「重新定位」。這個策略，就她所描述的，是調整其品味與價值來追隨一群更高水平的讀者。「我認爲我們應該站在人們生活形態的前端，探究人們如何改變其行爲以反應一個更爲自由的生活形態。」

1985年10月出版的*Playboy*，打著「珍藏版」的名號，開始了公司所謂雜誌的下一世代，這包含了大量的生活形態版面，例如，個人理財與家庭電工常識相關的主題。廣告中提出「什麼人應該閱讀*Playboy*？」並且提出賽車手Danny Sullivan做爲範例。舉例來說，他身著黑色的夜間夾克，說明他從雜誌中學習到如何照顧他的衣物，嘗試表達出他與雜誌一同成長的事實。令人好奇的是，雜誌中遍是關於消費者社會的挖苦與嘲諷。

由於受到「將女性物化爲性的玩物」的批評，*Playboy*企圖以更成熟、更有成就的人物爲內容主軸。1985年11月出版的*Playboy*是朝這個方向的起頭，但是仍然難以擺脫泛道德的批評。刊載Mensa成員的照片，Mensa是一個只有擁有高IQ的人才可加入的團體，被冠上「全美最聰明女孩的裸體」的標題。

雖然如此，Hefner認爲*Playboy*高水平路線的確有效，並且指出1985年10月那一期雜誌中Campbell Soup's Le Menu冷凍食品的廣告作爲佐證。

新一代*Playboy*的封面力求更具吸引力的外觀。經由一個時尚與藝術專家所組成的委員會，進行冗長的計畫過程，除有關性愛的內容之外，他們試圖將其設計儘可能建立在最新時尚的基礎上。

這些圖片運用不同的印刷程序，加上是粘附在雜誌上，而非傳統裝訂的方式，提供一個更加完整的外觀。據*Playboy*的藝術總監所說：「這本雜誌應該看起來更像是一本可以讓你放在咖啡桌上的那一種書。」然而，這個目標也許有些過分樂觀了；據一位書報攤經營人所說，半數購買*Playboy*的人仍然要求給他們一個紙袋，好讓他們把*Playboy*帶回家去。

這一本新的雜誌保留許多的標準的特色，例如，Playboy諮詢，將有關性愛方面的建議散佈在回答音響等問題的答案之中。有一些編輯說明有關彩色卡通不均的品質與令人質疑的品味。據說，Hefner先生曾經駁回編輯刪除Party Jokes的請求。

自從設立二十五年以來，Playboy Club沒有重大的更新，因此「重新定位」策略也運用在Playboy Club。即使最近重新裝潢過，位於芝加哥的Play Club的紅色絨毛與黑色羽毛吧台，看起來還是有點像陳飾爵士年代物品的博物館前方一家販售Playboy T恤、打火機、與高爾夫球竿袋的商店，給這個帶來地方帶來旅遊的氣息。

沒有正視其位於大都會日漸衰敗的形象，幾年之前，Playboy Club透過授權加盟的方式，往內地城市，諸如：Lansing、Michigan、與Des Moines、Iowa等仍具有新奇價值的地區發展。但是缺少大都會地區的基礎，整個連鎖體系失去其都市的光芒。位於Lansing的俱樂部開始訴諸一些明顯不入流的促銷手法，例如，代客停泊農用牽引機的服務。

紐約的試驗

1985年秋天，公司位於紐約的俱樂部重新開張，這堪稱是一個大膽的試驗。棉花兔由身著閃亮Harlow-style的長裙，迎接顧客的女郎所替代，還有一些男性的侍者。消失的是傳統上有的撞球檯、舞會氣球、與Leroy Neiman的畫作。取而代之的是，聲光效果、舞台動作與交響樂團的音樂演奏。

紐約這間新俱樂部的新外觀是由聞名於概念餐廳裝飾的Richard Melman精雕細琢而成。他選擇具有如天文學家與魔術師一般天分的兔子。服裝從所謂Michael Jackson裝、毛衣、到翹尾巴兔子裝都有。而男侍者（叫做兔子）是為了讓女性顧客感覺更舒服。

公司是否將其他的俱樂部也轉型成紐約的風格，仍有待觀察。公司仍有其他十二家俱樂部，其中十家是加盟店，公司只擁有其中的兩家。有一部分的俱樂部，叫做Cafe Playboy，可能被當作向大眾開放入會的連鎖俱樂部之測試原型（目前欲加入這些俱樂部需要有Playboy Key才可以，不過還是有一些暫時性的會員資格）。

其他事業的策略

Playboy產品部門也致力加強公司形象；或者，至少不要進一步破壞。產品部門銷售了無數的鑰匙圈、空氣芳香劑，以及其他相同的東西，即使這麼做可能會有將公司商標廉價化的風險。現在，Playboy將產品重心從新奇的商品轉移到時尚服飾與品牌消費品，Playboy的男性內衣就是一個成功的例子，這成爲男性內衣的第二暢銷品牌。

Playboy仍然在影片製作方面下了不少的心思。這個部門在五年前推出了第一個性愛導向的有線頻道供一般觀眾觀賞，不過卻自始至終有著相同的問題。一直無法決定節目的尺度，這個頻道同時疏遠、得罪了兩端不同的觀眾。

舉例來說，1985年初，這個頻道中止了主要時段的性愛節目，改播一些主流電影，或是諸如：「Omar Sharif Host the Prostitute of Paris」之類的特別節目。然後收視率下降，Playboy也回過頭來播出主要時段的性愛節目。

部分肇因於Playboy的轉變，這頻道曾經經歷產業中最高的退租率，觀眾以每個月13%的速度流失。它目前大約762,000的訂戶還不足以支應其較高品質的節目，而這些節目正是用來吸引大部分觀眾的。一年約2,000萬美元的預算，大概還比某個網路單一系列節目一季的開支來的少。

因此，Playboy降低這個頻道在播出其節目所扮演的角色，並且將重心放在錄影帶販售與付費收看服務之上。Playboy也加重在製作深夜綜藝節目與一小時特別節目的投入，並且將其中一項售予系統業者。

其影片製作和Playboy帝國其他的部分一樣，仍然在繼續摸索出正確的策略以迎合今日的觀眾。正如Hefner女士總結的「我們必須反應出一種流行、多元的形象」。

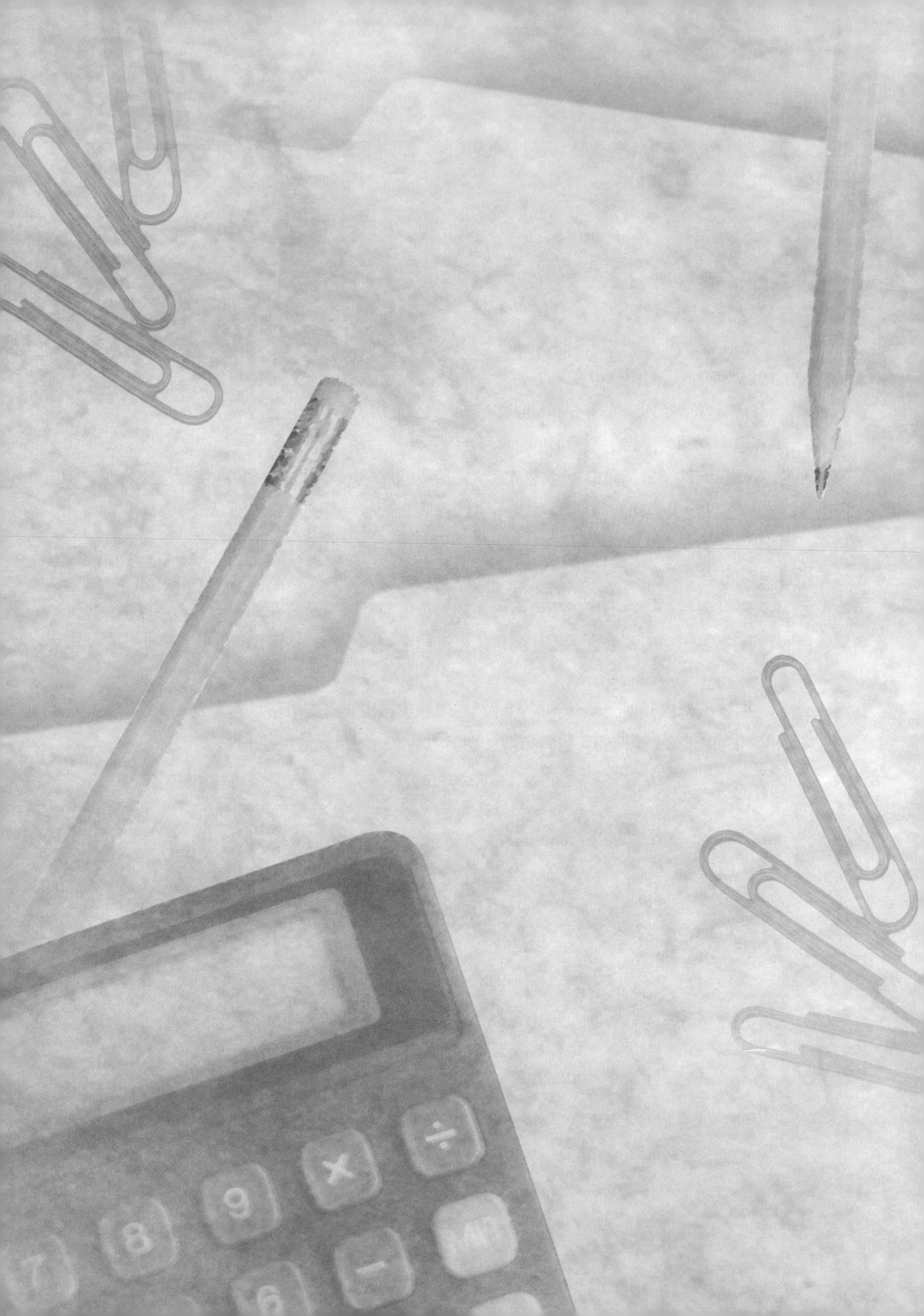

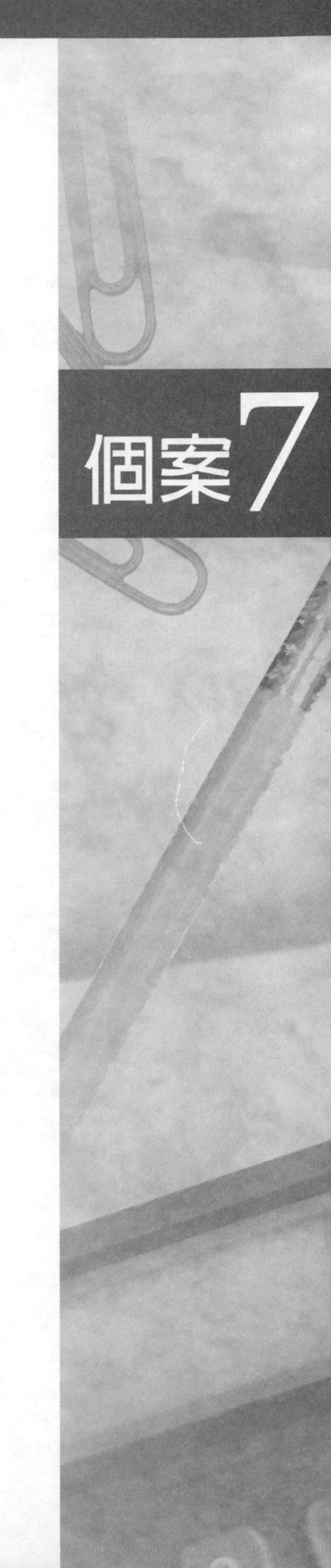

Aldus公司

事業策略

桌面出版事業

市場區隔及顧客

行銷

配銷及銷售

行銷預算

技術支援與服務

競爭

計畫案

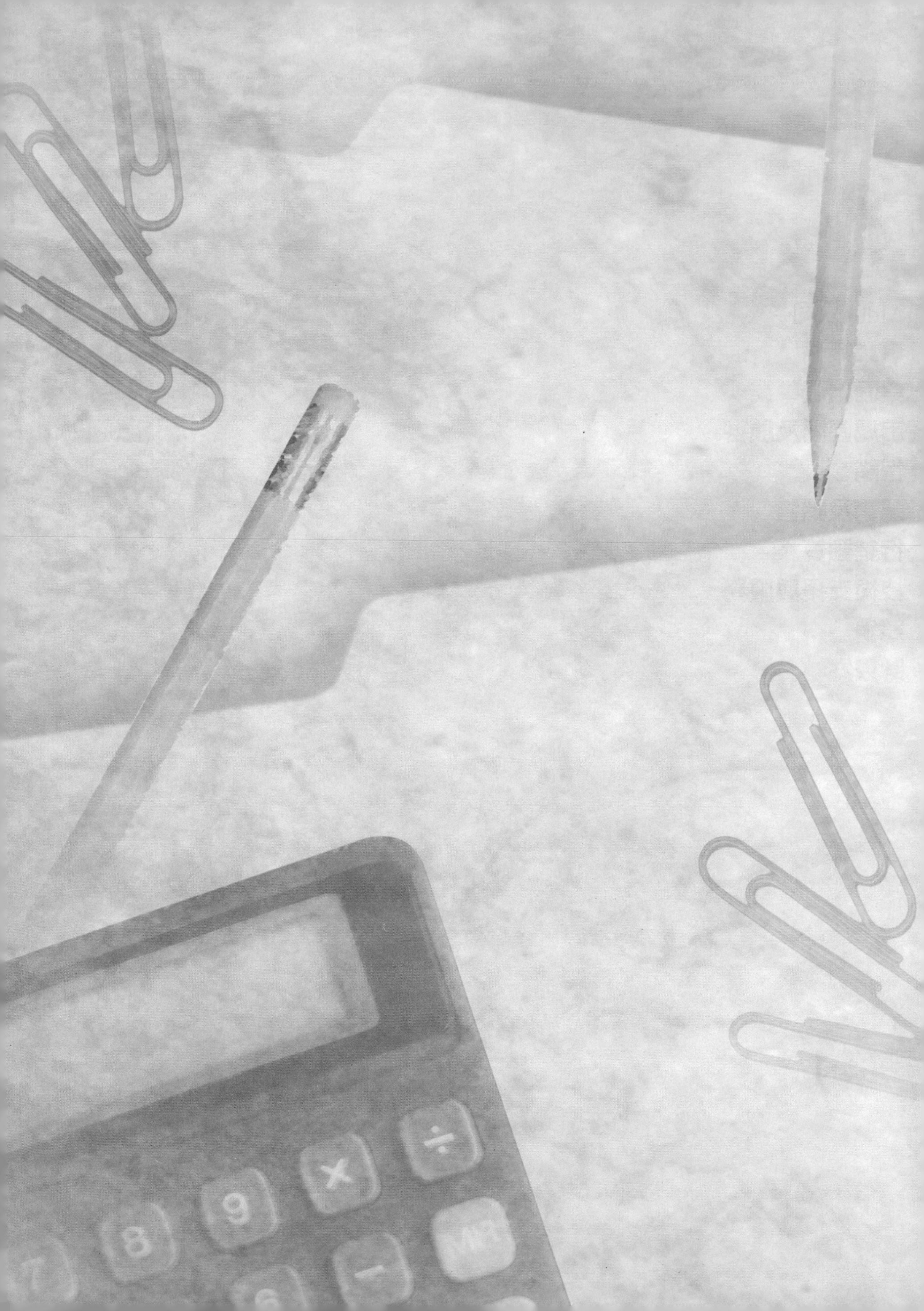

1988年8月，Aldus公司之銷售及行銷經理相約於麻州的渡假勝地，並著手擬定他們對1989年的策略行銷計畫。於會中，Aldus公司歐洲部的行銷經理Richard Strong，建議將Aldus公司之家族產品分為兩種不同的系列產品：其一為Aldus行政系列，包括：PageMaker軟體、Persuasion軟體以及針對商業市場額外增加之新產品；其二為Aldus專業系列，包括：PageMaker軟體專業版、Aldus Freehand軟體、Aldus Snapshot軟體以及針對專業創作性製圖市場額外增加之新產品。Richard Strong主張，他的提案能讓Aldus公司對此兩種主要市場區隔，研發兩種個別且專門之產品及市場策略。

最初對Richard之提案的回應相當謹慎且良好。表面上，此提案能解決許多問題，其能讓Aldus公司澄清每項主要產品的定位，並幫助公司在兩種主要市場區隔中建立強力且獨特之認同。然而，公司至今之成功立基於提供可填補商業及創作專業兩者間空白之單一系列產品。此外，多品牌之決策如何實行於銷售及配銷之層級，不論是國內亦或國際間，此方面之情形一點都不明確。

Aldus公司之行銷人員所面臨之挑戰為，評估Richard Strong的提案且訂出一詳細之實行計畫，以因應倘若此多品牌決策被建議採用之時。

Aldus公司

Aldus公司成立於1984年2月，並研發有效成本且易於使用之軟體工具，以應用於許多頁面設計之微電腦，且設計以對應工作站、迷你電腦或主架構基礎之出版系統之功能。成果即為PageMaker軟體之開發，這讓使用者能電子化的設計、編輯並製作出印刷報導，藉以降低相較於傳統出版技術之時間及費用。此種新式微電腦基礎之出版軟體，迅速地以「桌面出版」一語而聞名，此為Aldus公司之創立者兼總裁Paul Brainerd所想出。

於成立Aldus公司之前，Paul Brainerd為一間製造專用於報紙及雜誌的出版系統公司之副總裁，在那之前，Brainerd為《明尼蘇達日報》之主編且為Minneapolis Star and Tribune公司營運董事之助理。

Aldus公司於1985年7月將其第一版之PageMaker軟體應用於蘋果電腦之麥金塔系統中，而到了1988年，它已成為桌面出版軟體之國際標準。麥金塔版以及1987年發表之個人電腦版之PageMaker軟體，已經被翻譯成超過十國的語言。一套麥金塔系統之日文漢字版PageMaker軟體，已預定於1988年9月發表，此爲第一套由美國公司所生產之亞洲語言桌面出版軟體產品。

1987年6月，Aldus公司完成一次成功的公開發行2,240,000股之普通股，並籌得約3,100萬美元以支持未來之成長。1987年後期，Aldus公司成爲一多產品公司，並獲得兩項新產品之行銷及配銷權：其一爲Aldus FreeHand軟體，此爲一對應蘋果電腦麥金塔系統的繪圖工具；其二爲Aldus SnapShot軟體，此爲對應個人電腦之影像程式。於1988年7月，公司發表第四種主要產品，即爲Aldus Persuasion軟體，一套對應麥金塔系統之桌面展示程式軟體，預定於1988年末推出。雖然新產品提供Aldus公司更多樣化之組合，PageMaker軟體仍佔Aldus公司1988年中期銷售之約80%。Aldus公司營運前五年之財務重點皆列於Exhibit1。

Aldus公司的名稱源自於一位十五世紀之威尼斯學者，名爲Aldus Manutius，他成立了第一間的現代出版社Aldine Press。他亦因發明義大利字體圖案及使發音規則標準化而聞名於世。

事業策略

Paul Brainerd將Aldus公司早期許多成功歸因於其有效使用策略聯盟、激勵與教育轉售商網絡之建立，以及高度成功之公關活動。

從一開始，Aldus公司基礎商業策略之一，即爲放棄與其他販售商在技術與行銷目的上之策略聯盟，其與蘋果電腦公司的策略聯盟即顯得特別的重要。於1985年，Aldus公司著手於其第一版的PageMaker軟體，並僱用了共十五位人員。行銷機能是由一位銷售人員、一位兼職行銷顧問以及Paul Brainerd所組成。如Paul Brainerd之後所註釋：「此遊戲之名稱有很明顯之槓桿效果── 身處Aldus公司的我們如何有效的發揮我們相當有限的資源？」。PageMaker軟體最初的版本是設計於蘋果電腦之麥金塔系統中運作，於1984年，蘋果電腦公司於美國及加拿大擁有約兩千家代理商，此對Aldus公司之管理團隊相當清楚的是，如果PageMaker軟體能成功，一套套裝軟體之銷售能帶來數千美元之硬體銷售（包括：電腦、印表機以及其他電腦周邊設備）。如果蘋果電腦公司能證明PageMaker軟體有創造硬體銷售之潛在價值，這將能爲Aldus公司帶來相當大的財務上及組織上資源的支援。

在Aldus公司寄望蘋果電腦公司的同時，蘋果電腦本身亦面臨一些重要的難題。

Exhibit1 Aldus公司——挑選之財務重點

簡要合併資產負債表	July 1, 1988	Dec. 31, 1987	Dec. 31, 1986	Dec. 31, 1985
資產				
流動資產				
現金及有價證券	$33,429,006	$31,736,569	$ 3,159,937	$ 903,039
其他流動資產	18,790,193	1,026,649	22,051,494	594,966
總流動資產	52,219,199	42,003,061	5,211,431	1,498,005
設備及租賃改良，淨值	4,833,736	4,004,413	791,443	174,186
資本化之軟體開發成本	2,986,854	2,387,685	377,960	--
其他資產實質之總無形資產	570,237	592,283	--	1,620
	$60,610,026	$48,987,442	$ 6,380,834	$1,673,811
負債及股東權益				
流動負債				
應付帳款及累計負債	$ 5,944,218	$ 3,929,736	$ 1,071,546	$ 185,335
遞延技術支援收益	672,392	334,874	116,722	62,062
應付所得稅	1,012,000	--	1,433,000	167,000
總流動負債	7,628,610	4,264,610	2,621,268	414,397
租賃債務	127,325	218,783	--	--
遞延所得稅	1,157,000	1,168,000	144,000	6,000
股東權益	51,697,091	43,336,049	3,615,566	1,253,414
	$60,610,026	$48,987,442	$ 6,380,834	$1,673,811
資本公積	$44,590,589	$37,738,451	$ 2,590,163	$1,083,608

合併簡要損益表

	半年終		一年終		
	July1,1988	Dec.31,1987	Dec.31,1986	Dec.31,1985	Dec.31, 1984
淨銷貨	$35,075,105	$39,542,200	$11,135,688	$2,234,424	$ --
營運費用					
銷貨成本	7,494,841	8,600,441	1,066,417	161,890	
銷售一般及行政費用	14,700,460	16,597,433	5,518,519	1,120,948	121,590
研發費用	3,798,793	2,502,337	590,401	297,637	117,750
營運收益	9,081,011	11,841,989	3,960,351	653,949	(239,340)
利息收益淨值	810,746	972,483	151,801	37,138	21,854
其他費用	(474,549)	(253,377)	--	--	--
所得稅準備前收益	9,417,208	12,561,095	4,112,152	691,087	(217,486)
非常損益	--	--	--	80,000	--
所得稅準備	2,982,000	4,755,500	1,750,000	253,000	--
淨利	$6,435,208	$7,805,595	$2,362,152	$518,087	$(217,486)
普通股每股淨利	$.50	$.66	$.21	$.05	$(.02)

蘋果電腦公司開發出一台適用於麥金塔系統之雷射印表機，即爲LaserWriter。此計畫在蘋果電腦公司內遭受到相當大的反對聲浪，組織仍受昂貴的莉莎電腦之終結所苦惱，且一些蘋果電腦公司的經理質疑行銷一台價值七千美元之印表機是否爲明智之舉。在此價格下，它將比基本電腦昂貴兩倍，此外，目前並不能完全利用其性能之應用方式。然而，Steve Jobs公司仍持續支持此雷射印表機計畫，且蘋果電腦公司已與Adobe系統合作，其PostScript製圖語言將會是完全發揮LaserWriter性能之決定性要素。於1984年7月，Aldus公司向蘋果電腦公司之計畫經理針對LaserWriter示範了PageMaker軟體之原型。一種非正式之聯盟由此形成，蘋果電腦公司會提供工作站、雷射印表機、Adobe之PostScript語言，而Aldus公司將提供商業上之應用。

經過下一年，Paul Brainerd至少每四至六週拜訪蘋果電腦公司一次。蘋果電腦公司之LaserWriter計畫經理Bruce Blumberg，非正式的將Paul介紹予許多的蘋果電腦公司職員，且透過走廊上及辦公室中的談話，Paul瞭解了他們的需求。在開發能向潛在使用者證明桌面出版的可能應用之行銷題材上，Aldus公司扮演領導的角色。而在宣傳推廣這些應用予潛在使用者，以及在其宣傳麥金塔系統之商業媒體上特別報導桌面出版應用時，蘋果電腦公司則是扮演領導的角色。蘋果電腦公司與Aldus公司一同爲滲透此出版市場而撰寫蘋果電腦的行銷計畫。

隨著蘋果電腦公司新總裁John Sculley對於滲透商業市場的日趨重視，此計畫亦在蘋果電腦公司內如火如荼的展開。唯一可執行之詳細行銷計畫及「解答導向」之應用即爲桌面出版，蘋果電腦公司內某些人對此區隔之規模感到懷疑，但Sculley及Jobs公司皆相當確信桌面出版在商業界能相當成功。假定上，它能藉由忽略文件須經排版、「貼上」及印刷，而達到完全改變組織內的印刷事業，它並承諾能將中央化的電子印刷帶到桌面上。隨著行銷桌面出版所獲得之動力，很明顯的它變成蘋果電腦公司完美的「特洛伊馬」。桌面出版提供蘋果電腦公司進入業界的入口，隨著它在組織中的建立，個人將會認知到麥金塔製圖介面的「對使用者友善」，並開始將麥金塔用於新式用途上，且在某些組織中麥金塔已開始於部門間散播。

與蘋果電腦公司的策略聯盟，使得Aldus公司能獲得蘋果電腦公司於北美兩千家的代理及轉售商網絡。爲了替桌面出版將此代理商網絡開發一個有效的行銷組織，Aldus公司與蘋果電腦公司共同決定所需完成之工作、列出優先順序，並將每項高度優先之工作分派予兩位夥伴之一。這項過程的其中一項成果爲，一系列非常成功之研討會，會中提供代理商桌面出版之「上手」經驗。蘋果電腦公司在其代理商網絡中推廣這次研討會，並提供設備及硬體。Aldus公司提供軟體及兩組人員以準備北美之研討會，每組人員於超過兩週間參觀了十個城市。因此，藉由充分發揮蘋果電腦公司的資源以及設備，Aldus公司能相當迅速地與主要代理商及市場上獲得關注。

Paul Brainerd認為的第三項要素即為，Aldus公司PageMaker軟體早期的成功為公關上一相當大的成效。由於他在出版事業中身為編輯的經驗，Paul知道媒體中個人的潛在影響力，Paul找出十位頂尖之電腦新聞評論人員，並與其連絡討論有關桌面出版之潛力。他對他們解釋此產品之概念，並為其示範此產品。幸運地，他們大部分皆悉知傳統印刷過程之困難，且許多人亦能看出桌面出版之潛力，並對此產品相當興奮而大肆地報導它。

回首Aldus公司的首幾年，Paul對公司許多之成功貢獻良多、提出非常清楚之計畫、訂出優先順序，以及將公司相當有限之資源專注於這些優先項目上。

桌面出版產業

此為一內外部配銷製造種類繁多的印刷題材之產業，已普遍利用獨立之出版部門或商業印刷商，以完成高品質印刷報導之設計、貼上、校對及排版工作。根據歷史看來，印刷品質之出版已由大型印刷商所製造，他們利用基於主架構或迷你電腦之排版機及軟體標頁系統。此種系統要求使用者有相當之技巧，並訓練頁面之配置及裝飾，且價格相當的昂貴，約從3萬美元至超過20萬美元。結果為，此種系統主要銷售給大型報紙、雜誌、公司報導部門以及商業排版商。

隨著微電腦與製圖科技之進步，並伴隨低價雷射印表機之取得及頁面排字軟體之開發，得以幫助相當低價的微電腦基礎的出版解答的到來。這些系統允許本文及圖片之整合，以及排版品質印刷報導之製作。一典型之桌面出版系統，包括：一台微電腦、一台雷射印表機及PageMaker軟體，於1988年的價格約為8,000美元至12,000美元。桌面出版解答提供使用者更能控制印刷之過程，並改善品質及即時之印刷題材。由於桌面出版系統買的起且易於使用，因此它們大大地擴大了出版系統市場，並逐漸受到各類小型公司、大企業、政府機關、教育機構、圖片設計師以及商業專業人士之歡迎。典型之應用包括商業報導，諸如：商務通訊、對股東之報告以及機構內部之雜誌；宣傳之教材包括：廣告、小冊及其他推廣用之教材；銷售及行銷之教材諸如：目錄、價目表、指南；使用手冊及其他形式之使用說明；以及展示圖表。產業分析員預期此基於微電腦的桌面出版系統市場（以美元形式）至1992年將會增加一倍。

市場區隔及顧客

Aldus公司之管理階層根據所使用之電腦作業系統（蘋果電腦之麥金塔系統或IBM之PC AT或相容系統），將桌面出版市場區分爲四個主要區隔，且不論使用者爲商業人士或創作性製圖之專業人士。創作製圖之專業人士的定義爲，任何購買排版服務或爲純粹爲出版而準備文件的使用者。Exhibit2列示此四種區隔。

Aldus公司於1985年首度將PageMaker軟體引進區隔一，PageMaker軟體提供此區隔之使用者一種替代人工方式或向外購買排版服務之技術。第二類區隔（Exhibit2中之區隔二）受PageMaker軟體所吸引的爲一群商業市場上的麥金塔技術狂熱者，他們屬於製圖導向並希望將圖片合併入他們的文件中，或單純爲了讓其文件看起來更具吸引力。此區隔之開發始於1986年，且其隨著辦公環境中雷射印表機的取得上之增加而加速成長。區隔一、二中之創新者及早期採用者具有高度的技術能力，且準備好投資時間及心力，以學習如何使用此種相當精密之桌面出版軟體。PageMaker軟體於1986年始滲透進入第三類區隔，即於個人電腦版產品發表之後，稱爲個人電腦業區隔（Exhibit2中之區隔三）。此區隔之成長部分是由於一些商業人士深受麥金塔桌面出版系統所製作之文件的吸引，且希望能在其IBM AT或相容系統中亦能製作相似之文件。第四類區隔爲個人電腦之專業創作性製圖。一些產業觀察家懷疑爲何此區隔能持續存在，因爲製圖導向之麥金塔系統的容易使用，建議他們在麥金塔基礎之桌面出版系統中能獲得更好之效果。然而，此區隔之持續存在仍有

Exhibit2 桌面出版市場之區隔

	作業系統種類	
使用者型態	PC（MS-DOS）	麥金塔
商業	區隔三	區隔二
專業製圖	區隔四	區隔一

幾項理由：一些公司完全束縛於IBM或IBM相容之電腦，而其他公司受到IBM相容之桌面出版系統所吸引，由於其較麥金塔系統便宜，而另外其他公司則是由於電腦之選擇是基於其他套裝軟體之獲取性而決定。IBM及微軟所宣布之OS/2系統，承諾將IBM或相容系統在桌面出版上更有吸引力。

於區隔一中，PageMaker軟體支配約70%的市場佔有，而Quark公司的Xpress及Letraset公司的Ready-Set-Go軟體則佔有其餘大部分之市場，且Quark公司之佔有正逐漸增加中。由Aldus公司所作之市場研究表示，低於20%的潛在繪畫插圖市場至1988年暑假已「轉降到」桌面出版。一位Aldus公司的行銷主管人員表示，潛在的專業創作性製圖市場可能於三至五年間將完全打開。

PageMaker軟體於區隔二中亦爲市場佔有之領導者。至1988年，Aldus公司於此區隔之銷售緊跟著新安裝之麥金塔系統而增加，由於大部分有使用PageMaker軟體之安裝麥金塔系統使用者，已購買了桌面出版軟體。未來於此區隔中PageMaker軟體之銷售，將高度依賴Apple電腦公司持續開發新客戶以及增加現存消費者之滲透上的能力。

由於高個人電腦安裝率及雷射印表機獲取性的增加，區隔三被認定爲一有著相當大潛力的市場。Aldus公司相信此區隔中眞正之競爭者爲高級文字處理機，或較便宜的桌面出版軟體。Ventura公司之Publishing軟體及PageMaker軟體幾乎佔有此區隔中相等的高價桌面出版市場。

PageMaker軟體於區隔四中有強力的市場佔有，但由於先前提及的原因，此並非一大的區隔。1987年，Aldus公司及其他麥金塔及MS-DOS桌面頁面配置市場的主要廠商之市場佔有率列於Exhibit3中。

在中小型組織中，轉移至桌面出版的決定通常由高階管理者主導，至於何項套裝軟體之購買決策通常則是留給直接使用該軟體的個別使用者來決斷。在大型組織中，各種不同的購買過程，很顯然與可歸因於資訊系統功能中集中度的組織間主要差異有關。或許所觀察中最普遍之購買類型，且某一特別用途，例如，桌面出版，是供予個別部門或使用桌面出版來選擇可獲得的套裝軟體的功能。然而，組織僅會提供一套或許兩套的套裝軟體支援。

Exhibit3 1987年全球桌面頁面配置市場

軟體販售商	單位	單位佔有	價值（百萬）	金額佔有
	MS-DOS單位價值			
Aldus	69,062	30.5%	$30.87	42.4%
Ventura	60,090	26.6%	$32.87	45.2%
Software Publishing Corp.	39,521	17.5%	$2.98	4.1%
DRI	7,667	3.4%	$2.35	3.2%
Unison World	27,278	12.1%	$1.29	1.8%
Springboard	16,201	7.2%	$0.77	1.1%
AT	2,951	1.3%	$0.53	0.7%
Other	3,355	1.5%	$1.08	1.5%
總計	226,145		$72.74	

軟體販售商	單位	單位佔有	價值（百萬）	金額佔有
	麥金塔單位價值			
Aldus	38,148	53.9%	$12.37	54.0%
Letraset	14,504	20.5%	$4.37	19.1%
Quark	9,612	13.6%	$3.46	15.1%
Orange Micro	8,466	12.0%	$2.73	11.9%
總計	70,729		$22.93	

source: International Data Corporation.

行銷

產品線

除了PageMaker軟體之外，Aldus公司在其系列產品中尚有其他許多軟體產品或正研發中的產品。然而，PageMaker軟體仍佔Aldus公司超過80%的銷售。

於1987年7月，Aldus公司獲得一套以PostScript軟體爲基礎的麥金塔繪圖程式的行銷權，該軟體於1987年11月在市場上推出，即爲Aldus公司之FreeHand軟體。Aldus公司的FreeHand軟體是以Adobe System公司的Illustrator軟體產品爲直接競爭者而發表的，其早期市場上的成功是由於其所提供之「Illustrator軟體之力量加上MacDraw軟體的易於使用性」。至1988年夏天末，FreeHand軟體2.0版本與Adobe公司的Illustrator88軟體相當的競爭，其共同競爭PostScript繪圖程式類別的市場支配地位。同時，Aldus公司企圖爲FreeHand軟體擴充除該項類別之外的市場，並定位與MacDrawⅡ軟體相衝突，MacDrawⅡ軟體爲一高價且較原先的MacDraw軟體更精密的版本。

1987年9月公司獲得一項基於個人電腦的「電子影像」應用的行銷及研發權，該項應用於1987年11月推出。Aldus公司的SnapShot軟體是一項更爲麻煩的軟體產品，由於其在MS-DOS平台下所要求之硬體作業需求相當嚴格。「電子影像」的概念無法如同「桌面出版」一樣的抓住市場的印象，且Aldus公司無法與硬體販售商建立策略聯盟，其對令該產品成爲一項不合格的市場成功而言是必要的。

1988年2月，Aldus公司獲得一項桌面展示產品的行銷及研發權，該產品於1988年8月推出，即爲Aldus公司的Persuasion軟體，且預計於1988年第四季交貨。此項產品獲得基於數個理由而言對Aldus公司相當的重要，第一、產品本身被認定爲優於任何市場上其他的桌面展示產品，它能如同PageMaker軟體爲桌面出版產品在市場上，相同的爲桌面展示產品「訂下標準」。第二、桌面展示的市場被認爲有達到或超過桌面出版市場所代表的市場機會——且較FreeHand或SnapShot軟體的潛在市場大更多。第三、桌面展示的市場被清楚的認知爲——「商業市場」。因此，其更希望Aldus公司之Persuasion軟體能幫助Aldus公司定位爲一主流商業軟體市場上的競爭者，而非較小的繪畫插圖利基上。

1988年8月，Aldus公司積極尋求額外的產品獲取，並從事針對商業市場的新軟體產品之內部研發。

定價

Aldus公司早期所作的困難的行銷決策之一，即爲麥金塔系統的PageMaker軟體的定價。於1984年，麥金塔軟體最昂貴的一部分即爲Excel軟體，一套試算表軟體，記錄價格爲395美元。經過許多討論後，Aldus公司決定將PageMaker軟體價格訂定爲495美元，由於訂定任何低於該價格，將會導致它不被視爲一眞正的商業工具。於市場中見不到對此價格的反對。後來，當Aldus公司於1987年推出麥金塔系統的3.0版本之PageMaker軟體時，價格上升至595美元。

個人電腦版的PageMaker軟體研發相當昂貴，且Aldus公司認爲它在市場上的銷售及服務亦較昂貴。伴隨著一些疑慮，他們將此版本的PageMaker軟體價格定爲695美元，整整高於先前之麥金塔版本的價格200美元。Xerox公司的個人電腦版Ventura Publisher軟體幾乎同時宣布，且價格爲895美元，雖然Xerox公司的通路折扣使其零售價成爲795美元，高於PageMaker軟體100美元。Aldus公司在3.0版本推出時，將其個人電腦版的產品價格調爲795美元。

配銷及銷售

Aldus公司主要經由零售代理商及原有設備製造商（OEMs）來配銷其產品，OEMs及大型零售商付建議零售售價之50%。公司對於授權及保留同意支援其產品的代理商有選擇的權力，且並無任何一家代理商、連鎖店或OEM廠商佔有其超過10%的銷售。

國內零售通路

當Aldus公司首次開始行銷PageMaker軟體時，桌面出版產品的類別並不存在。Aldus公司瞭解一些繪畫插圖客戶對此產品有需要，但其須扮演開發銷售桌面出版解答的代理商的主要角色。Aldus公司的銷售人員開始直接與代理商合作，教導他們桌面出版的好處，並幫助他們開發桌面出版的銷售教材及計畫。在爲PageMaker軟體挑選代理商時，Aldus公司採用三項標準：代理商須有店面，必須銷售軟硬體以提供所有的解決之道，以及必須專注於垂直市場。公司透過獨立之代理商及大宗連鎖店行銷PageMaker軟體，例如，Businessland、ComputerLand、Entre、Sears Business Centers、Inacomp、Computer Factory、Nynex及其他。最近，Aldus公司已開始透過加值轉售商（VARs）行銷PageMaker軟體，他們將Aldus公司的產品與其他軟硬體產品，針對最能符合終端使用者需求的方式來設計並作不同之配置。

至1986年底，北美的蘋果電腦麥金塔系統版的PageMaker軟體代理商網絡，已成長至一千二百家。隨著個人電腦版的推出，Aldus公司授權此產品予一額外的、最新的系列代理商。由於至1987年初約有三千家代理商，對Aldus公司小規模的銷售人員而言，欲維持所有的這些關係已日漸困難。因此，於1987年3月，Aldus公司與Microamerica公司簽訂一項合約，當中Microamerica公司成爲其主要之第三部分PageMaker軟體配銷商，以處理授權國內零售市場上的代理商事宜。PageMaker軟體爲首項由Microamerica公司所負責的軟體產品。Aldus公司選擇Microamerica公司的原因爲，它眞的有銷售硬體且它有投資美國國內的訓練設備之研發。雖然Aldus公司持續直接對零售代理商銷售，此合約允許小型獨立且經授權之代理商能直接從Aldus公司或Microamerica公司購買。Microamerica公司提供二十四小時內的訂貨交付，使小型代理商的存貨維持成本最小化。至1988年8月，公司已有超過三千一百家分散的經授權代理商據點。

國內銷售人員

至1988年夏天爲止，Aldus公司在美國有一組七人的公司銷售團隊，負責任務性的銷售，但這些成員並未做出任何直效的銷售。這組公司的銷售人員貢獻許多的精力，在於試圖說服主要的公司行號將PageMaker軟體標準化。此外，一組由約四十位代理商客戶經理及相關銷售代表所組成的銷售團隊，部署遍及整個國家，藉以激勵代理商及VAR的銷售，並且在市場教育及開發上提供代理商及VARs幫助。Aldus公司所有在美國的銷售員的總成本，包括：薪資、佣金、利潤及辦公成本，於1988年共約10萬美元。美國的銷售組織被分爲三部分，區域銷售經理需向銷售長作報告（見Exhibit4）。

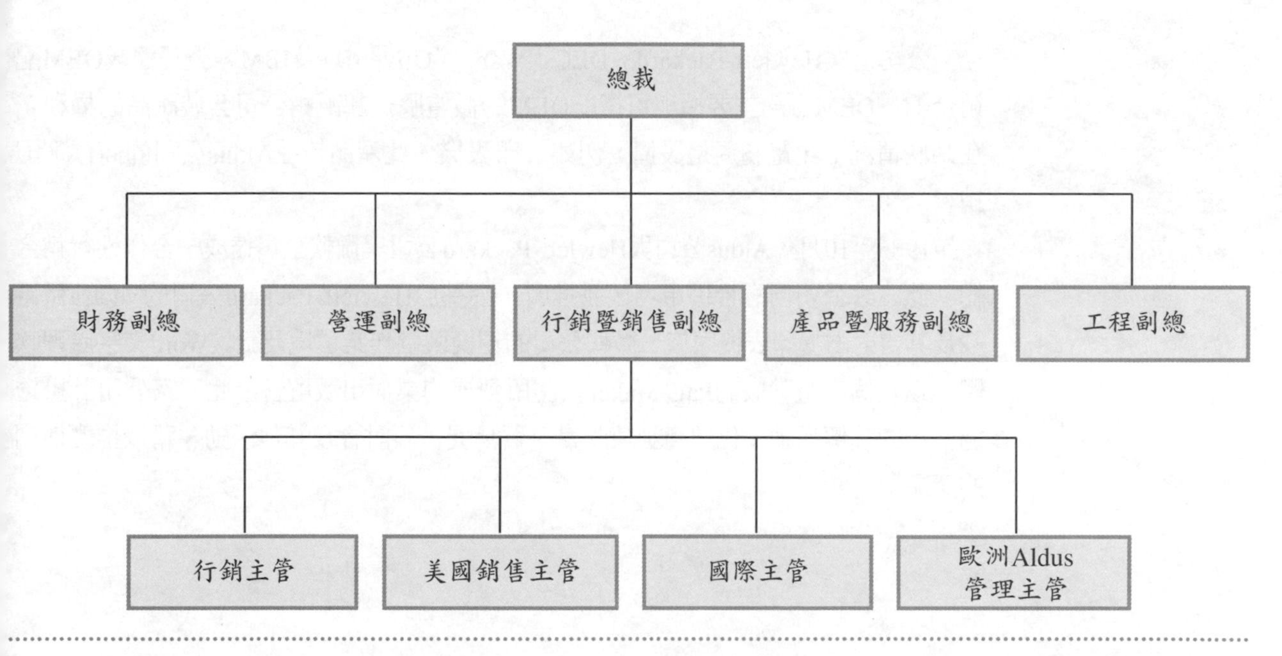

Exhibit4 組織圖

國際配銷

Aldus公司成立一早期之委員會以在全球行銷其產品。即使在第一項產品運至美國之前，在歐洲已簽下一家配銷商。國際市場上的配銷比起美國國內地的配銷開發是相當不同地。在歐洲，Aldus公司在一國家中典型的方法爲派任一領導配銷商，其通常爲一國內前五名最佳配銷商之一，且有其轉售商網絡。於1987年初，Aldus公司於蘇格蘭建立一家行銷、配銷及支援的合併創投公司。Aldus英國部50%由Aldus公司擁有，而另外50%由兩家擁有於英國及愛爾蘭獨家配銷權的個別公司所擁有。之後，於1987年，Aldus公司買下合併創投公司其餘的50%，而這就成爲Aldus歐洲部，Aldus歐洲部爲歐洲內Aldus公司所有的活動提供統合的機能。於接下來的兩年間，子公司分別於英國、瑞典及西德成立，子公司建立目的爲提供Aldus公司那些配銷商無法提供的行銷機能，並允許Aldus公司在主要國家中與IBM及蘋果電腦公司的組織建立實質的合作關係。至1988年中期，Aldus公司提供十種當地化版本的PageMaker軟體，且於近四十個國家內提供五種翻譯版的Aldus FreeHand軟體。於1988年間，估計Aldus公司的銷售約有40%來自於國際間的營運。

OEM配銷

公司已與Hewlett-Packard、DEC、Wang、Olivetti以及IBM等公司達成OEM配銷合約，OEM合約主要授與可搭配OEM的微電腦一起配銷公司套裝產品的權利，在某些情況下，電腦周邊設備，例如，印表機。此產品皆在Aldus公司的商標下配銷。

1986年10月，Aldus公司與Hewlett-Packard公司與微軟公司達成一合作性行銷合約。此三家公司同意合併市場，並推廣一套基於Hewlett-Packard公司的Vectra微電腦及其雷射噴墨印表機家族、微軟公司的視窗製圖作業環境及微軟Word文字處理軟體，以及個人電腦版的PageMaker軟體所製成的桌面出版解答。此三家公司計畫透過一年的宣傳活動、代理商訓練計畫、貿易展、研討會及其他活動，藉以推廣他們的產品。

行銷預算

Aldus公司的總行銷及銷售預算約佔銷售額的20%。於1988年，公司預計投資150萬美元於媒體宣傳上，而新產品的發表與最近產品的新發表越來越昂貴。Aldus公司的管理階層相信，至1988年在麥金塔市場上一項主要發表或重新發表將花費約75萬美元，而於個人電腦市場上將花150～200萬美元。這些數據包括：宣傳、代理商之首次展示費、公關、附隨的教材、陳列展示教材（例如，磁片或錄影帶），以及第三部分之行銷計畫（諸如：與互補硬體或供應之販售商的合併推廣）。

技術支援與服務

Aldus公司透過數種管道，包括「800」電話支援中心，以提供市場技術支援、服務以及訓練。它透過數種不同的計畫，提供直接之技術支援予個人及公司行號。此外，它開發一套超過七十位經授權之訓練師的美國網絡，藉以在主要之美國市場上提供訓練及諮詢。最後，一個擁有超過二百個「服務處」的外加之非正式網絡於美國成立，並提供採用Linotronic影像設定機的排版品質之桌面出版輸出。

競爭

桌面出版市場爲高度的競爭的市場，容易遭受迅速的改變且未來預期仍將持續如此。公司相信桌面出版市場主要競爭之因素包括：產品特色及功能、容易瞭解及易於操作軟體、產品可靠性、價格／表現特徵、品牌認同，以及可獲取性與支援及訓練服務之品質。Aldus公司在此桌面出版市場中與小型獨立軟體販售商，及大型公司競爭，某些Aldus公司的實際及潛在競爭者在財務、行銷及科技資源上皆超過Aldus公司。

至今，價格競爭已成爲桌面出版軟體製造商間的主要因素。然而，文字、資料處理及試算表應用軟體的供應商，已經由「使用執照」的採用（即允許程式及說明文件的拷貝），與給大宗的企業客戶的價格折扣，而經歷過相當的價格降低。

麥金塔版的PageMaker軟體與各種獨立販售商軟體相競爭。部分由於Aldus公司與蘋果電腦公司緊密的聯盟的結果，PageMaker軟體迅速在其早期競爭者中獲得優勢：Boston軟體公司的MacPublisher軟體，以及一個Tangent公司所行銷的稱爲Scoop的產品。至1988年中期，一家在製圖市場相當知名的印刷製圖字體供應商，Letraset公司，該公司的Ready-Set-Go軟體與一財務良好的失敗者的地位有關聯。1988年主要競爭性威脅爲Quark公司公司價格爲795美元的Xpress軟體，其已成爲高價市場中一強勁之競爭者。Quark公司與Aldus公司有著相似的配銷系統，相當依賴零售商及VARs，但其網絡並不如Aldus公司密集。Quark公司的Xpress軟體較PageMaker軟體有較高的印刷精密度，此軟體之設計較PageMaker軟體之設計更標準，且其更有可能讓VARs去訂做軟體，以達到特定終端市場之特殊需求。舉例而言，一家將焦點放在週報的VARs，可能會使用標準的Quark公司Xpress頁面排字軟體，但亦加入一套軟體模組以允許報紙在廣告中能快速「預印」。在企業的標準中，Quark公司並不被認爲能提供如Aldus公司的相同顧客支援水準。至1988年8月，Quark公司佔有超過15%的桌面出版之麥金塔系統市場，以及更高的市場佔有於專業創作性製圖區隔中。一些Aldus公司的經理主管人員將其成功歸因於它完全專注於此區隔，雖然PageMaker軟體及Aldus公司皆企圖吸引一更爲廣泛的市場。

個人電腦版之PageMaker軟體主要與數家販售商提供之軟體競爭，包括：Xerox公司，該公司擁有Ventura公司Publisher軟體之獨家行銷及配銷權，Ventura公司在市場上打敗個人電腦版之PageMaker軟體約三個月之久。Ventura公司Publisher軟體之目標顧客爲，那些準備包含本文及圖片的長結構文件顧客，訓練用教材諸如：使用手冊、參考教材以及某種形式之計畫案，皆爲典型之應用。此與PageMaker軟體完全相反，PageMaker軟體較適用於高度設計之內容上的應用。Ventura公司大部分專注於產品研發工作，而Xerox公司則處理行銷工作。Ventura公司由其與Xerox公司名稱之關聯中獲利，而Xerox公司於零售業中的存續則是由於其打字機、影印機及印表機等系列產品。Xerox公司將Ventura公司的Publisher軟體視爲一次將硬體銷售發揮於桌面出版市場的機會，在Ventura公司的Publisher軟體推出之前並無MS-DOS之桌面出版產品。公司建立了一分離之事業單位，即爲Xerox桌面軟體（XDS），藉以行銷Ventura公司的Publisher軟體與其他相似產品。從Aldus公司的觀點，Xerox與Ventura公司間之關係尚未達到其全部之潛力，XDS似乎在獲得高階管理階層的支援及注意上有些許困難，且Xerox公司並未如其所預期的，在藉由XDS的努力下，於研發個人電腦及低價印表機上獲得成功。事實上，Xerox公司已從個人電腦市場中撤退。雖然如此，Ventura公司的產品與MS-DOS版的PageMaker軟體在競爭下仍銷售良好，且建立了「個人電腦平台市場領導者」此一不可挑戰的宣言，亦需承受成爲自滿預言的風險。

除了桌面出版類別內的競爭外，Aldus公司亦面臨來自三種其他來源之競爭：低價競爭者，由Software Publishing公司的First Publisher軟體所領導；專門之大型電子出版系統；以及各式文字處理軟體程式，其逐漸結合低價桌面出版的特色。由諸如Interleaf公司及Atex公司所提供之專門電子出版系統，是爲出版及工程部門，以及其他需要額外之排字及標頁特別功能的團體所設計。大致上，獨立工作站或中央化的迷你電腦或主架構基礎的出版系統的成本，較供予微電腦基礎的桌面出版系統之成本高出許多。由於這些PageMaker軟體的間接競爭者，Aldus公司的經理主管人員相信文字處理機爲最大之威脅，是因爲它們處理商業市場需求的能力，現已奪取專業創作性製圖之區隔，並成爲市場上相當有力的部分。文字處理程式通常較桌面出版軟體便宜，且更易於使用。然而，文字處理程式通常缺乏彈性及PageMaker軟體的特色，諸如建立精巧之版面設計能力包括：混合表格以及從其他軟體程式整合本文及圖片。

Aldus公司亦與微電腦軟體市場上其他公司競爭代理商及配銷商，以及與其他軟硬體販售商的聯盟。配銷商及代理商在決定提供何種產品時的主要考量包括：利潤率、產品支援及服務，以及付款條件。

計畫案

至1988年夏天，Richard Strong以及其他人相信他們正目擊某些擾人的趨勢。當PageMaker軟體成爲一較爲精密之產品，以因應高價使用者進化的需求時，此產品對較不精密的市場商業區隔變得較無吸引力。不幸的是主要的配銷通路，即零售代理商，缺乏支援高價使用者的精密度。因此，Richard Strong相信Aldus公司正面臨皆不能滿足兩種市場區隔的危險。此情形由於蘋果電腦麥金塔系統較爲弱勢，而在歐洲更爲惡化，此情形使得Aldus公司於歐洲的銷售更加依賴MS-DOS版的PageMaker軟體，以及其他產品。由於MS-DOS專業繪畫插圖之市場區隔規模相當小，於是Aldus歐洲部特別依賴市場中的商業區隔之成長。

當他看向未來時，Richard看到商業使用者以及專業創作性製圖的需求持續分歧。專業創作性製圖將需要更增加的精密度（包括對印刷的更多控制）、更多特色、更大力量、獲得更多精密的支援及技術援助，以及與其他在企業中使用的軟硬體更大之相容性（諸如精密之掃描器及影像設定器）。隨著市場中桌面出版的商業區隔持續擴大，吸引較少技術精密的使用者、更易於使用的需求、更自動化、訓練新手成為精通使用者的時間減短等等，將會是主要的需求。伴隨著對使用者親切及良好文件化的軟體，此市場區隔的技術援助需求很可能會消失。

Richard Strong相信，嘗試以PageMaker軟體來滿足這些區隔中分歧的需求，以及一系列產品對軟體研發人員寄託很大的需求。程式所必須的程式碼，例如，PageMaker軟體，皆相當大（超過一百萬條程式碼）。產品的複雜度會使程式升級工作更為複雜，且可能延緩升級的進度。內部裡，組織中存有衝突，一些軟體研發人員熟悉商業市場，一些熟悉製圖市場，但他們兩者皆僅能透過一項產品來回應其市場之需求。

Richard Strong建議，Aldus公司分為兩個部門分別專注於市場中的商業及專業區隔。由於此兩種市場的相對規模，商業區隔的工作人員可能會是製圖區隔的三倍。特別的是，他建議專業系列產品價格訂於PageMaker軟體的附近，約在2,000美元。此種精密、有力的桌面出版產品，會由數種供予專業繪畫插圖的其他軟體所補助。有效的銷售、配銷、其他銷售服務以及此系列產品之支援，會需要一新的高價配銷通路。

此商業系列產品將會固定於價值500美元的PageMaker軟體附近，此系列產品會包括供予辦公室職員的易於使用之工具軟體系列，以及會經由一寬闊的配銷網絡來配銷。

這些系列產品及組織決策的決定皆基於，許多產業經理主管所認為的軟體配銷產業之漸增的分歧化為何。「大眾市場」已逐漸由超級市場、純軟體零售商、郵購公司及電話行銷業者所滿足。而高價市場則逐漸由VARs，以及其他能提供需求評估、諮詢、訓練及售後服務與支援的的精品店所滿足。傳統的獨立硬體代理商，其亦銷售軟體，似乎已成為一較不適合軟體的通路。

雖然與會的其他人能看出Richard建議案的優點，但他們亦指出許多需擔憂的地方。由技術觀點來看，品牌的分割實屬不易，由於PageMaker軟體電腦碼的撰寫方式，此編碼並無分為獨立的模組，即表示品牌之分割將需要主要軟體研發之努力。軟體工程資源早已緊綳於新產品之研發，以及接下來發表的PageMaker軟體（發表4.0版）研發的努力上，後者預定於十八個月內完成。雖然劃分的結構有優點，幾位主管經理人員認為，如此引人注目的變動仍嫌過早，由於Aldus公司的財務及人力資源。此外，發表及支援兩系列產品的行銷成本並不簡單，同時亦有是否專業創作性製圖市場大到足以支援一分割之部門的問題。

銷售及行銷會議的結果為，Aldus公司行銷人員被要求去評估此計畫案，並列出詳細之建議。如果分割系列產品的決策一做出，將會需要建立一套處理由Richard Strong所產生的顧慮的計畫。尤其，如何最有效的建立行銷聯繫的整合（包括：宣傳、直效郵件、附隨的教材以及個人銷售）？如果分割系列產品的決策一做出，針對兩種市場的行銷計畫將需詳加敘述。此外，在之後的案例中，將會需要一套聯繫策略以向Aldus公司最近的轉售商、產業基礎建設、貿易新聞記者以及財務團體解釋。

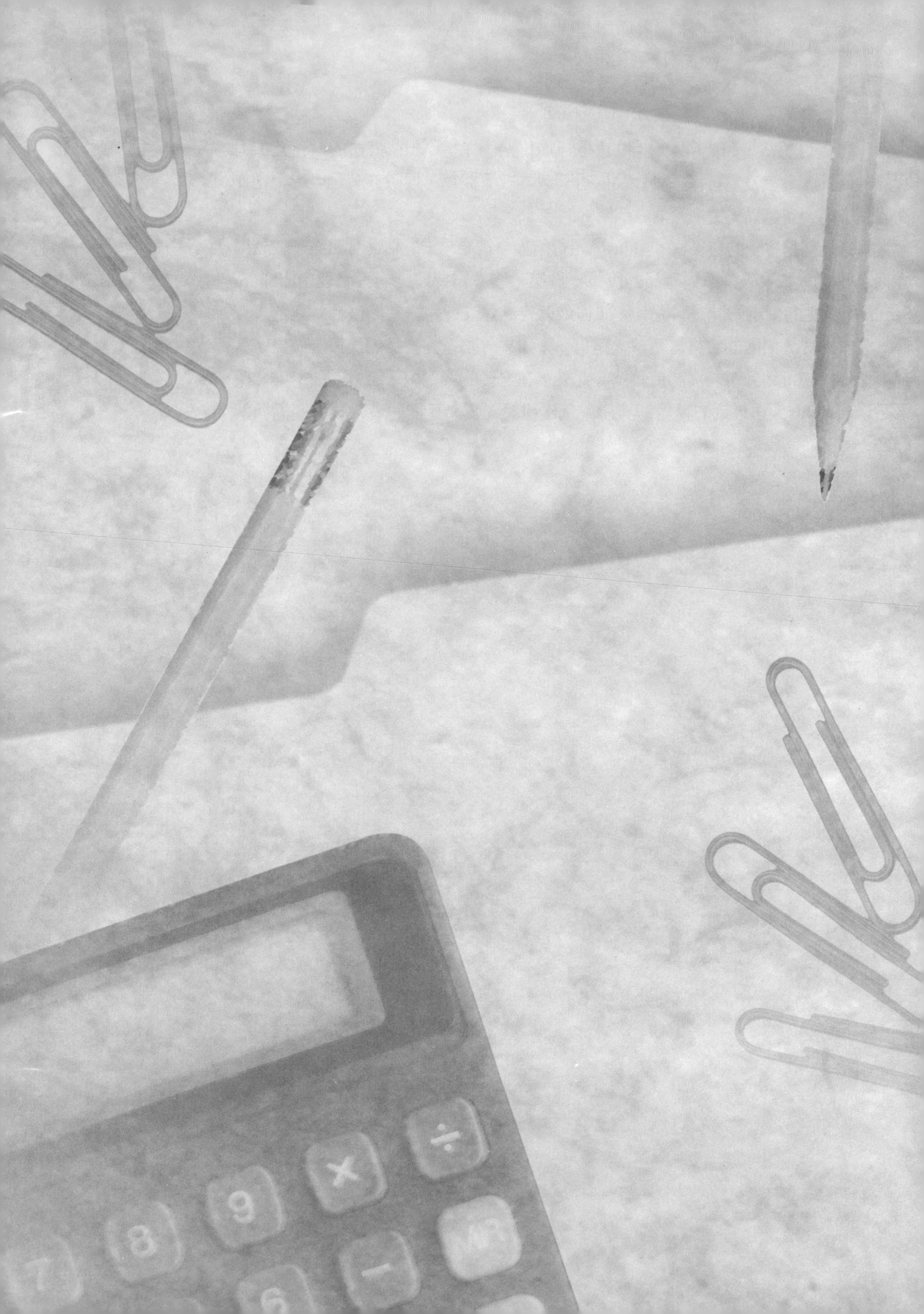

Millipore公司新產品商品化：兩種新產品的故事

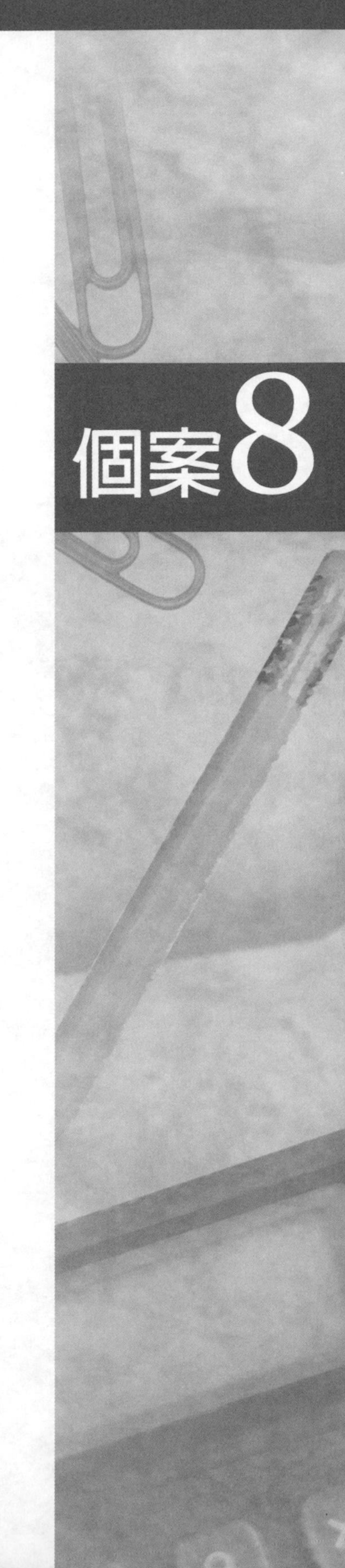

Millipore公司背景
Waters部門之LC/MS計畫
LC/MS之商品化
其餘的商品化議題
製造部門的病毒移除產品之商品化
競爭
商品化議題
發表
其餘的商品化議題

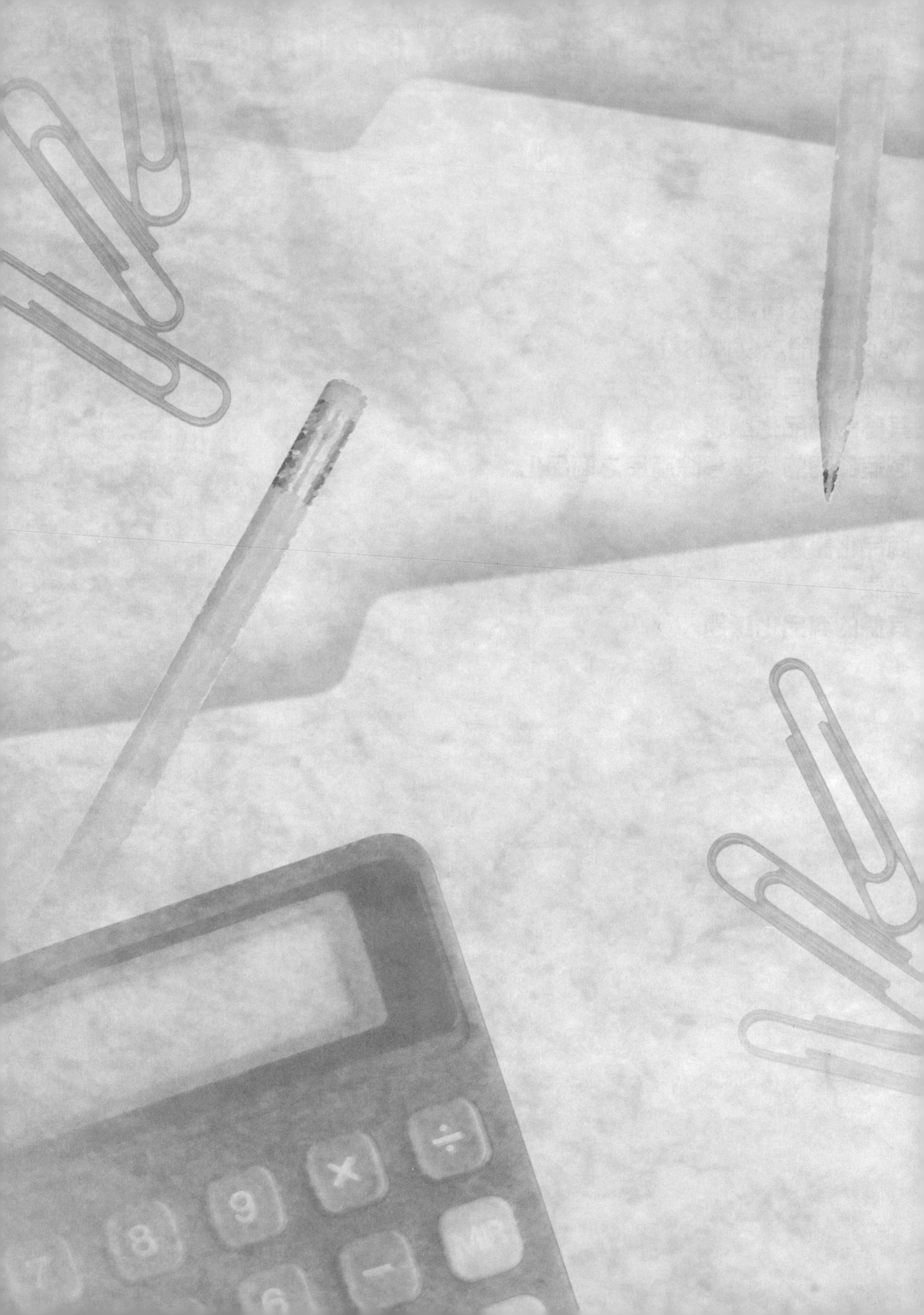

1993年，Millipore公司準備發表數種創新的系列產品，公司主管特別寄望於Waters層析科技部門之LC/MS系列產品，以及製造部門之病毒移除產品（Viresolve）。這許多潛在產品皆有賴他們兩位主管於過去三年所作的商品化決策：負責Waters層析科技部門新產品研發之副總裁Dave Strand，以及製造部門內之Viresolve產品經理Paul Sekhri。

1990年初，Dave Strand被交付將Millipore公司之創新系列產品，液體層析科技／質量分光計（MS），予以商品化的任務。在Strand協助成立的軟體公司被Waters層析科技部門購買時，他已經在Waters層析科技部門待了幾年了。身為Waters層析科技部門的閃亮之星，他希望能成功的推出這些產品以重建Waters層析科技部門在液體層析科技（LC）市場之科技領導者的地位。此頭銜於1983年第一次被Hewlett Packard挑戰——當時HP公司為LC市場上的小競爭者——其打敗了Waters層析科技部門，並於液體層析科技系統中銷售光電二極管陣列檢視器（PDA）。Waters層析科技部門在其於1958年所催生之LC市場上仍佔有優勢，在全球LC市場佔有40%-50%（HP公司22%-23%）。藉著導入如LC/MS的新科技，Waters層析科技部門試圖封鎖住LC市場，致使任何挑戰其地位的公司皆無利可圖。如Dave Strand所說：「我們要創造一個難以挑戰的地位。」

1990年10月，Paul Sekhri，一位有著數年為生物科技產業起步經驗的年輕行銷經理，被聘請來為一項新研發之薄膜系統商品化，此系統能將病毒由生物科技製造的蛋白質藥物中移除。過去的幾年中，Millipore公司致力於為此快速成長之生物科技產業提供更好的服務，Virus即為Millipore公司已研發且最有希望的生物科技產品之一。雖然「市場掃描」及資料測試為研發過程之核心部分，但當Sekhri到達時，他仍遇到許多商品化的議題：

> 開始時我的老闆Tim Leahy說：「你的工作是將此產品商品化。」我便問：「它的名稱是什麼呢？」，他回答：「由你決定。」我又問：「它的價格呢？」他回答：「由你決定。」最後我問：「要如何配送呢？」他回答：「由你決定。」這真是簡單明瞭。

Millipore公司在病毒移除方面的領導競爭者為Asahi公司，這是一家日本的小公司。Asahi公司的薄膜產品，除了病毒移除薄膜外，皆經由Pall公司配送到美國。在全世界市場中，Pall公司是Millipore公司的主要競爭者，並有佔有13%的市場，而Millipore公司則有22%（銷售量1.74億美元）。

Millipore公司背景

1991年在全世界銷售量有7.5億美元，Millipore公司爲價值34億美元分離產業的市場領導者。Millipore公司的產品主要是基於兩種分離科技：薄膜科技以及層析科技。

薄膜科技主要是根據構成要素的大小來分離此物質之成分。一種物質，例如，水、空氣或化學製品，經過稱爲薄膜的薄幕過濾，此薄膜由許多物質製成，且有不同大小的細孔。此細孔可容許某些大小的成分透過（分子、離子或粒子），而其它的成分則留在薄膜的表面。Millipore公司提供各種式樣、尺寸及結構的薄膜。

在一獨特的層析分離中，需經分離的物質或樣品會被注入流體中，例如，水。接著此溶液被注入一條由化學物質製成之管線，此管線稱爲圓筒，在樣品溶液流過圓筒後，此化學包裝物會將樣品溶液分離爲個別之化學分子或成分。在每種成分通過圓筒後，將經由檢視器感應，並傳送一訊號至記錄裝置，接著關於每種成分的資訊，便描繪於一張稱爲色彩層析譜的圖表中。整組系統包括：一副注射器、一個唧筒、一條圓筒、一具檢視器以及一具記錄器。Millipore公司並參與各種液體層析科技之應用。

薄膜分離以及層析科技使用於兩類顧客用途上：分析及淨化。分析用途之產品用於擷取有關樣品之化學成分、物質成分或生物成分的資料。淨化用途之產品則透過移除污染物或從合成之混合物中分離出特定成分，藉以幫助製造或處理消費之產品。

Exhibit1是依據顧客用途、顧客區隔以及地域，來提供公司銷售概要。如Exhibit1所示，層析科技明顯使用於分析用途上，薄膜科技則廣泛應用於分析及淨化兩種用途。Millipore公司將其顧客區分爲八種主要市場：製藥（例如，Pfizer）、生物科技（例如，Genentech）、生命科學（例如，Massachusetts Institute of Technology）、食品及飲料（例如，Coca-Cola）、微電子（例如，IBM）、化學（例如，Dow）、環境（例如，U.S. Environmental Protection Agency）以及病患照顧（例如，Massachusetts General Hospital）。它的顧客包括各種型態各種規模的公司、政府機構、醫院、學校以及研究組織。

Millipore公司之盈虧責任，是由其三個主要產品部門所負責：

Exhibit1 五年內依據科技、市場、地域之概觀

	1991	1990	1989	1988	1987	5年成長率
Sales by Produce Line & Technology						
Analytical						
Membranes	$145,909	$139,358	$124,612	$123,241	$110,773	9%
Chromatograph	265,412	259,693	242,574	230,741	207,944	8%
Other	42,429	38,638	29,698	18,824	6,392	96%
Sub-Total	453,750	437,689	396,884	372,806	325,109	11%
Purification						
Membranes	257,476	226,156	186,981	170,307	130,084	19%
Chromatograph	26,454	26,669	24,739	29,059	20,884	10%
Other	10,299	12,648	7,726	6,751	12,045	--
Sub-Total	294,229	265,473	219,446	206,117	163,373	17%
Total	$747,979	$703,162	$616,330	$578,923	$488,482	13%
Sales by Market						
Industrial[a]	$512,219	$476,104	$427,617	$399,406	$329,015	14%
University/Government	178,016	172,504	139,568	133,195	110,810	15%
Patient Care/Medical Research	57,744	54,554	49,145	46,322	48,657	3%
Tatal	$747,979	$703,162	$616,330	$578,923	$488,482	13%
Sales by Geographic Area						
United States	$274,718	$267,627	$250,218	$230,010	$203,827	9%
Western Europe	234,201	230,391	183,824	176,077	152,085	14%
Japan	171,279	136,205	120,123	112,838	86,206	18%
Other[b]	67,781	68,939	62,165	59,998	46,364	11%
Total	$747,979	$703,162	$616,330	$578,923	$488,482	13%

[a]Under Industrial was included industries such as pharmaceutical, biotechnology, chemical, and microelectronics.

[b]This included sales to Latin America, Africa, Easterm Europe, and other countries in Asia except Japen.

Table1　各產品部門五年之銷售歷史（$百萬元）

	1991	1990	1989	1988	1987
Waters	291	287	267	260	228
Process	267	238	194	177	142
Analytical	188	178	154	142	118
Intertech	67	68	62	59	46

1.層析科技部門（亦稱作Waters層析科技部門，以其創辦人Jim Waters爲名），LC/MS計畫即在此部門下研發。

2.製造系統部門（薄膜科技應用於淨化用途上），病毒移除計畫及在此部門下研發。

3.分析系統部門（薄膜科技應用於分析用途上）。

另一稱爲內部科技之獨立部門，負責拉丁美洲、東歐、非洲及亞洲之營運（日本另爲Nihon Millipore公司所負責）。

Table1根據Exhibit1結果，列出各部門概略之銷售額。

前三個部門對其獨立行銷、銷售以及製造營運之盈虧皆負有責任，由於薄膜科技之普遍，分析及製造系統部門可共用製造設備。此公司於全世界七十個國家皆有營運，其製造及分析系統部門之總部，在Bedford，Massachusetts，而Waters層析科技部門之總部則在Milford，Massachusetts（見Exhibit2之公司組織圖）。

由Exhibit2中可見，Jack Johansen管理下之核心研發部，爲公司的關鍵部門。核心研發供給部門提供產品研發長短期之研究支持，且從事其本身之核心科技長期潛在收益的研究。公司6,600百萬美元研發預算，大約80%皆花費於各部門之產品研發計畫，其餘則花費於核心研發部門。各部門之研發預算是按照其銷貨收入多寡來分配，根據Millipore公司之科技副總表示，近50%之研發預算皆花費於所增加之新產品上，另一半則花費於「變更產品名稱」之創新上。

Millipore公司之銷貨及行銷機能則組織於各部門之下（見Exhibit3）。各個國家中，部門之銷售經理亦爲該國經理，負責行政管理，諸如：進貨、出貨以及開立發票。舉例來說，Art Caputo身兼北美之Waters層析科技部門經理，以及北美地區之經理。Millipore公司之三個主要部門共同使用世界各地之配貨倉庫以及運籌設備。北美之銷售營運總部在Marlborough，Massachusetts。

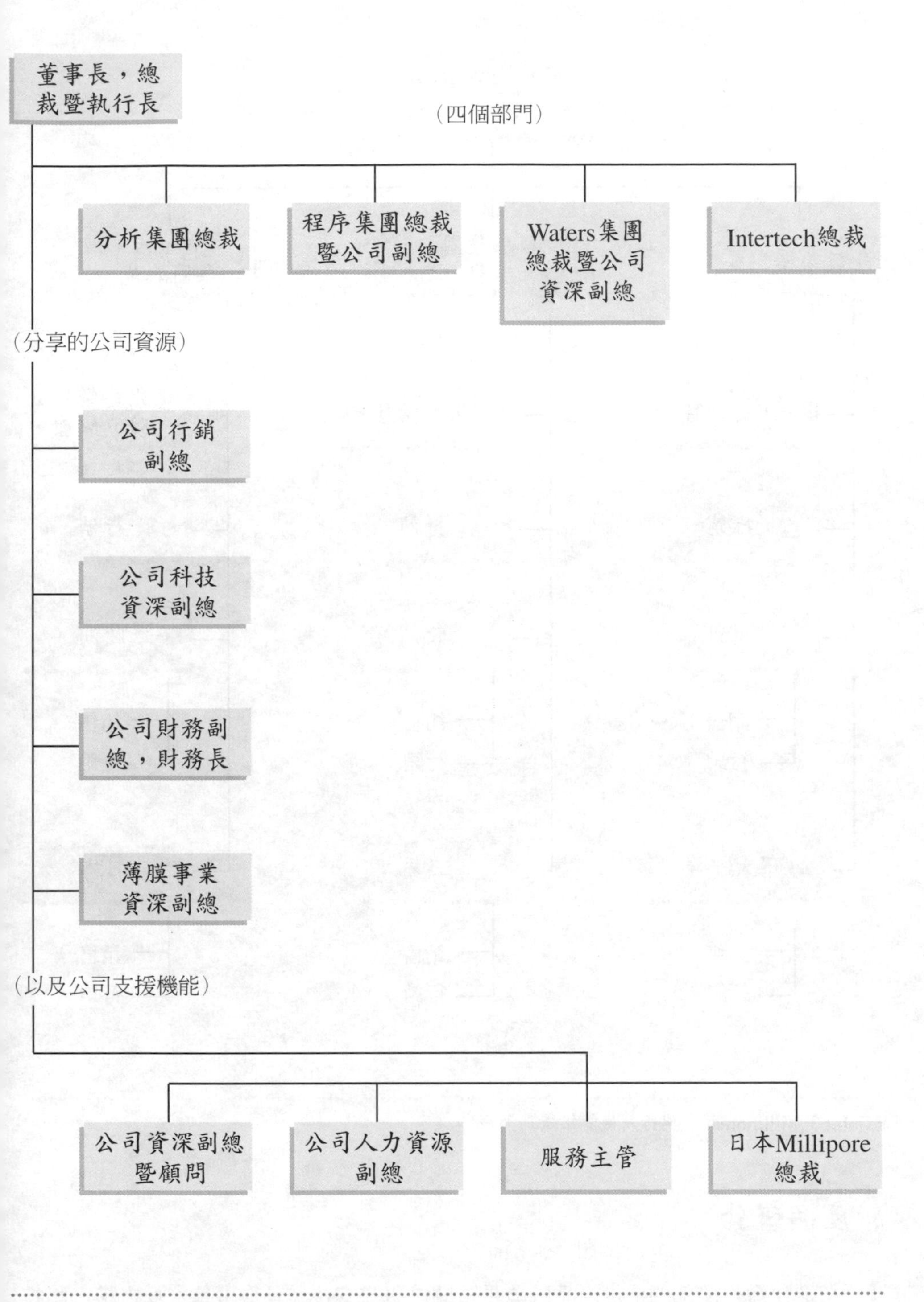

Exhibit 2 1992年3月Millipore組織圖

source: Casewriter's depiction of organization from company data.

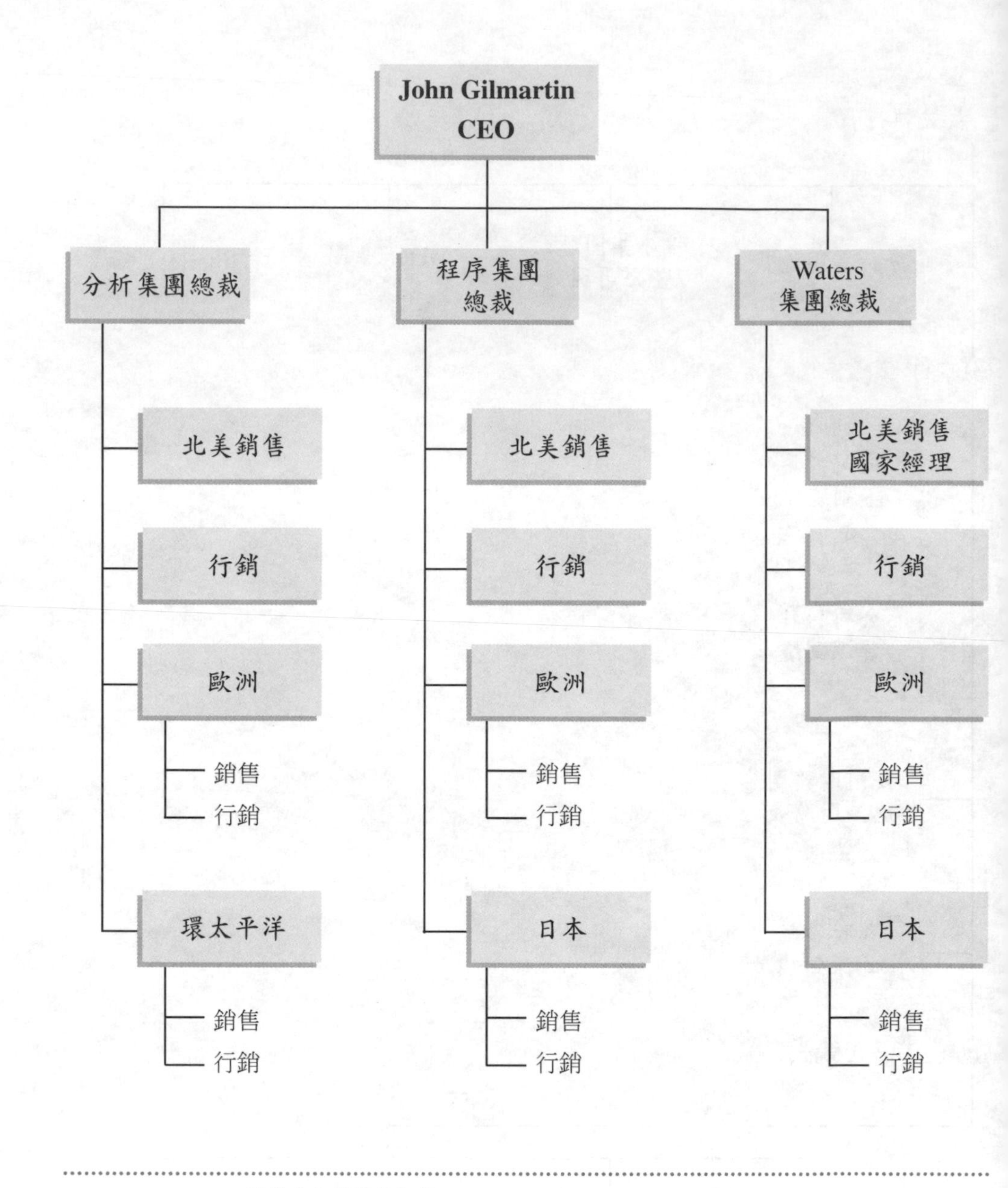

Exhibit 3 Millipore銷售與行銷機能組織

新產品研發

核心研發供給部門提供產品研發長短期之研究支持，且從事其本身之核心科技長期潛在收益的研究。

部門新產品研發之提出來自於部門內部。三個部門個別皆有其獨特之新產品研發系統，分析及製造部門則分成以市場爲焦點之事業單位。由行銷、銷售及研發人員提出計畫構想，資源則由事業單位經理來分派。至於提供各部門計畫之新薄膜研發資源，則由核心薄膜部門的副總裁分派，其亦負責核心研究計畫資源的配置。此過程是反覆不斷的，通常亦包括計畫之評量，此評等是根據計畫之市場潛力及策略上之重要性，最後根據預算限制所作的最終刪減（見**Exhibit 4**中，分析部門所採用之評價模式）。至於在製造系統部門過程更爲簡略，但處理討論的仍是近似的問題。Waters部門的過程則有些不同，從各領域來的高階經理組成一新產品委員會，行銷、銷售、研發、製造及海外主管皆爲此委員會之成員。他們在此提出由其顧客所提供的構想，經委員會整合後便決定資源應如何分配。

Millipore公司的總裁John Gilmartin，訂立15%之銷售成長以及10%之銷售及資產報酬目標，此目標必須在成長率僅約8%的環境下達成。因此，公司將焦點放在利用新產品來研發行銷利基的機會上。John Gilmartin亦訂定，近三年間推出之產品創造每年銷售額40%之目標。由公司計畫部所收集的數據顯示，此一目標於過去五年並未達成。

Table 2對1991年導入的十一種新商品所提供一簡略描述。

Exhibit4　分析部門之新產品評量標準

	報酬分析	權重	0	1	2
S	市場規模(近年之潛在市場)	7	<$5M	$5M－$20M	$20M>
S	市場成長(五年)	9	<15%	15%－30%	30%>
S	市場佔有(K.O.後第三年)	5	<15%	15%－40%	40%>
S	對基礎事業之策略重要性	15	基礎事業<$5M	基礎事業=$5M－$20M	基礎事業>$20M
S	對新市場區隔之潛力	10	無潛力	有點潛力	很有潛力
F	第三年之銷售(扣除產品線侵蝕)	9	<$1M	$1M－$4M	$4M>
F	五年總銷售(扣除產品線侵蝕)	12	<$4M	$4M－$15M	$15M>
F	淨現值	14	<$0M	$0M－$1.5M	$1.5M>
M	銷售之潛在地區	4	單一地區	兩個地區	全世界
M	產品差異化之潛力	9	有近似亦有較優良之產品	有近似之產品但我們的較優良	我們爲市場上唯一產品
M	專利保護之潛力	6	無專利保護	薄弱專利保護	強力專業保護
		100			
	風險分析				
C	總研發成本(五年－僅MAG)	6	<$.75M	$.75M－$3M	>$3M
C	總資金成本(五年－僅MAG)	3	<$.5M	$.5M－$2.5M	>$2.5M
C	市場研發成本(五年－Mktg. & Prom.)	4	<$.25M	$.25M－$1.5M	>$1.5M
R	技術風險	9	已擁有科技	現存科技	待研發科技
R	技術優勢	7	有技術及必要之數量	有技術、無必要之數量	無技術或必要之數量
R	產品／技術研發風險	4	每天皆在研發	其他公司有進行我們須獲取	無人進行研發
R	研發技術之優勢	4	有技術及必要之數量	有技術、無必要之數量	無技術或必要之數量
R	製造技術之風險	4	每天皆在研發	其他公司有進行，我們須獲取	無人進行研發
R	製造技術之優勢	4	有技術及必要之數量	有技術、無必要之數量	無技術或必要之數量
R	銷售及服務技巧	4	將訓練銷售力	重要訓練且重新督導	增加專業人員
R	規範之影響	3	無規範	有規範，且身處其中	有規範,並無身處其中

Exhibit4 （comtinued）

Cmp	有力競爭者之存在	3	競爭者之佔有小於15%	競爭者佔有15%～40%	競爭者佔有超過40%
Cmp	競爭者數量	2	<3	3—5	>5
Cmp	先存競爭科技之風險	4	無現存競爭科技	現存，但尚未完全研發	科技已商品化
Cmp	替代性新科技的風險	4	無替代性新科技	現存，但尚未完全研發	替代性科技已商品化
		65			

權重之分類簡述

報酬

策略性(S)	46%	風險－成本(C)	20%
財務性(F)	35%	風險性(R)	60%
雜項(M)	19%	競爭性(Cmp)	20%

Table2 1991導入之新產品

Waters 層析科技部門

1. 717 Auto Sampler：現有Waters自動樣品檢查器之升級，重新設計且重新定位，藉以處理一再發生之可靠性問題。
2. 996 Photo Diode Array (PDA) Detector： 一源自於日本販售商獨力重新設計之產品。
3. Millennium Software：首次的層析科技軟體，藉以整合液體層析人員所需之收集資料及分析功能。且爲第一個能於視窗軟體執行之Waters產品。996 PDA使用所需。僅能使用於其他之Waters產品。

分析部門

4. Analyzer Feed System (AFS)：實驗室系統之水質淨化器。先前失敗產品的重新設計。1992年的收益爲$700,000元。
5. Base Station-Automated DNA Sequencer：由一個現已廢止之部門所研發，爲了研發成長中的生物科技市場所作的努力，由於早期的失敗以及一強勁的競爭者，所以努力之結果仍未定。
6. ConSep/1：由分析部門所研發之液體層析科技系統，使顧客可利用Memsep—Millipore公司最近購買之科技，可將薄膜（相較於獨特之凝膠或水泡）併入層析圓筒中。Memsep最近之銷售衰退，推測應爲現有之層析科技系統，無法利用此新科技來發揮其全部之潛力所致。Consep/1即爲因應此需求所研發。
7. Expedite：一自動DNA合成器，一部分研發是針對用來製造DNA之專業化學，其由一完全擁有之子公司所製造。

製造部門

8. Viresolve：爲生物製藥市場所研發之新式病毒移除系統。
9. Opti-Seal：取代現有產品
10. Opti-Cap：取代現有產品
11. IntegriTest：測試薄膜整合性之新方法，其發表受到在設計問題以及需要訓練要求上之挑戰。

Waters部門之LC/MS計畫

Waters部門的LC/MS計畫有著飽經滄桑的歷史。1990年，Dave Strand從一片頹敗中接手這個計畫，未研發成功任何有效的質量分光計原型，只有少數的系統性行銷研究正進行，且並無與任何組件販售商達成協議（見Exhibit5，過去產品研發簡史）。

由Exhibit5可看出，對LC/MS計畫之努力最初來自於，欲建立一種可注入質量分光計的介面，液體層析系統可將不同之化學物質由混合溶液中分離，且此獨特之層析科技檢視器能告知分析員，各種化學物質之多寡。但各種化學物質之確認，僅能經由與標準對照的基礎而得知；如知道了咖啡因需三十分鐘才能穿透由矽膠製成之層析圓筒，分析員則有理由相信一種未知的化學物質，如其需三十分鐘才能穿透矽膠，則其必爲咖啡因。質量分光計將辨識科技向前跨了一大步。如咖啡因之類的化學物質，被分裂成離子然後撞向一層薄幕（已採用電磁場，因此基於質量及負載來區分成分間之差異）。各種化學物質皆在薄幕上形成「指紋」的圖案，且能有把握地辨識出化學物質。老式的LC檢視器對於辨識二十五種（或少於）混合物已足夠，而特殊質量的檢視器雖然非常昂貴，但卻能有效地辨識出更多種類，超過七十五種混合物。

Exhibit5 LC/MS計畫之歷史

1985：Waters部門的一位科學家以及行銷經理合作研發了液體層析系統，它特別適合與質量分光科技公司提供之質量分光計及介面共同使用。
1986：「tailored LCs」開始銷售。
1987：「tailored LCs」之銷售達到500,000美元。資金正式分配予研發計畫。Waters部門與販售商展開一連串的會議，其目標爲最終能使用購得之組件獨力製造質量分光計。另一中意的構想爲，研發由其他公司提供的實體質量分光計的縮小版。Waters部門的科學家亦著手研發專利之LC/MS介面。
1988：由外部新聘之計畫經理建立了一支科學小組，其能獨力研發原尺寸之質量分光計。介面之研發遭延後。新的策略是提供分析市場中的高階使用者一種原尺寸的機器，進而最終能提供較小型的質量分光計。與販售商的合約亦在進行，某些是基於暫時性的考量，直到他們能獨立買下組件製造商爲止。
1989：在財務及策略之考量下，計畫經理遭解雇。許多由其組成之科學小組亦遭解散。
1990：Dave Strand接手LC/MS計畫。
1992：購得Extrel公司。

為使LC系統之輸出物得以直接注入質量分光計，此「介面」必須能完全減少液體流動的量，並將剩餘的液體分子轉變為氣體之離子。諸如：熱射線以及分子光束的介面，皆被研發用於如咖啡因之類的「小」分子，但此類介面通常會破壞大的分子，例如，蛋白質，特別是生物科技產業分析用時。於1980年代結束時，電子射線已可使用於生物科技市場，到1993年，最為廣泛使用於「小」分子的LC/MS介面即為熱射線與分子光束，而電子射線則是使用於「大」分子。

在美國約有一萬位質量分光師，且其大多數皆有博士學位，至於層析師則有十萬位，但大多數卻無博士學位。

這兩種科學家通常在相同的公司中工作，且時常從事同一研發計畫。舉例來說，一間欲研發新藥的大製藥公司，可能會將層析實驗工作安排為較「例行」的分析，而質量分析師則從事較為困難的問題。質量分析師可能有他們自己的一套層析設備，但是「對他們而言，那只是他們MS的另一部分而已」。層析師是否應具備質量分光技術？因為他們可能需要拿著一盤樣品，上一層樓或穿過一條走廊，找質量分析師辨識，且可能被收取一份樣品數百元的費用。

整合後的LC/MS系統對質量分析師及層析師皆有益處。對質量分析師而言，他們通常因其所受的嚴密教育及訓練要求，而被認為是兩個團體中較為優秀的，他們已會使用層析科技，將混合物在質量分光分析前先分離成純淨的樣品，所以對他們而言，整合後的系統能提供更佳的效率性。對層析師而言，他們通常要求質量分光師，為其用質量分光器確切的辨識出各種化學物質，所以對他們而言，整合後的系統，特別是能讓層析師容易運作的系統，提供了質量分光的便利性卻又不須勞煩質量分光師。

顧客認知

Dave Strand於1990年接手此工作時，他所專注的首要課題之一，即為更進一步瞭解顧客對LC/MS系統的興趣，於是其舉辦了兩次焦點會議。

第一次焦點會議於1991年2月舉行，邀請來自製藥、工業用化學及顧客產品等產業的層析師，這些潛在的LC/MS顧客被問及對於LC/MS之要求，以及他們如何做購買決策。理想系統的特性應包括「容易、簡單以及牢固」，幾位層析師更表示希望能有桌面模型的需求。大家大致上皆同意一點，倘若價格越低，則層析師能在購買決策中所獲得的投入就越多，且LC/MS就越能被廣泛的使用。一位層析師說：「如果一台價格為50,000元，我們會為我們每位研發化學師添購一台」，其他人則表示：「100,000元爲層析師所能接受的最終價格點，但並不是質量分光師所能接受的」。

第二次會議於1991年12月舉行，此次會議完全針對來自於製藥及生物科技產業的科學家所舉辦（其皆有卓越的博士學位）。與會者被問及，分別基於他們對Waters部門以及潛在LC/MS販售商的認知，他們對替代性LC及MS科技之需求。幾位科學家亦表達他們對於小型LC系統之需求，一位與會者表示：「此種小型LC系統滿足了生物分子的利基，並爲研究工作提供了小的樣本」（之後的市調顯示，實際上約有9%的LC市場對小型LC系統表示興趣）。當被問及他們對Waters部門的認知時，有各式各樣的回答，一位科學家表示：「他們是一群瞭解HPLC的人員」，另一位表示則：「Waters部門與我們之間有著良好的聲譽」。

1993年初的情形

伴隨著焦點會議與會者心中的顧慮，以及Waters部門在安排研發質量分光組件上所持續遇到的困難，因此Waters部門於1992年購下Extrel公司，Extrel公司爲價值1,200百萬元的實驗分析器材製造商。Extrel公司在質量分光科技上有著良好的聲譽，其每年銷售約三十台的研究用、全功能型之質量分光計。1993年初，Waters部門及Extrel公司的工程師努力於研發低階之質量分光檢視器，此爲Waters部門經理引頸期盼許多年的產品。同時，tailored LCs的銷售持續進行。

LC/MS之商品化

市場定義：層析師與質量分光師

Waters部門打算利用其在LC市場的優勢地位，提供一種「適用於LC的質量分光計」。雖然Strand所發表的縮小型質量分光計，是針對層析師而非質量分光師，但這兩種顧客間有著重要的影響關係。在分析實驗室中，質量分光師通常有幾分「倔強」，且通常較層析師受過更高等的教育以及支領更多的薪水。因爲這種情形以及他們在質量分光科技上的知識，在購買此種縮小型質量分光計時，就算沒有得到他們的正式批准，但亦須得到他們的同意。

雖然Strand提出的「檢視器等級」之質量分光計（如此稱呼是因爲它有意設計成與層析師使用的其他檢視器相似），純粹爲降低層析師對質量分光師的依賴度，但後者並希望其工作不會受到威脅，Strand令質量分光師想起，於80年代中期，爲氣體層析科技所導入的檢視器級質量分光計時的反應。質量分光師認爲：「這對他們是有幫助的，因爲這使他們免於一些平凡的問題，讓他們能夠從事更多有興趣的問題」。因其一點也不會覺得受到威脅，Strand希望質量分光師能幫助層析師，選擇一台優良的檢視器等級之質量分光計。Strand指出「這是一種感覺，你必須獲得他們心照不宣的同意，表示這是一個好產品。雖然它可能並不如我（質量分光師）價值百萬元的機器一樣有效，但就一台100,000美元的機器而言，它已算是一台優良的初學者工具，以及一台LC系統的可接受的輔助性工具」。

Strand覺得他很能抓住顧客的期望及需求，「我幾乎參與每一場的科技討論會，並和許多人談過，且我們已舉行三個回合的焦點討論會，這對瞭解產品議題有很大的幫助。我認爲基於焦點討論會的過程，我們瞭解什麼因素能讓顧客購買我們的產品，以及何種價格範圍及科技交換程度是他們所能接受的」。

雖然此種檢視器級質量分光計（稱爲MSD或質量特殊檢視器）尚未被任何顧客測試過，但是Waters部門於1992年底舉辦一場提供產品實體模型的焦點討論會，藉以蒐集對規格大小、實用性、接受度及整合性上的建言，而建言皆相當正面。

市場區隔

1991年，MSD市場與LC系統結合，這市場估計有5,000萬美元。雖然最近並無一家公司售出「檢視器等級」之質量分光計予層析科技，但這些產品的市場仍期望於1996年達到1.1億美元。此種與氣體或液體層析科技結合的研究等級、全功能型質量分光計，一台約售25,000～500,000美元。。諸如：Finnigan、VG、Sciex以及Hewlett-Packard等競爭者，開始侵入這個價值3億美元的市場，其中，HP公司以及Varian公司亦製造了與氣體層析科技結合的MSD。然而，這是一個較小的市場，約1.5億美元。

Dave Strand以兩種方式區隔LC/MS的潛在市場，兩種方法皆源自於Waters部門在層析科技上的經驗。一種方法將使用者區分爲四類，每類包含約四分之一的現有LC/MS市場：製藥、工業用化學、生物製藥以及環境。此種區隔並非完全依照SIC-type分類，而是根據LC的使用用途，舉例而言，許多傳統製藥公司開始使用生物科技來研發生物製藥的藥品。

Waters部門在製藥及工業用化學此兩類層析市場上已有強力的地位。於1989年，層析市場中的製藥區隔，其規模約有4.38億美元，而Waters部門佔有19%的市場。Strand認爲LC/MS產品在工業用化學方面會銷售的特別好，因爲「工業用是個有點平凡的用途，通常這方面的銷售對我們而言是相當一致的。但如果你欲打入一間製藥或生物製藥公司，你馬上就會遇到競爭」。

Strand亦根據層析師的研究導向程度來區隔市場。60%的層析師皆涉入品管或品保（QC/QA）的工作，其所涉入的工作，例如，確保每批產品皆能保有一要求水平的某化學物質。較多的研究導向者是屬於方法的研發者（佔30%），他們爲QC/QA設計流程；大部分的研究導向者則爲研究員（佔10%），他們負責研發新化學製品或新藥品。許多Waters部門的經理預見一概略的進展，由研究員開始向下影響到方法研發員，然後到QA/QC，但沒有販售商積極的利用此影響過程。最近80%的LC/MS銷售量是銷售予研究員及方法研發員，但Strand仍希望他的檢視器級質量分光計能吸引這個相當大但卻很保守的QC/QA市場。

過去相關產品的推出情況

Waters部門的經理希望檢視器級質量分光計市場的銷售量，四年中能由零成長至1.1億美元。這項預估是根據過去兩項相似的產品推出情形：GC-MSD及PDA檢視器。HP公司導入了GS-MSD，這是一種於1983年針對氣體層析科技所推出的檢視器級質量分光計（MSD，或「質量特殊檢視器），之後並推出了PDA檢視器。如Exhibit6所示，GC-MSD市場於五年中由零成長至超過1,200單位，且每年成長達到超過400%。回顧這些市場成長率歷史有助於Strand估計檢視器級質量分光計的銷售量。此項估計亦根據五年內有10%～12%的LC系統會備有一台檢視器級質量分光計的期望，從1992年起，有10%～12%的LC系統備有PDA。

發表

Strand已經收到許多推出LC/MS的建議，雖然明確的發表日期及細節部分仍待完成。其中一項建議是針對此發表之策劃，亦即，公司首先應使Extrel質量分光計（命名爲Benchmark）能適用於毛細大小的液體層析科技，如此將能吸引那些從事小樣品規格分析的生物製藥研究員。根據此經驗，Waters部門接著便能發表適用於特定質量檢視器（名爲「Mercury」）的普通規格LC，而這將能吸引工業用化學的區

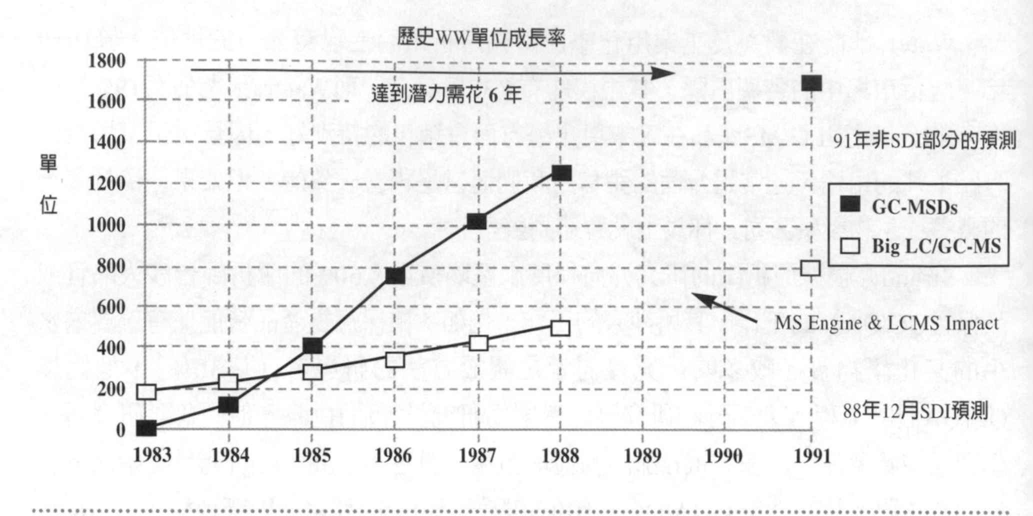

Exhibit 6　兩種相似產品之成長率：GC-MSD及LC-PDA

隔。此種檢視器可測量的規格為20"× 20"×15"且重150 lbs.，相較於Benchmark的3' × 2' × 2'且重350 lbs.。雖然此舉極具野心，但也並非不可能於1993年的Pittcon的貿易展中介紹Benchmark產品予層析師，緊接著約六至九個月後，Mercury也將於美國質量分光師協會中發表。

Waters部門的銷售經理Art Caputo，參與了幾乎所有LC/MS研發的主要決策，他的計畫是先依靠Extrel的銷售人員以及少數的專業人員，然後慢慢訓練其將近二百名的銷售員團隊。Caputo歸結出「這是唯一能將Mercury的銷售量，由1991年的50單位快速增加至1996年近三百個單位的唯一方法」。

其餘的商品化議題

Waters部門經理認為，層析師有權決定購買的設備價值通常不過100,000美元或更少。當Benchmark的定價在180,000～200,000美元時，Mercury的價格就必須訂在低於100,000美元。HP公司特別將他們的GC/MSD產品以低於75,000美元的價格出售，雖然針對LC系統所研發之檢視器級質量分光計應能以更高的價格銷售，但Waters部門將GC/MSD產品作為計算目標成本的起始點。Dave Strand解釋說：「我們將HP公司生產的GC/MSD組件拆開，並估計它可以以大約20,000美元來生產，我們將自己的製造目標設定較它爲高，且達到這個目標對我們在這個市場的成功是相當重要的。」他並表示：「這是個相當有趣的產業，競爭是基於附加價值及科技，當中的參與者通常相當尊敬彼此的市場地位。過去十年間的情勢相當混亂，這亦爲我們亟欲獲得Mercury產品的科技上領先之因」，他如此歸結。

製造部門的病毒移除產品之商品化

當Paul Sekhri於1990年接手病毒移除計畫時，已安裝數套貝它設備，且最初的產品構想研發者亦持續於發表階段中給予幫助（見Exhibit7，Viresolve之研發簡史）。

1985年，研發經理Tony DiLeo瞭解Millipore公司剛開始要利用這項切面流動薄膜科技（tangential flow membrane technology），此科技爲Tony DiLeo的小組所研發。在切面流動過濾器中，液體流過薄膜的表面，並慢慢被吸力吸過這層薄膜。由於這項設計較爲複雜，所以切面流動系統並不能像普通的「盡頭」過濾器，例如，咖啡過濾器，那樣容易使用。然而，切面流動系統能提供較小的阻隔，所以當用於區分相近大小的分子時，反而能有較佳的表現。

應DiLeo的要求，高階行銷經理Ray Gabler與許多Millipore公司的顧客談過，並

Exhibit 7　Viresolve計畫之歷史

1985：Millipore公司的切面流動專家，試圖尋找切面流動科技的其他用途。一位高階行銷經理列出一些其潛在的用途，而科技小組則測試這些潛在用途的可行性。

1986：向高階管理階層展示此病毒移除科技的測試。病毒移除科技的提出者蒐集了更進一步的顧客資料，一位Millipore公司的主要顧客向高階管理階層做了一項簡報，並表示了研發病毒移除產品的需求。

1987：計畫正式被資助，並開始研發工作。薄膜製造的過程已變成使生產出的薄膜在用於較細小的規格時，能有較少的失敗。

1988：研發工作繼續進行。在確立研發薄膜固定用儀器的設計前，決策皆將專注於薄膜之研發。

1989：計畫的主持人訂定了正式的計畫方案，讓不同部門的計畫小組能一同更有效率的工作。

1990：研發出能正式使用的薄膜。於1987～1990年間，共計於顧客處做過六次測試。Paul Sekhri並被聘請來爲該產品商品化。

列出這項科技十一種可能的用途。為了執行初步的實驗，並調查各種用途的複雜度及可能的研發時間，最後DiLeo及他的小組將名單縮短為三種可能的用途，而其一即為病毒移除。

病毒移除早已為研發生物製藥時的問題之一，某些藥品直接源自於哺乳動物的血漿或細胞，當這些物質由身體中抽出時，病毒通常亦伴隨其中。舉例而言，於1985年，由屍體的腦下腺抽出的人類生長荷爾蒙，就含有未被發現的Creutzfeldt-Jakob病毒，進而導致數位受治療病人的感染或死亡。另一種生物科技藥品，例如，Genetech's tPA的心臟藥物，即為利用重新結合的DNA而研發出，此重新結合的DNA是由哺乳動物細胞中取得的基因碎片，於快速再生的生物體中接合而來。例如，治療敗血症的Centacor's Centoxin等單細胞抗體，同樣亦由哺乳動物細胞所研發，且整個細胞皆被使用，而非僅僅一個基因碎片。在重新結合DNA的藥品及單細胞抗體的研發過程中，病毒通常無意間與哺乳動物中最初的來源細胞一同抽取出來。此外，有時病毒亦存在於細胞培植的環境中。病毒的污染亦可能因為不謹慎的實驗程序所致。

當DiLeo及Gabler與顧客談到此問題時，很明顯的這些「生物製藥」的顧客非常不滿意最近的病毒移除方式，且對更有效的解決方法深感興趣。兩位主要客戶亦幫助說服Millipore公司的高階管理階層，將公司的資源投入於研發能一致且有效移除病毒的薄膜系統。有效性或證明能將病毒移除，將會成為FDA認可過程重要的一部分。

病毒移除計畫於1987年運用部門的資金建立。每日計畫的管理由DiLeo負責，而Gabler負責與顧客聯繫並與六個測試點間的協商。DiLeo於1989年訂定的詳細計畫方案，即為了確保此研發過程能相當平穩。此方案包括了由負責研發計畫各方面的科學家研發之PERT圖，以及估計各方面表現的數值，藉以確保計畫下的各小組能同時進行。雖然距最初的完成目標已相差約六個月，但研發計畫的遲緩能歸因於早期須精確的定義產品、持續的與市場聯繫以及為了獲取研發所需的資源。

產業

Millipore公司至少近一半的業務間接或直接與製藥市場有關，Viresolve即為為了進入此快速成長的市場區隔「生物製藥」，所特別設計的產品之一。生物製藥是經由基因工程所研發的療法，且傳統的製藥公司及近來成立的生物科技公司皆參與此類研究。1992年，生物製藥市場約有30億美元，預計到2000年可成長至300億美元。

競爭

殺菌

處理有害病毒最盛行的方法並非實際將其移除，而是使它們不能活動。病毒表現出許多生物體的特徵，所以使病毒不能活動即相當於將它殺死，藉此達到無害的程度。殺菌的方法包括物理上的技術，例如，加熱及紫外線照射，但這些方法同時也會破壞或對藥品製造商欲獲得的蛋白質造成傷害。

化學上的殺菌技術較爲盛行，一種由紐約血液中心所研發出的「溶解性清潔劑」方法，能將藏有許多病毒的脂質（脂肪）層分解（此方法近似於以肥皀分解油質）。Paul Sekhri表示：「我敢說每間血液產品公司以及大部分的製藥公司，皆會採用這種溶解性清潔劑法，且此法有著相當好的追蹤記錄。在三百萬個單位曾使用過溶解性清潔劑的產品中，並無一件發生感染事件。但此法有一項缺點，即爲你必須知道所欲移除的是何種病毒，舉例而言，許多病毒並無脂質層，因此溶解性清潔劑對其並無影響。」

Millipore公司強調，任何不受殺菌法如溶解性清潔劑影響的病毒，即代表將會發生意外事件。Paul Sekhri表示：「我行銷Viresolve的方法即爲，說明即使是不知名的病毒我們皆能移除。雖然那聽起來很奇怪，但有趣的是看市場如何慢慢接受此想法。過去十年間每一起主要的濾過性病毒意外，皆肇因於製造商不曉得病毒的存在，然而我們能透過此系統解決這種問題，但殺菌法卻不能」。

物理性病毒的移除

薄膜被普遍認爲是最有效的物理性病毒移除法。透過物質大小來排除的薄膜，例如，Viresolve，是讓較小的分子如蛋白質能通過，而較大的分子如病毒，則被留下（Exhibit8顯示Viresolve/70這項病毒移除產品的性質）。病毒的大小是根據其直徑爲多少十億分之一公尺來區分，而病毒移除的效果是以Log減少值的方法來計算（即爲，移除7 log表示每107就會漏掉一個病毒，或一千萬的病毒分子）。由於Viresolve所提供的功效相當具有競爭優勢，所以Millipore公司選擇強調Viresolve而非其他薄膜產品。其有兩種重要的功效，一種能提供經公開證實的效果，證明在製

Exhibit8 Viresolve/70的病毒移除性質

VIRESOLVE/70 的評定等級預計之最低系統表現
*** PBS 中的病毒移除**

	病毒直徑（nm）	第一級（log移除值）	第二級（log移除值）
Parvovirus	22	1.5-1.8	2.7-3.0
Hepatitis C	40	3.3-3.4	6.5-6.7
BVD	40	3.3-3.4	6.5-6.7
HBV	42	3.5-3.8	6.8-7.1
Adenovirus	70	6.0-6.3	
HIV	100	7.4-7.7	
Herpesvirus	100	7.4-7.7	

造商的測試設備中，使用其薄膜產品能將某特定病毒移除至特定的程度，此種效果能幫助Millipore公司與普通的多用途薄膜產品相競爭。第二種功效能提供一種方法，讓顧客能測試每種購買來的薄膜，以確保它能如廣告所說般的移除病毒。Millipore研發出一種「相關性完整度測試」，以因應後者的需求，且顯示出此為一種相當有價值的資產。

一些普通過濾薄膜的製造商最近重新定位了他們現有的薄膜系列，以妥善運用對病毒移除產品逐漸增加利益。雖然他們的廣告強調其方法與病毒移除的相似性，但他們的技術說明文件中還是承認其表現並不如較新的病毒移除科技那樣有效。舉例而言，他們於1990年的印刷品中聲明其能移除約4 logs的Murine（Mouse）Leukemia病毒，然而Viresolve/70產品於1992年聲明其能移除約7 logs的同樣病毒，這數量遠遠超過了大部分的藥品原料中所含有的病毒分子。此外，Pall公司薄膜產品一般公認其並不能有效移除最小的知名病毒，polio，然而Viresolve/70卻能移除其3.5 logs。Exhibit9顯示Viresolve相較於競爭者的表現，包括Pall公司的Nylon 66薄膜。此圖根據Viresolve的移除率相較病毒大小來劃分，舉例而言，Viresolve能移除Sindbis病毒6 logs，此病毒分子大小約54.1nm，而同樣大小下Pall公司的薄膜僅能有效移除3 logs。

Millipore公司的經理更為關心Asahi公司所研發的新產品，實驗結果顯示Asahi公司的「Planova」產品能有效的移除病毒。此外，他們的薄膜採用與「盡頭」過濾科技更為類似的方式，亦即與咖啡過濾器的方式相近。在Viresolve的「切面流動」

Exhibit9　Viresolve 相較於競爭者的產品功效

新的薄膜提供可保證的效果

Millipore公司，薄膜科技的世界領導者，研發出Viresolve此種病毒移除模組，首先提供可保證的濾過性病毒清除的科技。

Viresolve模組由獨特的極微篩選薄膜所構成，其能移除4-6 logs的40nm大小的病毒，以及8+ logs的逆病毒。實際上，LRV值可經由連續使用Viresolve模組而加倍。

Mammalian Virus Retention by Viresolve Is Predictable
Particle LRV as a Function of Particle Diameter
(Include Mammalian Viruses)

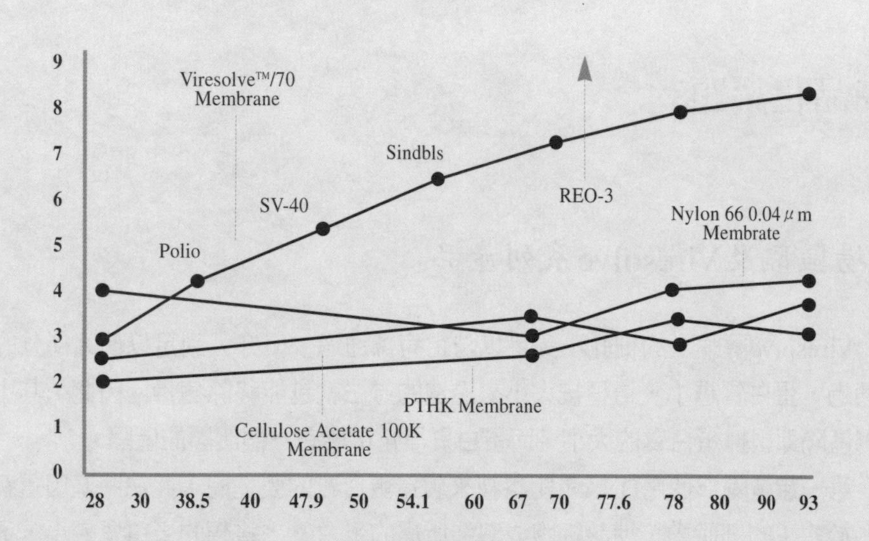

Diameter in Nanometers
Minimum virus removal using Viresolve/70 system.

Note: "LRV" = Log Reduction Value = $\frac{\text{C feed}}{\text{C filtrate}}$

科技中，液體垂直流過其表面，並藉由吸力將其吸過過濾器。由於切面流動系統仍相當不普遍，也因爲其有較多的變數存在，所以通常顧客較不易將其適當的安裝。

然而，切面流動系統所能提供的一主要優點在於，它能讓Millipore公司將病毒留於薄膜的表面，而Asahi公司使用的「凹陷纖維」法，則是將病毒留在薄膜的深處。藉由他們較爲簡單的薄膜設計，Millipore公司的科學家研發出一套「相關性完整度測試」，以證明（或「確保」）其所提供的Viresolve薄膜能達到其所保證的效果。此測試是「無破壞性的」，所以測試過後的薄膜之後能繼續使用，且能完全相信其效果。

Asahi公司亦有一套顧客可以使用的完整度測試，但此測試是「有破壞性的」，所以它只能在薄膜使用過後來測試。因此，在顧客沒有使用過薄膜之前，這個薄膜的效果是不得而知的。Sekhri想起：「約三個月前，我們贏得了一份與一間主要的英國製藥公司的合約。我們與Asahi公司一同參與，他們對Asahi公司許多東西表示興趣，但在完整度測試上就非如此。他們對於無法確切知道他們的log值，表示無法感到安心。他們認為我們的測試是相當的新穎，在市場上市相當的特殊，所以他們選擇了Viresolve」。

商品化議題

市場區隔及Viresolve系列產品

Viresolve薄膜上的細孔小到足以防止病毒通過，但亦大到足以使大部分的蛋白質通過，蛋白質越小，這種按大小來過濾的方法就越能移除病毒。因此，其中一種市場區隔即根據蛋白質的大小，而蛋白質淨化市場有三個明顯的區隔。

第一類區隔為使用DNA重組科技來製造蛋白質的製造商，此法將基因重新「結合」於寄主的細胞內，使該細胞成製造所需的蛋白質。這類的蛋白質較小，通常小於70,000道爾頓（分子質量單位）。而Viresolve/70針對的顧客如：製造干擾素、生長素、凝結激素、interleukins以及荷爾蒙的製造商。

第二類區隔為使用單細胞抗體來製造蛋白質的製造商，此法將一個能製造蛋白質的細胞與癌細胞（「不死細胞」）融合，藉此混合的細胞來製造所需的蛋白質，且其能自然的增殖並製造出更多完全相同的混合細胞。這類蛋白質的大小較為適中，小於180,000道爾頓。Viresolve/70針對的顧客如：製造單細胞抗體以及Ig片斷的製造商。

第三類區隔為血液製造商，而Millipore公司尚未研發出Viresolve型的產品以因應此需求，Sekhri承認「這可能是最大一部分的市場，我每週至少接到一通血液製造公司的電話」。問題在於這種根據大小來過濾的原則，亦即Viresolve薄膜作用的方法，並無法馬上適用於血液製造，因爲血液所含的蛋白質與普遍所發現的病毒一樣大或更大。除了根據大小過濾的技術外，其他技術亦被採用於病毒移除上，但無法像其一樣可靠。「我們正在努力，這是下一個階段，或許是Viresolve 3。

爲產品命名

到了Millipore公司之後，Sekhri對全公司發了一份備忘錄，爲了爲「能由蛋白質中移除病毒的新科技」徵求名稱，而諸如：Virex、Viratain以及Virecut等的名稱皆被提出。而例如：Virex，則是已經使用過；Virex爲一種移除電腦病毒的電腦軟體。在一場約二十位Millipore公司人員的會議中所做出的結論，Sekhri最後決定採用Viresolve這個名稱。

瞭解顧客需求——安裝「Specials」

Sekhri親自負責第一次的少數銷售。於1991～1992年間，Sekhri與三位訓練來確保Viresolve能運作良好的應用工程師，幫助全世界前五十或六十位顧客安裝搶鮮版的Viresolve，這些早期的產品版本在內部稱爲「specials」。 Sekhri欲確保Viresolve第一次給業界的印象是正面的。

> 這對保守的市場而言是一種相當新的科技，我們在市場上付不起任何失敗。如果一位顧客剛獲得一件這種產品，在使用過後說：「它沒效」，那很有可能是因為他／她並不知道他們在做什麼。但如果這位顧客是非常瞭解生物科技市場的話，對我們就非常嚴重了。

Viresolve所採用的新式切面流動科技，其使用起來較競爭者所採用的盡頭流動科技更需要技巧，Sekhri解釋說：

> 你並不是只需按一顆鍵而已，最佳化的問題是牽涉其中的。因此，我們認為我們必須親自到每個顧客那兒，做追蹤，且寫一份報告給他們，之後我們就可以說：「很好，現在你應該知道如何使用了，你可以靠自己了。」

這種方法似乎在建立顧客對Viresolve及切面流動科技的感激上，相當成功。Sekhri說：「如果在顧客方面有存有認知，那可能是認爲盡頭過濾是最簡單的，但我們受過教育的顧客會瞭解，切面流動科技讓這項用途更有意義。」

爲「specials」所設定的目標顧客名單，是由Sekhri以及製造部門銷售經理Nick Lambo幫忙下開出的，Lambo回想說：「我們區別顧客是根據對Viresolve產品有最大潛力這項考量」，但實際的銷售是由Paul Sekhri以及三位負責安裝的應用工程師所執行（三位應用工程師分別在美國、歐洲以及日本），「我們並非眞的希望我們的銷售員去接觸一個尙處於初期階段的產品。」

成本及定價

Sekhri爲Viresolve計算了一個價格，他是根據Millipore公司對其超濾薄膜所定的價格，再根據Viresolve所能提供的優點，超過過濾器以及競爭者所採用的其他病毒移除薄膜的部分，以計算溢價部分。這些過濾器的細孔大小通常相當不一致，且早在作爲其他用途的近十幾年前就已經設計了。Sekhri聲明說：

> 我知道我們的產品有三部分。第一，我們所擁有的薄膜是為了將病毒由蛋白質中移除，我們能重複的操作且結果是可預估的。第二是有效性資料，我發現它幾乎與薄膜本身一樣有價值。我們的競爭者目前正遇到這方面的難題，他們的顧客說：「非常好，我們正在使用你的薄膜，所以，給我們所有的有效性資料吧。」但是他們卻沒有這方面的資料。第三部分是，我們可以經由所謂的「相關性完整度測試」來證明薄膜的效用。所以，一想到我們以標準超濾薄膜來計價，我認為我們應該可以收取一部分的溢價。

另一定價的考量在於是否要以拋棄式的形式來銷售薄膜模組。雖然重複使用薄膜代表著，必須能夠證明先前所過濾的病毒已被清除，但Sekhri還是詢問了數位顧客：「你會花錢較多錢購買使用一次的拋棄式產品，還是花較少錢購買可重複使用的產品？」對於這項顧慮的可接受度測試結果，並無法讓某些顧客信服。根據Sekhri的說法，顧客表示：「我們寧可購買只能使用一次的拋棄式產品，即使需付多一點錢」，於是Viresolve模組即以使用一次的塑膠裝置及薄膜來銷售，儘管其金屬包裝是永久的。其中對價格較不敏感的例外即爲10平方英尺的模組，一些顧客認爲就一種如此頻繁拋棄的產品而言，它是太貴了些。於是Sekhri補充說：「所以我們採取保證可重複使用五次的折衷方案。」

Viresolve的價格如下：三分之一平方英尺的模組：500美元；一平方英尺的模組：1,200美元；十平方英尺的模組：2,000美元。就此種一平方英尺的模組而言，超濾薄膜（在此種用途上Viresolve所取代的科技）的相對價格是500～600美元，然而就十平方英尺的模組而言，相對價格是1,000～1,200美元，而超濾薄膜能重複使用十至二十次。一平方英尺的模組能處理20～30公升，而十平方英尺的模組則能處理約100公升，可重複使用之次數隨處理量而變動。自從推出以來，這兩種較小單位的價格皆已調漲過一次。

對許多顧客而言，Viresolve的價格僅爲他們製造成本中的一小部分，舉例而言，干擾素在經Viresolve處理後一公升價值150萬美元。Millipore公司建議Viresolve應安裝於製造流程的下游，在諸如：過濾、層析、離心、精粹、凝聚以及動電分離等步驟結束之後。

發表

Nick Lambo說到：「我們將此發表定義爲：此爲置於架上且有完整輔助訓練及說明書的產品。」然而對Paul Sekhri而言，這表示了兩件主要的工作「對顧客之宣傳，以及對應用專家（銷售員）的訓練」。

對顧客之宣傳

這部分的工作大部分是透過口耳相傳的宣傳以及推廣來達成。Sekhri經由確保第一位顧客能有滿意的使用經驗，藉此爲口耳相傳的宣傳方式紮根，而推廣則是透過科學期刊、討論會以及貿易期刊來達成。數位產品的研發人員亦於知名的科技學報上發表文章，Sekhri四處參與貿易討論會並提供簡報，且聘請一間公關公司。「我們聘請了一間公關公司，因爲這就是我所認爲的相當有意思的新聞，一個相當好的故事。他們會幫助我們舉辦數場新聞報刊的討論會，也由於這些討論會，我們會有幾篇文章發表於一些相當知名的學報中。藉由閱讀這些學報，大眾將直接與我們連絡。」

Viresolve模組的規格

Millipore公司計畫三種不同規格的Viresolve：三分之一平方英尺、一平方英尺以及十平方英尺。最小的規格主要是針對研究工作用，最大規格則是針對製造工作用。雖然於顧客處所做的測試僅限於研發實驗室中使用小規格的Viresolve，但製造用設備的銷售才是製造部門的主力。而即將上市的十平方英尺的模組，也讓Millipore公司的銷售人員更能因應顧客產品的整個生命週期之需求——由新療法的研發至製造。

對銷售員之訓練

訓練Viresolve的銷售員（「應用專家」）主要包括，準備訓練教材、舉辦爲期兩天的訓練課程以及課程後之相關問題檢討。於1992年間，Sekhri爲每位銷售人員準備了一本「發表手冊」以及「參考資料」，資料中包括系列產品的介紹、常見問題的詳盡解答、Viresolve及競爭者的廣告副本、Viresolve相較於競爭者所發行的有效度研究，以及銷售過程的步驟指南。Paul Sekhri表示：「我已於歐洲及日本發表這項產品且進行的相當順利，我一天可能收到由世界各地銷售員所寄來三至五封詢問銷售問題的傳真。」

美國地區的發表原預定於1992年第四季，但後來延後直到1993年春季。於1992年：10月，公司研發出一種「縮小」的版本，每四到六個地區的一名銷售代表被召回公司，並接受Viresolve專門化的訓練。Nick Lambo旗下總共約有二十名負責於製藥業的銷售代表，根據他認爲，這些銷售代表「在產品最初期能擁有最佳及最集中的機會」。

「下一步爲訓練全美地區的銷售員，其將於1993年4月展開。我們將再度舉辦這場whole dog-and-pony展覽，之前我們曾於歐洲舉辦過兩天。」這項訓練包括簡報及教授課程，以及以實際的Viresolve模組做「wet work」。

銷售過程中最爲困難的一部分爲，使用顧客所提供的樣本做可行性測試，發表過程的訓練中有告知銷售員應如何安排準備這類測試。一旦做過第一次接觸後，顧客必須塡寫一張表格，描述他們對病毒移除的需求。其後銷售員將這份表格傳眞回Millipore公司的應用工程師，應用工程師會在四十八小時內讓銷售員知道，是否能符合其用途的需求。在大家皆方便的日期敲定後，應用工程師及銷售員會在顧客處碰面，並使用需淨化的樣本物質做可行性測試。在兩週內，應用工程師會完成一份報告並將其快遞予顧客，之後顧客便決定是否決定購買Viresolve。從此刻開始，銷售員會持續與應用工程師連絡，以因應任何進一步的技術性支援。

發表策略

發表策略的兩項要素皆相當困難，首先，Lambo及Sekhri要求生物製藥公司將Viresolve使用於研發過程中，如此一來很自然的，Viresolve將使用於製造過程中，因爲基於他們對產品的熟悉度以及產品包含在FDA的批准過程中。Nick Lambo表示：「你所欲達到的是能參與顧客的藥品研發過程，教導並告知他們我們的科技，在小規模上驗證我們科技的效果，如此一來我們的科技就能使用於製造過程中，如果你錯過將它於早期導入的機會，就需要更多的工作來彌補」。

Lambo銷售人員長久以來的優勢讓他們達成這項艱難的挑戰，「我的團隊傾向於針對製造階段後期」，亦即十平方英尺的版本可能用的上的階段，「但如Viresolve的產品必須於研發階段即推出，亦即及早推出。等到製造過程已經開始時，再逆向推出已相當困難」。爲證明他的團隊在因應這項挑戰上的能力，Lambo於加州聘請了一位研發工程師，專門負責Millipore公司產品的「研發推出」，包括Viresolve這項產品，「如果這能成功，我們亦認爲能成功，接著我將立即於世界上其他地區聘請其他負責人員」。

發表策略另一項艱難的要素爲，在發表的初期階段強力推銷Viresolve/70這項產品。因爲利用蛋白質與病毒大小的不等，即爲Viresolve/70採取的應用方法，Sekhri認爲欲獲得顯著成功的機會即在於這項產品上。有著如此顯著的成功，能幫助Viresolve之後的系列產品立下商業上成功的基礎。

銷售預測

Sekhri預測1992年的銷售爲200,000元，且Viresolve於第四季中將達到300,000元的銷售量。

許多Millipore公司的經理不但無法提供幫助，反而將Viresolve與其他系列產品延伸的發表相比較，許多這些產品線已開始有百萬元的銷售量，Nick Lambo表達他對這些事的觀點：「Viresolve是一個令人興奮的產品，因爲它是信心上的一大躍進，它是這市場是獨一無二的產品。令人喪氣的是，你無法見到它的銷售能立即的攀升」。

其餘的商品化議題

在歐洲複製Viresolve於美國的成功經驗

至今，歐洲方面的興趣仍相當濃厚，Sekhri解釋：

在歐洲，政府已經頒布病毒移除的指導方針，而美國尚無。此為為何一些美國的顧客會說：「到了我們被告知需使用時，我們就會使用了。」在歐洲他們已經被告知了，所以早期採用者皆來自於歐洲。

美國法規不關注，使Viresolve在美國的發表倍受挑戰。

Millipore公司正持續研發十平方英尺的模組，以銷售予製造用設備，較小的Viresolve則較適用於研發用設備。Nick Lambo堅持：「我們必須擁有十平方英尺的模組。」「這並非是一種研發工具，除非你能提供製造過程一條清楚的方針，否則此產品只有短期利益。」。此種十平方英尺的Viresolve模組，仍爲製造部門中的製藥組研發經理的首要研發項目之一。

Millipore公司已經研究過Viresolve產品系列幾種可能的延伸方向，可能設計一套相似的系統以移除核酸或熱基，Sekhri解釋到：「任何時候只要你的產品有可能遭受生物性的污染時，你就需要薄膜來過濾它。」Millipore公司亦非常有興趣爲血液製造公司設計一套能移除病毒的系統，採用一套有別於利用大小做區別的科技。

雖然Viresolve無疑地能夠成功，Millipore公司某些經理仍認爲此產品的機會有限。Nick Lambo指出：「在我的團隊中，有些人認爲這項產品的生命週期不長」，「你在談的是哺乳動物細胞科技，且當中有病毒存在。當這項科技已不再，或當許多產品已由其他科技所製造時，這才會成爲問題。」當遺傳工程師已有能力以化學合成更多的蛋白質，而非透過哺乳動物細胞修正來製造時，這些經理才認爲相應下濾過性病毒感染的風險較小。然而其他經理仍主張，對於新生物科技藥品的研究，可能仍脫離不了使用哺乳動物細胞，因此對病毒移除產品的需求仍將持續。

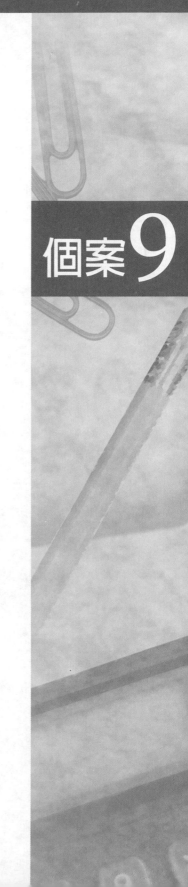

個案9 Loblaws公司

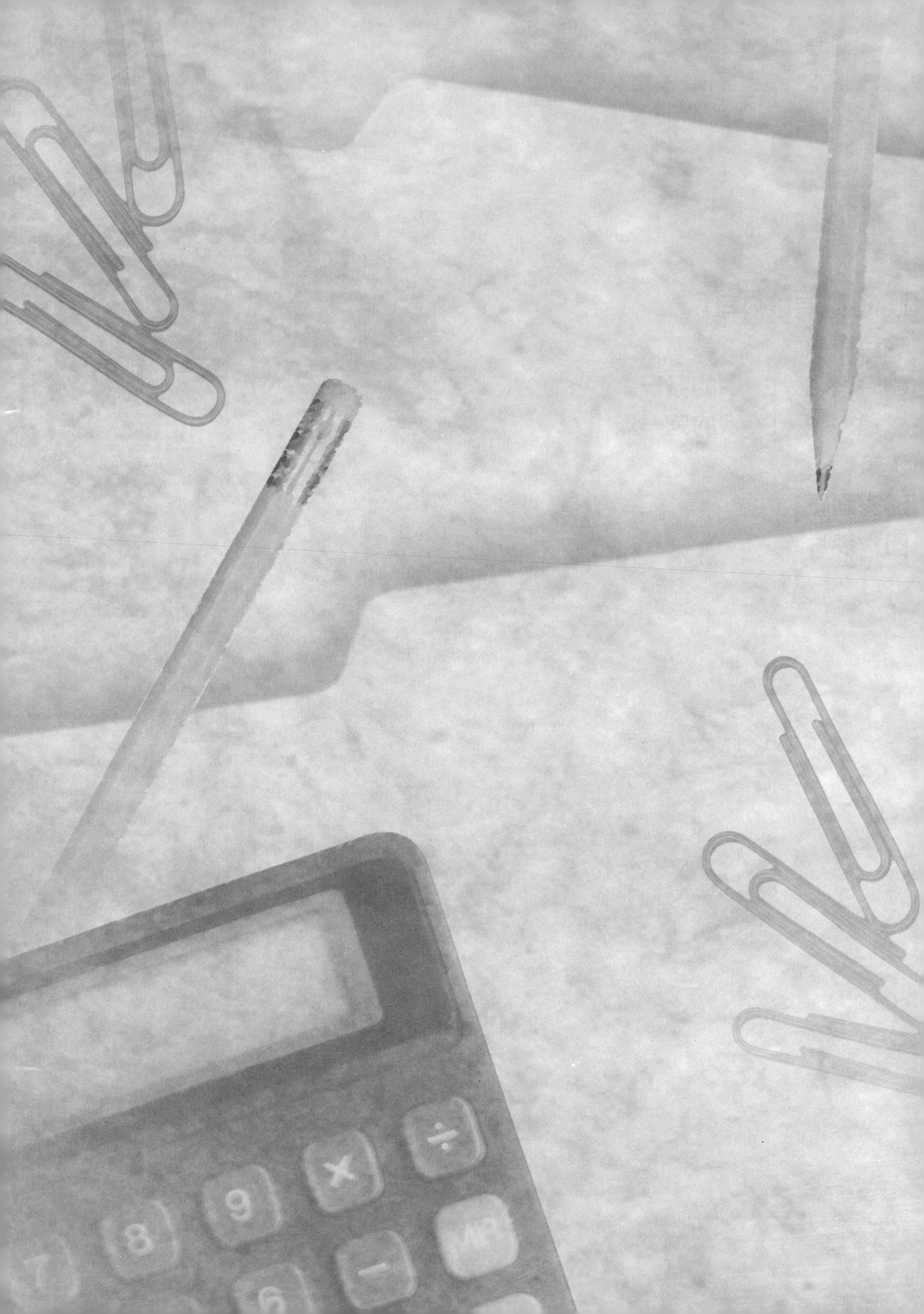

「我們於Loblaws公司推出綠色產品迄今已一年，然而決策卻仍未變得容易。」1990年7月初，Scott Lindsay正仔細思考著他的決定，關於三種他可能會推薦給G．R．E．E．N系列的產品：省電眞亮燈泡、回收紙製成之浴室面紙、或是一種高纖麥片。

身爲國際貿易主管並負責內部節約採買及銷售服務（Loblaws公司之採買部門），Scott的工作爲開發及管理Loblaws公司於加拿大約四百種的公司品牌（無個別名稱，此爲總裁的選擇，皆稱G．R．E．E．N）。四天後，Scott必須於購買者會議中提出建議。

Scott爲其開發產品的此「綠色系列」對Loblaws公司及其消費者而言是一全新的觀念。於1989年始發表且爲部分公司總裁所選擇之品牌，綠色商品有著對環境危害少且／或能提供一種更健康之生活型態的特性。對Scott而言關鍵即在於決定何謂「綠色」以及使公司在財務需求與倡導綠色系列之社會責任兩者間取得平衡。

同樣地，他最緊迫的顧慮在於他是否有能力說服總裁Dave Nichol，使其瞭解建議案的優點。Nichol爲公司品牌背後的推進力，且其保有對這些重要產品決策之涉入性以及最終之授權。

爲準備此次購買者會議，Scott須於該日將其書面建議案交於Dave Nichol桌上。Dave Nichol要求該份建議案中須包括：零售價以及成本資料、預計之每年銷售單位及銷售金額，以及預估之總毛利。除預估之結果外亦需涵蓋最佳及最差之情境。同樣地，支持及反對此計畫案之主要原因亦須提出。此建議案是根據Ontario市場所做，由於Ontario市場爲新產品的測試地。

Scott第一個在考慮的產品爲一種新的省電眞亮燈泡，且此產品已在德國成功的銷售。此種燈泡可比一般燈泡持久至少10倍但實際上較昂貴。在Scott心中此種省電燈泡毫無疑問的有「綠色」特性且可加強Loblaws公司的綠色形象。然而，20美元之潛在消費者售價與低零售利潤兩者之結合相當令人困擾。他知道對在乎銷售量及收益的店家而言，他們不會熱衷於一個不能帶來銷售及收益的產品。這些商家控制著他們商店中的個別產品以及品牌。

第二個新產品實際上並非全然是新產品，Loblaws公司以無名稱之公司標誌銷售一種100%由回收原料所製成之浴室面紙。此種現存之產品可以以G．R．E．E．N標籤重新包裝並銷售，藉以別於無名稱之系列產品。此綠色包裝能使消費者注意到其回收的特色，並藉以創造更大的產品銷售量。此外，Scott瞭解到一個可以將「綠色」浴室面紙價格訂的較無名稱者高的一個機會，以創造較高的邊際利潤。

最後一個在考慮中的產品爲新的玉米片，是針對一個非常「擁擠」的麥片早餐類別。此種新的麥片有相當高的纖維量，此種麥片的「對身體友善」的本質，是考慮它成爲綠色系列的一個基礎。其另外的特色是它能以比全國性品牌更低的成本來開發。

Loblaws有限公司

Loblaws有限公司爲George Weston Ltd.的一部分，George Weston Ltd.爲一跨國集團並經營三種主要的領域：食品加工、食品分發以及天然資源。George Weston爲加拿大第六大公司，其於1989年有105億美元的銷售額以及9.88億美元的淨利。而Loblaws公司爲一整合的集團包括食品批發以及零售公司，1989年的銷售額及淨利分別爲79.34億美元元以及7,000萬美元。

綠色概念

G · R · E · E · N系列起源於Dave Nichol於1988年到德國的一趟購買旅行，當時他被一些以「對環境友善」做推廣的雜貨商品所打動。他發現*The Green Customer Guide*已成爲英國最暢銷的書，它是一本「如何做」的書並告訴消費者要對環境負責。1988年後期，Loblaws公司開始收集加拿大人對環境的態度，結果顯示數量正在增加的加拿大人關心環境的問題，且一些人也表達願意支付額外的金額來購買對環境安全的產品。此外，很多人表示他們願意換超級市場去獲得這些產品（見Exhibit1）。

G · R · E · E · N的發表

備有這些有支持性的資料，於1989年1月底，Loblaws公司的管理階層決定發表，到1989年7月將有包括一百種產品的系列商品不是對環境友善就是對身體健康的。這些產品會被加入公司產品線的家族中，並稱爲G · R · E · E · N。雖然此一事

Exhibit1 消費者對環境之態度

1.議題之全國調查

加拿大現今所面臨之最重要議題爲何？

議題	1985	1986	1987	1988	1989
環境	*	*	2	10	18
商品及服務稅	*	*	*	*	15
通貨膨脹／經濟	16	12	12	5	10
赤字／政府	6	10	10	6	10
國家統一	*	*	*	*	7
自由貿易	2	5	26	42	7
墮胎	*	*	*	*	6
就業	45	39	20	10	6

source: Maclean's/Decima Research

*Not cited by a significant number of poll respondents.

note: Survey conducted in early January of each year.

2.Loblaws公司之消費者調查

你有多關心環境？(%)

極度關心 (32)，相當關心 (37)，有點關心 (24)，不非常關心 (5)，不關心 (2)

你有多大的可能會購買對環境友善的產品？

非常可能 (49)，有點可能 (43)，不太可能 (2)，不可能 (4)

你有多大的可能會更換超市以購買對環境友善的產品？

非常可能 (2)，有點可能 (45)，不太可能 (24)，不可能 (10)

note: Survey conducted in early 1989.

業雄心勃勃，但公司相信它有著成功所必要的規模、力量、影響力、網絡系統、想像力以及勇氣。Loblaws公司連絡了一些著名的環境團體來幫助選擇產品。這些團體被要求列一張對環境安全的產品「希望名單」。Loblaws公司以此爲指南，並開始開發針對G．R．E．E．N宣言的產品。

少數產品，例如，烹飪用蘇打粉，僅需重新包裝即可推廣此種已經存在且對環境友善的品質的產品。內部節約採買及銷售部門能夠透過國外的供應商來開發一些產品，例如，Ecover系列的家庭清潔用品即可在G．R．E．E．N的範疇下行銷。所有的G．R．E．E．N產品皆經過嚴密的測試且經過環保團體審查，例如，Pollution

Probe以及Friends of the Earth等團體。此項共同合作已發展至一程度，以致於一些產品經過Pollution Probe背書。

此G · R · E · E · N產品線包含約六十種產品且於1989年6月3日發表。最初的G · R · E · E · N產品包括無磷洗衣清潔劑、低酸咖啡、寵物食品以及可生物分解的垃圾袋（見Exhibit2）。他們採取各種方法來挑選這些最初的產品，例如，寵物食品被包括之原因為，它們提供貓狗一個更健康的成分混合。G · R · E · E · N產品皆裝於一種特殊設計且有明亮綠色的包裝中出售。當此包裝設計之決定作成時，管理階層瞭解到有20%的加拿大人口是機能上文盲，他們認為此種特殊設計包裝可提供這些消費者一個容易辨識出這些品牌的機會。

此G · R · E · E · N宣言有300萬美元的電視及平面活動所支持。消費者經由1989年6月發行的*Insider's Report*被告知此一新產品線的上市，在一封對消費者的公開信中，Nichol提到Loblaws公司發表G · R · E · E · N宣言的動機（見Exhibit3）。部分的動機仍是為了提供消費者一個選擇，長期上能提供消費者在特定之綠色議題上的教育性利益。同樣地，經由提供此選擇，消費者可以「在收銀機投票」，而且就某方面來說，可以告訴Loblaws公司什麼是他們願意買的以及什麼綠色產品他們可以接受。

G · R · E · E · N的推出並非毫無問題。宣言發布之後，Pollution Probe的成員拒絕他們先前對於拋棄式尿片的背書，這些成員覺得團體不應支持一個未盡完善的產品。G · R · E · E · N尿片已比其他拋棄式品牌更對環境友善。然而，在Pollution Probe的選擇中它並非對環境完全的純淨。此外，他們覺得替此類產品背書會造成組織正直性及獨立性上的妥協。此事造成Pollution Probe總裁Conlin Issac的辭職。此團體後來終止了對這尿片的背書，但它仍支持其他六種G · R · E · E · N產品。

G · R · E · E · N肥料的推出亦造成爭論，一個著名的環境團體Greenpeace駁回Loblaws公司聲稱其肥料不含有毒成分且因此對環境無害的說法，此團體並不知道Loblaws公司已花費相當的資金來測定該肥料不含有毒之化學物質。

兩起意外事件，雖然不幸但卻也將加拿大人的注意集中在G · R · E · E · N的產品線上。媒體強調Loblaws公司為北美唯一提供對環境友善的產品的零售商。此公開報導同時助長了支持Loblaws公司進取心的大眾寄出鼓勵的信函。於此系列推出後四週所作的調查顯示，有82%的消費者知道G · R · E · E · N系列，且其中又有27%的消費者實際購買過至少一種G · R · E · E · N產品。在Ontario一帶，於1989年6月G · R · E · E · N系列的預計銷售額增加1倍，成為500萬美元。

Exhibit2 最初的G・R・E・E・N產品

食品

Just Peanuts Peanut Butter
Smart Snacks Popcorn
「The Virtuous」 Soda Cracker
Cox's Orange Pippin Apple Juice
White Hull-less Popcorn
Reduced Acid Coffee
Boneless and Skinless Sardines
「Green」 Natural Oat Bran
Naturally Flavoured Raisins: Lemon, Cherry, Strawberry
「Green」 Turkey Frankfurters
100% Natural Rose Food
Norwegian Crackers
Turkey Whole Frozen
Gourmet Frozen Foods (low-fat)
「If the World Were PERFECT」 Water

清潔用品

All-Purpose Liquid Cleaner with Bitrex
「Green」 Automatic Dishwasher Detergent
Ecover 100% Biodegradable Laundry Powder*
Ecover Dishwasher Detergent
Laundry Soil and Stain Remover with Bitrex
Drain Opener with Bitrex
Ecover Fabric Softener
Ecover 100% Biodegradable Toilet Cleaner
Ecover 100% Biodegradable Wool Wash
Ecover Floor Soap
「Green」 100% Phosphate-Free Laundry Detergent

寵物食品

Low Ash Cat Food
Slim & Trim Cat Food
All Natural Dog Biscuits

烹飪產品

「The Virtuous」 Canola Oil
「The Virtuous」 Cooking Spray
Baking Soda

紙製品

Bathroom Tissue
「Green」 Ultra Diapers
「Green」 Foam Plates
Swedish 100% Chlorine-Free Coffee Filters
「Green」 Baby Wipes
「Green」 Maxi Pads

石油產品

Biodegradable Garbage Bags
Hi-Performance Motor Oil
Natural Fertilizer
Lawn and Garden Soil

其他產品

Green T-Shirt/Sweatshirt
Green Panda Stuffed Toy
Green Polar Bear Stuffed Toy
Cedar Balls

*The Ecover brands are a line of cleaning products made by Ecover of Belgium. These products are vegetable oil based and are rapidly biodegradable. Loblaws marketed these products under the G・R・E・E・N umbrella.

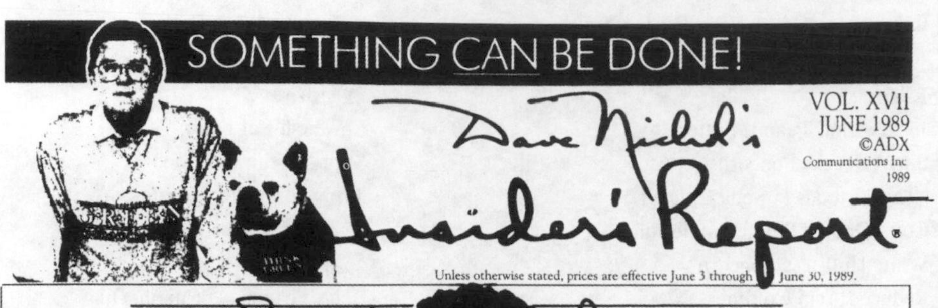

SOMETHING CAN BE DONE!
Dave Nichol's
Insider's Report
VOL. XVII
JUNE 1989
©ADX
Communications Inc
1989
Unless otherwise stated, prices are effective June 3 through June 30, 1989.

President's Choice

G·R·E·E·N™

An Open Letter To Canadian Consumers about President's Choice G•R•E•E•N Products

Over the last year, while travelling the world looking for new products, I was astounded at the level of consumer interest in environmentally friendly products. For example, the best-selling book in England last year was an environmental handbook ranking retailers and their products.

Back in Canada, I noticed that every public opinion poll indicated that the environment was the number one concern of Canadian consumers—confirming what my mail had been telling me for at least a year.

Convinced that this concern was genuine, the Insider's Report team met with executives of many of Canada's leading environmental groups and asked them what products they would like to see us create that would in some way help to reduce pollution. The guidance was the genesis of the **G·R·E·E·N** "Environment Friendly™" product program and in many cases we actually worked with these groups to develop specific products which they then felt confident in endorsing.

At the same time we also began development of "Body Friendly™" (low calorie, high fibre, low fat, low cholesterol, etc.) products under the **G·R·E·E·N** label. This Insider's Report highlights the first wave of our new President's Choice **G·R·E·E·N** product program.

Here are a few points of clarification about the program.

1. With few exceptions, President's Choice **G·R·E·E·N** products are priced at, or below the price of the national brand to which they are an alternative.
2. We do not intend to censor products that some may feel are "environmentally-unfriendly." We see our role as providing a choice so you may decide for yourself.
3. Protecting the environment is a young and therefore, imprecise science. As a result, not all groups agree on what the best products are to help control pollution. For example, some advise us to use paper pulp trays for all eggs while others say recyclable, ozone-friendly foam tray made with pentane instead of chlorofluorocarbons (C.F.C's) are a better solution. We accept the fact that it is inevitable that not all environmental groups will agree with all of our President's Choice **G·R·E·E·N** products.
4. Some may accuse us of being "environmental opportunists." WE SEE OUR ROLE AS PROVIDING PRODUCTS THAT PEOPLE WANT. That's why we created No Name products when Canada's food inflation was running at 16%. That's why we created President's Choice products when a demand for superior-quality products arose. And that's why we've created **G·R·E·E·N** products when the overwhelming concern of Canadians is the environment.

   We invite you to read about our new President's Choice **G·R·E·E·N** products in this Insider's Report and decide for yourself whether or not they fill a real need in our society.
5. A number of our **G·R·E·E·N** products are products that we've carried for years (such as baking soda). Putting them under the **G·R·E·E·N** label was in response to environmental groups who chided us by saying, "You have a number of products in your stores right now that could help fight pollution but you have to bring them to your customer's attention and then explain how to use them."

We acknowledge that we are not environmental experts and we readily admit that we do not have all the answers. However, we feel strongly that these products are a step in the long journey toward the solution of our enormous environmental problems. If **G·R·E·E·N** products do nothing more than help raise awareness of the need to address environmental issues NOW, and give Canadians hope that SOMETHING CAN BE DONE, then in the end, they will have made a positive contribution.

Dave Nichol

David Nichol, President
Loblaw International Merchants

Loblaws　sûpercentre　zehrs　no frills

Selected products also available at Mr. Grocer, valu-mart®, freshmart™ and Your Independent Grocer®.

PRINTED ON RECYCLED NEWSPRINT

Exhibit3 一封對消費者的公開信

G·R·E·E·N的第一年

緊接著G·R·E·E·N發表的是實際上一湧而來的「對環境友善」產品。主要的消費品公司，諸如：寶鹼公司、Lever Brothers以及高露潔，推出了Enviro-Paks、無磷清潔劑以及生物可分解之清潔產品。與其競爭的連鎖超市將其回應由發表他們自己的「綠色」系列（Miracle Mart導入三種「綠色循環」之產品，Oshawa導入約十種「綠色關懷」的產品），變更爲強調他們店內（Safeway）的環境敏感產品，透過回收及其他活動（Provigo）以改良增進其內部之實行。

該年間，Loblaws公司繼續開發並推廣G·R·E·E·N產品系列。發表G·R·E·E·N的第一年，Loblaws公司銷售大約價値6,000萬美元的G·R·E·E·N產品，並達到損益兩平。

決策

當Scott開始爲這三種產品做決策時，他仔細考慮了去年的情形。他認爲G·R·E·E·N系列6,000萬美元的銷售合理，但他希望此系列能銷售得更好。他記得某些產品並不適合此系列，例如，「綠色」沙丁魚。「我不認爲我們賣了二十罐的那個東西」，當一個產品賣不出去時Scott和其他在內部節約的購買者會非常關心。個別的商店經理負責著他們商店的銷售及收益，他們並不一定要陳列任何商品（亦即他們所管理的店中存貨），包括任何G·R·E·E·N商品在內。假使商店經理認爲該產品不適合這間商店，它就不會被陳列，同樣地，如果一個購買者的產品被陳列但無法銷售，商店經理和他的信譽會受到挑戰。

眞亮燈泡

由德國一知名製造商Osram而來的計畫，其確實是一種綠色產品。Osram眞亮燈泡是一種緻密的螢光燈泡，它在某些特殊用途上能夠取代傳統的白熱燈泡。此產品獨特的地方在於，雖然螢光科技很平凡（這些長眞空管燈泡在辦公大樓很常見），但只有到最近才有產品被修正以取代傳統燈泡。螢光燈泡的主要好處在於，它們使用的能源較白熱燈泡少得多（例如，一顆9瓦的螢光性燈泡可取代一顆40瓦的白熱

Exhibit4 眞亮燈泡(1989)

	平均零售價* ($)	平均成本 ($)	每年銷售額 ($000)	總毛利 ($000)	市場佔有 (%)
Loblaws					
60瓦	**2.25**	**1.25**	**470**	**209**	**18**
60瓦柔光	**2.75**	**1.50**	**426**	**193**	**16**
100瓦	**2.25**	**1.25**	**294**	**130**	**11**
100瓦柔光	**2.75**	**1.50**	**279**	**127**	**11**
Loblaws 總計			**1,468**	**659**	**56**
Phillips					
60瓦	**2.40**	**1.50**	**367**	**138**	**14**
60瓦柔光	**3.20**	**1.65**	**341**	**165**	**13**
100瓦	**2.40**	**1.50**	**236**	**88**	**9**
100瓦柔光	**3.20**	**1.65**	**102**	**102**	**8**
Phillips 總計			**1,153**	**493**	**44**
總計			**2,621**	**1,152**	**100**

*根據四顆包裝（亦即，一包有四顆眞亮燈泡）。總銷售單位爲1,019,000（四顆裝）。

燈泡，且仍能提供相同的亮度，並僅僅使用22.5%的能源），且其至少較白熱燈泡維持之時間長10倍（預估二千小時，相對地白熱燈泡只有二百小時）。至今，緻密的螢光燈泡的主要用途在用於公寓樓梯井內二十四小時皆開的燈泡上，公寓主購買此種燈泡之原因在於，其可降低能源費以及維修費（較少更換）。

螢光燈泡在屋內的用途有限，因其獨特的形狀使其不能用於典型的燈罩，主要的用途可能用於走廊玄關，因爲該處不容易更換燒壞的燈泡。即使在此種情況下，可能需要新的裝置物（亦即，附件），以便螢光燈泡之安裝。

此燈泡之能源效率性及持久的特性是經過相當的測試，且銷售給專業化工業可以使用上數年。即使此種燈泡在德國有著令人滿意的市場佔有，它仍定價於相當40加拿大幣。

Loblaws公司銷售各種四顆包裝的60瓦及100瓦的無名稱及飛利浦燈泡，總數上，眞亮燈泡類別於1989年替Loblaws產生超過100萬美元的邊際毛利（見Exhibit 4）。

Osram最初的計畫欲以每顆燈泡19美元的價格銷售給Loblaws，即使加價設定在5%，Loblaws之零售價會在19.99美元。Scott與Loblaws公司許多人員討論過此事，且歸結出此價格太高，以致於無法被加拿大的消費者所接受。在此時，Ontario Hydro亦參與討論，Ontario Hydro相當關心他是否能滿足其消費者在往後十年間之電力需求，且他亦從事積極的能源保存計畫。Ontario Hydro準備提供在此宣言往後三個月內由Ontario銷售出的每個眞亮燈泡5美元的折扣，雖然這表示消費者必須以郵件來索取此折扣，但它卻將消費者的有效價格減至14.99美元。

Scott覺得德國消費者僅支付零售價一半的折扣方式，與一強烈的環境訊息結合下有著顯著的購買吸引力，並能在燈泡發表時加以利用。雖然如此，銷售的潛力仍然不明朗，Loblaws公司每年在Ontario的燈泡銷售量接近四百萬顆，或270萬美元。因爲此產品相當新相當獨特，Scott很難預估其銷售潛力。他最佳的預估爲，Loblaws公司在任何地方一年能銷售一萬至五萬顆Osram燈泡，他認爲半數的銷售會來自於常客，而另一半則來自於專程至Loblaws公司購買燈泡的消費者。Scott同樣覺得在三個月後，價格應該上漲至零售價24.99美元並替Loblaws公司帶來合理的利潤。

Scott認爲如果半數的銷售量以較高價格售出，在維持商店經理的支持上的確會容易些。以24.99美元的價格，每顆會有5.99美元的利潤，即使考慮到產品線侵蝕的議題，較高價的Osram燈泡之利潤仍會高於標準四顆裝燈泡之利潤約4倍。然而仍須計算其全年度之貢獻，藉以審視會對此系列所造成之淨影響。這些燈泡所需之架上空間會很小，且可經由對現有燈泡展示配置所作的小調整來解決。

浴室面紙

浴室面紙區隔是個高度競爭、且價格敏感的市場。此區隔爲Loblaws公司最大區隔之一，其於Ontario之零售銷量超過3,100萬美元，並賺進700萬美元（見Exhibit 5）。浴室面紙對Loblaws公司之重要性不僅止於其所產生的銷售量，它是少數可吸引有價格思考力的消費者進商店的類別之一。Loblaws公司從許多製造商中列出四十種不同尺寸及顏色的產品，在此類別中，Loblaws公司擁有六種品牌。Loblaws公司並積極於消除任何無法達到資金週轉，或獲利目標之競爭或公司品牌。製造商亦積極提供折扣及製造之誘因，以確保Loblaws公司有滿意的利潤，製造商並幫助使

Exhibit5 浴室面紙（1989）

	平均零售價[1] ($)	平均成本 ($)	每年銷售額 ($000)	總毛利 ($000)	市場佔有 (%)
Loblaws[2].					
總裁的選擇	**2.50**	**1.95**	**1,542**	**339**	**5**
純白無名稱	**1.75**	**1.15**	**3,084**	**1,052**	**10**
染色無名稱	**1.80**	**1.35**	**386**	**96**	**1**
Loblaws 總計			**5,012**	**1,487**	**16**
Royale					
純白	**1.85**	**1.55**	**10,795**	**1,751**	**34**
染色	**2.00**	**1.60**	**3,855**	**771**	**12**
Royale 總計			**14,650**	**2,522**	**46**
Cottonelle					
純白	**1.85**	**1.45**	**4,627**	**1,000**	**15**
染色	**1.95**	**1.50**	**4,627**	**1,068**	**15**
Cottonelle 總計			**9,254**	**2,068**	**30**
其他品牌					
Capri	**1.50**	**0.90**	**945**	**378**	**3**
April Soft	**1.40**	**0.95**	**721**	**232**	**2**
Jubilee	**1.35**	**0.70**	**386**	**186**	**1**
Dunet	**2.45**	**1.60**	**405**	**140**	**1**
White Swan	**1.55**	**1.00**	**463**	**164**	**1**
其他品牌總計			**2,920**	**1,100**	**8**
總計			**31,836**	**7,177**	**100**

1.價格、成本及銷售之統計已對不同尺寸做過調整，並已相同之四卷包裝列示。總銷售單位爲17,125,000（四卷裝）。

2.關於顏色及尺寸，Loblaws公司提供四種，Royale（八種），Cottonelle（八種），Capri（四種），April Soft（三種），Jubilee（二種），Dunet（一種）以及White Swan（八種）。

零售價格降低，藉以相繼提昇週轉及維持銷售量之目標。兩個全國性的品牌——Royale以及Cottonelle——分別佔有市場46%以及30%。

1989年，Loblaws公司經由此無名稱品牌獲得16%的市場佔有，並創造超過100萬美元之毛利。Loblaws公司此無名稱品牌是以四卷一包，平均成本1.15美元所開發出，這些較低的成本主要是由於面紙是由完全回收物質所製造，此產品的特色讓它得以列入G．R．E．E．N的選取考慮中。這項現有之產品能容易地以特殊之G．R．E．E．N標籤重新包裝，並放置於有回收特性之產品做強調。不需要開發或測試成本，美術工作及換新標籤之成本會非常低。

關於無品牌產品之重新包裝有幾個決定需要考慮。新品牌應取代舊品牌或僅僅被加入那已經很擁擠的類別中？是否新產品的價格應定的比舊產品高？產品究竟是否該發表？

即食麥片

Loblaws公司於1989年在Ontario銷售價值超過1,400萬美元之家庭麥片（亦即，麥片設定目標於「家庭」市場）（見Exhibit6）。Loblaws公司的品牌佔有14%之家庭麥片市場區隔，低於公司對此區隔所訂之目標。Scott Lindsay其中一個目標為增加Loblaws公司於此類別之佔有。品牌領導者，例如，Kellogg's Corn Flakes，Nabisco Shreddies以及General Mills' Cheerios，它們對顧客而言，就如同顧客對店內任何其它產品或品牌一樣熟悉。有著數十年的廣告及推廣支持，這些品牌根深柢固於各世代加拿大人的心中及它們的食品櫃中。

這些市場領導者的品牌名稱，提供製造商免於競爭者的強力保護。然而，製造過程卻並非如此，製造過程已為產業界所悉知，且許多公司皆能以有利的成本生產完全相同的產品。Loblaws公司已經由國內的來源找到數種產品，就算無法較全國性品牌好但亦不相上下。此種產品之一即為含有非常高之纖維質的玉米片，此新產品可吸引那些已瞭解高纖食物之健康主張的消費者。在知覺測試中，此產品經證實有極佳的風味及有紋理的外形，且在盲目味覺測試中，其比起一些市場領導品牌能有相同或較佳的評價。此外，此產品能以每500公克1.40美元的價格買到。

總裁選擇的品牌已開始進入市場，且這種新產品能增加市場佔有。然而，如何定位此高纖玉米片產品仍未明朗，它應該分入正規的總裁選擇系列，當作最近玉米片產品的延伸？亦或以G．R．E．E．N產品來包裝？如為正規的總裁選擇品牌之產品，它的定位將直接與有著額外價值之全方位Kellogg's麥片相衝突。如為G．R．

Exhibit6 家庭麥片（1989）

	平均零售價* ($)	平均成本 ($)	每年銷售額 ($000)	總毛利 ($000)	市場佔有 (%)
總裁的選擇					
Bran with Raisins	2.35	1.50	1,051	380	7.4
Honey Nut Cereal	3.00	1.40	324	173	2.3
Toasted Oats	3.00	1.45	221	114	1.5
Corn Flakes	1.75	1.20	193	60	1.4
Crispy Rice	3.20	1.50	263	139	1.8
Loblaws 總計			2,052	866	14.3
Kellogg's					
Corn Flakes	2.30	1.80	1,436	312	10.1
Raisin Bran	2.75	2.00	1,236	324	8.7
Honey Nut Corn Fakes	3.95	2.70	460	141	3.2
Rice Krispies	3.95	2.52	899	315	6.3
Common Sense	4.40	2.70	433	167	3.2
Mini-Wheat	3.30	2.00	326	129	2.3
Variety Pack	5.90	3.90	309	105	2.2
Other Kellogg's	3.41	2.26	258	87	1.8
Kellogg's 總計			5,357	1,580	37.5
Nabisco					
Shreddies	2.35	1.70	2,725	754	19.1
Apple/Cinnamon	2.25	1.50	169	57	1.2
Raisin Wheat	3.30	2.10	139	50	1.0
Nabisco 總計			3,033	861	21.2
General Mills					
Cheerios	3.80	2.60	1,171	370	8.2
Cheerios/Honey Nut	3.90	2.60	1,017	339	7.1
General Mills 總計			2,188	709	15.3
Quaker					
Corn Bran	3.50	2.25	389	139	2.7
Life	3.15	2.10	358	119	2.5
Oat Bran	4.10	2.80	281	89	2.0
Muffets	2.65	1.60	92	36	0.6
Quaker 總計			1,120	383	7.8
其他	2.40	1.45	576	227	4.0
總計			14,323	4,626	100.0

*根據500公克包裝。總銷售單位爲4,950,000（500公克裝）

麥片有不同尺寸之包裝，某些品牌，例如，Kellogg's Corn Flakes，在架上一次有四種不同尺寸(例如，350克、425克、675克、800克)。助於比較，所有皆轉換爲標準500克裝；各品牌有多種尺寸，皆以標準列示，依尺寸之銷售額作加權。

E · E · N產品，它的定位將降低與Kellogg's的衝突，且更朝向健康／「對你有益的主張」。G · R · E · E · N的定位亦可能減小任何總裁選擇之玉米片間之產品線侵蝕。較低的開發成本，在價格上提供了些許的彈性，它定價可低到1.75元，類似最近的總裁選擇之玉米片，且仍維持不錯的利潤；它亦可訂的與Kellogg's玉米片一樣高價，並賺進豐富的利潤。

回顧過這三個計畫後，Scott開始準備他的建議案。「我將會從財務計畫著手」Scott這麼想著，「然後考慮計畫的正反兩面，最後就是做決定的時刻。」

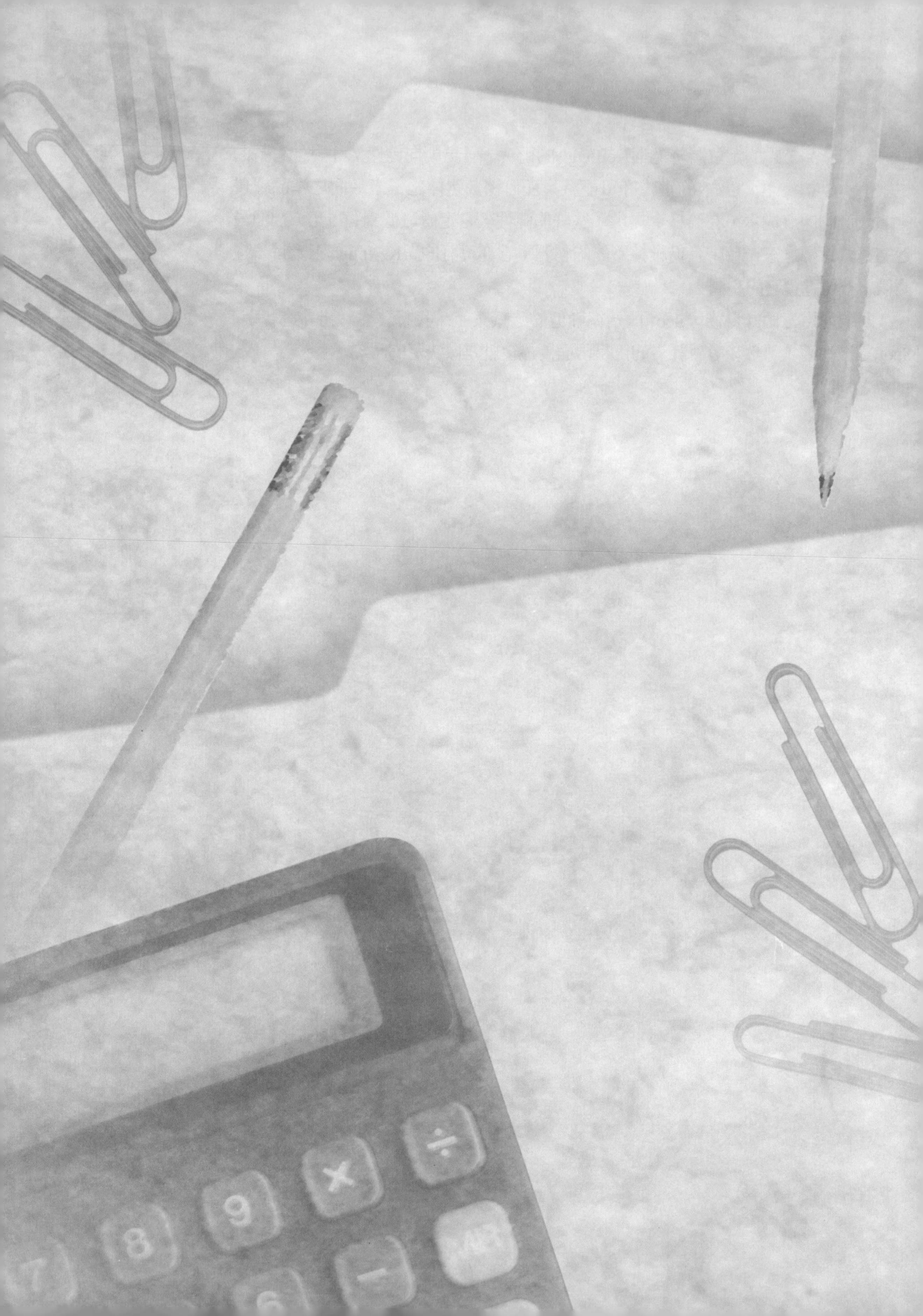

個案10

Lever Brothers 推出Snuggle衣物柔軟精

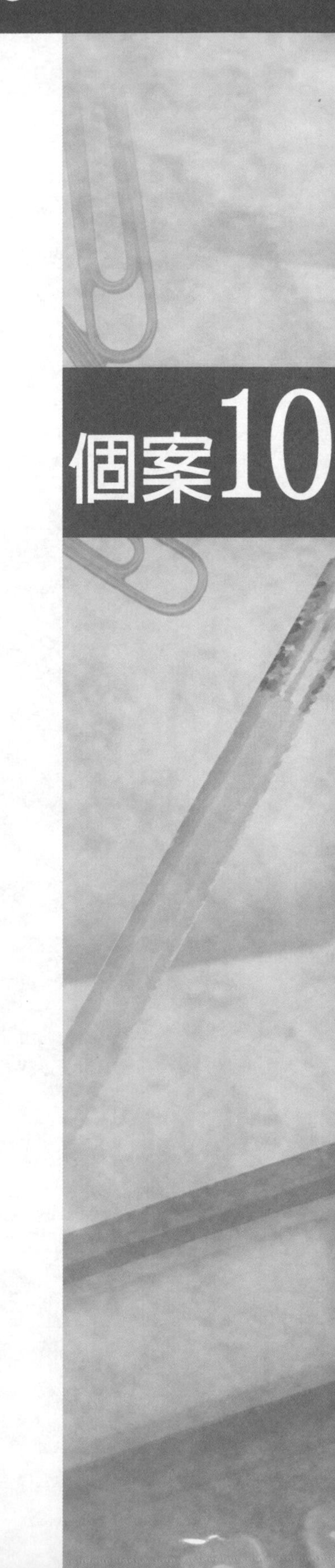

公司歷史

Lever Brothers集團：家用產品

家用產品部門：通路

家用產品部門：商品種類

產品／市場資訊

Snuggle的廣告

Snuggle的促銷

Snuggle的定價

Snuggle潛在的業務資源

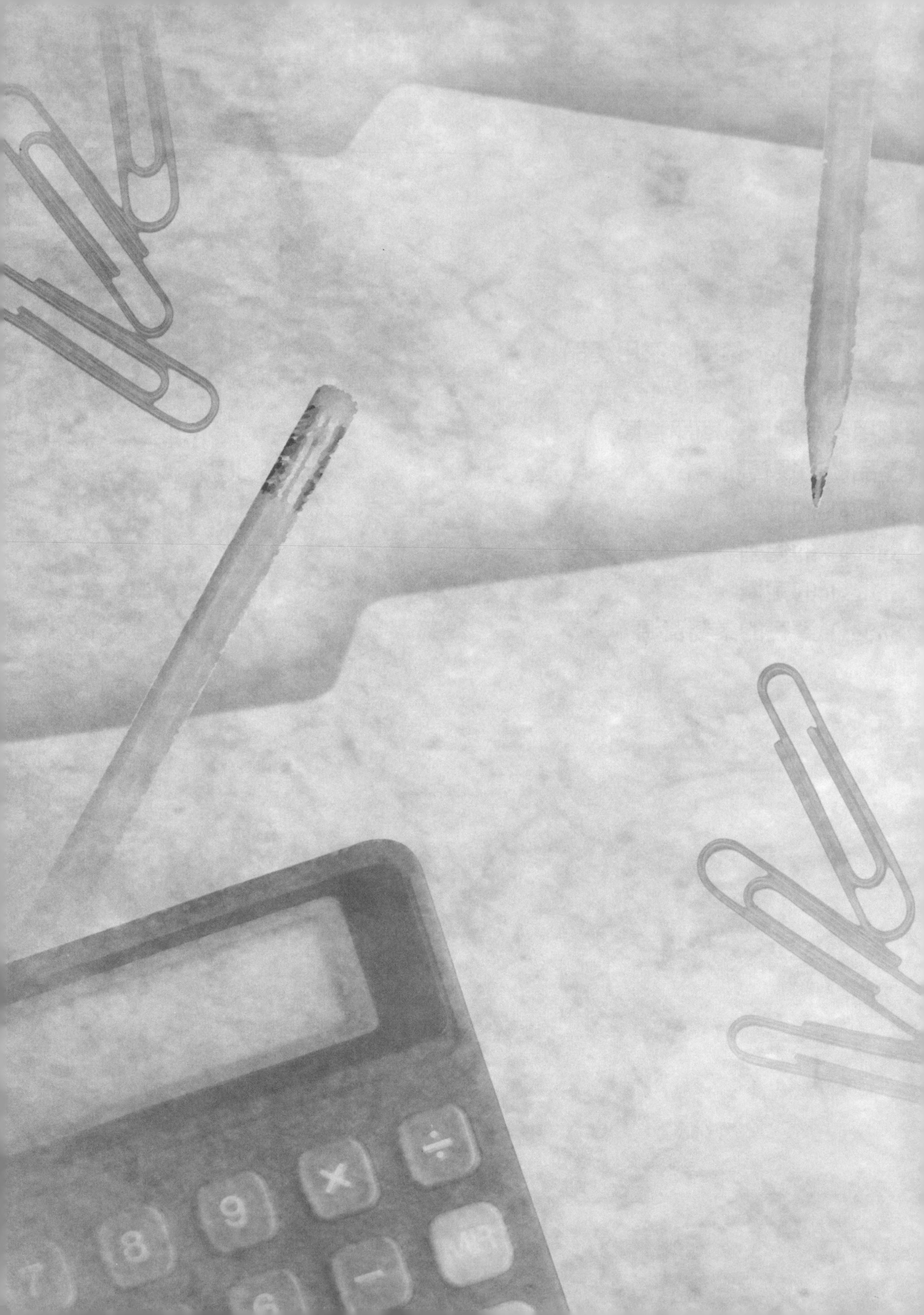

1990年5月初，Lever Brothers的東方區域行銷經理David Lewis先生必須擬定行銷策略，將Lerver Brothers於快速成長的衣物柔軟精市場中最新推出的產品，Snuggle，引進他所負責的區域。

此項產品已經成功地引進Milwaukee測試市場、中西部、西部、中央、東北及西北區域。只有東方是唯一的缺口。這家公司相信它擁有各種要素的正確組合——高品質、低價格以及一隻神奇、會說話的熊寶貝，而可以獲致前所未有的成功。Snuggle自從推出之後，已經突破所有的紀錄，而維持成功便是Lewis先生的工作。

公司歷史

Lever Brothers公司是美國香皂、清潔劑、化妝品及食品的最佳製造及行銷商之一。它是聯合利華集團的成員之一，此集團擁有五百家公司，並提供全世界最廣、最多樣的產品。

聯合利華（Unilever）一詞是在1929年創立的，當時Margarine Union與Lever Brothers合併，而將合併後之名稱改爲聯合利華，同時在荷蘭的Margarine Union則成爲聯合利華 N.V.。聯合利華的總公司在倫敦；聯合利華 N.V辦公室則位在鹿特丹。

每一個聯合利華的總裁都在兩個母公司的董事會內，而各公司儘可能運作地如同一家大公司，亦即聯合利華。

今日的聯合利華可追溯至19世紀的歐洲。這家公司是歐洲三大家族辛勤工作及創造力運作的直接結果，此三大家族爲英格蘭的Lever與Jurgens兩家族，以及荷蘭的Van den Burgh家族。

1885年，William以及James Lever成立一家肥皂公司。經由創新的行銷及包裝，他們的肥皂，即知名的Sunlight，在1887年前成爲世界最暢銷的肥皂。

早幾年前，Anton及他的三個兒子開始從事奶油生意。不幸地是，隨著時間經過，他們發現越來越難取得原料。但是在1869年卻幸運地發現一種解決供應困難的方法。他們只是向一個法國化學家購買其最新產品——馬其林（Margarine）的專利權。

最後，來自紐西蘭的廉價奶油出口競爭對手——Van den Burgh及其兒子們也耳聞此項新的發明，並開始製造馬其林。

這三家公司快速地成長。每一家公司均擴展其產品線，Jurgens以及Van den Burgh甚至也開始製造肥皂。

這三家公司平均享有市場大餅。全部都仰賴同樣的油及脂肪基本原料以及製造過程。同樣是大量生產，配送通路也相似。他們的產品均爲基本民生消費必需品，供應給數百萬家庭使用。

因爲這些共同點，這些公司最終的合作也是理所當然。經由一連串的合併及購併，三家公司形成了現在的聯合利華。

在1989年，聯合利華在超過七十個國家經營五百多家公司，僱用三十三萬名以上員工，銷售額也超過240億美元。其中最重要的公司之一爲位於美國的Lever Brothers。

Lever Brothers於1895年由紐約一家小銷售辦事處開始。這家公司經由如Lifebuoy、Sunlight以及Welcome等產品緩慢地成長。開始的二十五年間，公司著重在新英格蘭市場。之後，在1919年隨著首次採用粗糙包裝的肥皂──Rinso上市，邁向全國化發展。第一個由牛奶製造，並具牛奶香氣的Lux肥皂在1924年在美國製造並上市，且以平價銷售。1929年前，Lever Brothers已成爲美國第三大肥皂及甘油製造商。

在1930及40年代，Lever Brothers持續地成長。它不斷地擴充產能。它在印第安那、紐澤西、巴爾地摩、芝加哥、伊利諾以及聖路易斯、密蘇里等地新設或購併廠房。甚至將產品多樣化，延伸到刮鬍刀、馬其林以及牙膏（Pepsodent）市場。

1950年代，Lever Brothers甚至推出一系列的新產品。這些新推出的產品如第一個採用瓶裝、液態的Lux沐浴乳；第一個液態濃縮洗衣精──Wisk；第一個加味的馬其林──Imperial；含有四分之一乳霜的新沐浴用品──多芬；以及第一個將糖漿與奶油混合的Mrs. Butterworth糖漿。

在1960及70年代，Lever Brothers推出更多令人注目的新產品，例如，Pepsodent假牙用牙刷、Soft Imperial馬其林、Drive清潔劑、Close-up以及Aim牙膏、Caress系列、Promise馬其林以及Signal漱口水。

直到1980年代，還推出了Shield防臭肥皂、Aim Mint牙膏、Sunlight洗碗精、Impulse身體噴霧器、Sunlight自動洗碗精、Snuggle衣物柔軟片、Surf多泡沫清潔劑以及目前所說的Snuggle衣物柔軟精。

從1985年起默默地耕耘，Lever Brothers已經成長爲國內最大肥皂、清潔劑以及化妝用品製造商之一。

Lever Brothers集團：家用產品

Lever Brothers是一個扁平化的組織，擁有三個部門。分別為：家用產品（HHP）、個人用品（PPD）以及食品。每一個部門都擁有自己的總裁及主管人員，同時每一個部門在可行的範圍內，都必須負責本身營運所需的資源及服務。這樣的組織架構於1981年臻於完成。

行銷團隊將Lever Brothers的家用產品銷售至整個美國。為了促進銷售活動的效率，行銷團隊被分為六個區域（regions）。每一個區域又被分為數個地方（districts），而地方則區分為幾個單位（areas/units），單位再分為銷售活動範圍（territories）。這些地方依序由區域行銷經理、地方行銷經理、單位行銷經理、區域助理以及管理某些地方的範圍行銷經理所領導。

這樣的組織使各地在因應全國各地市場範圍之需求而制訂決策時擁有最大的彈性。例如，當地促銷活動可由特定市場的購買偏好及競爭趨勢所決定，而這幾個因素在各地都是不同的。

六個區域及二十二個地方列於Exhibit1。

Exhibit1 Lever Brothers家用產品部門區域銷售組織

東部區域	中部區域	西北區域
波士頓	底特律	夏洛特
紐約	西拉克斯	亞特蘭大
費城	辛辛那提	巴爾地摩
	克力夫蘭／匹茲堡	

西北區域	中西區域	西部區域
新奧爾良	芝加哥	洛杉磯
達勒斯	堪薩斯城	舊金山
休士頓	明尼亞波尼斯	波特蘭
丹佛	聖路易	

家用產品部門：通路

Lever Brothers使用兩種不同的通路。這兩種通路如下：

1.製造商（即Lever Brothers）售予批發商或連鎖店總店，後者售予零售商及各連鎖店之後，再直接銷售予消費者。
2.製造商（即Lever Brothers）直接售予零售商，再售予消費者。

家用產品部門：商品種類

家用部門銷售之產品可分爲四類：洗衣清潔劑、洗碗清潔劑、柔軟精以及化妝用品。在柔軟精市場中，Lever提供三種產品：Final Touch以及兩種Snuggle，各爲液狀及片狀。

Final Touch在1964年推出，鎖定高價柔軟精市場，但液狀或片狀Snuggle之價格卻低於高價市場約10%。

產品／市場資訊

產品

Snuggle爲高品質之柔軟精，不但可以柔軟衣物、避免靜電，同時給予衣物清新的味道，銷售價格卻低於其他高價柔軟精。它有各種不同的份量：17盎司、33盎司、64盎司、96盎司、128盎司。

市場

衣物柔軟精的種類相當多，同時不斷地增加中。在1989年，銷售額爲39.8億美元，從1985年來增加了22%。衣物柔軟精市場可以持續地擴大是因爲30%的家庭尚未使用柔軟精。衣物柔軟精市場以高價市場爲主導。所有全國知名的品牌（例如，寶鹼公司的產品Downy以及Lever Brothers的產品Final Touch）都有一個共通點──高價位。於是便存在一個能高品質、低價位的衣物柔軟精提供消費者較多選擇的機會。

I.種類結構

消費者主要將衣物柔軟精使用於柔軟衣物、消除靜電，同時給予衣物香味。衣物柔軟精市場可以以型態分爲兩大類──液狀及乾狀。

* 液狀柔軟精通常是在以清水清洗過程中加入洗衣機內。柔軟效果較佳。
* 乾狀柔軟精通常爲事先切割或將其撕下，與清洗衣物同時丟入乾衣機中。乾狀柔軟精的預防靜電效果較佳，也較方便。

1989年衣物柔軟精各種類之市場佔有率

	單位市場佔有率（數量）	銷售市場佔有率（金額）
液狀	**56%**	**59%**
乾狀	**44%**	**41%**

II.競爭環境

液狀：液狀柔軟精可分爲三個不同的市場區隔：稀釋、濃縮及超濃縮（見Exhibit2）。濃縮是較爲受歡迎的形式，佔有液狀柔軟精市場的77%。這三種液狀柔軟精是以建議之使用量及每盎司之成本爲差異點，同時通常只在其市場區隔內競爭。

以全國來說，Regular Downy有43.6%的市場佔有率，爲領導品牌，緊接在後的爲佔14.1%的Final Touch及佔11.3%的Snuggle。在中西部，Snuggle目前的市場佔有率爲31.2%，在西部則有23.7%的佔有率。

Exhibit2 柔軟精市場區隔

市場區隔	建議使用量	每盎司價格	每次使用成本
稀釋	6-8盎司	1.4分	9.7分
濃縮	3盎司	3.5分	10.5分
超濃縮	1盎司	10.2分	10.2分

液狀柔軟精佔有率——1989

品牌	全國	中西部	西部
Downy合計	54.5	48.2	57.7
Regular	43.6	36.9	47.3
Super Conc.	10.9	11.3	10.4
Snuggle	11.3	31.2	23.7
Final Touch	14.1	9.8	4.6
Sta-Puf	4.8	2.5	3.1
其他	15.3	8.3	10.9

只有Final Touch以及Downy有全國性的宣傳。兩者均爲高價產品，唯一的差異點爲Final Touch有漂白能力。

產品	廣告訴求
Final Touch	柔軟、香氣、防靜電及漂白
Downy	柔軟、香氣、防靜電

以下爲東部地區三個主要城市的市場佔有率資料：

SAMI評比——柔軟精*
12星期——數量佔有率，4/26/90截止

波士頓

品牌	佔有率
Downy	**36.7**
Final Touch	**17.9**
Downy T. C.	**10.4**
Lavender Sachet	**5.2**
Sta—Puf	**1.1**

品牌	份量	佔有率
Downy	**64**盎司	**14.3**
Downy	**96**盎司	**12.2**
Final Touch	**64**盎司	**8.0**
Downy	**33**盎司	**7.4**
Downy T. C.	**21.5**盎司	**6.7**
Final Touch	**33**盎司	**6.2**
Lavender Sachet	**46**盎司	**4.3**
Downy T. C.	**32**盎司	**3.8**
Final Touch	**96**盎司	**3.7**
Downy	**17**盎司	**2.8**

*不包括私人品牌及未登記者

紐約

品牌	佔有率
Downy	35.0
Final Touch	19.3
Downy T. C.	9.1
Lavender Sachet	6.8
Sta—Puf Concentrate	5.1

品牌	份量	佔有率
Downy	96盎司	15.4
Downy	64盎司	10.7
Final Touch	64盎司	8.5
Downy	33盎司	7.4
Final Touch	33盎司	6.4
Downy T.C.	32盎司	4.7
Lavender Sachet	46盎司	4.6
Final Touch.	96盎司	4.5
Downy T.C.	21.5盎司	3.9
Sta—Puf Concnetrate	64盎司	2.6

費城

品牌	佔有率
Downy	30.6
Final Touch	20.4
Downy T. C.	9.8
Sta-Puf Concentrate	7.8
Lavender Sachet	6.1

品牌	份量	佔有率
Downy	64盎司	13.2
Final Touch	64盎司	8.9
Downy	96盎司	8.8
Final Touch	33盎司	7.6
Downy	33盎司	5.9
Downy T. C.	32盎司	5.5
Sta-Puf Concentrate	64盎司	4.8
Downy T. C.	21.5盎司	4.3
Lavender Sachet	46盎司	4.3
Final Touch	96盎司	3.9

乾狀：在乾狀柔軟精市場中，Bounce爲領導品牌，市場佔有率爲50.3%。

乾狀柔軟精市場佔有率*──1989

品牌	乾狀市場佔有率
Bounce 合計	**50.3**
一般	**43.1**
無香味	**7.2**
Cling Free	**12.1**
其他	**37.7**

*不包括片狀Snuggle測試市場

III. 定價

Final Touch以及Downy均爲高價產品，旗鼓相當。Sta-Puf並無全國性的宣傳活動，而全國的佔有率也僅有4.8%，價格稍低於高價產品約10.8%。一般來說，乾狀產品每次使用的價格較相對的液狀產品約低50%。（見Exhibit3）

Exhibit3 定價

	包裝	容量	$／包	$／單位	$成本／使用量*
Final Touch	**12's**	**33**盎司	**14.04**	**1.17**	**.106**
	6's	**64**盎司	**13.30**	**2.22**	**.104**
	4's	**96**盎司	**13.09**	**3.27**	**.012**
Downy	**12's**	**33**盎司	**14.04**	**1.17**	**.106**
	6's	**64**盎司	**17.73**	**2.22**	**.104**
	4's	**96**盎司	**19.64**	**3.27**	**.012**
Bounce	**12's**	**20**次	**12.34**	**1.03**	**.051**
	12's	**40**次	**24.03**	**2.00**	**.050**
	8's	**60**次	**22.41**	**2.80**	**.047**
Cling Free	**10's**	**24**次	**12.24**	**1.22**	**.051**
	6's	**36**次	**10.77**	**1.80**	**.050**
	4's	**54**次	**10.04**	**2.51**	**.047**

*液狀：每次使用3盎司；乾狀每次使用一片

IV. 成本花費

在柔軟精市場中，超過一半的行銷成本是花費在促銷活動上，其他則在廣告上。

此類產品成本花費* —1989		百分比
促銷活動	$ 6,500M	57%
廣告	46,900M	43%
	$109,400M	100%

柔軟精在1989年於廣告上的開銷*

品牌	$MM	比例(%)
液狀		
Downy**	$20.4	69%
Final Touch	9.0	31
液狀合計	$29.4MM	100%
乾狀		
Bounce	$9.7	55%
Cling Free	6.8	39
Toss N Soft	1.0	6
乾狀合計	$17.5MM	100%

*包括Snuggle

**包括Triple Concentrated

所有的柔軟精品牌的廣告大部分是在電視上（見Exhibit4）。

Exhibit 4 成本百分比——1989(%)

	電視網						
	合計	黃金時段	平時	冷門時段	即時電視	印刷品	廣播
液狀							
Downy	82%	37%	45%	-	18%	-	-
Final Touch	59%	32%	27%	-	41%	-	-
Sta-Puf	-	-	-	-	-	-	100%
乾狀							
Bounce	71%	26%	45%	-	29%	-	-
Cling Free	84%	46%	36%	2%	16%	-	-

V. 1989年促銷彙總

Final Touch是此類產品中提供最高無標價格者。Sta-Puf則使用事先定價策略。

	無標		預先定價
	Final Touch	Downy	Sta-Puf
份量			
32盎司	25分	20分	$0.99
64盎司	50分	40／45分	1.89
96盎司	75分	60分	2.79
折扣券	20分	20分	---

VI.季節性

整體來說，各類銷售額在一整年都相當穩定，只有在冬天時，因爲乾燥劑產品銷售增加而所有柔軟精銷售額略有增加。東部地區亦不脫離此型態。

VII.其它資料

液狀柔軟精五年來銷售量趨勢

	1985	1986	1987	1988	1989
數量（MM）	25.7	24.9	24.9	26.0	28.8
與前年比較變動百分比	-1	-3	—	+4	+11
銷售額	$325	$336	$359	$373	$398
與前年比較變動百分比	+7	+3	+7	+4	+7

液狀柔軟精五年來市場佔有率趨勢──依份量（%）

	1985	1986	1987	1988	1989
17盎司	8%	7%	7%	6%	4%
33盎司	26%	26%	25%	24%	21%
64盎司	39%	40%	41%	42%	45%
96盎司	26%	26%	27%	28%	30%
128盎司	1%	1%	—	—	—

東部區域1989年液狀柔軟精依品牌別之市場佔有率

	波士頓	紐約	費城
Downy Regular	48.6	43.5	38.2
Downy Triple Conc.	5.9	5.3	5.1
Final Touch	17.2	21.0	23.1
Sta-Puf	3.9	5.4	6.7
其他	24.4	24.8	26.9

Snuggle的廣告

直至今日，Snuggle的廣告一直給予消費者的印象爲新Snuggle是一個具品質的衣物柔軟精，可以在清洗過程中柔軟衣物、防止靜電、給予衣物清新味道，而且較高價的衣物柔軟精便宜。

Snuggle被定位列入其他高價柔軟精中——Downy以及Final Touch。然而，Snuggle較這些品牌便宜。消費者可以較低價格取得想要的柔軟精品質。

Snuggle有一個相當特別且令人印象深刻的廣告。這個品牌廣告的特色是以一隻泰迪熊象徵Snuggle——泰迪熊代表著柔軟的本質。

Snuggle將所有的廣告預算花費在電視上，電視是聯繫目標群眾——即二十五～五十四歲的婦女最有效率的媒體。Snuggle的廣告可及於目標群眾的90%，是許多在黃金時段時常播出其廣告的品牌，例如，Downy的2倍。1989年，Lever Brothers花了1,700萬美元在廣告Snuggle上，而Downy只花1,500萬美元。

Snuggle的促銷

Snuggle的導入期計畫是柔軟精史上最爲強力的一個。以全國而論，Lever在導入期時花費6,000萬美元於交易及消費者促銷活動。這個促銷計畫主要目標爲：

1.維護三種通路。
2.極大化交易特徵及展示其效果。
3.使消費者嘗試並重複購買。
4.加速產品變動。
5.取得與Downy相較的貨架價格優勢。

以下幾種方法可以幫助達到上述目標：

1.折扣優惠：預算最高爲1.50美元。
2.特別促銷折讓：預算最高爲1.50美元。
3.加長期限：變動。
4.貨車載量定價：40,000磅／貨車載量——變動。
5.郵寄免費樣品：70%的家庭會經由直接郵寄收到免費的6盎司樣品。這是柔軟精市場中二十年來首次使用樣品。研究顯示75%使用過免費Snuggle樣品的消費者會購買Snuggle。

6. 折扣券：業界一般水準爲每折扣券爲50分。預算則爲每折扣券50分。

Snuggle的定價

Snuggle柔軟精爲高價之液狀柔軟精──Final Touch及 Downy之價格的11%～14%。

Snuggle 並非低價品牌。它被定位於高價柔軟精之市場區隔。一般低價品牌並未提供如Snuggle般的品質。

Snuggle的交易價格必須具有近於Downy的毛利，在零售時才能提供消費者具差異性的價格。

Snuggle定位的主要部分爲提供消費者物超所值的價值。

在導入期時，如果Downy降低其價格作爲防衛時，Snuggle也必須相對地降低價格，以維持價格的差異化（見Exhibit5）。

以下所列爲在推出Snuggle時，每一個業務代表所能使用的工具：

＊生動活潑的展示說明。
＊貨架上之布條。
＊模版。
＊四頁之小冊子。
＊廣告投影片。
＊二頁之小冊子。
＊綜合卡片。
＊MPO卡帶。
＊展示旗幟（18"×49"）。
＊Planograms。
＊塑膠的貨架解說員。
＊西班牙文綜合卡片。
＊西班牙文塑膠貨架解說員。

Exhibit 5 零售價格及毛利方針——Snuggle與Downy

毛利（%）	33盎司		64盎司		96盎司	
	Snuggle	Downy	Snuggle	Downy	Snuggle	Downy
1%	$1.03	$1.18	$1.95	$2.23	$2.89	$3.31
2%	$1.04	$1.19	$1.97	$2.26	$2.92	$3.34
3%	$1.05	$1.21	$1.99	$2.29	$2.95	$3.37
4%	$1.06	$1.22	$2.01	$2.30	$3.98	$3.40
5%	$1.08	$1.23	$2.04	$2.33	$3.01	$3.44
6%	$1.09	$1.24	$2.06	$2.36	$3.03	$3.48
7%	$1.10	$1.26	$2.08	$2.38	$3.07	$3.51
8%	$1.11	$1.27	$2.10	$2.41	$3.11	$3.56
9%	$1.12	$1.29	$2.13	$2.44	$3.14	$3.60
10%	$1.14	$1.30	$2.15	$2.46	$3.18	$3.64
11%	$1.15	$1.31	$2.17	$2.49	$3.21	$3.68
12%	$1.16	$1.33	$2.20	$2.52	$3.24	$3.72
13%	$1.17	$1.34	$2.22	$2.55	$3.28	$3.76
14%	$1.19	$1.36	$2.25	$2.58	$3.32	$3.81
15%	$1.20	$1.38	$2.28	$2.61	$3.36	$3.85
16%	$1.22	$1.39	$2.30	$2.64	$3.40	$3.90
17%	$1.23	$1.41	$2.33	$2.67	$3.44	$3.94
18%	$1.25	$1.43	$2.36	$2.70	$3.48	$3.99
19%	$1.26	$1.44	$2.39	$2.74	$3.53	$4.04
20%	$1.28	$1.46	$2.42	$2.77	$3.57	$4.09
21%	$1.29	$1.48	$2.45	$2.80	$3.62	$4.14
22%	$1.31	$1.50	$2.48	$2.84	$3.67	$4.20
23%	$1.33	$1.52	$2.51	$2.87	$3.71	$4.25
24%	$1.34	$1.54	$2.55	$2.92	$3.76	$4.31
25%	$1.36	$1.56	$2.58	$2.96	$3.81	$4.36

Snuggle潛在的業務資源

此類產品的成長爲Snuggle新業務的潛在來源。在Milwaukee測試市場中，從推出Snuggle之後，衣物柔軟精銷售額增加了超過20%。

在每一個推出Snuggle的市場，諸如Sta-Puf及Rain Barrel等小品牌的佔有率大幅下降。Downy及Final Touch則失去一部分的市場佔有率。

Snuggle對於Final Touch有些許影響，但是最主要的業務是來自於其他品牌。Final Touch的漂白效果仍然使它在此類產品中具有差異性。

另外，Final Touch也設立交易及消費者防衛計畫。Snuggle並非意於取代Final Touch。Lever Brothers希望利用Snuggle及Final Touch加強其市場地位，打敗P&G成爲柔軟精製造商的第一品牌。

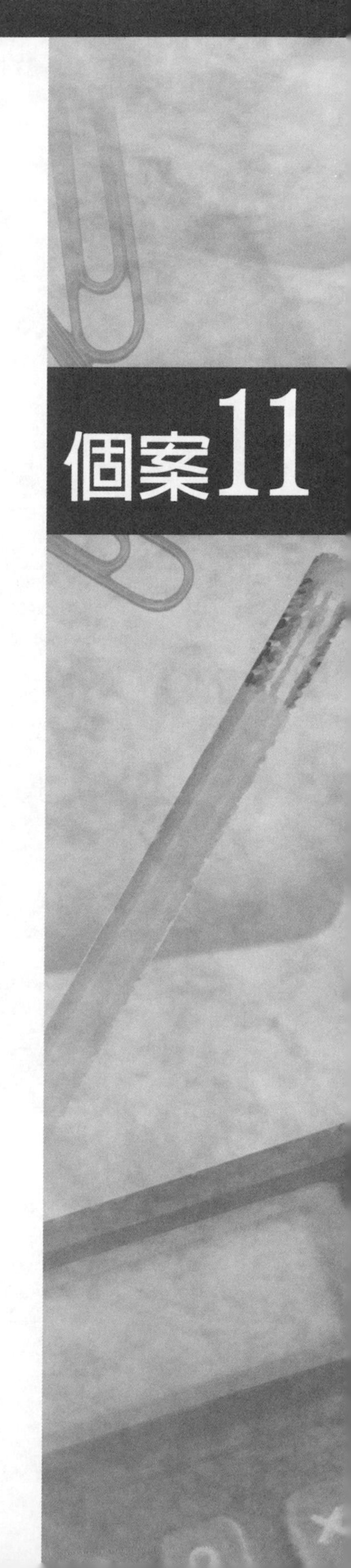

Fike集團
Fike集團的海外營運
Fike集團在歐洲的營運

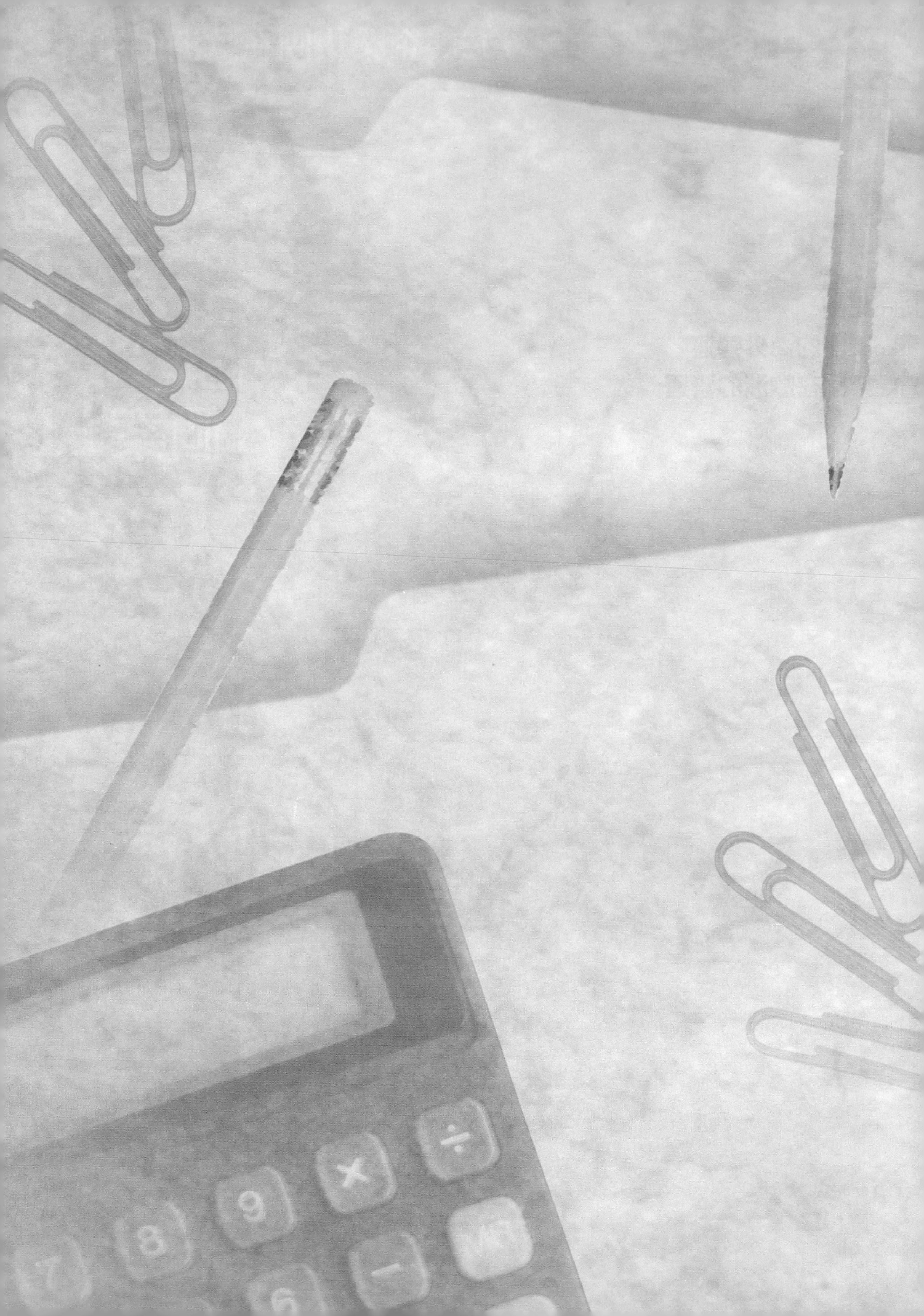

1992年11月， Fike企業集團負責國際營運的資深副總裁Heikki Gronlund收到一份有關於Fike企業集團在歐洲營運狀況的詳細報告。這一份報告是來自於位在比利時安特衛普的Fike集團歐洲分部，也就是Fike歐洲公司的經理Bob Michelson。Gronlund先生在詳細的閱讀報告的內容之後，他的腦中在思索著：Fike歐洲公司是應該持續現有的營運策略，或者是應該做些改變以因應1992年西歐市場的巨大整合。現在Gronlund先生所關注的重點在於1990年代之後的策略規劃。而這些策略規劃的前提是必須讓Fike歐洲公司足以面對1992年以後在歐洲新企業環境的各種挑戰。

Fike集團

Fike集團是在1945年由Fike家族所創建，直到現在仍是家族企業的型態。過去四十多年以來，集團同時在美國本土與海外擴充營運範圍。現今Fike集團的組織架構包括了位在紐約的Fike金屬製品公司、位在比利時安特衛普的Fike歐洲公司、位在日本東京的Fike日本公司、位在新加坡的Fike東南亞公司、位在加拿大安大略省布靈頓市的Fike加拿大公司、位在英國肯特郡Kaidstone的Fike英國公司、與位在法國Cergy-Pontoise的Fike法國公司。

Fike金屬製品公司以研發與製造壓力釋放裝置（就是一般所稱的破裂盤組件）著稱。由於體認到泥塵與蒸汽處理設備的市場上，對於壓力釋放科技的需求，Fike金屬製品公司研發了「Fike爆炸宣洩組件」（美國專利第4067154號）。「Fike爆炸宣洩組件」代表了低壓釋放技術的最新成就。

產業界在使用泥塵或蒸汽處理設備時，常需要面對潛在的爆炸危機。「Fike爆炸宣洩組件」的多樣性與可靠性，在保障各種型式與規格的泥塵或蒸汽處理設備安全上，已經在市場上佔先驅的地位。需要被保障的設備包括了：擠壓機、研磨機、通風導管、乾燥機、熔爐、攪拌機、地下管線、貯糧槽、塗裝機、吊穀機、磨床、集塵器、輸送帶、烤爐、噴灑器、塗敷器。

根據Fike爆炸測試服務的產品型錄所述：

> 一份工業災害保險協會（IRI）1991年的研究報告指出：爆炸所導致的災害損失比起所有其他災害的損失總和還要多。報告中同時提到每一起設備燃燒爆

炸的平均損失約961,268美元。

Fike集團的爆炸防範小組設計並提供各種可能的爆炸測試，以幫助工業界降低爆炸的危險。在研究燃燒現象的科學家指導下，測試中心僱用了許多測試技師。為了獲得正確的資訊，Fike設計與建造大小兩個不同的爆炸實驗室進行可爆炸性的測試。並藉由測試所得的資料，來預估爆炸的實際狀況。

所有的測試都是根據美國測試與材料學會（American Society for Testing and Materials）和國際標準組織（International Standards Organization）的規範。公司將會提供客户一份描述測試程序與結果的機密報告。

根據另一份Fike爆炸隔絕閥的產品型錄所述：

過去四十多年來，我們已經解決了壓力過大與爆炸防護的問題，同時我們仍持續鞭策自己，研發創新的方案以滿足客户製造程序的安全需求。我們承諾的具體證明就是由爆炸防範小組所研發的Fike爆炸隔絕閥。這一項發明大大的幫助製造程序設計人員與工廠安全人員，使他們能夠限制住製造程序失控所造成災害。爆炸隔絕的觀念與您現在所考慮或已經採用的爆炸防護方法是可以相容的，爆炸宣洩、爆炸抑制或是壓力圍堵可以與爆炸隔絕並行採用以滿足您對爆炸防護的最高要求。

以上的敘述是對於Fike集團所提供的工業產品與服務的大略介紹。在美國本土，爆炸防護產品與服務已是琳瑯滿目，然而在海外僅提供少數產品與服務。

Fike集團的海外營運

1960年代中期，Fike集團開始探尋海外的商機，剛開始是與一家位在費城的對歐貿易出口商接觸，並與這家公司訂定獨家經銷權的合約。以往這家費城公司只是採購Fike集團的產品。在簽訂合約後，Fike集團藉由技術研討會的形式提供技術與銷售導向的支援活動。1970年代末期歐洲地區的銷售金額達到數十萬美元。

在1982年，Fike集團參加了在歐洲舉行的世界化學產品商展，Gronlund先生也被指派爲負責國際營運的經理。自從Gronlund先生被任命以後，國際營運的部分在Fike集團內所佔的比重大幅增加。國際營運不僅只是出口，還包含了可行與必要的鉅額投資。國際營運的成長與開展，可以用以下在1984年所發行的「第四十年報告」中的內容來描繪：

集團早期所生產的傳統破裂盤產品線，是由出口商安排而銷售到世界各地。很多代理商，尤其是歐洲區的代理商，和我們合作已經超過二十年，與我們一同分享重大的成果。

由於歐洲區經銷商對科技產品銷售的深入瞭解，我們仍能夠贏得那些要求嚴苛客户的信賴，比方説是核能工業與航太工業。我們也為歐洲引進了具成本效益的防護裝置——破裂盤，而這在歐洲是前所未見的。

這些努力使我們在工業界中獲得品質與最佳服務支援的商譽。儘管在某些國家有遇上產品競爭對手，Fike的破裂盤仍是廣為市場接受。

的確在歐洲以外的地區，市場尚未開發。長期以來，日本一直被認定有很好的出口機會，但是與如此一個複雜且差異極大的社會相往來，使我們在切入市場時受到許多阻礙。在1980年與日本當地合資所建立的Fike日本公司，已經在遠東地區創造出一個成功的故事，這使我們感到非常驕傲。

現今我們聽到太多人抱怨日本市場欠缺商機，然而我們Fike卻要強調：正好相反。藉由適當的方法與對市場保持熱忱，日本人將會欣賞高品質的產品，而不會在乎是那個國家的製品。

Fike日本公司的持續成長是被看好的，我們正計畫擴充到遠東地區其他市場，也計畫移轉更進一步的製造技術到日本。

因為在日本與歐洲的穩定成長與成功，於1982年集團決定在總部建立國際營運中心，以正式宣示海外營運的重要性。國際營運中心的工作重心在致力尋找海外市場的商機，同時管理所有海外的事業。

歐洲國家是銷售立即增加的希望所寄。不同國家的市場評估都顯示：高品質的安全輔助產品製造商，仍有進入市場的空間。從科學與實務的角度來看，尤其是德國與瑞士，它們在工業爆炸安全防護的認知已是先驅，也因此對我們的產品有極大的需求。我們也體認到要進一步滲透歐洲市場，我們必須是符合EEC要求的製造廠商，如此才有成本競爭力與不同的在地製造商抗衡，也如此才能讓客戶現地服務與支援有所保障。

在1984年春季，我們在比利時安特衛普市郊購買廠址，在這裏創立了Fike歐洲公司，也是Fike金屬製品公司的子公司。我們可以很高興的說：我們的客戶對於Fike歐洲公司創立的反應都是正面的；此外，1985年將是我們發展茁壯大量出貨的一年。

我們把歐洲公司的創立視為國際行銷的主要步驟，也是我們重視西歐市場的具體表徵。況且Fike歐洲公司還要負責滿足非洲與中東新興市場。我們已察覺石化工業下游產品在非洲與中東有發展的跡象。

科技由已開發國家移轉到開發中國家已是世界的長期趨勢，這意味著在主要的化學與石化工業中，破裂盤的產品線在海外市場的成長率將比國內市場大。我們很幸運的身處在世界上最大的市場——美國，但是我們不能忽略掉企業國際化的趨勢。

因此我們調整我們營運的步伐。藉由跨國的交換產能、技術執行的方法與資訊，我們可以滿足現在與未來全世界市場的需求。

大部分的其它產品，目前仍在測試世界各地市場的反應。可是既然我們已預見在海外市場輸出專業技術的商機，我們就會更積極的去開發。

在征服海外市場時，所遭遇的問題複雜且充滿各種的可能，但我們仍將堅持這個家族企業集團創立以來的基本信念。

堅持自製產品是我們的中心思想。藉由控管所有的品管與生產作業，我們所製造的產品與為客戶所提供的服務絕對比競爭對手更好。

為了集團持續成長，對所選定的海外廠址加以投資是必要的。即使專對高科技產品而言，單純出口的時代已過去了。同時在海外市場當地製造產品，不僅可以證明我們融入當地市場的決心，而且在需要修改我們的產品以符合當地需求時會更容易。

因為我們製造許多確保人身安全的裝置，我們時時感受到這重大的責任，我們必須確定每一個產品在每次需要派上用場時，都能發揮效用。我們不能冒著風險外包產品，讓其他人替我們製造我們的破裂盤與其它相關安全裝置。我們仍將採取完全控制產品製造的立場，為我們備受信賴的Fike商譽負責。

Fike集團在歐洲的營運

從以上集團發展的歷程與邁向國際化營運所採行的方法來看，西歐市場佔了國際化營運很大的比重。Fike集團長期以來深耕西歐市場，對Fike集團的產品而言，西歐市場也是除了美國本土市場之外的最大市場，西歐市場的整體重要性，在1992年歐洲市場完全整合後，將大爲提高。藉由在歐洲各地市場擴充製造與行銷活動，Fike集團展現了對西歐市場的重視。如前所述，Fike集團自有的製造子公司在1984年成立於比利時安特衛普市。在這之後，Fike集團產品的行銷模式已經從原本的依靠經銷商，逐漸轉變到運用公司自聘的銷售人員。這些在西歐強化製造與行銷的投資，總花費約是300萬美元，也大約是Fike集團營運總投資的十分之一。歐洲的營運主要包含了製造與行銷十二種不同的破裂盤和宣洩裝置，而破裂盤正是歐洲營運主要的產品線。在七個西歐市場的破裂盤與宣洩裝置，佔了Fike集團歐洲營運的大部分。以下的Exhibit1與Exhibit2，描繪出破裂盤與宣洩裝置的市場競爭態勢。

爲了加強在西歐市場的定位，Fike歐洲公司逐漸縮減在個別歐洲市場的經銷商。在1992年，集團的銷售人員在比利時、法國、德國、義大利和英國，行銷Fike的產品與服務。但是在丹麥、荷蘭、西班牙、瑞典和瑞士，Fike歐洲公司仍利用經銷商的服務。公司現在已經在西班牙與荷蘭籌備直接銷售的辦公室。然而從經銷商間接銷貨，轉換到公司自聘銷售人員直接銷貨，其中的過程並非完全順利。比方說，英國在從間接轉爲直接銷貨的過程是相當順利的，經銷商逐步同意新的安排，且未抗拒任何改變，而運用公司自聘銷售人員的結果，使英國的銷貨金額增加了11

Exhibit1 破裂盤在歐洲市場的構成：預估1992年競爭者的市場佔有率

排序	國家	總和	Fike	競爭對手						
				A	B	C	D	E	F	其它
6	比利時(S)	100	20	40	20	5	5	2	2	6
3	法國(S)	100	20	25	20	20	2	10	3	-
1	德國(S)	100	5	30	12	7	11	6	6	23
4	義大利(S)	100	10	23	6	20	2	-	-	39
2	英國(S)	100	6	28	4	38	-	23	1	-
10	丹麥(D)	100	35	40	10	5	5	-	-	5
5	荷蘭(D)	100	26	18	32	9	-	-	5	10
8	西班牙(D)	100	14	-	71	10	-	5	-	-
9	瑞典(D)	100	38	25	10	3	10	2	3	9
7	瑞士(D)	100	20	15	-	-	5	10	-	50

說明：排序—依照市場大小排列出的前十大歐洲國家。
除了排序列以外，所有的數據都是指百分比。
因爲資料缺乏，某些國家的市場佔有率加總並非100
(S)—公司直接銷貨給客户
(D)—經由經銷商銷貨給客户

Source: Fike Europe company records, 1992.

倍。

其它西歐國家在從間接轉爲直接銷貨的過程中，所面對的困難則各有不同。像在德國，雖然公司與經銷商之間的關係良好，可是公司總覺得市場佔有率還不到應該有的水準。經過協商後，經銷商同意盡力改善，但是這一個行動最後並沒有成功，預期銷售目標沒有達成。因此在沒有異議的狀況下，一項爲期超過十八個月的經銷商淡出計畫開始進行。僅從經銷商那裏挖角一名員工加入Fike集團德國辦公室的運作，但在這過渡期並沒有銷售失控的情況。而另一方面，在法國的經銷商卻無法接受類似德國經銷商的命運，因而在1986年提出持續至今的法庭訴訟，這一個爭端也導致公司的營運在相當程度上無法延續。Fike歐洲公司的總經理想要以談判，和平的解決爭議，但是公司的法務顧問認爲這件法庭訴訟拖得越久，這議題會變得越沈寂，對公司在法國的營運將沒有任何副作用。

Fike歐洲公司現在已經在西班牙與荷蘭籌備直接銷售的辦公室。在這兩個國家

Exhibit 2 宣洩裝置在歐洲市場的構成：預估1992年競爭者的市場佔有率

排序	國家	總和	Fike	競爭對手						
				A	B	C	D	E	F	其它
2	比利時(S)	100	40	-	-	10	40	-	-	10
3	法國(S)	100	35	2	2	35	5	20	1	-
1	德國(S)	100	9	5	1	3	80	-	2	-
5	義大利(S)	100	25	-	-	14	61	-	-	-
6	英國(S)	100	27	12	-	32	2	27	-	-
8	丹麥(D)	100	33	10	-	10	5	-	-	-
4	荷蘭(D)	100	41	3	5	10	39	-	2	-
7	西班牙(D)	100	12	-	2	10	76	-	-	-
9	瑞典(D)	100	40	15	-	7	30	8	-	-
10	瑞士(D)	100	10	-	-	-	90	-	-	-

說明：排序—依照市場大小排列出的前十大歐洲國家。
除了排序一列以外，所有的數據都是指百分比。
因為資料缺乏，某些國家的市場佔有率加總並非100
(S)—公司直接銷貨給客户
(D)—經由經銷商銷貨給客户

Source: Fike Europe company records, 1992.

的經銷商與公司都有長期合作關係，公司之所以仍決定在兩國採取直接銷售的模式，有著不同的原因。就西班牙而言，銷售量的成長非常緩慢，Fike歐洲公司覺得經銷商管理階層的觀念不合時宜、不夠積極，也覺得產品沒有達到應有的銷售曝光率，因此決定在西班牙籌建直接銷售辦公室。在荷蘭則是不同的因素加速了籌建直接銷售辦公室的腳步。公司與荷蘭經銷商之間的長期關係是令人滿意的，Fike的員工對於與經銷商銷售人員的日常接觸，及其整體銷售表現都持正面評價。然而，此一經銷商被一家強調自製品比貿易品更重要的瑞典公司接管，因此Fike歐洲公司決定與經銷商終止合作關係，同時也希望在這轉型期一切順利。

根據Gronlund先生的說法，Fike歐洲公司的營運有以下幾點特色：

1.因為適合歐洲各國的經營型態各有不同，所以Fike歐洲公司對於在各國的營運，採取尊重當地習慣的態度。

2.在歐洲各國的管理幹部享有充分的自主權，可以運用各種方法，以達到Fike歐洲公司與美國總部的國際營運資深副總裁所規劃的財務目標。

3.在歐洲各國的管理幹部可以自行決定在當地市場提供何種產品與服務。這項政策是基於各國的管理幹部對於當地市場的特性有充分瞭解，能夠做出恰當的決策。

4.在歐洲各國的據點，可以視爲Fike歐洲公司的銷貨辦公室，但實際上它們的運作有極大的獨立自主空間。雖然在所有歐洲國家的提供的技術服務組件都一樣，但各國的管理幹部可以自行決定售價、特別服務與其它面對客戶及競爭對手的配套措施。

5.Fike集團的高階管理人員不認爲該用中央集權、各國一致的唯一方法去經營西歐市場。

對Fike集團而言，歐洲市場的特色是競爭對手眾多。以競爭對手的發跡地點分類，計有兩家英國公司、一家德國公司、一家義大利公司、兩家美國公司。現今並沒有日本公司進入歐洲市場。

Gronlund先生也認爲1992年歐洲共同體市場的統合，對Fike歐洲公司將不會有太大影響，因爲它已經是個歐洲化的公司了。現在Fike集團在歐洲的市場需求，有60%是由比利時安特衛普的製造設備所滿足，其餘的40%則由Fike集團美國總部所供應。最近Fike歐洲公司獲得ISO 9000標準認證，這更進一步強化了在歐洲市場的競爭地位。1992年歐洲共同體市場的統合，對Fike集團歐洲營運的唯一主要影響，乃是加值稅規定的改變，導致公司電腦會計系統也需要跟著修改。

Fike歐洲公司目前正開始開發東歐市場的商機，少量的產品已經銷售到東歐國家。根據Gronlund先生的說法，在這些前身爲共產國家的地方，銷售成長的主要障礙，在於這些國家大部分缺乏對外貿易的經驗。然而，因爲看好未來俄羅斯市場的前景，Fike俄羅斯銷售辦公室最近在聖彼得堡成立。

以下對於東歐與西歐市場的評論，摘錄自Fike歐洲公司1992年年度報告：

1991年起的經濟衰退持續到1992年，而且到目前為止沒有任何改善的跡象。大部分在1991年被凍結的投資計畫，目前已被取消或持續凍結，越來越多公司遣散員工或宣告破產。經濟衰退似乎影響到化學工業，像Bayer和BASF這樣的大公司也緊縮成本、削減生產線作業員，Monsanto甚至結束部分的營運項目。但Fike歐洲公司年末的合併周轉率卻增加了，這樣的表現看來還不錯。

從1993年1月1日起，單一的歐洲市場已是事實。將發生的唯一立即變化是加值稅管理的差異，這使得事情更複雜。此外，雖然破裂盤的歐洲標準規格已經定案，將在1995年中開始施行，但是標準規格與現今產品的差異是極微小的。

我們所能感受到僅有的變化，在於所有歐洲共同體市場的參與國家必須採行新的歐洲環保與安全標準。這使得某些過去習於較寬鬆的環保與安全標準的國家，現在必須採行新標準，因此像希臘、西班牙、葡萄牙等國家，對Fike集團的產品將更容易接受。

在東歐國家，大部分的貨幣是可以兌換，但唯一的問題在於通貨膨脹嚴重，而這個問題的根本癥結是內部政治情勢不夠穩定。大部分東歐國家的領導人都在夾縫中求生存，很明顯的環保與安全的議題並不是他們關心的重點，他們主要的關注焦點在食物、衣物等民生必需品。然而，東歐在未來仍是一塊有潛力的市場，所以Fike集團現在必須搶先進入以掌握商機。

Bob Michelson先生在Fike歐洲公司1992年年度報告作了以下的結論：

在我看來，過去的Fike集團只是著重在行銷產品，我深信現在該是Fike行銷公司招牌的時候了。我們有完整的產品線、專業的技術與測試設備，我們與競爭對手是完全不同型態的公司。我們要藉著組織化與國際化的行銷方式來行銷自己，成為這個領域的領導者，也要以市場領導者的形象展現給全世界。因此，我相信若是Fike集團能建立一個行銷團隊去推動與執行國際形象塑造廣告與產品介紹，這一切構想終會成功。

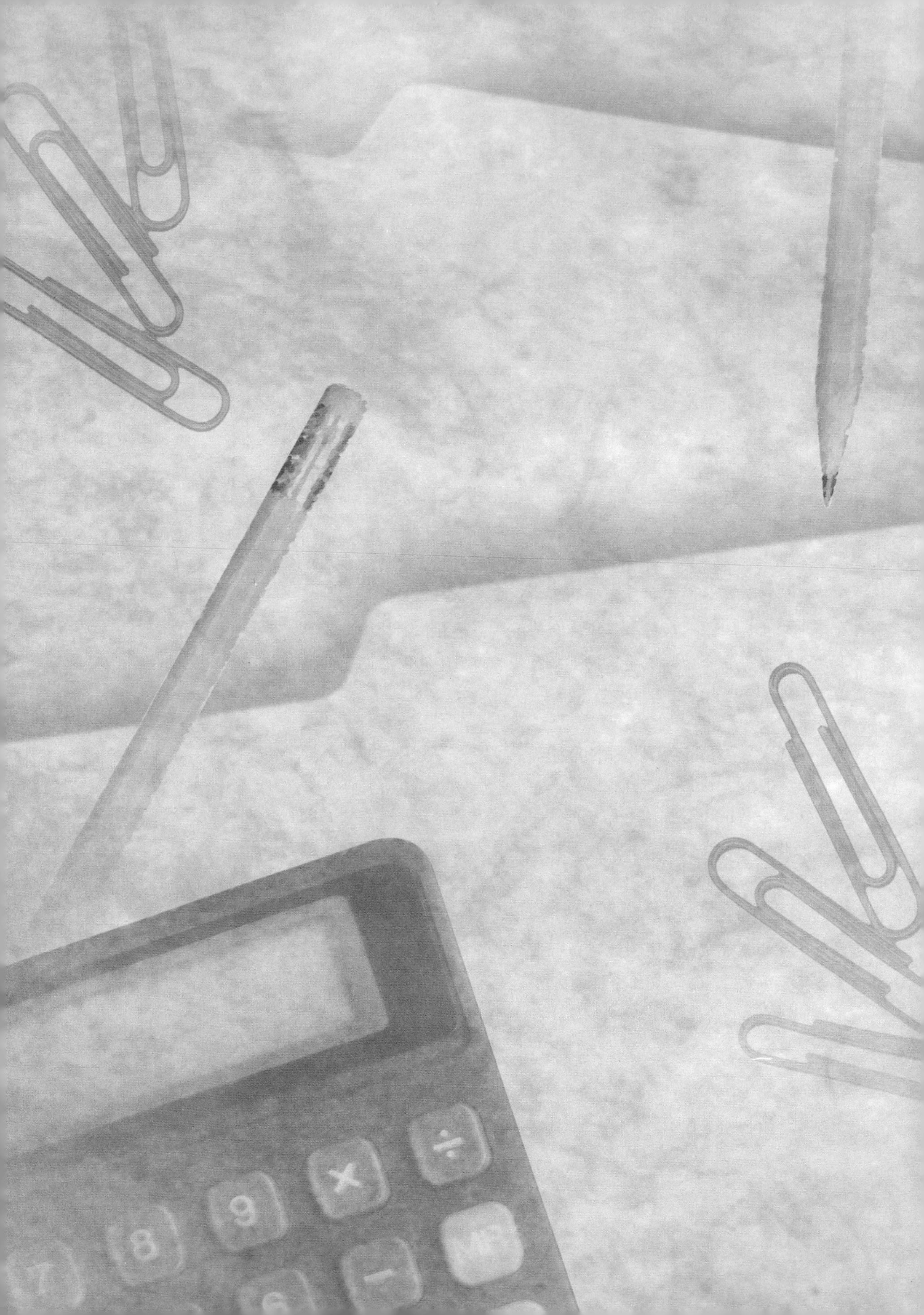

個案12

The Pollock's Bakery

巧克力棒棒糖

本地巧克力棒棒糖市場

抉擇

電話

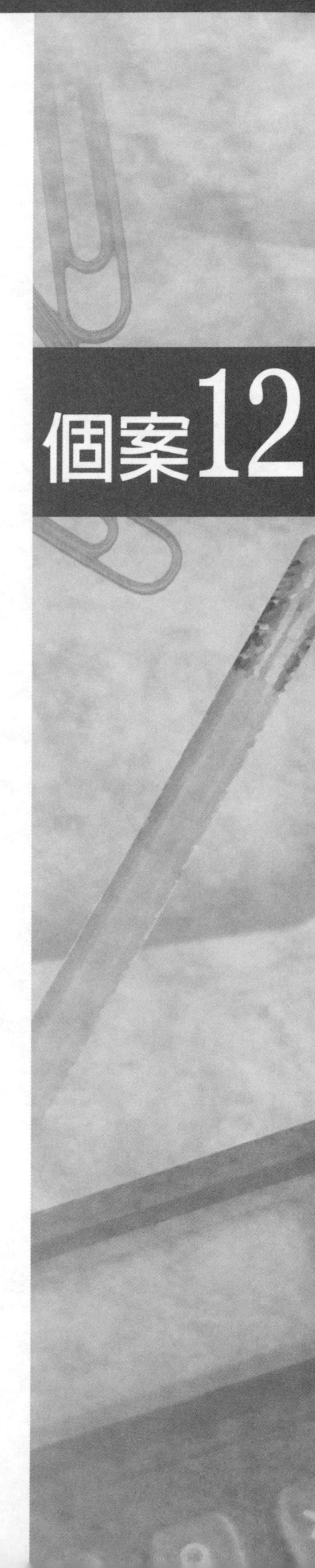

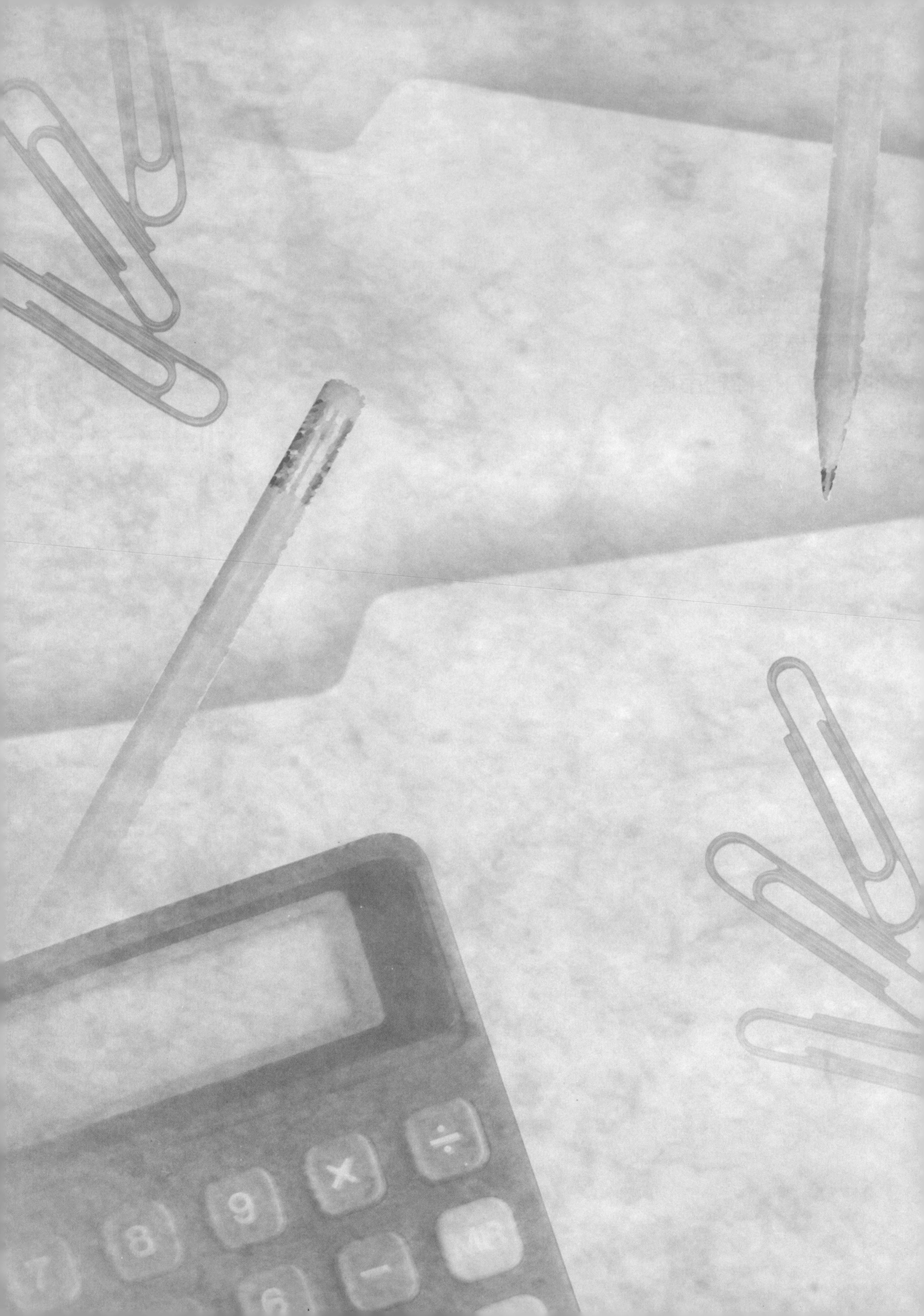

John Pollock掛下電話走出辦公室，並走進位於North Carolina夏洛特的烘焙工作區域中。他對妻子微笑，並大聲說著：「我們有了一個成爲巧克力棒工廠的良機！」這通來自航空供應商的電話讓John與Terri醞釀中的計畫有了實現的機會。唯一的問題是該公司希望John在1988年7月18日前表現對於它們的提案有多大的興趣，且距離這個時限只剩下四十八小時。John認爲「這是天賜良機」，「我們必須要在巧克力棒棒糖上下一個決定，且這會迫使我們只作這項產品。」

在過去兩個月之中，將這間小型的烘焙商營運由生產少量多樣產品轉換成爲專門生產巧克力棒棒糖的目標，變成這對夫妻的一種激情。因此，John收集不同的巧克力棒棒糖行銷資訊。John與Terri都對這個產品展現極大的熱忱。事實上，他們決定暫時把他們的商店名稱換成巧克力棒工廠。雖然他們十分興奮，但他們正猶豫是否要採取什麼行動，因爲對於他們選擇並不完全安心。

在John告訴Terri這通電話之後，她建議他們應該把這個提案的所有資訊帶回家並仔細評估思考。John同意「這是一個不錯的建議」，「最佳的策略似乎是將這些選擇加以結合。」John不考慮這個結果，希望要確定他們考量到每一個環節── 尤其是這項選擇將讓公司投入一個生產契約上。

The Pollock's Bakery

在這間烘焙商營運的二十個月中，其事業經歷了一段雖不驚人，但十分穩定的成長。John提到：「開始時我們沒有任何烘焙的商業經驗，只有對品質的堅持。我接近一些夏洛特的餐廳以及專賣店，並讓它們嘗試將我們的甜點加到它們的產品之中。後來幾乎所有的商店都變成我們的常客。」這對夫婦將這樣的成功歸功於他們產品穩定的高品質。John解釋：「若我們對產品不完全滿意，我們不會把它賣給顧客。」Terri也說：「是的，我們把許多『不滿意』的產品帶回家或送給我們的朋友。」

這對夫婦認爲他們產品的成功關鍵爲他們所使用的原料品質。Terri對營運的最重要貢獻爲商店烘焙秘方的研製。她堅持只使用高品質的原料且在可能的時候只用人工方式混和而不使用機器，同時限制或降低防腐劑的使用。雖然這些決定毫無疑問的可以提昇產品的品質，這也會造成成本的增加。John肯定他們的作法，他說：「如果我提供顧客次級品，我沒有辦法直視他們的眼睛。」

只使用天然原料烘焙通常會有兩項缺點。除了原料價格較高以外，全部採用天然的原料通常也具有較高的熱量。就John的說法「我們的顧客並未提出這樣的疑慮。我們產品的品質說服他們支付較高價格。而且在購買較高價位的茶點時，人們較不介意也不想知道產品中所含的熱量。」

另一項指出這對夫妻驕傲的來源爲他們營運的態度。即使大部分的原料都是粉狀地，這間烘焙商一直保持著乾淨的環境。這個事實十分的明顯，因爲只有很少的顧客參觀過他們工作地點，所以他們其實不需要維持如此高的標準。Terri說：「我們的產品與工作的地方反映出我們是怎麼樣的人。」

John與Terri都很滿意工作的生產／供應商角色。他們並未想要讓事業變成零售業。Terri解釋道：「現在我們工作的時間恰到好處。我們無法勻出時間來處理銷售的事宜。」她又加了一段話：「此外，我們商店的入口是一條小徑──這樣的方式無法運作。」John插入一句話：「這好像出現了一個新的問題，當你爲了零售而生產時，你的製造就無法繼續獲得保障。」

現有的產品線增加到五種不同種類的十八種樣式（參閱Exhibit1）。雖然並非所有的產品都會每日生產，每週至少會生產一次，部分的樣式一週烘焙數次。Terri承認：「我們花很多時間來轉換烘焙的產品。」

一些產品的成長可歸因於這對夫妻回應顧客要求的努力。在一些情形下，顧客會要求烘焙店發展新的樣式。一般而言，這些新樣式都可以在產品線中找到合適的定位。很不幸地，許多新樣式產品銷售數量不多（參閱Exhibit1），且John承認烘焙這些樣式無利可圖。他解釋道：「一些新樣式是錯誤的商業決策，但要拒絕常客的要求十分的困難。」

John與Terri是這間商店僅有的僱員，因此這樣多的產品種類增加生產時間並拉長工作時數。Terri提到：「大部分情形下每週我們在五天半的時間內工作至少五十五個小時。平均我們每天生產的時間大約要耗掉八個小時。John通常要花掉約二小時的時間去運貨，而他外出時我就把商店清理乾淨。這是一件累人的工作。我們在處理急件時可以找到一些朋友協助，但是我們無法承擔自己生病的結果。」事實上，在過去一年中，這對夫妻只用了二十五至三十個額外工時。

就如同大多數新事業的例子，這間烘焙商第一年營運並未獲利（參閱Exhibit2該公司1987年的損益表）。雖然這樣的損失並未超出預期，John關心何時才能獲利。他解釋說：「我知道這很平常，但我們如此努力工作卻仍然虧錢的事實還是令人覺得挫折。」John覺得銷售數量增加可能會讓他們獲利。

Exhibit1 1988年5月的烘焙產品

樣式	單價	原料成本	利潤	88年1月1日至88年4月1日的銷售數量
起司蛋糕（14.5%）*				
一般	$12.00	$4.35	$7.65	95
巧克力	13.00	6.47	6.53	60
紐約	15.50	8.75	6.75	65
Amaretto口味	13.00	6.72	6.28	9
咖啡蛋糕（1.0%）				
一般	11.00	5.24	5.76	15
巧克力碎片	6.50	3.99	2.51	2
其他蛋糕（8.3%）				
香料	6.50	3.74	2.76	4
胡蘿蔔	12.00	7.35	4.65	12
松露	8.25	4.93	3.32	36
大蛋糕	10.00	5.13	4.87	80
鬆餅（20.1%）				
麥片	6.00（doz.）	2.68	3.32	275
藍莓	6.60（doz.）	3.25	3.35	80
南瓜	6.60（doz.）	3.25	3.35	80
蘋果核桃	6.60（doz.）	3.25	3.35	40
其他點心（56.1%）				
巧克力燕麥棒	7.20（pan）	4.01	3.19	300
檸檬棒	6.00（doz.）	3.68	2.32	35
白色巧克力棒	10.00（pan）	5.13	4.87	120
杯型糕餅	4.80（pan）	2.94	1.86	40

*括號內的數字代表不同種類估計所佔的生產時間比率。

John與Terri憂慮轉移生產時對產品品質潛在可能發生的影響。商店在1988年依靠現有的產品線讓銷售量持續成長，這讓他們的產品線決策變得更為複雜。雖然傳統上一般商店在第一季的銷售量會減緩，John發覺其第一個完整營運年之中的第一季顧客需求相當平穩，使得第一季銷售量並未突然下降。

John認為長期獲利的關鍵在於持續調整產品線。顯然地，在效率上最佳的解決

Exhibit 2 1987年損益表

銷貨		**$35,710.66**
銷貨成本		
原料	**$13,352.48**	
烘焙原料	**770.90**	
勞工	**123.00**	
樣品	**16.00**	
總銷貨成本		**14,262.38**
毛利		**$21,448.28**
營運費用		
廚房設備	**$1,968.39**	
運貨費用	**1,917.52**	
薪資	**9,450.00**	
租金	**3,250.00**	
水電瓦斯	**2,091.00**	
利息支出	**2,267.62**	
折舊費用	**2,978.35**	
攤銷費用	**857.94**	
保險	**1,384.13**	
廣告	**291.50**	
銀行手續費	**113.06**	
維修費用	**308.03**	
辦公用品	**300.72**	
薪資稅賦	**878.86**	
租稅與執照	**240.00**	
電話	**799.99**	
雜項支出	**52.98**	
總營運支出		**29,150.09**
淨利（淨損）		**($7,701.81)**

之道將是把所有的生產投入於單一可以提供適當利潤的產品上。John說：「我認爲我們的巧克力棒棒糖爲我們事業未來成功的關鍵，但問題在於要如何把這間烘焙商轉換成爲巧克力棒工廠。」

巧克力棒棒糖

目前的巧克力棒棒糖是數月前Terri努力研究的成果。她由祖傳秘方開始著手並結合使用天然材料的哲學。Terri邀請他們夫婦的朋友來品嚐她的心血結晶並調整配方。現在，John和Terri認爲是最後的配方得到最高的評價。Terri作了兩項他們夫婦認爲其產品與市面上產品差異最大的改變。Terri解釋說：「我所做的第一件事是讓它質感更像蛋糕——而不是讓它變得軟軟黏黏的；第二個特色爲採用純的巧克力而非可可亞，這讓產品具有獨特的香味。」

John決定巧克力棒棒糖最適當的大小爲2×3×3/4英吋。一支棒棒糖的原料成本爲0.2美元。個別包裝將讓成本增加3分錢。他們公司售價傳統爲在所有的產品上加價50%（成本的2倍）（參閱Exhibit1），而John不打算更動這個傳統。有了這些價格組成的因素，John設定定價爲盒裝每根0.4美元，散裝每根0.46美元。

在現有的設備下，John預估他們每週可以生產五千根巧克力棒棒糖。產能將在增加另一個爐子後加倍。John認爲可以用2,000美元的價格買下一個二手的烘焙爐。

本地巧克力棒棒糖市場

夏洛特的市場就像大部分的市場一樣，提供顧客許多的巧克力棒棒糖選擇。John覺得市場可以用銷售的方式區分爲兩大區隔。盒裝市場包含提供完整烘焙產品服務櫃檯的銷售商。這限於零售烘焙商、超市的烘焙部門以及少數在展示中銷售個別商品的便利商店。John不認爲盒裝的市場是合適的市場區隔，因爲大部分的通路都有設備可以自行製造。然而，有四家目前的顧客對於銷售John與Terri製造的盒裝巧克力棒棒糖展露出濃厚的興趣（見Exhibit3），且預期銷售量十分可觀。

對John而言，散裝市場較具前景。這個市場亦吸引了許多現有的競爭者。Exhibit4列出了在夏洛特市場中將巧克力棒棒糖銷售至超市與便利商店的主要競爭公司。如表所示，每支巧克力棒棒糖的售價由0.99美元一打1盎司的Little Debbie巧克力棒棒糖到0.79美元一支的3盎司Sara Lee巧克力棒棒糖不等。

爲了更清楚的瞭解其新產品如何競爭，John比較不同巧克力棒棒糖的質感與甜度。John對結果表示滿意（參閱Exhibit5）。他們夫婦製作的巧克力棒棒糖之定位與

Exhibit3　預估現有顧客之巧克力棒棒糖購買量

顧客	每週消費量（打）	每週的六打盒裝消費量
1. Out to Lunch（3 location）	30	
2. Treats	8	
3. Reed's Supermarket	6	12
4. Wine Shop	2	
5. Eat Out	5	
6. Phil's Deli	9	
7. Berry Brook	2	
8. The Home Economist	4	
9. The Mill	3	12
10. Selwyn's	2	24
11. People's	3	12
12. The Fresh Market	8	
總數	82打	60盒

Exhibit4　當地散裝巧克力棒棒糖樣本

品牌名稱	重量（盎司）	售價
Bebo	3.00	$0.49
Claey's	1.75	0.49
Hostess	3.00	0.69
Little Debbie*	12.00	0.99
Moore's	1.60	0.49
Sara Lee	3.00	0.79

*銷售一盒十二枝1盎司包裝的棒棒糖。

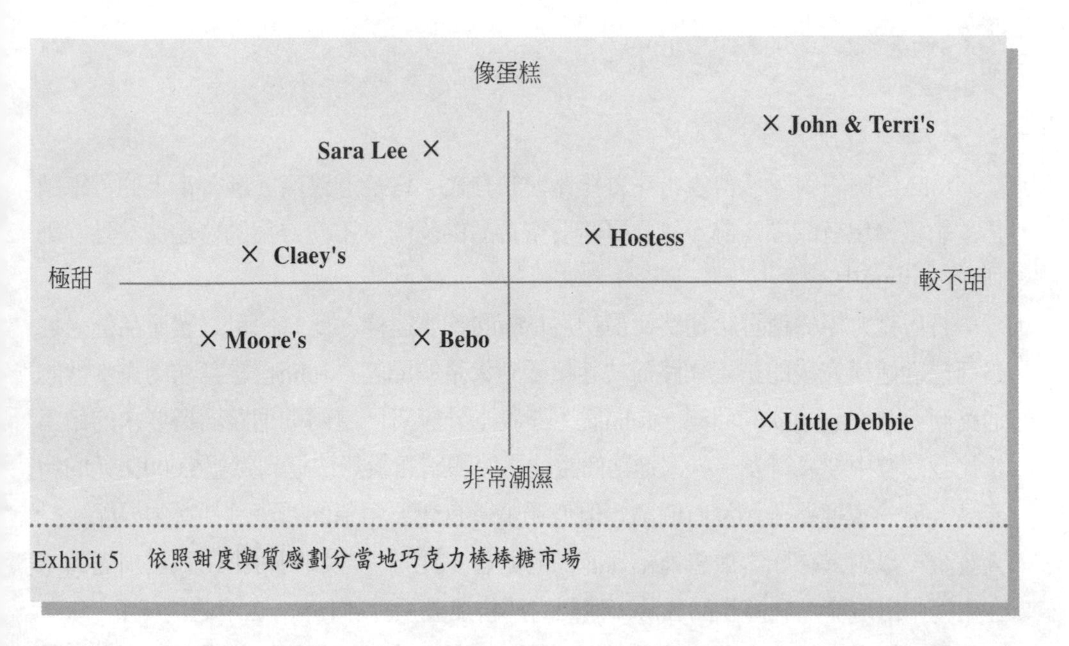

Exhibit 5 依照甜度與質感劃分當地巧克力棒棒糖市場

現有的競爭者有顯著的差異。

John易受到現有顧客對巧克力棒棒糖展露出之興趣的鼓舞。John提到他們夫妻打算在產品線中加入一種新的巧克力棒棒糖，有時候甚至會提供一些樣品。顧客估計他們每週可以銷售八十二打散裝的巧克力棒棒糖（參閱Exhibit3）。

在夏洛特市場中加入的新競爭者引起了John的注意。兩個月之前，John聽到一個傳聞，Rachel巧克力棒已經快要與一家當地的通路簽署在夏洛特市場中銷售Rachel巧克力棒棒糖之協定。Rachel是一間自1975年起在費城的商店與冰淇淋店開始銷售巧克力棒棒糖的公司。十年之內，該公司每年生產的巧克力棒棒糖數目超過了五百萬根。Rachel通常在超市銷售一磅罐裝的巧克力棒棒糖（零售價3.79美元），而在便利商店中銷售散裝的巧克力棒棒糖（售價0.75美元）。

John很清楚的注意到這件事的發展。他提到：「若它們不進入這個市場，它們就難以生存。他們的產品與我們的產品要搶相同的顧客群，而且我確信通路商會因爲Rachel產品有較佳的歷史而較偏好銷售它們的產品。」雖然John除了Rachel進入這個市場以外沒有聽到其他消息，他覺得Rachel在未來六個月內出現在夏洛特市場的可能性爲75%。

抉擇

John最初想到四種銷售巧克力棒棒糖的方式：賣給通路商、經營街上的貨車銷售、銷售給現有的顧客群、以及賣給航空食品供應商。不同方案的優點與缺點詳細列在Exhibit6中。

將巧克力棒棒糖賣給通路商最初爲John的首要選擇。此方法可以讓產品透過通路商已經建構完成的銷售網路而快速接觸到大量的顧客。John已經拜訪兩家當地的通路商而都得到冷淡的回應。John說：「我十分驚訝。這兩間通路商所要求的銷售量比我想像中要多得多。一家通路商說他不接觸銷售量無法達到每週6,000美元的新產品。另一家通路雖然沒有明講，但他要求所有想要銷售的新產品都必須要配合投入資金，以對最終顧客廣告而確保產品的銷售。此外，他們同時指出爲增加過去未在市場中出現產品所產生的風險，他們的銷售加成須介於15%～20%之間。」

另一個方案是要在夏洛特鬧區街頭銷售。夏洛特是一個區域的銀行業中心，且據估計在鬧區中工作的人口超過四萬人。這個城市批准並鼓勵有組織的街頭銷售活動。近來，有十間廠商擁有執照並在鬧區街頭中銷售他們自己的產品（參閱Exhibit 7）。John估計要在街頭銷售必須要投入約1,200美元。John解釋說：

> 我知道鬧區中有許多高階的顧客，但困擾我的事情在於我過去從來沒有銷售的經驗。此外，我不瞭解尋找並留住一個銷售員的難度為何。我們是否有辦法找到願意只在天氣好的時候工作的人？若是產品已經烘焙好了，員工卻還沒出現的話，我們要怎麼辦？這些不確定性困擾著我。

John考量到的另一個選擇是要把巧克力棒棒糖加到現有的產品線之中。偶爾會有顧客要求John生產巧克力棒棒糖。如他所預期的，對此產品有興趣的顧客都是那些預期巧克力棒棒糖銷售量高的顧客（參閱Exhibit3）。John承認：

> 這是推出巧克力棒棒糖最簡單的方式，但只能接觸到少數位於夏洛特市場的顧客，而且我幾乎沒有時間外出尋找新的客户。我們的顧客對這個產品十分感興趣，但我認為我們新的巧克力棒棒糖會侵蝕掉白色巧克力棒棒糖一半的銷售量。此外，若我們增加這個新產品，我們用什麼時間生產？這是否代表我們必須要在清晨四點而非五點就開始工作？我們希望的是這個產品減少我

Exhibit6 銷售巧克力棒棒糖不同方案的優點與缺點

優點	缺點
通路商	
廣泛配銷	要求較高的最低銷售量
接觸到最多的顧客	伴隨的廣告費用
建立品牌的機會	推升零售價格
銷售量有保證	
在街上銷售	
在鬧區中銷售	開店成本1,200美元
可接受的銷售模式	銷售量波動更大（會受天氣影響）
開始建立品牌	必須尋找、訓練、並留住銷售員
現有顧客	
阻力較小	接觸市場有限
對產品定位較有利	拉長產品線
	侵蝕白色巧克力棒的銷售量
航空食品供應商	
銷售有保障	成本超過最低售價
數量確定	合約期間有限
接觸顧客	
開始建立品牌	

Exhibit7 目前在North Carolina夏洛特中有執照的街頭銷售商

廠商	產品
1. Halfpenny	Nachos（烤馬鈴薯）
2. TCBY	優格
3. Zackebobs	Shish kebob
4. LaLamas	熱狗、飲料
5. Purple Shop	各式各樣的食品
6. John C's	德式熱狗
7. Kwik Way	熱狗
8. Larry's	冰淇淋
9. Lemon Quench	飲料
10. Jerry's	冰淇淋

們的產品線，而非延長產品線。

最後一項選擇是要把產品賣給Food Service Professionals（FSP）這是一家航空食品的供應商。John在約三個月前提出這個提案。在當時，他帶著標準的2×3×3/4英吋巧克力棒棒糖樣品前往，並建議把散裝之巧克力棒棒糖當作機上餐點的甜點。John描述這次的溝通過程：

> 這似乎是一個得到品牌認同的好方法。這是我採取散裝的原因。我記得我拿到的第一個Eagle點心就是在飛機上。而在我稍後於商店中看到時，我已經瞭解這些產品並知道它們有多棒。我希望用同樣的方式在較小的規模上試用我們的巧克力棒棒糖。若我們用盒裝的方式（未個別包裝）的方式銷售，我們無法看到任何長期的利潤。FSP亦未考慮到長期。它們標準的供應契約大約只有九十天。總之，這個提案再在討論到售價時就胎死腹中。當我告訴它們我們的單價時，FSP代表Abrams女士說明它們的點心成本目標為0.3美元，且它們點心部分的成本上限為0.35美元。這停止了我們的討論；他們無法在此價位推動提案，而我不認為我們可以在價位上作讓步。

這對夫婦瞭解到大部分的選擇方案都需要多投資一些資金。John解釋說：「我們已經有一個家族成員願意投資10,000美元來協助我們。若這筆金額不足，我們可以到銀行多取得一些貸款。我將會盡力作所有必要的努力。」

電話

7月清晨有一通來自Food Service Professionals之Jan Abrams的電話。在簡單提到他們前次會面的結果之後，她指出他們公司提供一個腹案要John好好思考一下。她建議散裝的巧克力棒棒糖由原來的2×3×3/4英吋大小改爲2×2×3/4英吋，且因爲大小縮減三分之一，售價也可以降到每根0.3美元。Jan亦提到FSP必須要在未來兩天之內得知John是否對此提案有興趣。Jan解釋說：「我對我們的催促表示歉意，但我們將要改變我們的餐點，且決定我們第四季的菜單。採用較小的棒棒糖是我們一位幕僚在最後一刻所提出來的建議。」她要結束電話時指出她覺得接受這個提案可能會有一個在十三週內每週保證至少四千根的訂單── 由10月1日開始。FSP要求保有續約的權力。Jan說只要公司能維持預期的品質，公司通常會繼續簽約。

在John收到這個訊息之後十分興奮，但他必須要仔細考量這個決定。他必須要確定考量到所有層面。這個決策用契約的方式把這間小的烘焙商綁住長達六個月的時間。然而，在他走出辦公室要告訴Terri這個消息時他仍洋溢著笑容。

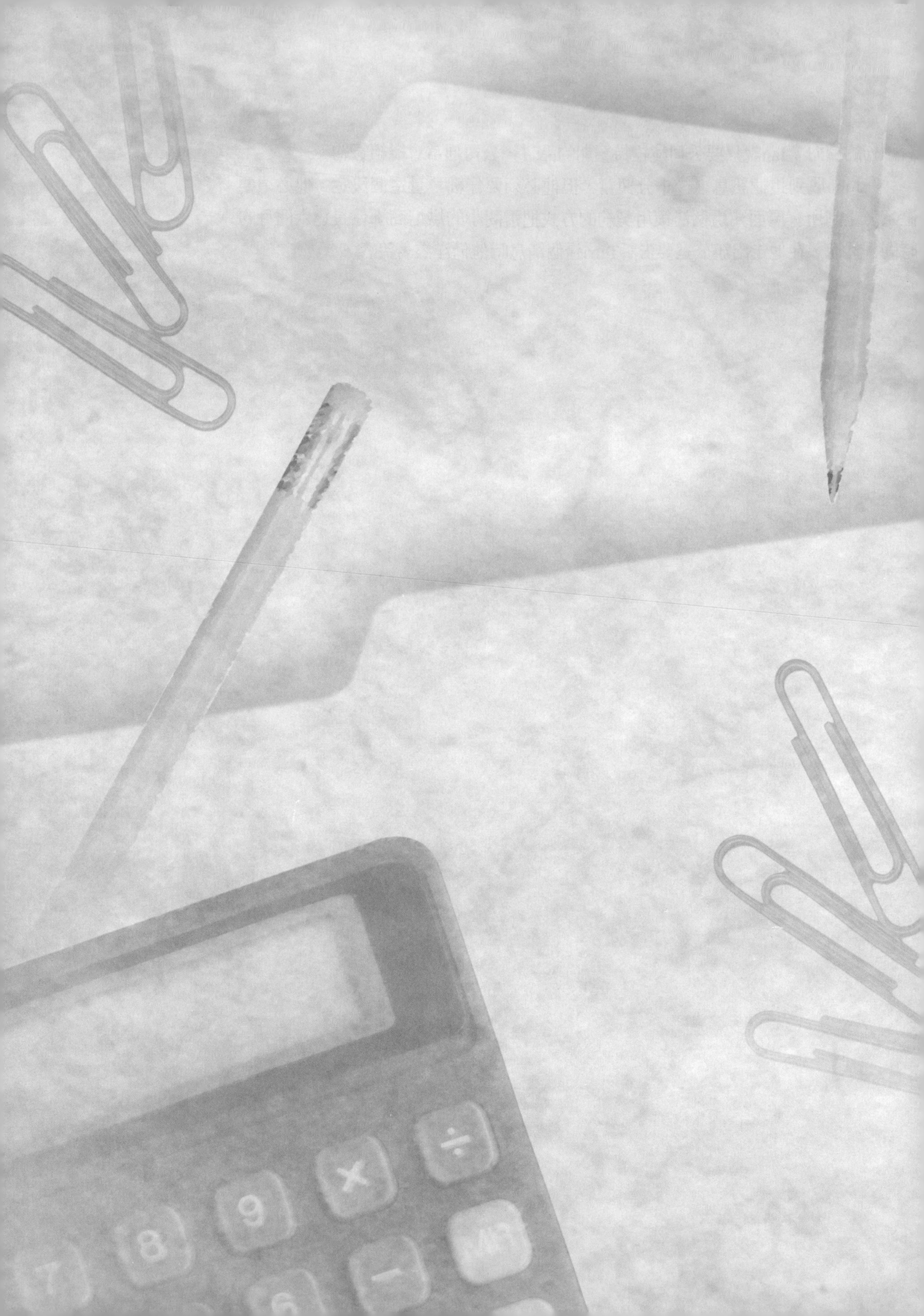

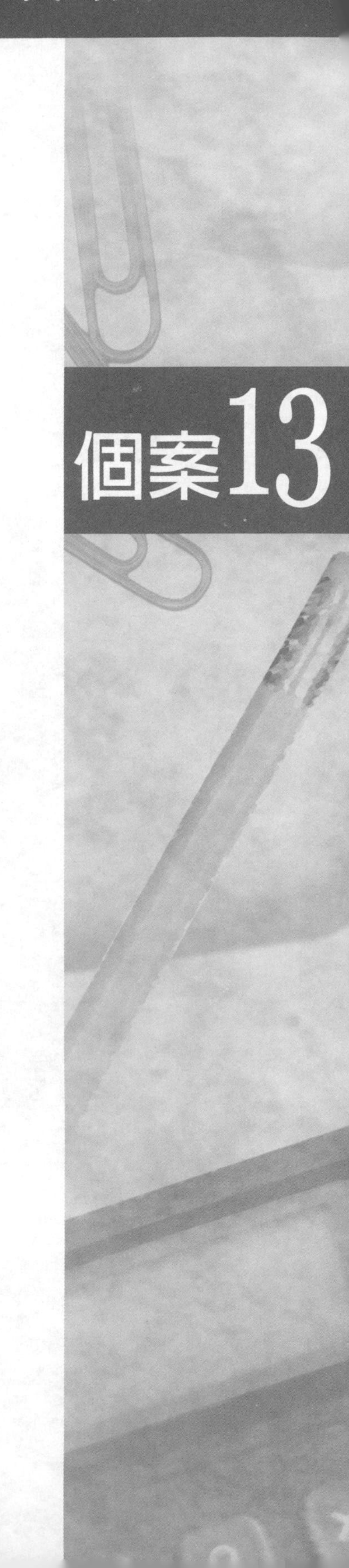

個案13 面對九〇年代的美國賀卡

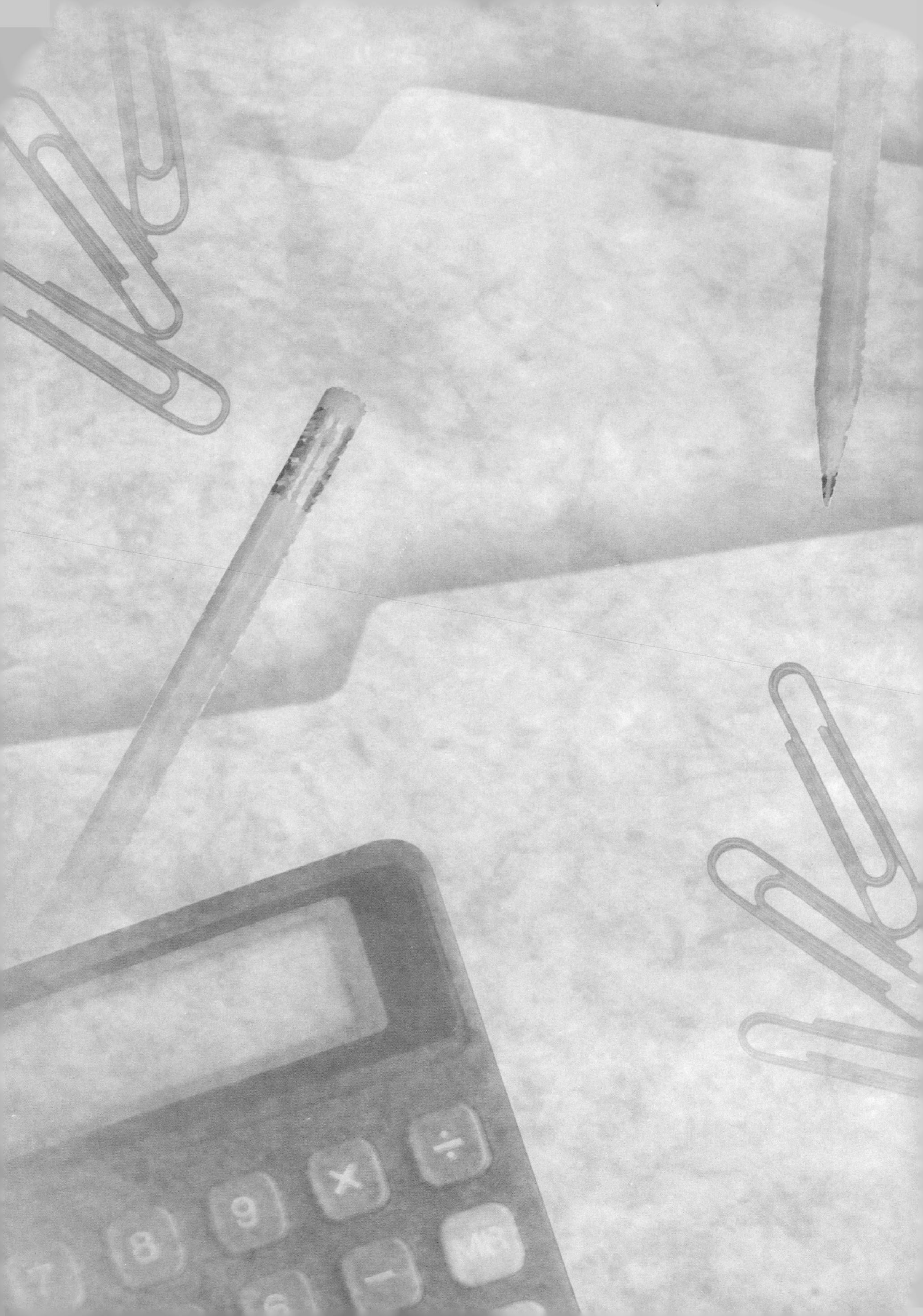

CEO Morry Weiss正看著公司的玫瑰標誌，邊回顧著八〇年代。玫瑰標誌代表了全世界最大的公開上市公司── 美國賀卡（American Greetings, AG），它製造賀卡及相關系列產品。在1981年，Weiss宣布成立公司，到了1985年，年度銷售額達到10億元，相較於1982年6.236億美元的銷售額，成長了60%。

AG在1986年時銷售額已達到10.35億美元。但是毛利卻只有5.75%，是五年來最低水準，比1984的最高點要少了8.090%。到了1990年2月28日年度財務報表結算時，AG的銷售額有12.86億美元，毛利爲5.51%。Weiss看著由屬下爲他算出這十年來的銷售額、淨利、以及銷貨、通路、行銷成本（見Exhibit1）。他明白銷售額的成長，其實是來自競爭日漸激烈的市場佔有率戰爭而導致的高價格，在這產業中三個市場領先者，分別爲Hallmark、Gibson及AG。以最近數字看來，此三者的市場佔有率並沒有多大改變。現在，這三者都展現維護自身市場佔有率的決心。賀卡產業的本質這幾年來有巨大的改變。在過去，兩家市場領導者Hallmark及AG和平共存，有各自的利基市場。Hallmark供應百貨公司及卡片專賣店高價格、高品質的卡片，而AG則供應大眾消費賣場較平價的卡片。但是這一切，隨著Gibson的成長策略、Hallmark的防衛行動、及AG欲搶下市場領先地位的策略，使得產業生態改變。AG目前正處於維護它的市場地位的情況。

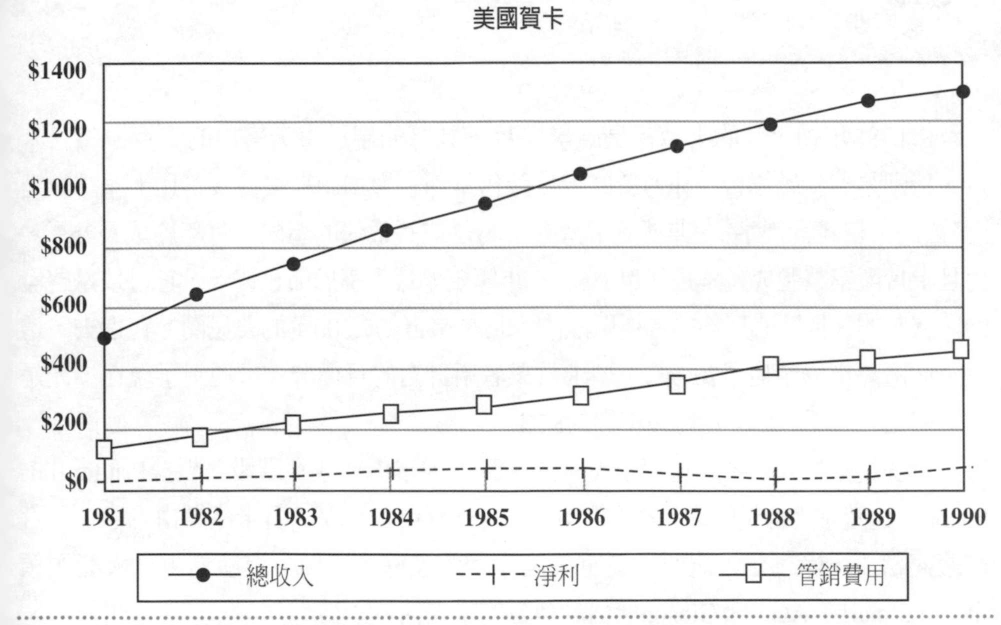

Exhibit1　十年來的銷售額、淨利以及銷貨、通路、行銷費用總結

賀卡產業

根據*GM News*，美國人交換的賀卡銷售量在1988年達到71億——在1985年時，約29%的人每年消費的賀卡在三十張以下。如果以每張賀卡平均1.1美元來計算，這份「社交關心」創造了40億的生意。根據賀卡工會的統計，寄卡片的人會寄出以下的卡片類型：

節日	賣出金額	百分比
聖誕節	22億	30.99
情人節	8.5億	11.97
復活節	1.8億	2.54
母親節	1.4億	1.97
父親節	8,500萬	1.20
畢業	8,000萬	1.13
感恩節	4,000萬	0.56
萬聖節	2,500萬	0.35
St. Patrick's Day	1,600萬	
祖父母親節	1,000萬	
Chanukah	900萬	
其他	500萬	

在1988年約半數的卡片都是應景卡片。其餘的屬於每天寄出的卡片。每日卡片，特別是非特殊場合、非傳統的卡片銷售量都在增加中。根據《富比士雜誌》及「美國的人口統計數字」，非傳統卡片的市場是成長最快的區隔，每年約成長25%，而且卡片產業整體成長率每年也達5%。非傳統卡片不屬於節日賀卡，它可以是啓發的、諷刺的、或關心民族的。這區隔的卡片是來自約7,600萬的嬰兒潮。在過去，這是這個區隔市場中佔了70%的小型卡片業者所針對的目標群。不過到了現在，光是產業前三大龍頭就佔了這區隔市場的87%。

大多數產業分析者認爲賀卡產業將來到、或正處於成熟階段。根據Prudential-Bache，這產業銷售量的成長率在1946～1985年爲2%～4%。賀卡產業由五百～九百家廠商組成，除了三大龍頭，還有許多小型的家庭式廠商。這產業由三大龍頭領軍：Hallmark、AG、及Gibson。估計各自的市場佔有率爲：

公司	1989	1985	1977
Hallmark	40-42%	42%	50%
AG	32-33	33	24
Gibson	8-10	9	5

（根據不同來源數字可能不同）

1980年代，三大龍頭為了爭奪市場佔有率，經歷了激烈的價格、產品、促銷、及通路競爭。最重大的價格競爭（提供零售商折扣機會）發生在1985～1987時，且持續至今，不過價格折扣稍緩了些。根據*Value Line*，這價格戰使得廠商的利潤都減少了，但是市場佔有率卻沒有多大改變。事實上，向零售商提供折扣以便獲得新客戶的方法不太可行；零售商不太願意配合。不過根據Prudential-Bache，價格戰可能在某些目標市場中再度重演，例如，大型連鎖店、賀卡廠商會使出渾身解數要奪取新客戶。

市場利基也是廠商彼此攻擊的目標。根據*Insider's Chronicle*，最大的戰場是禮品及卡片專賣店，在過去這兩者都只是Hallmark與非傳統卡片的天下。下表為1989年三大龍頭的比較：

公司	銷售額	淨利	員工數	產品數	賣場數
Hallmark	20億	NA	28,000	20,300	37,000
AG	13億	$4,420萬	29,000	20,000	90,000
Gibson	4億	$3,500萬	7,900	NA	50,000

Source：10-K

目標

當被問到AG 1989的表現時，Morry Weiss回答道：

我們的目標是改進競爭力、及擴展未來獲利的市場範圍，以便將股東價值提高到最大。AG重新思考它的全球營運策略。當我們還沒有達到這目標的高表現時，在1989我們有重大的進步。我們減少了應景產品的退貨率、應收帳款、及存貨。這些都是一個企業營運表現的指標，結果顯示我們的員工的確有顯著改善。我們承諾將在這些領域持續改善。（來源：1989年度報告）

Weiss更進一步解釋：

1989的銷售額依舊增加，儘管公司在這一年中，裁撤了AmToy及Plymouth分部及一些海外子公司。

……淨利受到了影響，來自改造工程成本，包括了將Carlton Cards／美國搬到俄亥俄州的克里夫蘭；將某些營運工廠合併；以及將一些不賺錢的部門賣掉、合併、或裁員。（來源：1989年度報告）

他對於AG 1990的表現評估如下：

這是個你能夠滿意的一年。我們的表現顯示了我們創造高銷售額的能力，即使是在這獲利只是普通的一年。為了要提高獲利，這需要每個部門的傾力協助。包含要盡力砍除費用、提供生產力。（來源：1990年度報告）

Morry Weiss也評論到了AG的成長：

我們期望核心企業及子公司的營運能創造更多的綜效，以便提高我們能回饋給零售商的價值。

我們的目標是提供全方位的服務給零售商們。我們在一些消費產品上越具領先地位，這產品對我們就越加重要。（來源：1990年度報告）

……我們期待有持續的成長，我們也要在每日賀卡上多加開發新產品。（來源：1989年度報告）

為了達到提供給零售商的並不只是賀卡、而是互補產品的目的，AG做了以下的併購：

公司	產品
Acme Frame Products	相框
Wilhold Hair Care Products	美髮產品
Plus Mark	促銷性聖誕節產品
A.G. Industries	賀卡櫃／陳列架

行銷策略

產品

AG的生產線很廣，包括：應景賀卡、禮品包裝、宴會用品、玩具、及禮品。應景賀卡在公司1990年財務報表中，銷售額就佔了約65%。將銷售額細分成各產品類別如下：

類別	1990	1986	1984	1980
每日賀卡	**41%**	**37%**	**36%**	**34%**
節慶賀卡	**24**	**29**	**27**	**27**
禮品包裝及宴會用品	**17**	**18**	**21**	**21**
消費性產品（玩具等）	**9**	**7**	**7**	**9**
文具	**9**	**9**	**9**	**9**

source：AG年度報告

AG的產品策略重點在於找出消費者的需求，透過銷售據點、試銷等來回應消費者。AG深信要找出消費者需求，並且以具創意的產品回應。行銷研究是個重點。超過一萬二千個美國北部的家庭，在每年都會受到調查，以便獲得每日賀卡購買及收到的資訊。持續的生活類型調查特別重要，因爲這能探測出消費者需求及喜好的改變，以便進行產品開發。

行銷研究的結果確實促成新產品上市。每日賀卡Couples走的是傳統眞摯、浪漫路線，而Kid Zone是爲了使與孩童的溝通更佳而推出的卡片，在1990財務年度內推出。1960年代受歡迎的Holly Hobbies設計也重新上市，因爲研究結果顯示近年有回歸傳統價值觀的趨勢。

Morry Weiss對Couples產品線評價如下：

> 我們證明了我們的確具市場開發潛力。Couples其實只是我們眾多賀卡創新中的一項產品罷了。（來源：1989年度報告）

AG擁有世界上最大的創意團隊之一，包含超過五百五十位藝術師、設計師、文字美編師、名作家、攝影師及主編們。他們每年創造出超過二萬種新型賀卡。

AG也積極投入零售商的試銷，以便決定哪些產品、主意有最佳的賣點。這非常重要，因爲市場競爭激烈，迫使零售商必須能快速賣出存貨。AG使用一網絡的試賣零售點。新卡片根據實際銷售表現來排名，有最佳銷售表現的就會被推行到世界各地去。

AG試圖能在非傳統卡片區隔中打下一片天地。非傳統卡片佔每日賀卡銷售量的20%，尤其二位數的卡片銷售成長率更持續看好。Carltom Cards是AG生產特殊卡片的子公司，最近由達拉斯搬到AG在克里夫蘭的總部所在地。Carlton將會持續「快速開發新的特殊產品，以便迎合特殊專賣店內消費者喜好嘗新的口味」。

AG長於授權，是這產業中的開發專屬人物的領先廠商。它的策略在於將它具創意、有行銷力的專家潛力發揮到最大。以下列出一些AG開發出的專屬角色：

角色	年
Holly Hobbie	**1968 / 1989**
Ziggy	**1971**
Strawberry Shortcake	**1980**
Care Bears	**1983**
Herself the Elf	**1983**
Popples	**1983**

AG開發出的專屬人物大多成功。Strawberry Shortcake是有史以來最受歡迎的角色。不過《富士比雜誌》卻指出AG的專屬人物都沒有成功過。失敗的Herself the Elf連零售商都認爲太過於類似Strawberry Shortcake；也因爲生產問題，使得它錯過了聖誕節時機。另一失敗的角色是Get Along Gang，這角色嘗試吸引小男孩與小女孩。AG的專屬人物們所帶來的收入如下表。

年	收入
1984	**$17.5**
1985	**$20.9**
1986	**$17.6**
1988	**$16.5**
1989	**$13.3**
1990	**$11.8**

source：AG年度報告

通路

AG透過全世界九萬個零售商，將產品賣給橫跨超過十二種語言的五十個國家。AG主要通路依據重要性排列，包括有：藥局、大型零賣商店、超級市場、文具店、及禮品店、複合商店（結合食物、一般商品、及藥品的商店）、雜貨店、軍隊郵局、及百貨公司。（來源：AG 1989 10-K）

AG主要的通路（包含：超級商店、連鎖藥局、大型零賣商店）都因人口統計變數及生活形態改變而歷經成長。職業婦女的增加，使得消費者在方便的場所購買更多的卡片。到了今日，每日賀卡中55%的卡片都是在便利的場所中被購買。

AG前五大客戶就佔了淨利的17.4%。這些客戶包含：大型零賣店、藥局、及軍隊郵局。

AG在美國、加拿大、英國、法國、及墨西哥，有二十六個分區及五十八個地方銷售辦公室。

促銷

服務是AG行銷上的關鍵價值，由以下節錄可看出：

> 我們提供給顧客的價值中，其中一項基石就是服務。當我們是創意行銷的領先者時，我們也因固守傳統價值崇尚的優良顧客服務，而獲得良好名聲。我們必須要瞭解顧客——以及他們的顧客——而且要瞭解他們的生意如何運作。（來源：1990年度報告）

AG提供給零售商的服務有三項組成因素：知識性的行銷協助、個人化服務的大力協助、及快速回應需求。AG提供以下：

* 在產業中有最多的全職行銷助理，由訓練精良的專家們組成。
* 一萬二千位兼職、店內、全國性的銷售代表，他們的工作包含：拜訪大型零賣商店、補貨、重新編制產品、設計新的陳列方式、購買據點的看板、下新訂單、重複購買等。
* 提供電腦化網路，使得AG能夠更快速、持續地補充正確物品給零售商。（來源：1990年度報告）

根據Weiss的說法：

> AG注重與零售商、顧客維持良好的合夥關係。我們將會把我們的產品擴展到全世界的市場。我們使賀卡部門更賺錢，以與零售商客户「結盟」。我們將會改善對消費者需求的回應度，提供合適的產品、及更方便購買的據點。（1990年度報告）

AG安排零售商的擺設空間，讓它們更具生產力，以便提高AG的銷售額及利潤。藉由複雜的銷售設計讓賀卡陳列更「親近消費者」可達成這目標。既然女性佔購買卡片約90%的人口，AG重新設計賀卡陳列櫃，讓女性能比以前在店內節省購買時間。重新設計的賀卡陳列櫃，能比過去多放上40%的卡片。也重新生產了新的購買據點看板、新的標誌（「母親」、「繼女」等這種標誌）。

主題在購買商品上日漸重要。主題能「在特殊節慶或場合時使用，能傳達強烈的訊息給消費者，引起他們立即的注目。」與這新想法有關的是「將每個不同場合所需的卡片、禮品裝飾、蠟燭、邀請卡、宴會用品等等都歸爲一類，放在店中讓人購買。」

AG試著規劃它的行銷方案，以便增加賀卡部門的集客力、獲利率。在瞭解零售商想要使他們本身、以及所賣產品都能與眾不同後，AG試著與每個零售商，以一對一方是進行客製化設計。藉由行銷研究、及新科技可完成這使命。對於要滿足當地消費差異化的大型連鎖店來說尤其重要。賀卡部門可客製化到能符合某地區的人口統計現象。舉例來說，如果當地的人口是由許多銀髮族、或「雅痞」所組成，就會有特殊的產品來迎合這區隔。

AG的銷售、通路、及行銷花費總結在下表：

年	百分比
1981	28.2
1982	28.7
1983	29.2
1984	29.3
1985	29.0
1986	29.8
1987	31.6
1988	33.4
1989	32.6
1990	32.9

source：AG年度報告

生產策略

AG在美國、加拿大、英國、法國、及墨西哥有三十四個工廠。比1986年有四十九個要少。公司約擁有480萬平方英尺的廠地，對外租來1,130萬平方英尺的廠房、倉庫、店面及辦公室空間。藉由與社區發展協會、市鎮當局長期租來的建築物，以滿足它在美國所需的總空間。

AG自1987～1990年之間開始降低生產成本。它曾試著藉由砍除成本、減少半成品的方式，欲達到生產效率。AG於1988年也重金投資在自動生產設備上，以降低勞工成本。因有較好的存貨控制，AG享受到了低原料成本、低成品退貨率的好處。AG的原料、勞工及其他生產成本如下表：

年	佔銷售額百分比
1981	44.7
1982	44.3
1983	41.3
1984	40.5
1985	39.9
1986	40.2
1987	42.3
1988	45.1
1989	42.8
1990	41.5

人力資源策略

1989年，AG在美國、加拿大、墨西哥、及歐洲，共雇用了超過一萬五千位全職員工及一萬四千兼職員工。這相當於僱用了約二萬零五百位的全職員工。

在俄亥俄州的克里夫蘭；肯塔基州的Bardstown及Corbin；田納西州的Greeneville；伊利諾州的芝加哥；以及在英國、加拿大的時薪工廠員工組成了工會。其他的辦公室員工及工廠員工不屬於工會。公司與工會的關係可稱良好。

當被問及AG的員工，Morry Weiss評論道：

> 我們的主力來自具創造力、製造力、通路經營、銷售、及支持我們產品的員工們。他們承諾對顧客用心，滿足他們的需求，提供品質優良的產品及售前售後服務。（1990年度報告）

AG對於大多數美國的員工，都有利潤共享計畫、以及退休後生活補助計畫。

對於其他在海外的員工，也都有幾項退休基金計畫。

財務策略

Exhibit 2到**Exhibit 4**爲AG重大的財務資訊。AG的財務狀況這幾年來波動很大。從早期到1980年代中期，AG的毛利率從1981年的5.42%，攀升到1984的最高點8.09%。投資報酬率在1981年爲6.14%；1985年攀升到最高點9.94%。不過自1980年代中期到晚期，AG的財務表現叫人失望，毛利率在1988年跌至2.84%，而投資報酬率爲2.90%。到了1990年，AG的毛利率回升到5.51%，投資報酬率則爲6.33%。

Irving Stone對於AG在1990年的表現評論如下：

> 1990財務年的收入記載為13.1億美元。這是公司自1906年成立以來，連續84年的收入成長。
>
> 此外，……收入是來自每日賀卡的高銷售額、及我們低成本高毛利的核心產品。第四季的銷售額尤其可觀。我們預期未來也能有好的銷售成績。
>
> 我們的普通股市價上漲了47%，從1989年2月28日的21.25美元漲至1990年2月28日會計年度終止日的31.25美元。這比道瓊工業指數及S&P 500指數都要高上27%。股東報酬率——每股增值加上股利——在1990財務年度約為50%。（1990年度報告）

AG的股價從1981年的低點9 1/2攀升到1990年的高點38 1/8。

Exhibit2 1981-90合併資產負債表（單位：千元）

資產	1990	1989	1988	1987	1986	1985	1984	1983	1982	1981
流動資產										
現金與約當現金	$122,669	$94,292	$36,534	$17,225	$26,853	$66,363	$62,551	$19,950	$3,367	$2,522
應收帳款，減去銷貨支出										
收入與有問題的帳款	254,285	242,582	278,559	284,135	240,471	173,637	146,896	148,018	131,996	114,051
存貨										
原料	51,075	48,478	56,122	56,057	59,343	59,197	48,738	47,636	53,515	114,051
半成品	42,139	51,625	61,406	69,668	60,179	53,728	43,929	54,756	52,214	37,506
完成品	208,918	197,618	245,801	202,412	181,237	152,543	139,275	122,167	97,221	88,759
	302,132	297,721	363,329	328,137	300,759	265,468	231,942	224,559	202,950	165,954
減LIFO金額	85,226	83,017	77,274	75,392	76,552	71,828	63,455	59,345	55,051	46,287
	216,906	214,704	286,055	252,745	224,207	193,640	168,487	465,214	147,899	119,307
現存原料與工廠設備	25,408	25,192	30,299	29,770	26,826	20,809	11,532	12,245	11,724	14,529
總存貨	242,314	239,896	316,354	282,515	251,033	214,449	180,019	177,459	159,623	133,836
遞延稅額	51,315	49,542	39,935	26,593	36,669	33,016	26,517	24,847	18,014	17,685
預付費用與其他	10,362	11,020	8,672	9,679	6,228	4,795	4,187	3,524	2,057	1,985
總流動資產	680,945	637,332	680,054	620,147	561,254	492,260	420,170	373,798	315,057	270,079
其他資產	107,788	92,285	95,752	89,488	47,085	31,634	34,820	32,866	22,063	17,054
固定資產										
土地	6,229	6,471	7,548	7,956	7,523	6,822	6,621	5,427	3,380	2,590
建築物	215,458	216,545	223,491	183,481	164,241	143,671	133,868	118,398	110,479	101,781
固定設備	354,979	340,233	319,353	269,644	222,718	182,101	158,507	133,731	115,927	108,463
	576,666	563,249	550,392	461,081	395,482	332,594	298,996	257,756	229,786	212,834

Exhibit2 (continued)

減去累積折舊與攤銷										
淨固定資產	224,383	205,246	175,917	148,097	130,519	108,591	95,092	83,745	75,052	66,763
負債與股東權益	352,283	358,003	374,475	312,984	264,963	224,003	203,904	174,011	154,734	146,071
	$1,141,016	$1,087,620$	1,150,281$	1,022,619	$873,302	$747,897	$658,894	$580,675	$491,854	$433,204
流動負債										
應付銀行票據	36,524	17,201	13,956	25,092	15,921	4,574	4,647	29,836	4,564	14,087
應收帳款	75,146	79,591	98,270	69,175	66,685	56,840	52,302	40,568	39,016	34,479
薪資與薪資稅款	45,315	38,839	33,759	31,230	28,675	26,761	23,160	16,914	17,224	14,191
退休金	10,878	8,573	4,418	10,966	11,697	12,612	10,362	7,405	5,696	4,990
州與地方稅	3,056	2,763	2,796	2,811	2,448	3,278	2,920			
應付紅利	5,281	5,311	5,338	5,343	5,317	4,622	3,304	2,641	1,918	1,776
營業稅	6,430	6,693	13,782	-	18,988	27,465	23,672	8,841	12,177	12,079
銷貨退回	21,182	24,543	28,273	29,964	23,889	21,822	17,795	16,423	9,241	10,752
長期負債到期票流通		3,740	54,150	10,894	4,786	4,359	6,432	6,998	6,531	7,033
總流動負債	200,756	184,491	251,676	185,720	178,721	161,851	144,485	132,074	99,645	102,307
長期負債	235,497	246,732	273,492	235,005	147,592	112,876	119,941	111,066	148,895	113,486
遞延營業稅	100,159	91,409	86,426	77,451	64,025	47,422	28,972	21,167	15,530	11,861
股東權益										
普通股-面額1元										
A級	29,946	29,692	29,628	29,552	29,203	28,835	28,397	27,996	12,293	12,227
B級	2,063	2,497	2,528	2,588	2,982	3,046	3,070	3,080	1,413	1,434

Exhibit 2 (continued)

資本公積-普通股溢價	110,234	105,245	104,209	102,718	94,744	87,545	80,428	76,851	37,690	37,124
庫藏股	(26,692)	(14,767)	(14,199)	(15,409)	(1,689)					
累積轉換調整數	(8,186)	(4,790)	(7,564)	(11,604)	(16,801)	(13,688)	(9,158)	(7,179)	(3,829)	
保留盈餘	497,239	447,111	424,085	416,598	374,525	320,010	262,759	215,620	180,217	154,765
總股東權益	604,604	564,988	538,687	524,443	482,964	425,748	365,496	316,368	227,784	205,550
	$1,141,016	$1,087,620	$1,150,281	$1,022,619	$873,302	$747,897	$658,894	$580,675	$491,854	$423,204

Exhibit3　1981-1990損益表（單位：千元）

	1990	1989	1988	1987	1986	1985	1984	1983	1982	1981
淨銷貨收入	$1,286,853	$1,252,793	$1,174,817	$1,102,532	$1,012,451	$919,371	$817,329	$722,431	$605,970	$489,213
其他收入	22,131	22,566	24,155	23,463	23,200	26,287	22,585	20,252	17,634	9,059
總收入	1,308,984	1,275,359	1,198,972	1,125,995	1,035,651	945,658	839,914	742,683	623,604	498,272
成本與費用										
銷售費用	543,602	546,214	540,143	476,725	416,322	377,755	339,988	310,022	276,071	222,993
管理費用	431,254	415,597	400,033	355,363	308,745	274,095	246,456	217,022	179,021	140,733
折舊與攤銷費用	149,771	148,095	135,224	125,407	131,928	123,750	11,2363	96,012	76,494	61,033
利息費用	40,251	39,527	34,191	29,059	23,471	18,799	15,507	13,890	12,752	10,863
重整支出	27,691	33,479	32,787	24,875	19,125	15,556	16,135	24,086	21,647	13,548
	-	23,591	-	12,371	-	-	-	-	-	-
	1,192,569	1,206,503	1,142,378	1,023,800	899,591	809,955	730,449	661,032	565,985	449,170
稅前淨利	116,415	68,856	56,594	102,195	136,060	135,703	109,465	81,651	57,619	49,102
營業稅費用	44,238	24,582	23,203	38,834	61,635	61,338	49,807	37,069	24,776	22,587
淨利	$72,177	$44,274	$33,391	$63,361	$74,425	$74,365	$59,658	$44,582	$32,843	$26,515
每股淨利	$2.25	$1.38	$1.04	$1.97	$2.32	$2.35	$1.91	$1.54	$1.20	$.97

Exhibit4　1985-1981部分財務資料，會計年度至2月28日或29日止

營業總結	**1985**	**1984**	**1983**	**1982**	**1981**
總收入	**$945,658**	**$839,914**	**$742,683**	**$623,604**	**$498,272**
原料、勞工、產品	**382,205**	**344,313**	**313,769**	**278,866**	**225,356**
折舊與攤銷費用	**18,799**	**15,507**	**13,890**	**12,752**	**10,863**
利息支出	**15,556**	**16,135**	**24,086**	**21,647**	**13,548**
淨利	**74,365**	**59,658**	**44,582**	**32,843**	**26,515**
每股淨利	**2.35**	**1.91**	**1.54**	**1.20**	**.97**
每股現金股利	**.54**	**.40**	**.31**	**.27**	**.26**
財務年度結束每股市價	**33.06**	**23.69**	**18.69**	**9.63**	**5.50**
平均在外流通股數	**31,629,418**	**31,240,455**	**28,967,092**	**27,352,342**	**27,314,594**
財務表現					
應收帳款	**$173,637**	**$146,896**	**$148,018**	**$131,996**	**$114,051**
存貨	**214,449**	**180,019**	**177,459**	**159,623**	**133,836**
營運資金	**330,409**	**375,685**	**241,724**	**215,412**	**167,772**
總資產	**747,897**	**685,894**	**580,675**	**491,854**	**433,204**
新投入資本	**43,575**	**46,418**	**33,967**	**26,720**	**22,768**
長期負債	**112,876**	**119,941**	**111,066**	**148,895**	**113,486**
股東權益	**425,748**	**365,496**	**316,368**	**227,784**	**205,550**
每股股東權益	**13.35**	**11.62**	**10.18**	**8.31**	**7.52**
平均每股淨報酬率	**19.2%**	**17.8%**	**17.1%**	**15.4%**	**13.7%**
稅前庫藏股報酬率	**14.4%**	**13.0%**	**11.0%**	**9.2%**	**9.9%**

Exhibit4 (continued)

營業總結	1990	1989	1988	1987	1986
總收入	$1,308,984	$1,275,359	$1,198,972	$1,125,995	$1,035,651
原料、勞工、產品	543,602	546,214	540,143	476,725	420,747
折舊與攤銷	40,251	39,527	34,191	20,059	23,471
利息費用	27,691	33,479	32,787	24,875	19,125
淨利	72,177	44,274	33,391	63,361	74,425
每股淨利	2.25	1.38	1.04	1.97	2.32
每股現金股利	.66	.66	.66	.66	.62
財務年度結束每股市價	31.25	21.25	17.63	28.75	35.62
平均在外流通股數	32,029,533	32,146,971	32,068,752	32,212,556	32,059,851
財務表現					
應收帳款	$254,285	$242,582	$278,559	$284,135	$240,471
存貨	243,314	239,896	316,354	282,515	251,033
營運資金	480,189	452,841	428,378	434,427	382,533
總資產	1,141,016	1,087,620	1,150,281	1,022,619	873,302
新投入資本	42,869	41,938	96,682	68,740	61,799
長期負債	235,497	246,732	273,492	235,005	147,592
股東權益	604,604	564,988	538,687	524,443	482,964
每股股東權益	18.89	17.55	16.75	16.32	15.01
平均每股淨報酬率	12.3%	8.0%	6.3%	12.7%	16.5%
稅前庫藏股報酬率	8.9%	5.4%	4.7%	9.1%	13.1%

管理

AG組織的根本為利潤中心。每個分部有各自的預算委員會，五位資深的總裁組成了總裁管理委員會，負責審查所有分部的策略、計畫。策略規劃分為一年、三年、十年及二十年四種。AG總部嚴格控制預算及會計。

最基本的地方性賀卡辦事處歸屬在美國的賀卡分部之下。地方性與國際性的子公司營運——包含了授權分部，是第二層單位，而公司的管理階層則為第三層。AG在1983年將其組織分權。

AG是由以下的分部組成：

美國賀卡分部。包含了核心企業——賀卡，以及相關的產品，包括：製造、銷售、推銷、研究及行政性的服務。生產且運送賀卡及相關產品到美國本土。運送到海外的相同產品，則由國際子公司及代理商來負責。

本國及國際子公司。AG的本國及國際子公司營運範圍包括以下：

本國

Acme Frame產品
A.G. Industries公司
Plus Mark公司
Wilhold Hair Care產品
Summit公司 / Summit系列
以及由克里夫蘭公司開發出的各種專屬人物

國際

Carlton Cards公司——加拿大
Rust Craft加拿大
Carlton Cards公司——英國
Carlton Cards法國
Felicitaciones Nacionales S.A. de C.V.——墨西哥

1986年有七個本國營運單位，到了1990則爲六個。公司裁撤了AmToy公司、Drawing Board賀卡公司、及Tower Products公司。

1986年有十三個國際營運單位，到了1990則爲五個。國際營運單位的合併，包括在加拿大有一個、歐陸有四個、墨西哥有一個、在英國有四個。

Exhibit5顯示了公司的管理階層以及他們負責的分部工作。

AG的本國及國際銷售額則列在Exhibit6。

AG的未來

當被問及AG的未來，Morry Weiss如此回答：

我們對於可能是有史上最空前的成功已作好準備。

我們已強化我們的核心企業，改善我們在賀卡產業中的競爭地位；替我們的股東賺入最高的報酬率；給予我們的員工在成長、事業發展上更多的機會。

為了達成我們的目標，對於未來幾年後的策略我們已了然於胸。我們很清楚公司的能力，我們將會針對零售商及顧客，與他們建立更良好的互動關係。（1990年度報告）

Irving Stone對於未來的看法如下：

我們對於未來很樂觀。我們有自信在未來能有令人振奮的成就。

我們對未來很有自信，我們與員工建立且維持良好的關係，這將使得我們的產品會更富創意，就像Couples。（1989年度報告）

根據*U.S. Industrial Outlook Handbook*，產業銷售情形到1992年時每年會成長3%～4%。這還是保守的成長估計，因爲對於GNP的成長、實質每人可支配收入、及每人消費金額的估計都還保守。如果享有持續性的成長及獲利，*U.S. Industrial Outlook Handbook*建議產品線的多角化、建立更多降低成本的機制、監控目前產品

Exhibit5 公司職位表

董事會

Irving I.Stone[1]
主席

Morry Weiss[1]
總裁暨執行長

Scott S. Cowen[2]
美國賀卡部門總裁

Edward Fruchtenbaum[1]
美國賀卡部門總裁

Herbert H. Jacobs
個人投資兼顧問

Frank E. Joseph[2]
退休律師

Millard B. Opper
加拿大退休主席

Albert B. Ratner[1]
總裁暨執行長
（不動產開發營運）

Harry H. Stone[2]
總裁
（個人投資）

Milton A. Wolf[2]
前美國駐澳大使
（個人投資）

Morton Wyman[1]
退休副總

Abraham Zaleznik
營運主管（公司高級職員）

Irving I. Stone
主席

Morry Weiss
總裁暨執行長

Edward Fruchtenbaum
美國賀卡部門總裁

Ronald E. Clouse
資深副總

Rubin Feldman
資深副總

Henry Lowenthal
資深副總裁務長

Pack Nespeca
資深副總，公司貿易拓展部門

James R. Van Arsdale
資深副總

John M. Klipfell
資深副總

Henry Levin
人力資源部資深副總

Jon Groetzinger, Jr.
律師兼秘書

William S. Meyer
監事

Eugene B. Scherry
會計

[1]執行委員會成員
[2]審核委員會成員

Exhibit5 (continued)

美國賀卡部門

Edward Fruchtenbaum
總裁

銷售與行銷

Mary Ann Corrigan-Davis
產品管理副總

Gary E. Johnston
創意副總

Raymond P. Kenny
計畫與研究副總

William R. Mason
銷售經理

Dan Moraczewski
地區 I 銷售副總

William R. Parsons
地區II銷售副總

Donovan R. McKee
卡通卡片銷售副總

George Wenz
全國客戶銷售副總

營運

James R. Van Arsdale
資深副總

James H. Edler
物料管理副總

Dean D. Trilling
資訊服務副總

John T. Fortner
製造副總

Thomas O. Davis
每日部門製造副總

Robert C. Swilik
季節部門製造副總

source: AG年度報告

Exhibit6 銷售重點回顧

年度	國內銷售額	GPM*	國外銷售額	GPM*	美國%	國際%
1990	**1,088,438**	**11.86**	**220,546**	**6.79**	**83.15**	**16.85**
1989	**1,039,646**	**7.75**	**235,895**	**9.22**	**81.50**	**18.50**
1988	**996,628**	**7.79**	**202,344**	**5.80**	**83.12**	**16.88**
1987	**940,565**	**13.28**	**185,430**	**1.19**	**83.53**	**16.47**
1986	**874,255**	**15.38**	**161,396**	**12.82**	**84.42**	**15.58**
1985	**799,805**	**16.51**	**145,853**	**13.18**	**84.58**	**15.42**
1984	**717,057**	**15.18**	**122,857**	**13.61**	**85.37**	**15.63**
1983	**631,143**	**14.29**	**111,549**	**13.94**	**85.00**	**15.00**
1982	**523,467**	**12.54**	**100,137**	**13.61**	**85.40**	**14.60**
1981	**440,516**	**12.27**	**57,756**	**14.87**	**88.41**	**11.59**

source: AG年度報告

線的需求量、裁掉不賺錢的產品線、以及滿足消費者需求，已避免事後才後悔沒多出貨。

估計1987～2015年賀卡產業每單位成長率約爲1%～3%。Exhibit7提供了Prudential-Bache Securities的預測。單位成長率之所以趨緩，主要原因來自戰後嬰兒潮人口已進入他們對卡片消費全盛期。隨著1970～1980年代的出生率下降，卡片消費量也預期會下降。

不過賀卡產業本身卻樂觀預測消費率將會微幅上升，從目前單位人口二十九張卡片，到了2015年會升到每單位人口四十四張卡片。對賀卡的研究也顯示消費者會傾向購買高價卡片，因此每單位銷售會產生更多利潤。至於人口問題，超過五十五歲的人會傾向比年輕人寄出更多卡片。

Prudential-Bache對未來賀卡產業的預期還包括：

價格戰會因為產業已進入成熟期、以及有限的大廠商而持續下去。
產業目前的銷售額至少有5%～10%是來自零賣的據點，產業領導者未來將不會再補充卡片給這些小型據點，因為成本過高。
賀卡產業內併購風氣已成熟。
AG未來在禮品包裝領域內，將持續面臨日益激烈的競爭。
三大龍頭將面臨任何小型、有潛力公司的威脅。
三大龍頭佔去市場80%～85%的情況可能不再，也沒有任何一家能獨佔整個市場。因為這產業具動態競爭的本質。
三大龍頭若欲進入這市場中其他尚未進入的領域，其實空間不大。
（Prudential-Bache賀卡產業分析，1989年8月9日）

當總裁Morry Weiss思考著未來時，他很想知道他要給策略規劃委員會什麼方向，讓他們規劃出AG 1990年代的策略。看著過去十年表現的總結，他沈思AG在競爭策略上應做什麼改變。

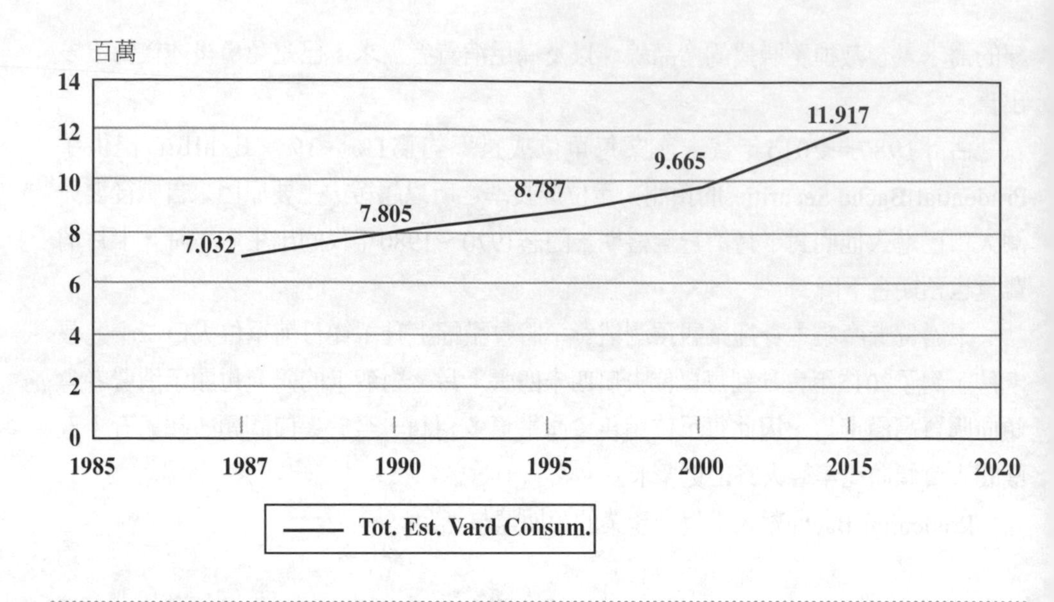

Exhibit7 賀卡公司的預測

source: Prudential-Bache Securities Inc.

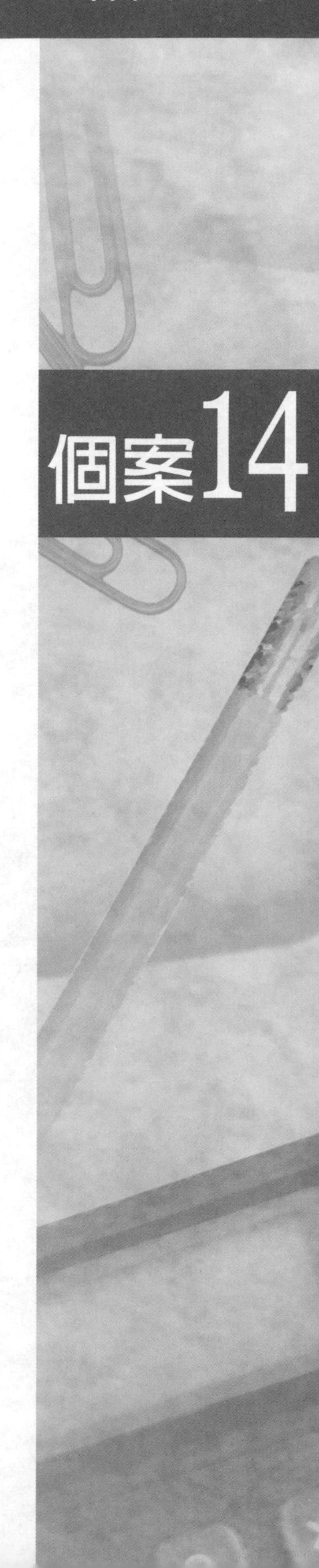

個案14 MMA保險公司

產業背景

MMA的情形

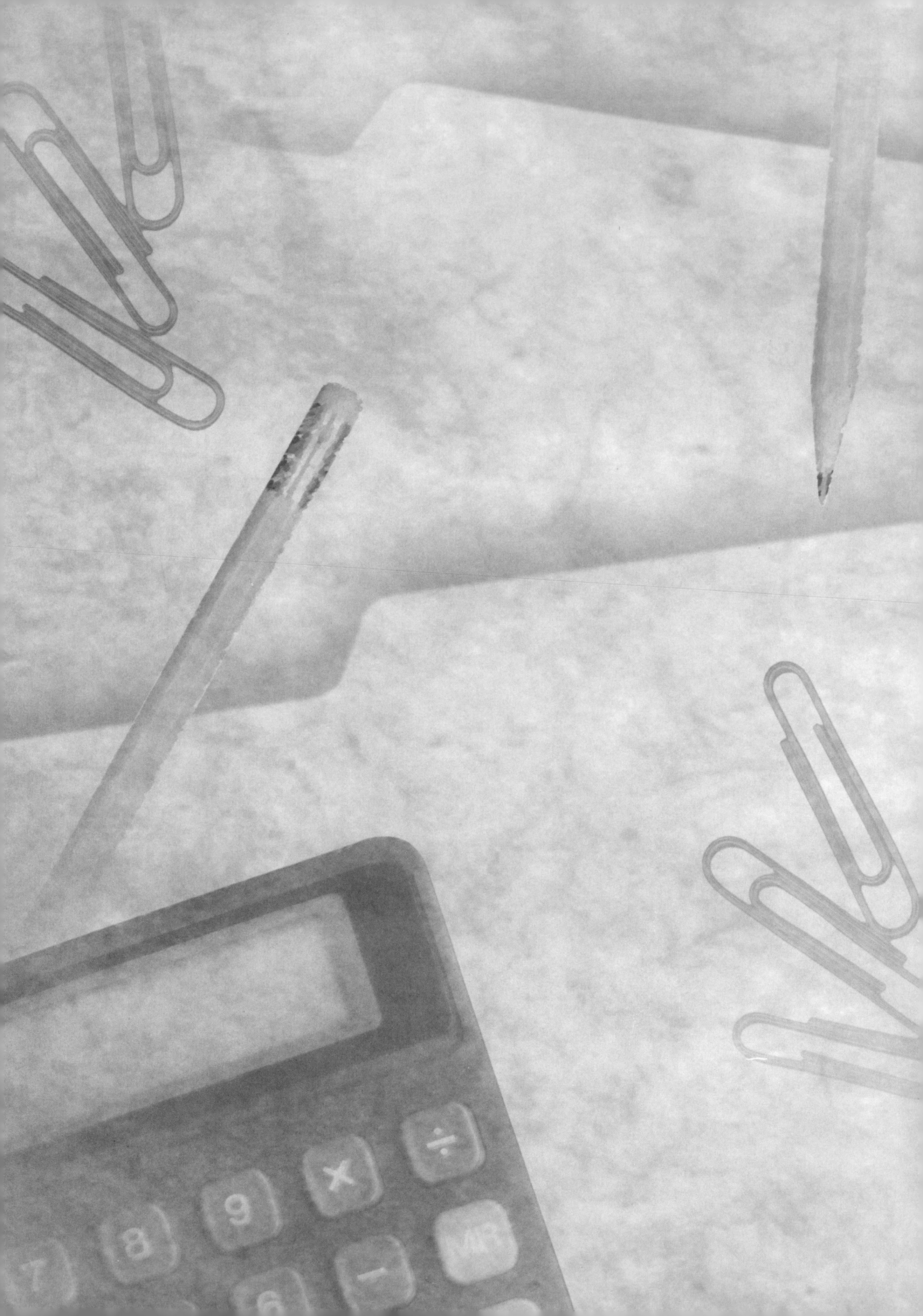

MMA保險公司（Middlesex Mutual Assurance Company）是一家擁有一百五十年歷史的小型產物保險公司，有95%的營業收益來自於康乃迪克州。它的經營方式是藉由獨立的保險經紀人系統來銷售產品。現今，在康乃迪克州有25%的保險經紀人代理銷售MMA的產品。MMA的強勢商品是對房屋屋主所提供的房屋險，MMA的這項保險在此一產品線中約有10%的市場佔有率，而且是這個產品線的市場領導者。

MMA之所以成功的關鍵因素，在於它與其獨立保險經紀人之間緊密且和諧的關係，MMA職員對康乃迪克州市場的熟悉程度，且能夠針對各保險經紀人提供個別需求的服務，令保險經紀人感到相當滿意。MMA的主要劣勢是它基本上僅提供房屋險，而未提供任何人壽保險與健康保險的服務。然而，對獨立的保險經紀人來說，人壽保險與健康保險的市場卻是最具重要性的。

最近在房屋險的市場上，MMA的領先地位已經漸漸地被其它保險公司追擊，而MMA也對維持房屋險市場的領導地位不是很有信心。不管在獨立的保險經紀人系統之內或之外，整體環境的競爭是越來越激烈。

1990年秋季，MMA的行銷執行副總裁Roger Smith先生思索著，MMA需要怎樣的變革才能使它的經銷網絡系統，足以持續確保房屋險市場的領導地位。

產業背景

財務

產物保險這一行一直被公認是個良好且健全的行業。自1950年代以來，保費收入穩定的成長（Exhibit1）。特別是自1983～1987年，這個行業絕大多數的公司相當賺錢。這段期間產物保險公司的平均資產報酬率是18.5%，而S&P 500的平均資產報酬率只不過是14%。這期間這個行業如此巨大的獲利能力，可以由以下的說明來解釋。在1980～1981年時，整體承保作業呈現的是虧損的狀態，也就是說，這些公司所支出的理賠金額與一般營業費用，超出了保費的收入。因爲之前承保的損失的經驗，這些公司提出各種的優惠方案，大大的增加了保費的收入。同時，因爲總體經濟情勢好轉，所以可投資資金的獲利率大幅攀升。保險公司不只保費金額成長，還能利用這些保費轉投資以獲取更大的報酬。一般而言，保費收訖之後數年，才會有理賠的情形發生。尤其是在工商界，理賠申請都是歷時長久的事。比方說，一個不良零件安裝在飛機上，在五年之後導致飛機失事的責任歸屬，就是個例子。

很顯然的，保費收入的增加與轉投資的大量收益，對保險公司的獲利有著極大的貢獻。而基於下面兩個原因，獲利的增加也使得產業規模進一步擴充：

1.保險公司因爲高獲利，想要提供更多樣化的保險服務。
2.高獲利的事實吸引更多新公司進入保險此一行業。

保險業規模的擴充與多樣化的保險服務雖然滿足了社會的需求，但是事實上卻造成超額供給的情形（Exhibit2）。

剛開始保險公司還能夠負擔承保的損失，靠著保費收入的轉投資而獲利。但是隨著削價競爭到一定程度以後，轉投資的收益無法再平衡巨額的承保損失，保險公司開始產生虧損。更糟的是外在整體經濟環境的改善，使得利率快速的調降。1990年初很多保險公司已瀕臨破產的邊緣。爲了維持永續經營的目標，許多保險公司開始調高保險費率，有些保險公司則被迫取消某些保險的服務，或者是對保險採取更多的限制條件。

一般來說，針對工商界的保險市場變動性較大，因爲這樣的高風險配合著高保險費率，使得保險公司能收到較高的保費，因而產生較多的轉投資收益。而在這段期間，個人保險的費率與獲利率則相當的穩定。

經銷網絡系統

保險業主要運用兩種方式銷售其服務：獨立的保險經紀人與保險公司直屬的銷售據點。獨立的保險經紀人基本上就像是批發商，保險經紀人可以同時代表各個具有相互競爭關係的保險公司，銷售各種保險商品。而另一方面，保險公司直屬的銷售據點則是僱用銷售人員，或是藉由平面媒體與電視來行銷自身的保險商品。（附註：大型企業集團的保險通常是由保險掮客所媒介，這些保險掮客的作業方式與獨立的保險經紀人幾近相同，與保險經紀人的相異點在於保險掮客代表其客戶，而非保險公司。）

在二十世紀初期，保險經紀公司就已經存在了，而保險公司直接創設銷售據點的方式，到第二次世界大戰之後才開始盛行。傳統上，保險經紀人的角色，被認定

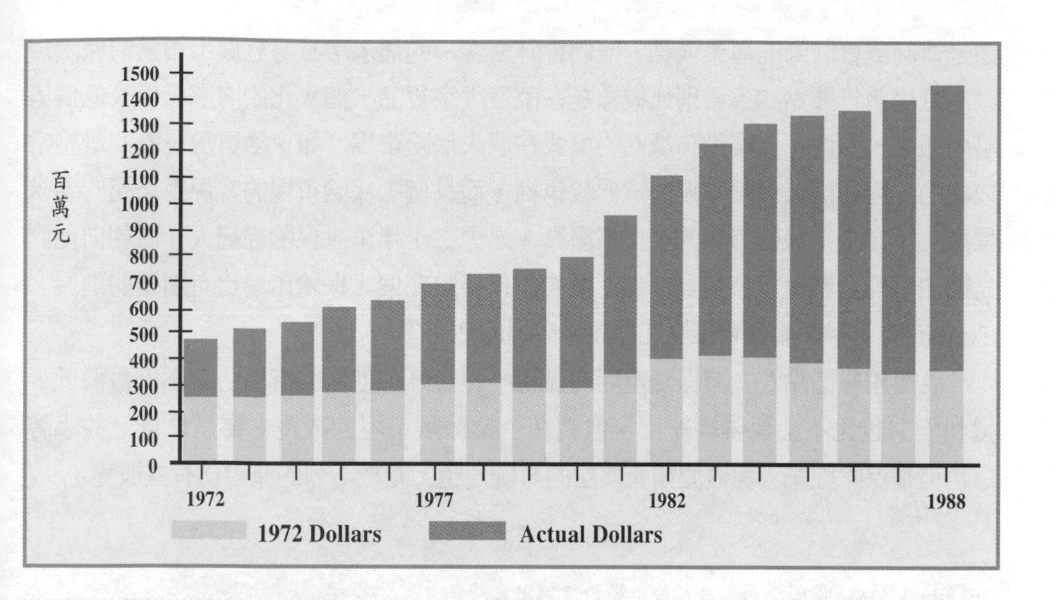

Exhibit1 MMA保險公司產物保險保費成長，1972～1988年

source: Best's Aggregates Averages.

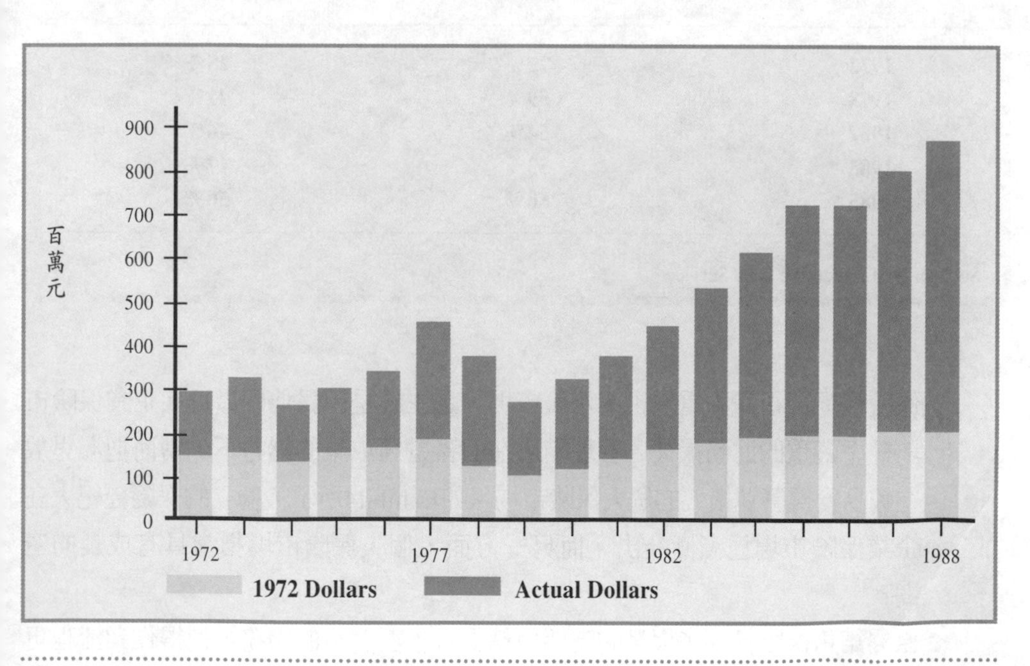

Exhibit2 MMA保險公司產物保險毛利成長，1972～1988年

source: Best's Aggregates Averages.

像是律師或會計師的專業人員，他們會針對客戶的需求，量身訂做出適當的保險規劃。直屬銷售據點的人員則比較像是在販賣大宗貨品，個人化的需求已經被低價策略所犧牲。然而，直屬銷售據點的模式在個人保險市場（如車險與房屋險）是相當成功的，因為個人保險市場的情形較單純，而且個人保險市場的客戶對服務的要求程度，不像企業保險市場的客戶那麼高。過去二十年來，保險經紀人一直朝向他們長期主宰的企業保險市場發展，而直屬銷售據點在個人保險市場也有顯著的進展。Exhibit3說明了直屬銷售據點在房屋險市場的佔有率。

直屬銷售據點在企業保險市場的表現不甚良好，他們的市場佔有率仍舊偏低，獲利能力也比不上保險經紀人。他們在企業保險市場的成長主要是來自一些小客戶。但是保險經紀人與直屬銷售據點的傳統角色，基於下列的原因已有些改變：

Exhibit3 MMA保險公司在房屋險市場的經銷配置趨勢

	分配比重	
年份	經紀商	直接銷售
1972	**72%**	**28%**
1978	**59%**	**41%**
1982	**54%**	**46%**
1983	**53%**	**47%**
1985	**50%**	**50%**

Source: Best Executive Data Service.

1.保險經紀公司漸不重視企業保險市場，這主要是因為他們最近在企業保險市場經歷嚴重的財務損失。管理階層在改善營運成果的壓力下，轉而把心思放在較易獲得營運績效的個人保險市場。如Exhibit4所示，獨立的保險經紀人在企業保險市場已漸漸淡出。而另一方面，個人保險市場相當具有成長的空間。

2.直屬銷售據點投入了大量的時間與精力改善對客戶的服務，使得作業流程更加順暢。在某些案例中，直屬銷售據點所提供的服務，已能夠與保險經紀公司的服務相當，甚至更好。

Exhibit4 MMA保險公司在企業保險市場經銷通路的配置

	分配比重				
年份	風險控管	強制險	掮客	獨立保險經紀人	直接銷售據點
1980	**10.2%**	**2.3%**	**26.4%**	**44.5%**	**16.6%**
1982	**12.1%**	**4.6%**	**21.9%**	**45.0%**	**16.4%**
1985	**13.9%**	**7.2%**	**23.0%**	**40.2%**	**15.7%**
1995*	**15.0%**	**11.0%**	**24.0%**	**35.0%**	**15.0%**

source: Best Executive Data Service.
*1995年的資料是預測值

3.直屬銷售據點開始擴展企業保險市場，尤其是針對小型企業。很多小型企業的老闆將保險視爲一種商品。的確是這樣，小型企業的保險與個人保險所需求的服務水準是差不多的。而且小型企業對美國經濟發展越來越重要了，每年有超過六十萬的新公司成立。根據《大趨勢》（*Megatrends*）一書的作者奈斯比（Naisbitt）所述，美國在二十世紀末將呈現創業爆炸的情況。這表示只要假以時日，小型企業保險的客源將不虞匱乏。保險經紀公司爲了保有在企業保險市場的領導地位，一定要做適當的改變以配合小型企業所需求的保險型態。

在保險這一行，一般來說，直接銷售據點比保險經紀公司佔了10%的成本優勢。之所以有這項優勢，是因爲直接銷售據點少掉了「中間人」的剝削，也因爲企業流程更加順暢，進而節省銷售成本。此外，直接銷售據點的工作分配較有效率，每個人各有專門的工作職掌；但是在保險經紀公司內，保險經紀人除了銷售保險商品之外，還必須處理各種不同的事務（例如，理賠受理與收款）。

保險經紀公司知道要攻入個人保險市場，並保有小型企業保險市場的優勢，是一項極其艱鉅的任務。在這些市場裏，大多數的客戶認爲保險具有民生必需品的特性。在民生必需品市場中的贏家，是能夠在最低售價中獲利的經營者。而直接銷售據點早比保險經紀公司佔了10%的成本優勢。

保險經紀公司打算在個人保險市場與小型企業保險市場，採取以下的應對措施：

1.藉由低於成本的定價方式，阻止直接銷售據點的凌厲攻勢。但這種措施不可能永無休止的進行。

2.藉由以下的方法增進獨立保險經紀公司銷售通路的效率：

強調自動化作業。很多保險公司想要與代理他們產品的保險經紀公司實行電腦連線作業，但是保險經紀公司通常代理了許多家保險公司，因此保險經紀公司需要分別的與各家保險公司進行連線，這樣子的情況大大的減低效率，並且增加保險經紀公司的支出。最近有許多管理顧問公司興起，他們的目的是將保險公司與保險經紀公司之間的電腦連線作業介面標準化，如此，一家保險經紀公司便可藉由一套標準系統，與它所代理的所有保險公司連線。這將顯著的縮減成本，並且使保險經紀公司能更有效的與直屬銷售據點模式競爭。然而，在本個案撰寫時，標準化的系統尙未被廣泛採用。

嘗試採行不同的經銷網絡系統。Hartford 保險集團直接對消費者行銷車險，他們主動與美國退休人員協會的會員聯繫。其它保險經紀公司則積極的與銀行建立合作關係。

開始縮減保險經紀人的績效獎金。隨著績效獎金的降低，保險經紀人將不需再處理繁多的事務性與服務性工作，保險經紀公司會統合處理這些工作，保險經紀人將運用更多時間在銷售保險產品而非服務。

縮減保險經紀人的數目。如果保險經紀公司可以減縮保險經紀人，經濟規模的目標可以達成，而每一位保險經紀人的所收入的保費會更多。

開發新保險商品。很多保險公司提供車險與房屋險的組合商品，這項新構想改變了保險商品的特質。而且把同一客戶的車險與房屋險歸到同一帳戶，銷售保險與服務客戶的成本會降低，直接銷售據點模式也已經開始模仿此一保險商品。其它的創新還包括用信用卡繳交保費。

運用常見的行銷手法。保險經紀公司突然發現消費者不再自動找上門來，因此他們開始模仿並改進一些直接銷售據點有效的促銷方法與定價策略。

來自現有直接銷售據點的威脅還不足爲慮，更大的威脅是來自新的市場進入者——銀行。銀行和所有的屋主與車主有密切的關係，這不是因爲多數人在銀行有存款或支票帳戶，而是因爲人們運用銀行進行房屋或車輛抵押貸款。根據問卷調查的結果顯示，一般消費者對於銀行所提供的建議，比起保險經紀人所提供的建議更爲信任。因爲銀行每天都可以遇見許多保險的潛在客戶，銀行擁有極大的競爭優勢。

如Exhibit5所示，如果購買保險能提昇獲得貸款的機會，一般大眾會傾向跟銀行購買保險。

其它影響保險業趨勢的因素包括：一般大眾自認對保險的認知比以往要多、消費者已能輕易獲取許多保險相關資訊。

Exhibit5 MMA保險公司社會一般大眾對銀行與保險公司業務關係的認知

	所有受訪者						
情境	強烈同意	同意	部分同意	部分不同意	不同意	強烈不同意	拒答
若銀行銷售車險，人們會為了得到汽車貸款，而在銀行買保險	**6%**	**25%**	**24%**	**14%**	**23%**	**6%**	**1%**
若車險公司也經營銀行業務，人們會為了得到車險，而在車險公司申請貸款	**5%**	**28%**	**26%**	**15%**	**20%**	**5%**	**1%**
若銀行銷售房屋險，人們會為了得到房屋貸款，而在銀行買保險	**5%**	**26%**	**27%**	**16%**	**20%**	**5%**	**1%**
若房屋險公司可提供房屋貸款，人們會為了得到房屋險，而在房屋險公司申請貸款	**5%**	**24%**	**29%**	**16%**	**20%**	**5%**	**1%**

抽樣人數=1.516

source: *Public Attitude Monitor*, December, 1989.

根據《群體態度觀察雜誌》(*Public Attitude Monitor*)的分析,人們對保險是什麼與保險能做什麼這兩項議題越來越清楚(參閱Exhibit6)。越容易獲取資訊的人對保險經紀人的建議依賴程度越低,也比較容易被採行模仿民生必需品定價策略的保險所吸引。

關於保險資訊的獲取,藉由家中個人電腦得知保險費率的時代已經來臨了。

基於人們對保險的熟悉程度,人們已將保險視爲民生必需品,在人們要決定該從何處購買保險時,保險費率的高低將是關鍵的因素。

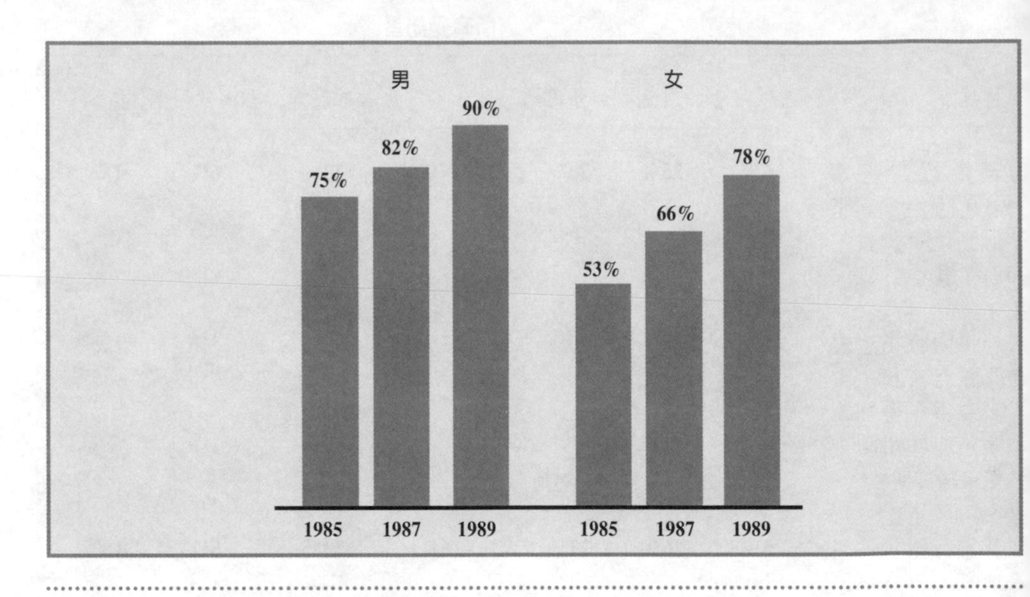

Exhibit 6 MMA保險公司男性與女性自認有充分車險資訊的百分比

source: *Public Attitude Monitor*, March 1990.

Exhibit7　MMA保險公司保險經紀公司與直接銷售據點競爭態勢

個人車險	1988全美國	1988康乃迪克州
保險經紀公司	38.2%	58.0%
直接銷售據點	61.8%	42.0%
房屋險		
保險經紀公司	53.7%	74.3%
直接銷售據點	46.3%	25.7%

source: A.M. Best Company, A7 reports, 1989.

MMA的情形

雖然過去數年，保險業的整體表現並不好，但是MMA的獲利能力仍相當不錯。這是因爲房屋險市場（MMA的強項）遠比企業保險市場來得穩定，而且基於以下的原因，MMA在一個極度友善的競爭環境中經營：

1. 直接銷售據點模式在康乃迪克州（MMA營運的主要地域），並不像在全國其它地區如此強勢。（參閱Exhibit7）
   但是在可預見的將來，MMA的房屋險市場勢必像全國其它地域一般，受到直接銷售據點模式的強力挑戰。
2. 即使保險經紀公司主宰了康乃迪克州的個人保險市場，它們大部分的行銷力量都擺在企業保險市場上，對於個人保險市場，它們並沒有很積極的作爲，可以說它們只是在享受成功的果實，甚至說是已經睡著了。

因爲直接銷售據點模式在康乃迪克州的相對弱勢，以及某些保險經紀公司的消極被動，MMA得以成長茁壯，在房屋險市場上成爲擁有10%市場佔有率的領先者。

然而，MMA所樂見的友善競爭環境，卻可能因爲下列的因素而改變：

1.**競爭轉趨激烈**：除了直接銷售據點模式的成長與市場新進入者的威脅之外，保險經紀公司開始把對企業保險市場的重視，轉向針對個人保險市場。保險經紀公司已開始從沉睡中醒來，它們運用成熟且積極的行銷手法以攻入房屋險市場。隨著競爭態勢轉趨激烈，房屋險市場的獲利率將會迅速減低。

其中MMA特別關切大型保險經紀公司的規模超越了代理MMA的保險經紀人（要記得：保險經紀人是獨立且代理多家公司的）。大型保險經紀公司通常提供完整產品線的保險服務給旗下的保險經紀人，這些商品包括了：個人保險（含個人車險）企業保險人壽保險健康保險與其它財務規劃服務。獨立的保險經紀人爲了求生存，他們必須爲客戶提供多樣化的保險商品服務。而大型保險經紀公司知道保險商品多樣化對保險經紀人的重要性，也知道旗下所屬的保險經紀人幫MMA的房屋險做了許多生意。在房屋險被認爲是獲利率高的商品之後，每當保險經紀人將房屋險的合約轉給MMA，而只是把一些較沒有高度需求的保險合約轉給保險經公司時，保險經紀公司會感到相當沮喪。很多保險經紀公司採取利誘的方式，開始對MMA的保險經紀人提供一些優惠措施，希望能搶走MMA房屋險的生意。其它的保險經紀公司則採取威脅的方式，要與代理MMA保險商品的保險經紀人終止合作關係，除非那些在保險經紀公司旗下，又同時代理MMA保險商品的保險經紀人，願意同時將車險與房屋險的合約都轉給保險經紀公司，在此同時，客戶將會在車險與房屋險適用九折的優惠保險費率。

這樣的「鐵腕政策」遭到獨立保險經紀人的抗拒，因爲他們希望保持能將客戶合約隨意轉出到任一保險公司的獨立性。就像他們的名稱所表示的涵義一般，大部分的保險經紀人具有高度的獨立特質，不會隨便的接受保險公司的營運指示。然而，當保險經紀人身處在巨大的競爭壓力之下，有很多人不得不將保險合約轉出到具有完整保險商品的大型公司。

2.**消費者的趨勢**：越來越多的證據顯示，個人保險越來越像民生必需品，尤其是在社經地位中的中下階層，這些人特別需要低保險費率。就如同前面所提過，在未來當各種保險資訊可以經由電腦所獲取後，這些中下階層的人將可輕易的獲得低保險費率的資訊。

3.**經銷網絡**：MMA的經銷模式不只是透過獨立保險經紀人。保險經紀人系統的前景，已遭到直屬銷售據點模式與市場新進入者的強力挑戰，特別是在個人保險市場。如前所述，許多公司並沒有與獨立保險經紀人系統的命運綁在一起，它們已開始發展其它的經銷網絡機制。

MMA的企業文化與各種其它方式的經銷網絡嚴重牴觸。這理由很簡單，因爲MMA並不是一家提供完整保險商品服務的公司，基本上它只提供房屋險。保險經紀人都認爲MMA是一家值得代理的好公司，但是多數的保險經紀人並不認爲可以從代理MMA的保險商品，進而獲取豐厚的利潤。因爲MMA並不是一家提供基本保險需求的公司，保險經紀人可以停止代理MMA的保險商品，而不損及保險經紀人的營運能力。此外，MMA的成功因素之一是，它與保險經紀人之間緊密且和諧的關係，而保險經紀人認爲如果中斷如此緊密且和諧的關係是一項嚴重的錯誤。

如前所述，大型保險公司已主動縮減保險經紀人的數目，經由這個手段，他們可以名正言順的要求保險經紀人達到更高的保費收入配額。MMA的高層則認爲大型保險公司有鉅額的營運費用支出，因而在對小保險經紀人提供服務時，無法從中達到經濟效益。另一方面，MMA在康乃迪克州因爲長期的耕耘，能夠對小保險經紀人提供具經濟效益的服務，而這是大型保險公司所無法做到的。根據保險業的資料顯示，現在仍有許多小保險經紀人存在，而每天也都有新的保險經紀人投入保險業。這些小保險經紀人可能無法有足夠的保費收入，以滿足大型保險公司的胃口，但是MMA覺得只要有足夠數量的小保險經紀人，對MMA來說，就可以積少成多的在此一目標市場內生存發展。

簡而言之，Smith先生已體會到：房屋險市場的經銷網絡可能會有快速的變化，而這正是他所最關注的議題。在深思熟慮之後，他覺得MMA應該採行下列的行動方案：

1.不做任何改變，繼續經由獨立保險經紀人銷售房屋險。
2.繼續經由保險經紀人銷售房屋險，但是利用自動化的方式與更有效率的工作安排，讓MMA與保險經紀人之間的經銷網絡更順暢。
3.增加車險這個營業項目，讓保險經紀人感到這是一塊更重要的市場。其它的有關的企業作業流程則照舊。
4.增加車險這個營業項目，讓保險經紀人感到這是一塊更重要的市場，同時也增加第二項所提及的自動化與有效率的工作安排，以增加整體效率。

5.開發出直接銷售據點的模式，不再透過保險經紀人銷售保險商品。

Smith先生訂出了下列的衡量標準，以評估這些潛在的行動方案：

1.行動必須有利於獨立的保險經紀人，並避免保險經紀人的不滿。
2.行動必須在MMA現在的能力範圍之內。
3.行動必須保證MMA在房屋險市場的短期成長與可行性。
4.行動必須保證MMA在房屋險市場的長期成長與可行性。

這些行動方案與衡量標準，如Exhibit8的決策矩陣所示。

Exhibit 8 MMA保險公司行動方案評估

行動方案	衡量標準				
	行動必須有利於獨立的保險經紀人，並避免保險經紀人的不滿	行動必須在MMA現在的能力範圍之內	行動必須保證MMA在房屋險市場的短期成長與可行性	行動必須保證MMA在房屋險市場的長期成長與可行性	總和
1.不做任何改變，繼續經由獨立保險經紀人銷售房屋險。	3	2	2	0	7
2.繼續經由保險經紀人銷售房屋險，但是利用自動化的方式與更有效率的工作安排，讓MMA與保險經紀人之間的經銷網絡更順暢。	2	2	3	2	9
3.增加車險這個營業項目，讓保險經紀人感到這是一塊更重要的市場。其它的有關的企業作業流程則照舊。	4	3	3	2	12
4.增加車險這個營業項目，讓保險經紀人感到這是一塊更重要的市場，同時也增加第二項所提及的自動化與有效率的工作安排，以增加整體效率。	4	3	3	4	14
5.開發出直接銷售據點的模式，不再透過保險經紀人銷售保險商品。	0	2	0	3	5

評價

0-非常負面的效應　1-有些負面的效應　2-中性效應　3-有些正面效應　4-非成正面的效應

Source: Company Records.

MMA的高層選擇第四方案，因爲第四方案得到最高分14。

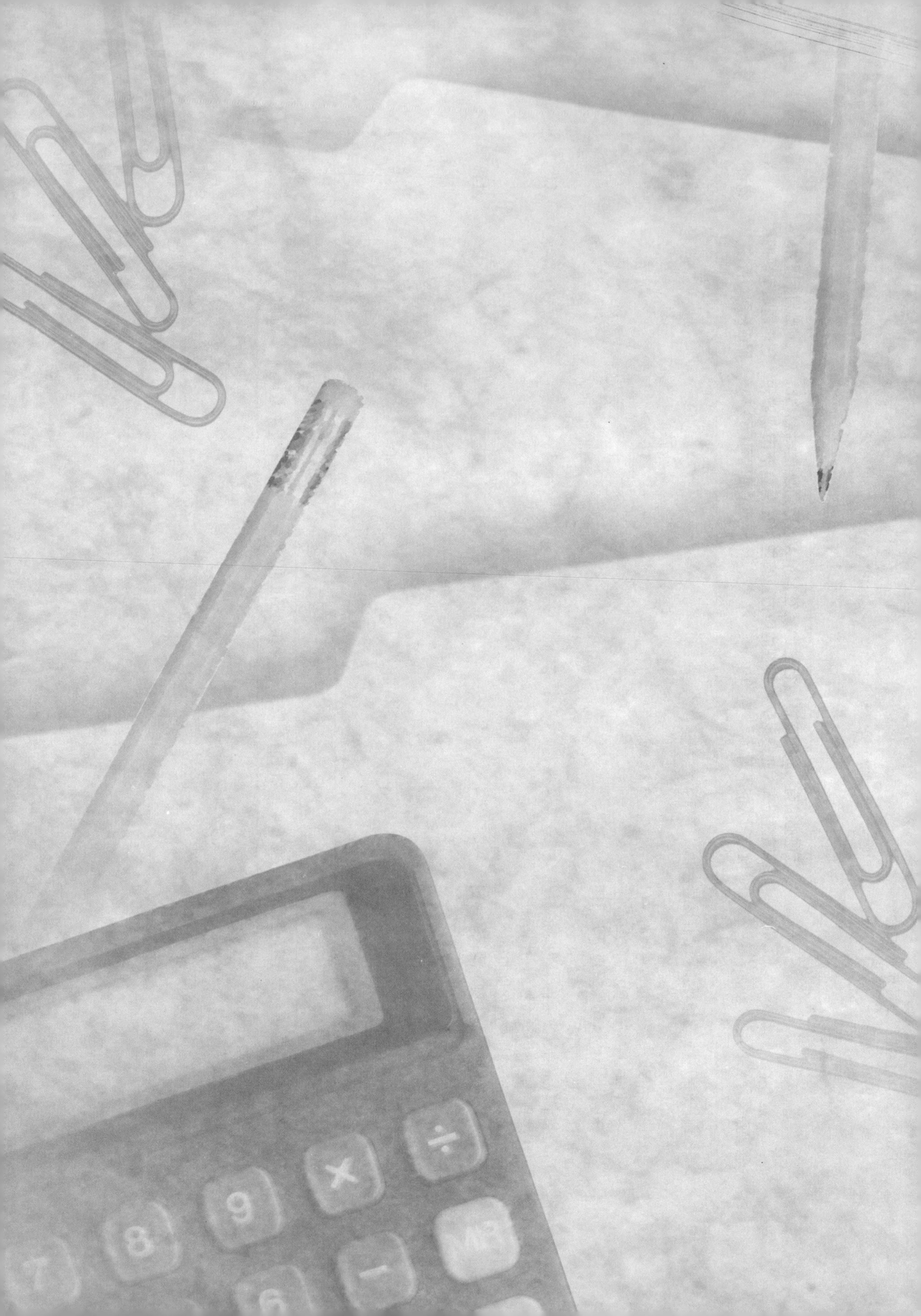

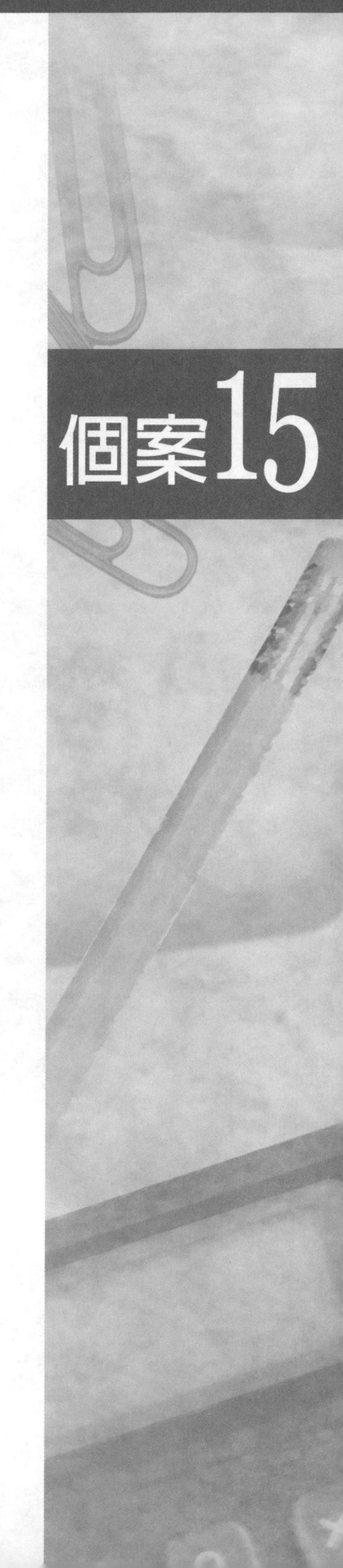

產業背景

Anheuser-Busch**的遠景**

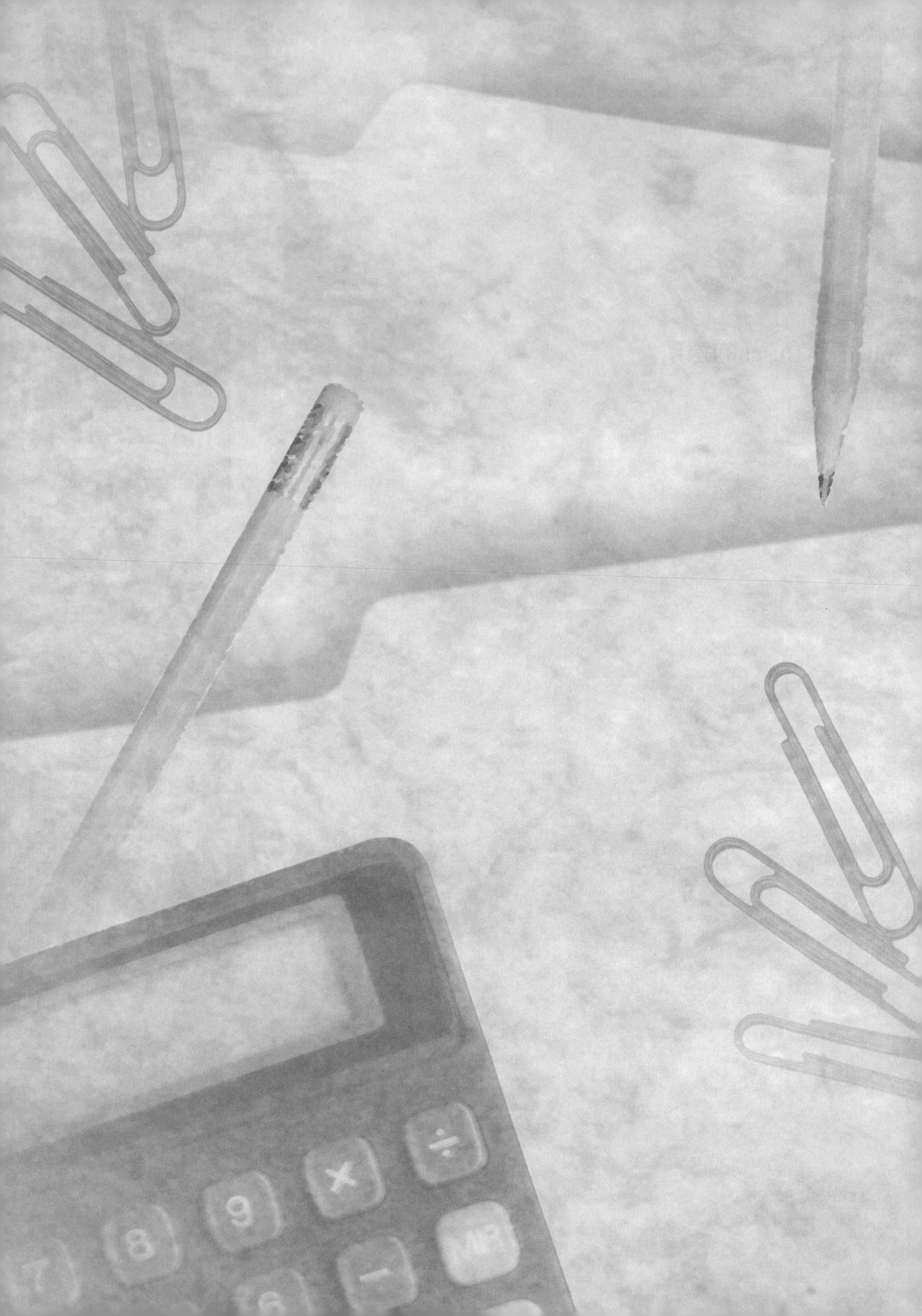

9
8
7
MR

1993年Anheuser-Busch（A-B）控制了美國啤酒市場46%的佔有率，是這產業中的領先者。自稱「啤酒之王」的公司，成功擊敗了產業中第二領先廠商Miller，贏得第一名的寶座。產業中其他名列前十名的公司，都有各自的營業困境，而且都在尋找合夥的伴侶。因此它們對A-B的寶座一點影響也沒有，A-B還期望能由競爭者互相混戰中獲得利益。

A-B的總裁August Busch三世對於公司在產業中爲強勢領先者感到非常驕傲。他自信公司「只要能加倍努力，就能持續超越競爭者——公司要建立巨大、有效率的釀造廠，在廣告及促銷上花大錢，在市場佔有率相對優勢的區隔維持價格領導地位，爲了贏得生意必要時要降低價格」。根據A-B啤酒分部的總裁Dennis Long的說法：「如果你依照地理區、人口統計變數、及競爭者來區隔美國，這將爲你帶來無比的信心，因爲仍然有許多可成長的空間。」

A-B企圖在2000年時將市場佔有率提高至55%。它計畫藉由五年爲期的資本擴充計畫，將產能提高27%。這計畫包含一項約20億的投資。五年前的擴充計畫，花了約18億，將A-B的產能提高了50%。A-B與其董事們目前面臨的問題，在於A-B是否能在啤酒消費成長率由1970年代的5%，降低到1992年的3%這種環境下，依然達成增加市場佔有率及產能的目標。減少的原因主要來自其他飲料的人口數增加，以及十八～三十四歲的人口減少。

產業背景

美國小規模的釀造廠起始於1633年，彼時第一座商業釀造廠在新阿姆斯特丹的荷蘭殖民城建造——亦即今日的紐約。一直到1840年代，大型的釀造廠因爲由德國引入新式的酵母而取代了小型釀造廠。1870年代，Louis Pasteur發展出控制發酵的程序，此後啤酒產業不斷演變。這使得罐裝啤酒得以普行。到了1900年代，兩件重大事件影響產業深遠。這些事件是禁酒令及技術的改變。禁酒令發生在1920年，當時啤酒產業幾乎囊括了爲數約一千五百位的地方及區域啤酒釀製者。在1933年禁酒令解除時，只剩不到八百位的啤酒釀製者僥倖殘存。技術的改變來自電視的引入，發生在1946年。全國性的廣告開始對能否成爲市場領先者而舉足輕重。電視給了那些付的起廣告費的廠商絕對的優勢，它們的品牌能最先打入消費者心中。

Exhibit1 啤酒業的市場佔有率

公司	1981市場佔有率	1992市場佔有率
Anheuser-Busch	30.3%	46.2%
Miller	22.4	22.4
Heileman	7.8	5.3
Coors	7.4	10.4
Stroh	5.0	7.6
Genesee	2.0	1.2
Other	4.7	6.9
Total	100.0%	100.0%

產業的合併

在過去十年中，年產值105億的啤酒產業經歷了大規模改變。合併來自大型的釀造廠，將許多區域釀造商吸納。在1970年有九十二家釀造商，到了1992年數目減少至18家，79%的合併來自三家釀造商，其中69%則是來自A-B與Miller。（見Exhibit1）

由A-B與Miller共同領先的市場劇烈改變了產業生態。A-B與Miller給它們未加入工會的員工更高的薪資，高出產業的平均值，它們善加運用規模經濟，而且在廣告上花比它們的對手更多的錢。它們對市場有很大的控制力，因爲它們是行銷專家，砸錢無數，而且彼此都看彼此不順眼。其他的釀造商（大概除了Coors以外）對這兩個領先者構不成多大威脅。小型釀造商爲了無效率的生產、定價、無力的行銷、及不斷的人事跳槽而傷透腦筋。它們卑微的角色，使得小型釀造商團結起來。這些小釀造商中有不少要靠著合併才得以生存。長遠看來這帶動了產業中更大型合併的風氣。

啤酒產業看來似乎正朝著寡佔市場邁進，跟煙草產業頗類似。新公司不願進入這產業，因爲有很高的進入成本，未來成長性又低。高進入成本是考量到以下兩個因素：（a）要建立能與A-B與Miller競爭的行銷與生產團隊所要花的成本，（b）爲了使產品差異化，在競爭時的花費及困難度。產品差異化是必須的，因爲獨有價格競爭並不夠。但是小型釀造商卻訴諸價格戰，只爲了能保有目前的市場佔有率。這使得產業低成長性的特質更加明顯。唯一能與A-B及Miller別苗頭的小釀造商是G.

Heileman，因爲它擁有低成本的製造設備。

長期以來釀造商的數目不斷減少，市場上的品牌自然也越來越少。不過這效果會被新市場區隔開發，引入新種類啤酒而沖散。如果產業中未來有較大型的合併及較激烈的競爭，A-B與Miller有可能從中獲利。越平穩的產業，會使得過去惡性的價格戰不再出現，還能留在產業中的少數幾家廠商，也就更容易獲利。

市場的改變

目前的釀造商在市場的不同區隔中販賣幾種不同類的啤酒。爲了持續擴張，新品類啤酒不斷推入市場。近年來淡啤酒區隔的成長最被看好。在1970年代，市場中淡啤酒只佔3%。到了1992年，淡啤酒佔了約市場的四分之一。造成這區隔的成長有三個原因。第一，二十五～三十四歲的人口群消費最多的低熱量非酒精飲料，他們對健康的關心程度，也反應在他們選擇啤酒上。雖然人口總數每年成長1%，二十五～三十四年齡層預估未來五年年成長率會達2%。第二個原因與女性在淡啤酒的地位有關。女性客群多半偏愛淡啤酒。第三個原因是廣告。1992年，Miller佔有淡啤酒40%的市場佔有率；它能夠吸引更多關心體重的消費者，例如，較年長的男性，因此能拿下市場領導者的地位。

進口啤酒是另一個有成長可能性的區隔。在1992年，進口啤酒只佔啤酒消費中的4.3%。這個市場區隔預期到了2000年時，消費量會成長50%。高級進口啤酒由不販賣本地啤酒的公司代理，不過大多數的本地釀造商多少販賣超過一種的進口啤酒。主要的釀造商明顯認爲能夠代表所有啤酒市場的區隔與地區是很重要的（見Exhibit2）。

市場區隔

要在全國市場中成功必須具備三大要素：行銷能力、產品組合、配銷通路。目前在全國啤酒市場領先的廠商A-B與Miller，在這三領域都非常強勢（見Exhibit 3）。它們擁有行銷專家、有力的盤商網路、以及廣大的產品線。它們產品線的優勢，在於它們集中在高毛利、高成長率的淡啤、加料啤、以及特級加料啤三個區隔。在1992年，A-B與Miller佔了68.6%的市場，預估在1990年代結束前會達到80%。因爲許多小型競爭者沒有有效行銷的能力而使合併加速進行。由此可看出行銷能力是攸關成功與否的因素。產品組合也很重要，因爲產品組合的價值，必須要

Exhibit2 主要釀造商的大品牌

公司	特級	超級	淡啤	進口
Anheuser-Busch	Budweiser	Michelob	Budweiser Light	Carlesberg
Miller	Miller High Life	Lowenbrau	Lite	Molson
Stroh	Stroh	Signature	Stroh Light	-
S&P Industries	Pabst Blue Ribbon	-	Pabst Lite	-
Coors	Coors	George Killian's Special Ale	Coors Light	-
Heileman	Old Style	Special Export	Several entries	Beck's

Exhibit3 啤酒產業中主要競爭者在三塊領域的優勢

公司	通路	行銷優勢	產品組合
Anheuser-Busch	*是產業中最強的。 *產量優越增加。	*優越－尤其大量投資在花費、時間、生產力之後。 *替生產量及生產力都帶來好處。	*產業中最好的。 *每個人都能買到合適的產品，但在大部分有利潤的區隔中，都能有亮麗的產量。 *促使生產力增加。
Miller (Philip Morris)	*遠比產業平均優越。 *追求產量成長。	*有產業中最雄厚的實力。 *證明有其行銷技能。 *替生產量及生產力都帶來好處。	*較有限，但專注在大部分可獲利區隔中。 *促使生產力增加。
Heileman	*某些領域很強勢，大部分卻趨弱勢。 *成長率為產業平均或稍微超越。	*有限的財力，但是對於每筆金額花費都很有效率。 *是產業競爭者看好買下的公司。	*大部分可獲利區隔中表現有限；在最不獲利的區隔表現優越。 *對生產力無作用力。
Coors	*在傳統市場表現奇差；在新市場表現微弱。 *生產量持續縮減。	*居於劣勢，沒有特殊表現。 *產量及生產力都在下降。	*有限，但專注於大部分可獲利區隔。 *對生產力的影響有潛力，但尚未實現。
S&P Industries	*能力弱，且趨向更弱。 *生產量持續縮減。	*無效能，低財力。 *產量及生產力都在急速下降。	*專注於最不獲利的區隔。 *對生產力沒有作用力。

source: Prudential-Bache's *Brewery Industry Outlook*, March 13, 1993.

高過個別產品相加後的總價值，這就是我們所知的綜效。如果不是這樣，要推出新品牌可就代價高昂。有效的通路也是成功的必須因素。消費者有向居住地鄰近的小酒館購買酒品的傾向。爲此配銷通路相形重要。雖然通路的強度在每個區隔會不同，A-B在所有的通路都可說是最強勢的。

如前所述，進口啤酒在1992年只佔市場4.3%。這個市場區隔在過去五年中緩慢成長，但是預估在1995年時會佔有5%。進口商藉由不斷引入新品類的啤酒，以吸引不同區隔的飲酒人口（例如，Amstel Light），使得市場不斷擴大。海尼根佔有進口啤酒市場的30%，Molson佔有20%，但是近年來這些釀造商因爲Beck、Moosehead、Labatt陸續進入市場，而失去了一些佔有率。美國本土的釀造商，近年來只代理了一或幾種少數的進口啤酒。進口啤酒有特殊的味道，是爲了吸引那些自制力強、上流、都會人口。進口啤酒區隔是市場中獨一無二的區隔，因此可能隨著經濟成長減緩，使得銷售額區緩。

小型釀造商也推出有獨特口味的啤酒。這些釀造商多半在區域內販賣，在發源地附近範圍內活動。它們專賣低價啤酒，在1992年只佔啤酒市場不到5%。小型、地方性、家族事業性的釀造商數目一直減少，預估這趨勢會持續下去。在1980及1990年代中，這個市場規模大小不斷縮減。因爲固定成本持續增加，許多的釀造商無法獨立在產業中生存下去。比起那些尚能存活的廠商，成功因素在於它們能成爲社區的驕傲，是社區所偏愛的口味的地方釀造商。

競爭

釀造商間彼此競爭的領域有三塊：包裝、廣告、價格。包裝是釀造商用以區隔的指標之一。包裝的樣式，包括：傳統的12盎斯6瓶裝或罐裝；20盎斯罐裝；40盎斯瓶裝；7盎斯8瓶裝或罐裝；12盎斯12瓶裝或罐裝；以及不同容量的桶裝。在1991年，59%的啤酒消費是瓶裝，21%爲可回收瓶裝，以及9%爲不可回收瓶裝。自1991年起可回收瓶裝使用量顯著攀升，那是由於在四十三州中都實施了回收法。

在過去十年中，廣告成爲主要的行銷工具。自1987年起，主要釀造商的廣告支出，每年都以超過12%成長。有效的廣告可提高品牌忠誠度。釀造商們普遍認定要以合法、道德上負責任的方式來打廣告。爲了促銷社會責任的形象，釀造商們贊助了許多公共廣告，主題由青少年避孕、到喝酒不開車。他們沒有在廣告中，牽涉到弱勢團體、喝醉的人、或是推廣喝啤酒等議題。有幾個市場區隔是廣告競爭的重要目標群，包含了大學生、運動迷以及民族團體。釀造商藉由校園代表（Miller）、或對贊助的活動提供免費飲料（Budweiser），希望能提高大學生對品牌的忠誠度。美籍西班牙裔的市場很大，也很重要。為了吸引這區隔中的顧客，Coors請到了有西班牙背景的影星來主演廣告，A-B則有西班牙的廣告商來促銷Michelob。

當新產品上市時，它們直接就是針對市場中某些區隔來主打。藉由廣告能達到這目的。Miller Lite的目標市場是上了年紀的男姓；Michelob 7盎斯瓶裝的目標市場是二十四到三十五歲的女性。在所有的廣告中，區隔的方式主要為男性、女性或是夫妻。啤酒是極端形象化的商品，廣告商們則是著採用新的主攻方法。焦點放在要使啤酒成為圓滿達成工作的獎賞，不再只是讓啤酒的形象，侷限在簡單、輕鬆的生活態度。新的廣告中，啤酒是一天辛勤工作、或是贏得運動比賽後的獎品。廣告中也經常注入幽默感。廣告在啤酒產業中的地位相當重要，有財力打廣告的釀造商，也從中獲得了堅實的競爭優勢。

價格不再如以前般是那麼重要的行銷工具。它已失去了它競爭的重要性。重點移轉到傳媒上。價格策略現在要依附產品的定位。釀造商賣出幾項價格敏感性的品牌，包括超特級、特級、一般價格、淡啤、以及普通的啤酒。特級啤、超特級啤、以及淡啤等預計每年價格上漲幅度為6%～7%，而一般價格的啤酒，每年價格上漲幅度就只有比較少的3%～5%。

影響啤酒產業的環境因素

有幾項經濟與人口統計因素會影響啤酒產業。其中兩項為消費者口味與偏好改變的不可預測性，以及經濟衰退的擴大效果。如果啤酒需求量明顯下降，會造成產業中產量過多。其他因素，包含有女性消費者的增加，以及對關心健康的態度，使得飲啤酒只為低度或適中的量。這些因素會影響啤酒蒸餾的酒精含量，進一步啤酒市場會出現機會，區隔方法也會改變。最後一項因素是未來所有消費者經濟與人口統計的改變。這些未來趨勢中，其一是二十五～四十四歲的人口群，到了1997年會成長20%。這年齡層的特色有差異較大的收入分布，傾向於經常在外用餐，家中有更多娛樂設施。另一個未來趨勢攸關主要的啤酒飲用年齡層。十八～二十四歲的人口群未來數量會減少。這些預測的趨勢對於啤酒產業來說都沒有好處。

有些法律規定也影響啤酒業。包含了更嚴厲的酒精類管制條例，對回收瓶要求更多的法律，可飲用酒精飲料年齡的提昇、以及貨物稅增加。如果釀造商期望將包裝以及通路方式做改變，結果經常是成本增加，因而使毛利率下降。如果對於回收的要求增加，也會造成同樣的結果。可飲用年齡的提昇，會使得十八～二十四歲可飲用的年齡層人口更加縮水，對於釀造商的利潤也不會有好結果。如果貨物稅持續攀升，可能會造成利潤的重新分配。若以影響的百分比來談最嚴重的打擊，莫過於在一般價格啤酒與普通啤酒上。消費者會認爲品牌間的價格差異沒那麼大，因此會有購買較貴啤酒的傾向。這對於小型、地區性的釀造商是莫大的傷害，因爲它們多半專攻在低價啤酒上。批發商之間對於勢力範圍內通路使用權的協議，也會對啤酒業造成影響。獨家地區的代理權會拉大強勢與弱勢批發商之間的距離。

產業財務與營運的表現

過去釀造商成功的財務管理與它們在行銷、通路、產品組合的表現齊頭並進。能在這三方面有競爭力的釀造商，對市場的控制力也會增加，同時較弱的廠商就失去了市場佔有率。

即使強勢與弱勢釀造商之間有逐年加大的距離，大多數釀造商的利潤損失是來自過去多次的價格戰。這多少限制了價格的波動性。價格戰使得其他能獲利的營運指標變得重要。包含了：生產力、產量、以及毛利。生產力可由改變受歡迎的產品組合來提昇。具有成長機會、以及／或有吸引人的毛利率的品牌紛紛出線。每個啤酒區隔的毛利率，以及每個區隔三～五年的成長趨勢顯示在Exhibit4中。

Exhibit4　不同啤酒區隔之毛利率

啤酒區隔	釀造商毛利率	批發商毛利率	產量佔產業百分比
一般價格	10%-16%	20%-22%	22%
特級價格	28%-30%	25%-27%	40%
淡啤酒	30%-32%	25%-27%	28%
超特價	37%-39%	25%-27%	2%

source: Beverage Industry, Prudential Securities estimates, March 13, 1993.

A-B與Miller都專注在快速成長、高利潤的淡啤、特級啤、以及超特級啤的市場區隔上。淡啤是市場上很好主打的產品，因爲它生產成本低、售價高、毛利高，因此比其他品牌的啤酒更容易獲利。在1992年，產業中許多製造商在生產力另一指標——營運率（operating rate）上表現均不佳。平均的營運率爲生產力的75%，遠低於理想的90%～95%。A-B是在這區塊中唯一有競爭力的釀造商；它的工廠約以最大生產力的98%運作。

獲利性中第二個重要指標是產量；產量越高，獲利率越高。既然預測的啤酒消費趨勢呈一平坦線，釀造商增加產量的能力，就要依據其他的因素。包括了它們能強勢行銷的財力，以及是否有強勢通路系統。

第三個指標是毛利，也就是銷售額減去銷貨成本。這個數字代表了扣除可能的營運損失之後，能用來行銷、行政費用的最大金額。過去與預測的產業毛利情形顯示在Exhibit5。除了A-B與Miller以外，產業中每桶酒的毛利，都只有A-B的三分之二。大多數的釀造商都沒有財力能夠達到行銷的競爭水準，因爲這必然會使成本增加。產業中有很明顯的二元化傾向，可說是「富者更富，不太富的還很幸運能繼續營運」。總結來說，越高的毛利，代表越有錢來從事行銷。這使得該廠商的市場佔

Exhibit5　過去產業毛利與未來預測（利潤、桶的單位：百萬）

	1972	1977	1982	1992
產業				
總桶量	**131.8**	**156.9**	**180.0**	**209.0**
總毛利	**$1,479.5**	**$1,915.5**	**$2,454.5**	**$3,224.2**
每桶毛利	**$11.23**	**$12.21**	**$13.64**	**$15.43**
Anheuser-Busch				
總桶量	**26.5**	**36.6**	**59.1**	**86.6**
總毛利	**$392.6**	**$571.1**	**$976.1**	**$1,555.7**
每桶毛利	**$14.82**	**$15.60**	**$16.52**	**$17.96**
Miller				
總桶量	**5.3**	**24.2**	**39.3**	**54.5**
總毛利	**$71.6**	**$368.2**	**$580.7**	**$865.7**
每桶毛利	**$13.51**	**$15.21**	**$14.78**	**$15.88**
產業－扣除Bud與Miller				
總桶量	**100.0**	**96.1**	**81.6**	**67.9**
總毛利	**$1,015.3**	**$976.2**	**$897.7**	**$802.8**
每桶毛利	**$10.15**	**$10.96**	**$11.00**	**$11.82**

source: Prudential-Baches's *Brewery Industry Outlook*, March 13, 1993.

Exhibit6 主要釀造商的成本結構

包裝	**45%**
原料	**15**
勞工	**12**
行銷	**20**
其他	**8**
總計	**100%**

source: Prudential-Baches's *Brewery Industry Outlook*, March 13, 1993.

有率及銷售額能增加，有越大的產量及生產力，因此獲利越多。

會影響未來產業表現的因素，包括了經濟環境成長緩慢、衰退、以及成本遠景。第一個因素── 環境成長緩慢，必然會使廠商重心轉移至提高生產力與產量。第二個因素── 衰退，會對某些啤酒品牌造成影響，尤其是那些以對衰退有反應的人爲目標群的品牌。最好的例子是Miller High Life，目標群主打就是藍領階級。最後一個因素── 成本遠景，原因有（a）原料及包裝成本增加率，比通貨膨脹率要來的低；以及（b）廣告不會超過年成長率的12%。如此看好的成本遠景會促使釀造商努力維持營運獲利有3%～5%的成長率。Exhibit6顯示主要釀造商的細部成本結構。

Anheuser-Busch的遠景

公司背景

A-B建立於1852年。公司的總部位於密蘇里州的聖路易市。現任的董事長爲August Busch三世，也是這釀造商的第四代。在1957年，A-B擊敗了Schlitz成爲產業領導者，自此之後一直領先。這段時間內，A-B面臨了來自Schlitz及Miller的挑戰。到了1970年代，A-B成長茁壯，連Schlitz的挑戰都變得微不足道。Schlitz在行銷上的錯誤，造成了不少忠誠顧客的流失。一直到由Philip Morris公司在1969～70年間買下的Miller，才眞正對A-B的領導地位造成威脅，並引起A-B的重視。當Miller挑戰時，A-B正面對一棘手的經理權轉移問題，但是眞正對A-B有嚴重打擊的，則要到1976年夏天時發生的罷工行動，這年夏天在貨品架上，根本找不到A-B的啤酒。A-B在零售通路上，傾全力擊敗了Miller，成功地保住了領導者地位。A-B與Miller之間的戰爭，使產業中其他一直努力維持經營的釀造商嚴重受損。

自從1976年起，A-B將品牌數由三個擴充到十五個，以便打入所有的市場區隔。Busch及Natural Pilsner爲一般價格的品牌，Budweiser及Budweiser Light爲特級品牌，而Michelob、Michelob Light、Michelob Classic Dark，以及另一進口啤酒爲超特級品牌。所有A-B的品牌背後都有金額龐大的廣告及促銷支出。從1981～1990年間，A-B花在傳媒上的金額成長了180%，達到6.43億美元。A-B花在贊助體育活動的金額也遠超過所有的釀造商。在1992年，它就贊助了九十八項專業、三百一十項的體育活動。

打從廣告開始盛行，釀造商就已開始使用「形象」廣告來替產品定位，這幾年來廣告支出更是龐大。Budweiser原本的目標區隔是強壯、粗獷的形象，因此打從一開始Budweiser就與Clydesdale馬連結在一起。一群這種馬拖著Budweiser馬車，不過這廣告主要是形式上的。現在會喝Budweiser的人屬於高收入、中等年紀的單身族群，多半是男性，且不太可能是較弱勢的人。爲了吸引女性、弱勢團體、較年長及較年輕等更廣大的顧客群，A-B建立了新的廣告團隊來促銷Budweiser，新的術語爲「This Bud's for you」。此舉讓Budweiser的顧客群得以平均分布在每個地理區。因此它沒有像Miller High Life般面臨同樣的問題——分布在較偏向經濟落後的地區。Exhibit7列出了主要競爭廠商的估計媒體花費。

A-B主力集中在三種淡啤酒：Budweiser Light、Michelob Light、及Natural Light。這三種品牌的目標市場分別爲特級、超特級、及中價。當Budweiser Light在1982年上市時，它帶來意想不到的成功。這個品牌著重在運動上，有個運動傾向的口號：「Bring out your best…」。Budweiser Light的目標市場爲常喝啤酒的人，活躍、積極，而Miller Lite則主打上年紀的男性、且較顧慮體重的顧客群。

一般價格的Busch，目標市場是崇尙自由性靈的男性。這品牌的促銷法，在於針對以爬山爲休閒活動的藍領階級勞工。超特級市場的區隔由A-B的旗下品牌Michelob領先，緊追在後的是Miller的品牌Lowenbrau。這市場區隔成長緩慢。Michelob Light新的促銷手法是主打白領階級的男性與女性，他們屬於某俱樂部，以其爲休閒，有能力花多些錢來選擇特殊場合用的啤酒。這促銷手法主要特質是承襲、傳統、講求品質、及特別性。A-B花了許多金額在打廣告上，是產業的領導

Exhibit7 啤酒業的廣告支出比較表

廣告支出	1981	1982	1983	1984	1985	1986	1987	1988	1989	1990
產業總和	$351.8	$406.5	$494.7	$575.8	$602.5	$688.8	$684.5	$720.4	$677.2	$643.2
變動百分比		-15.5%	21.5%	16.4%	4.6%	14.3%	-0.6%	5.2%	-6.0%	-3.5%
Anheuser-Busch	$117.2	$164.3	$197.8	$245.8	$270.0	$337.4	$339.0	$369.7	$346.0	$301.1
變動百分比		40.1%	20.4%	24.3%	9.8%	25.0%	0.5%	9.1%	-6.4%	-13.0%
佔產業%	33.3%	40.4%	40.0%	42.7%	44.8%	49.0%	49.5%	51.3%	51.1%	46.1%
市場佔有率	30.0%	32.4%	32.9%	35.0%	37.1%	38.6%	40.6%	41.9%	43.0%	44.6%
Miller	$91.1	$115.5	$133.9	$163.7	$163.5	$201.2	$170.9	$168.4	$149.5	$188.6
變動百分比		26.8%	15.9%	22.3%	-0.1%	23.1%	-15.1%	-1.5%	-11.2%	26.2%
佔產業%	25.9%	28.4%	27.1%	28.4%	27.1%	29.2%	25.0%	23.4%	22.1%	28.9%
市場佔有率	22.2%	21.5%	20.4%	20.5%	20.2%	20.5%	20.8%	21.5%	22.2%	22.7%
Coors	$23.0	$22.1	$30.4	$38.1	$58.4	$77.7	$84.7	$111.1	$114.3	$122.4
變動百分比		-3.5%	37.3%	25.2%	53.3%	33.2%	9.0%	31.2%	2.9%	7.1%
佔產業%	6.5%	5.4%	6.1%	6.6%	9.7%	11.3%	12.4%	15.4%	16.9%	18.7%
市場佔有率	7.3%	6.5%	7.5%	7.2%	8.0%	8.1%	8.4%	8.8%	9.5%	9.9%

source: Beverage Industry and Leading National Advertisers.

Exhibit8 個別品牌的平均產量、不同釀造商之經銷商的銷售平均數

Anheuser-Busch	**859,000**
Miller	**637,000**
Heileman	**108,000**
Coors	**438,000**
Stroh	**280,000**
S&P 產業	**154,000**
產業平均	**541,000**
除去A-B之產業平均數	**405,000**

source: Prudential-Baches's *Brewery Industry Outlook*, March 13, 1993.

者，其次則爲Miller。

批發商支出一直很高的固定花費，因爲要維護所費不貲的工廠、購買卡車等。因此批發商要靠銷售量來維持利潤，偏好能有最好銷售量的品牌。在Exhibit8中，我們能看到A-B與Miller比起其他競爭釀造商能賣出更多的啤酒。A-B擁有950個批發商網路，因此產品能行銷各地，這產業中最有效的批發網路也是A-B所有。A-B對批發商提供了大量的協助，包括在財務、倉儲方面的進階訓練營。批發商的表現是根據下游顧客補貨次數、每週及每月所有啤酒的銷售額、以及其他幾個因素。貨停留在A-B的批發商處大約十二至超過二十天，不同季節會不同。有這麼高的存貨週轉率，一個批發商也因此能更快獲利。在未來，預估釀造商之間的競爭優勢會在批發商的層次，因此A-B有效的批發系統更顯無價。

公司的財務及營運表現

A-B多角化的觸角，伸至銀行、零食、運輸服務、棒球聯盟、以及不動產業。儘管有這些副業，A-B的啤酒生意仍然是利潤的主力。在1992年，啤酒營運約佔總利潤的85%。到了1992年6月，A-B掌控了美國啤酒市場的46%。在1982年時是31.4%，1980年是28.2%，1977年則是23%。1982～1992年間，市場佔有率成長了44%。A-B賣出的啤酒量在過去十年間也有大幅成長。1982年時，A-B的總銷售額爲53億，當年的利潤有2.873億元。在1992年，A-B的銷售額超過了130億，淨利達9.17億。Exhibit9列出了A-B的財務及營運表現。

Exhibit9 Anheuser-Busch公司及子公司之合併資產負債表

資產（單位：百萬） 12月21日	1992	1991
流動資產		
現金與可變現證券	$215.0	$97.3
應收帳款與票據，扣除支出與問題金額		
1992年$4.9及1991年$5.5	649.8	654.8
存貨──		
原料與設備	417.7	397.2
半成品	88.7	92.5
完成品	154.3	145.9
總存貨	660.7	635.6
其他流動資產	290.3	240.0
總流動資產	1,815.8	1,627.7
投資與其他資產		
關係企業投資	171.66	116.9
設備投資	164.8	159.9
遞延款項與其他非流動資產	356.3	365.6
買入公司淨支出超過淨資產部分	505.7	519.9
	1,198.4	1,162.3
設備		
土地	273.3	308.9
建築物	3,295.2	3,027.8
機器設備	7,086.9	6,583.9
在建設備	729.7	669.0
	11,385.1	10,589.6
累積折舊	(3,861.4)	(3,393.1)
	7,523.7	7,196.5
	$10,537.9	$9,986.5

Exhibit9 (continued)

(除了每股資料以外，單位：百萬) 會計年度終止日12月31日	1992	1991	1990
銷貨收入	$13,062.3	$12,634.2	$11,611.7
扣除聯邦、州稅	1,668.6	1,637.9	868.1
銷貨淨額	11,393.7	10,996.3	10,743.6
產品服務成本	7,309.1	7,148.7	7,093.5
毛利	4,084.6	3,847.6	3,650.1
管銷費用	2,308.9	2,126.1	2,051.1
營運收入	1,775.7	1,721.5	1,599.0
其他收入與費用			
利息費用	(199.6)	(238.5)	(283.0)
資本化利息費用	47.7	46.5	54.6
利息收入	7.1	9.2	7.0
其他淨收入／（費用）	(15.7)	(18.1)	(25.5)
稅前盈餘	1,615.2	1,520.6	1,352.1
營業稅			
當期	561.9	479.1	429.9
遞延	59.1	101.7	79.8
	621.0	580.8	509.7
會計變動累積影響前淨利	994.2	939.8	842.4
退休金(FAS106)與所得稅(FAS109)會計方法變動累積影響，扣除稅賦效果$186.4	(76.7)	-	-
淨利	$917.5	$939.8	$842.4
完全稀釋後每股盈餘			
會計方法變動前淨利	$3.48	$3.26	$2.96
累積影響	(.26)	-	-
淨利	$3.22	$3.26	$2.96
完全稀釋後每股盈餘			
會計方法變動前淨利	$3.46	$3.25	$2.95
累積影響	(.26)	-	-
淨利	$3.20	$3.25	$2.95

註：1992年公司決議遵行新的財務會計標準，牽涉到退休金收益(FAS106)與營業稅(FAS109)。該決定影響1992年報表與過去的一致性。管理者認爲閱讀公司財務報表的人有權利知道採用這新標準後，對1992年營運營運結果與每股盈餘的影響。若除去此標準所帶來的財務變動，1992年的營運收入、稅前淨利、淨利與完全稀釋每股盈餘分別爲$1,830.8、$1,676.0、$1,029.2以及$3.58。

過去十年間，A-B的銷售額及利潤分別成長了150%及220%（見Exhibit10）。單位獲利率約爲每桶啤酒3.59元，遠超過產業中其他廠商。雖然在1993年，整個市場的銷售額預估會成長15%～20%，A-B的收入卻可增加30%～40%。由於是產業中的領導者，A-B擁有價格彈性。

由於生產力、銷售量的增加，使得A-B在營運及財務上有顯著成就。過去五年中，它投資超過20億在擴充工廠生產力上。此舉不但使A-B工廠的生產力提昇，支出也更有效率。未來五年中，A-B打算再投資20億將生產力由6.2億桶擴充到超過7.5億。這些資金絕大部分來自公司內部。A-B買下了第二大的國內麵包商Campbell-Taggert，預估這會使內部資金來源更加充裕。

A-B成功將其產品定位在高獲利、成長快速的啤酒區隔。它也有強勢的行銷策略。A-B因此在銷售量上大幅增加，遠超過產業的成長速度。未來五年中，它預估每年的銷售量成長率會達8%～10%。爲了達到營運的彈性，A-B進行垂直整合。許多在啤酒製造上的步驟，在A-B的工廠內就可完成。包括了做出麥芽、印刷紙的硬化及瓶罐製造。相較於A-B花了許多精力在擴充上，其他的釀造商爲了提高投資報酬率，倒是採用縮減生產力的方法。

擴充

在1970年代，A-B嘗試進入根啤與低酒精含量的檸檬萊姆飲料市場卻沒有成功。因爲有這些失敗經驗，公司在進入新領域時格外小心。另外，A-B在一些合資案中與其他廠商結成同夥。它與另一合夥廠商LaMont Winery公司，進入了快速成長的「有栓塞的葡萄酒」事業。A-B在此事業區塊中，以Master Cellars的品牌名義，行銷較大桶裝的白酒、紅酒、及rose。A-B也多角化至零食事業。它的Eagle Snacks經由酒吧、便利商店，行銷到全國各地。公司最近在啤酒市場上，推出了一種不含酒精的啤酒O'Doul's。它期望這品牌能在新興的非酒精飲料區隔中成功。

提到A-B未來的擴充計畫，August Busch三世有幾個策略可供思考。大致可分爲兩類：與啤酒營運有關以及非啤酒營運。在啤酒營運方面，有幾項可行的擴充方案，包含淡啤酒的區隔、併購、歐洲市場、撤銷投資、遠東集團、以及3.2啤酒區隔。淡啤酒區隔絕對會有擴充的機會，因爲預估潛在的市場滲透會至少達到40%，而現在只有25%。A-B要透過買下較小的釀造商來擴充也很有可能。缺點是大多數的小型釀造商較集中在特殊、太小的市場區隔，對A-B來說不符合經濟效益。因此

Exhibit10 Anheuser-Busch公司及子公司之財務摘要

（除每股資料以外，單位百萬）	1992	1991	1990	1989	1988
營運摘要					
賣出桶數	86.8	86.0	86.5	80.7	78.5
銷貨	$13,062.3	$12,634.2	$11,611.7	$10,283.6	$9,705.1
聯邦、州稅	1,668.6	1,637.9	868.1	802.3	781.0
銷貨淨額	11,393.7	10,996.3	10,743.6	9,481.3	8,924.1
產品服務成本	7,309.1	7,148.7	7,093.5	6,275.8	5,825.5
毛利	4,084.6	3,847.6	3,650.1	3,205.5	3,098.6
管銷費用	2,308.9	2,126.1	2,051.1	1,876.8	1,834.5
營運收入	1,775.7(1)	1,721.5	1,599.0	1,328.7	1,264.1
利息費用	(199.6)	(238.5)	(283.0)	(177.9)	(141.6)
資本化利息費用	47.7	46.5	54.6	51.5	44.2
利息收入	7.1	9.2	7.0	12.6	9.8
其他淨收入／（費用）	(15.7)	(18.1)	(25.5)	11.8	(16.4)
賣掉Lafayette廠房收入	-	-	-	-	-
稅前盈餘	1,615.2(1)	1,520.6	1,352.1	1,226.7	1,160.1
營業稅	621.0	580.8	509.7	459.5	444.2
會計變動累積影響前淨利	994.2(1)	939.8	842.4	767.2	715.9
退休金(FAS106)與所得稅(FAS109)會計方法變動累積影響，扣除稅賦效果$186.4	(76.7)	-	-	-	-
淨利	$917.5	$939.8	$842.4	$767.2	$715.9

Exhibit10 (continued)

（除每股資料以外，單位百萬）	1987	1986	1985	1984	1983	1982
營運摘要						
賣出桶數	76.1	72.3	68.0	64.0	60.5	59.1
銷貨	$9,110.4	$8,478.8	$7,756.7	$7,218.8	$6,714.7	$5,251.2
聯邦、州稅	760.7	724.5	683.0	657.0	624.3	609.1
銷貨淨額	8,349.7	7,754.3	7,073.7	6,561.8	6,090.4	4,642.1
產品服務成本	5,374.3	5,026.5	4,729.8	4,464.6	4,161.0	3,384.3
毛利	2,975.4	2,727.8	2,343.9	2,097.2	1,929.4	1,257.8
管銷費用	1,826.8	1,709.8	1,498.2	1,338.5	1,226.4	758.8
營運收入	1,148.6	1,018.0	845.7	758.7	703.0	499.0
利息費用	(127.5)	(99.9)	(96.5)	(106.0)	(115.4)	(93.2)
資本化利息費用	40.3	33.2	37.2	46.8	32.9	41.2
利息收入	12.8	9.6	21.3	22.8	12.5	17.0
其他淨收入／(費用)	(9.9)	(13.6)	(23.3)	(29.6)	(14.8)	(5.8)
賣掉Lafayette廠房收入	-	-	-	-	-	20.4
稅前盈餘	1,064.3	947.3(2)	784.4	692.7	618.2	478.6
營業稅	449.6	429.3	340.7	301.2	270.2	191.3
會計變動累積影響前淨利	614.7	518.0(2)	443.7	391.5	348.0	287.3(3)
退休金(FAS106)與所得稅(FAS109)會計方法變動累積影響，扣除稅賦效果$186.4	-	-	-	-	-	-
淨利	$614.7	$518.0(2)	$443.7	$391.5	$348.0	$287.3(3)

source: Annual Report of the Company.

併購帶來的好處較少。不過它能證明買下小釀造商是必要的，因爲要防堵它們結合在一起，形成產業中的第三勢力。

A-B擴充的第三選擇是透過歐洲市場。對A-B而言，探索、評估歐洲的瓶罐飲料市場是有利的。問題是這個方法端看A-B是否能成功迎戰歐洲不同口味、品牌眾多的市場。此方法證明A-B若能撤銷不成功的Natural Light品牌，對A-B較有利。1992年這品牌以較低的價格賣給超級市場的顧客，因爲這些人非常價格敏感。顧客並沒有如A-B所想那麼被「天然的」啤酒所吸引。如果A-B撤銷Natural Light品牌，並把釀造設施移轉到Budweiser Light的製造上，A-B還有機會可從事擴充。

另一可行方案是積極打入遠東市場。日本人似乎非常喜愛來自「西方」文化的產物。日本行銷Suntory威士忌的公司，在加州以營造產品的「西方」形象來從事促銷，此成功之道頗被日本人接受。爲了進入這世界區塊，A-B在擴充時要採取侵略、積極的促銷手法。擴充也應伸展到3.2啤酒的市場區隔。這類啤酒只有一般啤酒一半的酒精濃度，因此也只有一半的卡路里量。唯一的問題是這產品可能會影響到淡啤酒的銷售，因爲淡啤酒的卡路里含量也比一般啤酒少。

方案中另一類是擴充到非啤酒營運的事業。Eagle Snacks面臨最主要的擴充問題，是零食市場整體的成長、產品間如何差異化、以及產品是否能獲得零售商的青睞。此事業中的領導廠商爲Frito-Lay's。A-B有機會能在零食事業方面成長。

另一事業爲葡萄酒及烈酒。Exhibit11比較了1992年，各種不同飲料的消費情形，例如，啤酒、葡萄酒、烈酒等。A-B已經以合夥方式進入了葡萄酒市場。此市場還有許多可能的機會。其中之一爲衡量買下一葡萄酒釀酒廠的可行性，並加上A-B在通路、行銷方面的專長。另一可能的機會是尋求發展出新產品，與目前屬Heublein公司旗下的Club Cocktails品牌一爭高下的機會。由於A-B在多角化方面有相當的優勢，未來擴充是很有可能的。

總結來說，A-B未來的遠景很看好。它的生產力達98%，它有信心能繼續在產業中維持領先。August Busch三世並不認爲啤酒消費下降是個問題，他有信心A-B能經由擴展市場佔有率、生產力來達成它的目標。如果公司繼續它強勢的行銷策略，並積極發展多角化、擴充到其他事業，看不出來有任何事物能阻擋A-B完成它的目標。

Exhibit11 1992年美國飲料消費額（每人消費加侖數）

非酒精飲料	40.1
咖啡	26.1
啤酒	24.4
牛奶	20.5
茶類	6.3
沖泡飲料	NA
果汁	6.6
烈酒	1.9
葡萄酒	2.3
礦泉水	2.2
水	46.1
總計	176.5

source: Beverage Industry, May 14,1993.

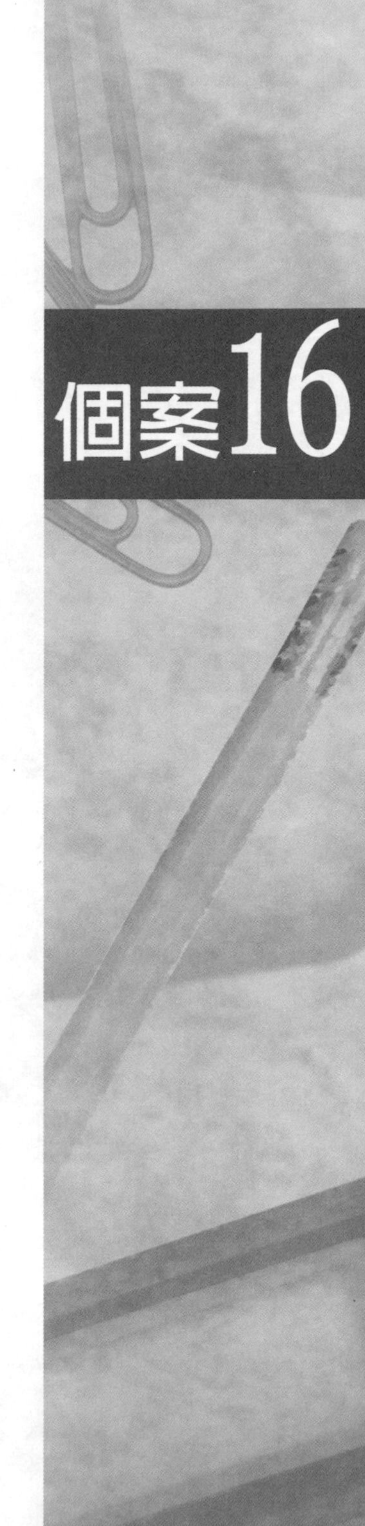

手工平版印刷

產業概況與Lonetown印刷

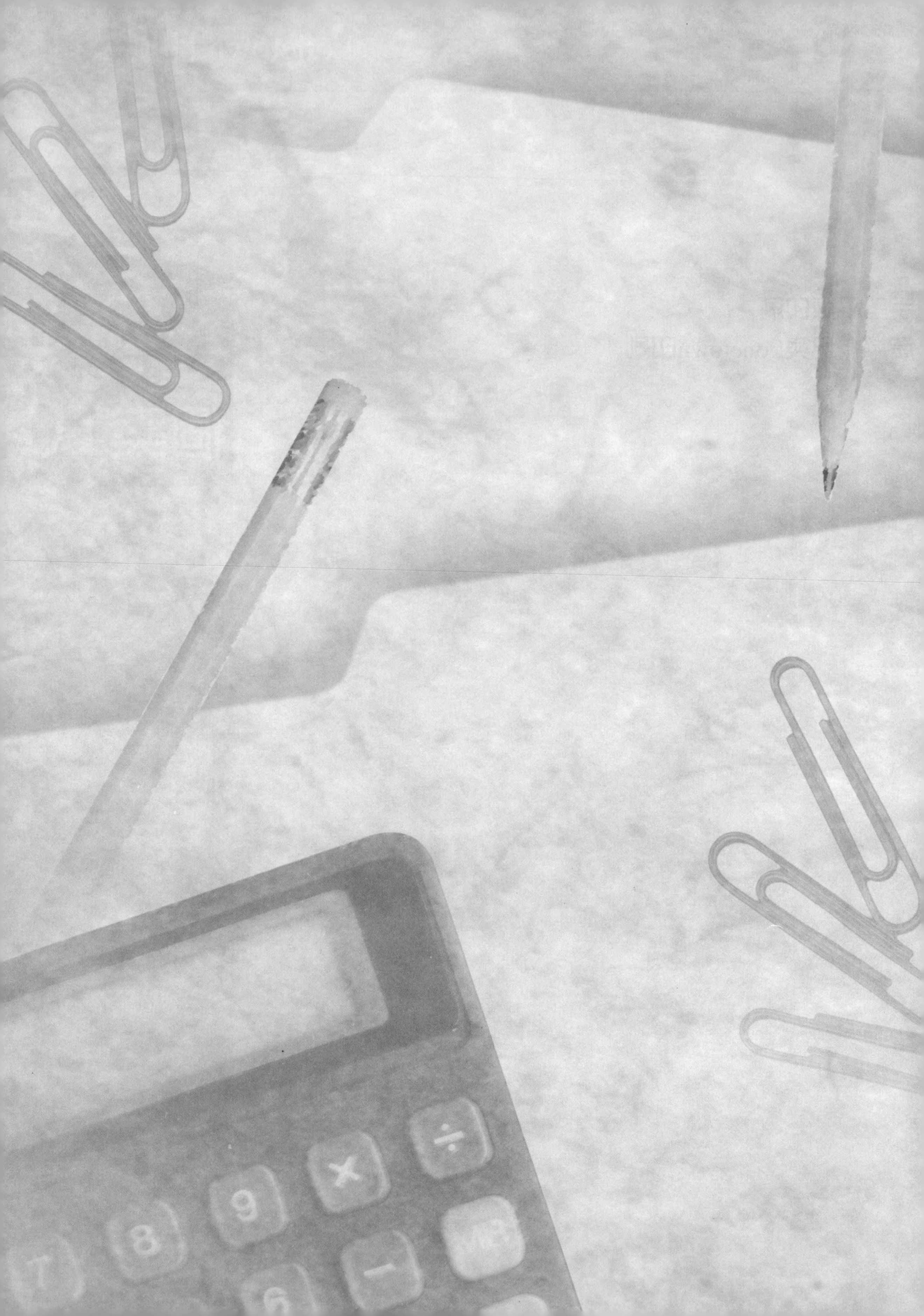

Lonetown印刷開幕於1992年1月，提供藝術家以及其他獻身於手工平版印刷（hand-printed lithography）技術者高度客製化的契約印刷服務，以作為一種良好的藝術媒介。該公司是由擁有八年經驗的熟練排版工人Randy Folkman所創設，其資本為Randy所投資的3萬美元，這筆錢被用來購買Griffen印刷公司以及印刷的原料和材料。Lonetown位於康乃狄克州西南方的Fairfield郡，紐約市北方約40英里處。

Randy計畫要獨自營運這個一人公司至少一年的時間。作為一個熟練的排版工人以及業餘的藝術家，在創設Lonetown之前他曾為私人印刷工作室Redvale印刷工作兩年。在這之前，他在位於紐約市工作室服務兩年，在位於德州休士頓的印刷店服務四年。在德州工作時，在一位於Tamarind受訓的老手的監督下，他完成了手工印刷的學徒生涯。

Randy想要只為其印刷工作，並對於和有為的藝術家一同工作感到十分有興趣。他希望以後Lonetown可以成為品質良好且高度客製化的公司。同時，Randy希望獲得公平的報酬，得到一些利潤，並學習到更多的印刷技巧。在其他方面，他不想要過度介入他視為Lonetown的事業或「財務」的部分。

設立Lonetown印刷的同時，Randy瞭解他可能需要決定收取的價格以及報價的方式。他與一位會計師接觸並說明自身的狀況及產業知識。

手工平版印刷

藝術家受手工平版印刷神秘的魅力、所表達的影像、此媒體所提供的效果所吸引。平版印刷為用鉛筆、蠟筆或其他藝術家熟悉的材料，繪於石頭或金屬板上創造出來的。由於可以採用不同的表面與材料，此媒介對藝術家而言極富彈性，藝術家在交易時就可以輕易由繪圖想像出印刷後的效果。Antreasian與Adams描繪了手工平版印刷在美國的發展：

> 雖然平版印刷的原理本身十分簡單，在良好的平版印刷成品中的技術過程卻特別地複雜。因此，由十九世紀早期開始，藝術家希望能與熟練的平版印刷工人一同工作：Gericault與Hullmandel和Villain，Radon與Blanchard和Clot，畢卡索和Barque與Mourlot和Desjobert一同工作。

任何由藝術家在石頭或平面創作的平版印刷作品都是原稿，不論這是由藝術家自己或是由合作的印刷者所印製。直到十九世紀晚期，平版印刷很少用鉛筆簽名，且個別的印刷作品很少加以編號。然而，由那時開始，在每個印刷作品上簽名並編號變成藝術家的一種習慣，用這種方式保證作品的真實性與品質。通常，在平版印刷工作坊印製的作品也會壓上印製者的戳記或是商標。如藝術家的簽名一樣，這個符號也是在保證作品的品質。

平版印刷的原稿通常只印出少量的版本，雖然不同版本的數量可能會有很大的差異。在美國，藝術家一版數量範圍可能在十至一百之間；在歐洲，一版二百或甚至更多也時有所聞。一版的限制須同時參酌科技考量以及意圖而定。藝術家可能希望限制作品的版本數量，或避免在一個版本中投入過多的時間或金錢……。

在1960年，平版印刷工作坊已經在這個國家中消失了。熟練的印刷工人減少，且只有在很困難的情況下藝術家才可能會參與平版印刷的工作。因此，在美國1940年代與1950年代只有少數的大藝術家會創造平版印刷作品。

1960年福特基金會捐助在洛杉磯設立Tamarind平版印刷工作坊，其主要目的在提供美國平版印刷藝術新的刺激。由1960年起，許多職業平版印刷工作坊在全國各地開設，許多工作坊由在Tamarind訓練的工匠所組成。藝術學校與大學中的藝術系所維持的平版印刷工作坊亦逐漸增加，且在Tamarind計畫的影響下，品質也有大幅度的進展。目前，在美國與歐洲，藝術家再度能夠與熟練的印刷工人一同合作，且在此情形下，美國的平版印刷業再度經歷一次明顯的復興。

雖然由藝術家手工印刷的圖案被認爲是原創的藝術，這些作品的售價較低，且一般人較負擔得起。由於售價較低，手工平版印刷作品在整體藝術市場不景氣時會有很大的助益。

現代作品的手工平版印刷價格由30美元到1萬美元不等；早期的好作品索價甚至更高。一個每次討論會收費2萬美元的藝術家的手工印刷作品，每幅可能只需要1,000美元。一般22×30英吋作品因藝術家、印刷者、以及購買地點的不同，其售價由150美元至500美元不等。

顧客由藝廊、印刷公司、以及拍賣會或經紀人、室內裝飾業者、藝術家、以及印刷者等個人的地方得到作品。法人藝術購買者通常爲其總公司以及其他的辦公室購買圖畫。

出版者可以是任何願意支付印刷費用的人。出版者可能是畫廊或印刷工作室、或諸如：經紀人、藝術家或印刷者之類的個人。假如出錢者不是藝術家，出版者會支付藝術家一筆費用，且在支付印刷費用後出版者就可以擁有除了少數由印刷者和藝術家保有的少量印刷品之外的所有成品。

爲因應公司會計師的詢問，一位資深的印刷工人說明其經驗中畫廊對顧客的銷售價格索取50%的加價。據他估計，在畫廊支付給出版商的費用中25%支付給藝術家、25%爲印刷費用，其他的部分就是出版商所有。依照此基準，畫廊提供客戶之售價爲2000美元的成品，其印刷費用爲250美元。

產業概況與Lonetown印刷

美國的手工平版印刷產業中大約有半打自行出版的重要印刷工作坊。這些重要的印刷工作坊通常僱用四個或更多的印刷工人，而產業中其他約五十家工作坊大多只有一至二位印刷工人。1992年美國大概只有六家不到的印刷工作坊願意接受手工平版印刷的工作。Tamarind Institute以及其他兩間印刷工作訪最近公布的價格如Exhibit1、2、3。

大部分的工作坊會在部分的業務中共同出版。這包括了費用協商使得藝術家可以用部分的藝術副本與印刷者交換服務。舉例而言，Lonetown印刷公司可能保有一版五十份中的十五至二十五份作爲印刷服務的費用。在這樣的情形下，藝術家將不需支付任何印刷費用，且Lonetown將負責銷售這些作品以貼補印刷支出。另一種共同出版的方式爲印刷者用折扣的方式交換部分的作品。據信這種協議方式對於某些Randy想要迎合的前衛藝術家而言特別具有吸引力。

Lonetown的會計已經計算出該工作坊每年以及每份工作的成本，而她想要依照勞工與／或材料成本加成的方式算出價目表。然而，Randy對於這個方法有點懷疑，因爲他認爲這樣的方法可能會比競爭者定價還要高或還要低。他希望價格可以

Exhibit1 平版印刷標準定價

1992年1月1日開始實施

一版總費用爲基本費（base charge），加上印刷費（impression charge）、加上追加費用（若有追加費用時）、加上紙張價格。紙張依照最近一次Tamarind所支付的成本加上運貨的費用收費。平版印刷的尺寸（紙張大小）也是決定價格的一項要素。Tamarind的印刷價格根據尺寸分爲四類，同時分別顯示出每依類價格等級可以印刷的最大尺寸。尺寸大於30×40英吋的平版印刷就根據需求估價。

基本費

（每版）的基本費包含Tamarind的專業人員服務、製版成本、繪製平版印刷的材料特殊處理的材料與紙張（這樣的處理可以讓作品更具質感）、十份樣品（依照他們設計的形式）、助理服務、織品以及包裝材料（若需要運貨的包裝就必須另行收費）。

	尺寸 15×22英吋 38×56公分	尺寸 19×25英吋 49×64公分	尺寸 22×30英吋 56×76公分	尺寸 30×40英吋 76×102公分
單色	$140.00	$200.00	$240.00	$340.00
雙色	320.00	390.00	450.00	580.00
三色	450.00	530.00	600.00	750.00
四色	560.00	640.00	710.00	900.00
五色	660.00	740.00	820.00	1,050.00
六色	760.00	880.00	930.00	1,200.00

印刷費用

前十份樣品費用包含在基本費中；因爲技術上的瑕疵而退貨，或是成爲協力印刷者和Tamarind財產的印刷品不須收費。不管設計的方式爲何，下列爲其他印刷的計費方式：

	尺寸 15×22英吋 38×56公分	尺寸 19×25英吋 49×64公分	尺寸 22×30英吋 56×76公分	尺寸 30×40英吋 76×102公分
單色	$ 6.00	$ 7.00	$ 8.00	$ 10.00
雙色	12.00	14.00	16.00	20.00
三色	18.00	21.00	24.00	30.00
四色	23.00	25.00	27.00	33.00
五色	27.00	29.00	31.00	36.00
六色	31.00	33.00	35.00	39.00

Exhibit1 (continued)

追加費用

石頭處理過程：尺寸小於22×30者處理的價格一樣。由22×30英吋開始追加費用（40美元），並依照比例增加；使用我們最大型石頭（36×52英吋）的追加費用為165美元。

混和墨水：若要增加混和或分離墨水印刷就須加收費用。追加的費用多寡視混和的複雜度而定；其費用高於印刷費用的10%，且最高達到印刷費用的兩倍。

助理服務：當印刷品的設計需要特別的助理服務時（例如，撕裂到模版上、裁剪不規則形狀、使用金屬葉等等），依照所需時間比例追加費用。

技術處理：所有標準的平版印刷繪製材料以及過程的費用都包含在基本費裡面，包含直接於石頭或平版上繪製或採用轉印法。若要使用照相程序或是諸如後相之類的特殊技術，則依照所需時間比率追加費用。

範例

一版五十張19×25以及22×30英吋，由石頭印製在Rives BFK的單色平版印刷費用依照下列方式計算：

	19×25英吋	**22×30英吋**
	$200.00	**$240.00**
石頭的追加費用	**0**	**40.00**
印刷費（**50%***）	**350.00**	**400.00***
紙張費用	**50.00**	**50.00**
總額	**$600.00**	**$730.00**

*此數字依照試印以及／或色彩測試的次數作調整。

中止的案件

有時藝術家會決定要中止一項計畫。在這樣的情況下，Tamarind將依照下列方式退回部分的基本費：

1. 若案件在處理石頭或平版之前中止，Tamarind收費為100美元加上石頭的追加費用、每件已使用的金屬板（或小型石頭）加收25美元。剩餘的部分可退還或用於其他案件。
2. 若案件在初版處理期間（在這段期間內所有的印刷材料都必須依序處理）或結束時中止，Tamarind收取的費用為石頭的追加費用以及75%的基本費。剩餘的部分可退還或用於其他案件。
3. 若於初版處理期間結束後中止案件，就必須要支付全額的基本費。

在工作開始前必須要先支付估計費用的一半。
其餘費用於交貨時支付。

Exhibit2 Vermont Graphics, Inc.（化名）

價目表
1990年9月
製版費用（包含所有需要材料）

色彩	15×22	22×30	29×41
單色	$ 78.25	$ 117.20	$ 156.25
雙色	148.50	219.00	281.25
三色	219.00	320.25	406.25
四色	289.00	422.00	531.25
五色	359.00	535.50	656.25
六色	516.00	750.00	937.50
七色	600.00	872.00	1,087.50
八色	684.50	828.00	1,237.50
九色	768.75	1,015.65	1,387.50
十色	853.00	1,237.50	1,537.50

每張印刷品費用			
一張	$ 7.75	$ 10.25	$ 13.30
二張	14.50	18.50	23.70
三張	21.00	27.00	34.30
四張	27.75	35.50	44.80
五張	34.50	52.75	55.30
六張	49.00	62.70	79.00
七張	57.00	72.75	91.50
八張	65.18	82.80	103.25
九張	73.20	93.00	116.75
十張	81.00	103.00	129.50

Exhibit3 Oklahoma Print Shop（化名）

價目表
22×30英吋
五十張
1992年7月
製版費用

色彩	
單色	**$120.00**
雙色	**170.00**
三色	**235.00**
四色	**285.00**
五色	**350.00**
六色	**420.00**
七色	**495.00**
八色	**575.00**
九色	**665.00**
十色	**735.00**

每張印刷費用

色彩	
單色	**$ 7.20**
雙色	**10.80**
三色	**16.80**
四色	**21.60**
五色	**25.20**
六色	**28.80**
七色	**32.40**
八色	**36.00**
九色	**39.60**
十色	**43.20**

高到需要認眞的考慮，但又能低到能夠吸引初次的生意。會計師估計公司每年的費用約爲11,000美元，其中不包含Randy的年薪30,000美元。

Lonetown印刷公司每年開支	
公關費用（個人娛樂）	$3,000
廣告	2,000
差旅費	2,000
折舊	1,300
律師與會計師費用	1,000
保險費、電費、燃料費	1,000
財產稅	700
總額	$11,000

除了資深印刷工人的勞動工時以外，每個項目直接歸屬的成本預估如下：

五色一五十張

項目	費用
標準紙張	$175
墨水	10
印刷版	95
化學藥品	20
總成本	$300

Lonetown印刷公司最方便作業的規模爲五十張；超過二百張的案子比較不喜歡。一版一百五十張或一百五十張以上會使單人工作坊的資深印刷工人遇到某些厭煩的情緒，而這樣的情緒對他的工作有不利的影響。

Lonetown所接受最大的尺寸爲30×40英吋，因爲這是Griffen印刷公司可以操作的最大尺寸。較小的尺寸處理上沒有問題。

雖然Randy較喜歡四色至五色，作品中色彩的數目並非十分重要。然而，由於作品中的每個顏色必須要分別印刷，多印一種顏色就必須要多花一些時間。

Lonetown標準或一般的生意都是五色22×30英吋，一版五十張的案子。Randy認為他每年大概可以生產約二十五版這樣的案子，或每兩週可以生產一件這樣的案子。依照這樣的速度工作會讓他沒有辦法有充足的時間與藝術家和畫廊商談，或作記帳與採購的工作。

Randy對於Lonetown的成功深具信心；然而，他最急迫的課題是要為目前處理的案子報價。他決定要分別針對製版與印刷報價，且依照三種尺寸（18×24英吋、22×30英吋、30×40英吋），以及一色至十色分別報價。此外，他希望其價目表能夠某種程度地反映出他對於小型案子的偏好。

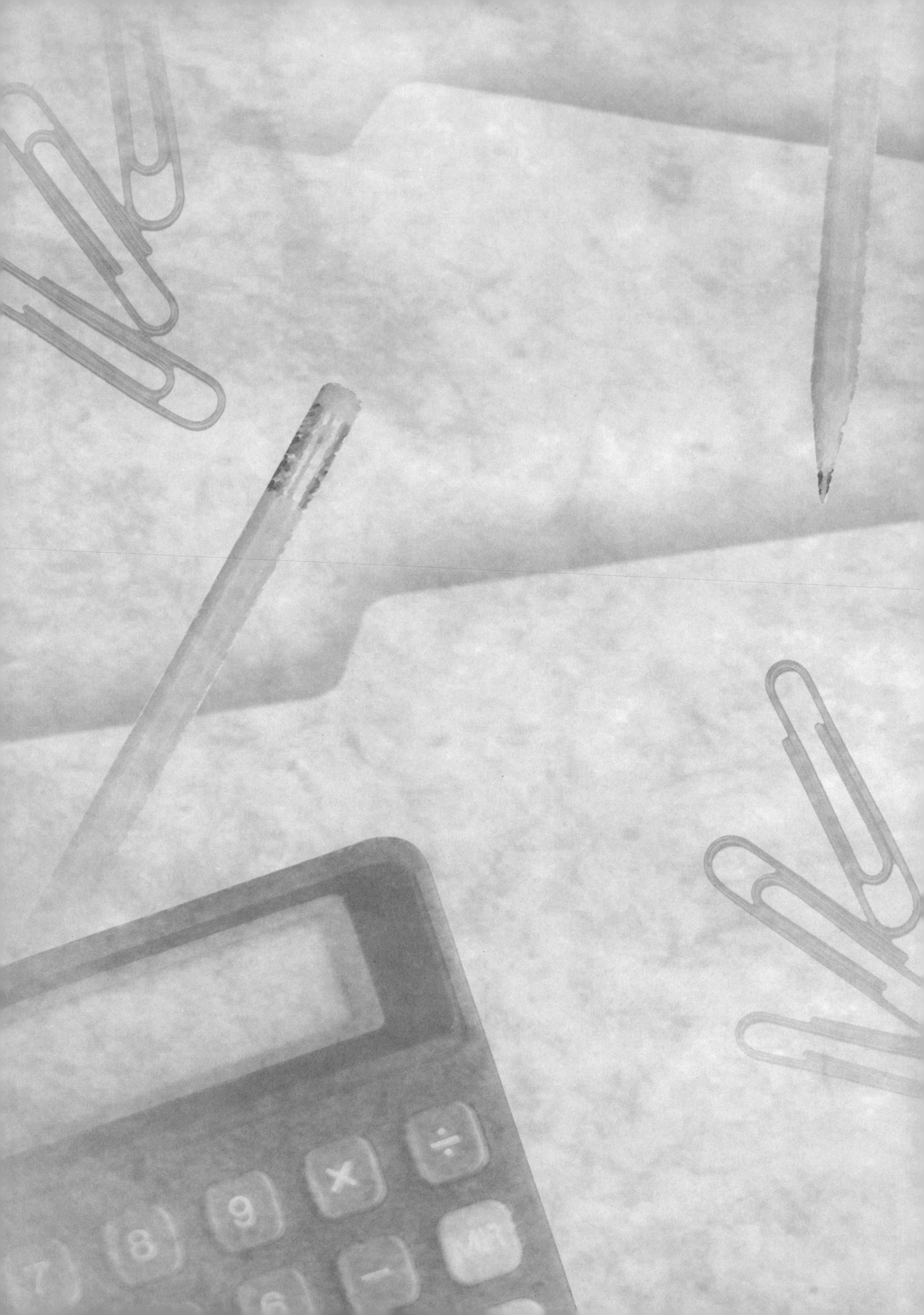
9
8

Springboard軟體公司

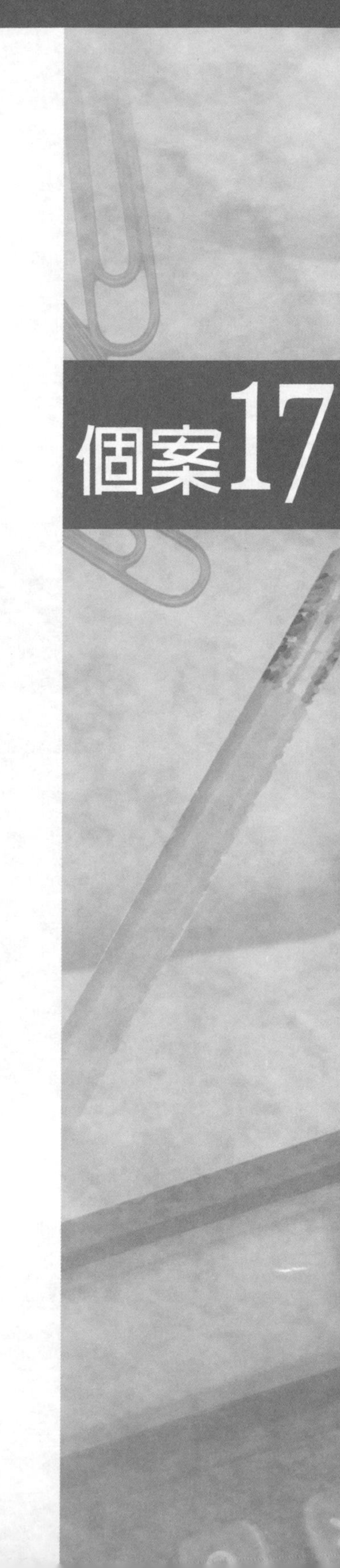

公司背景
產業及競爭
產品
消費者市場
產品研發
製造
行銷及通路
財務
組織結構及管理哲學
未來之擴張計畫

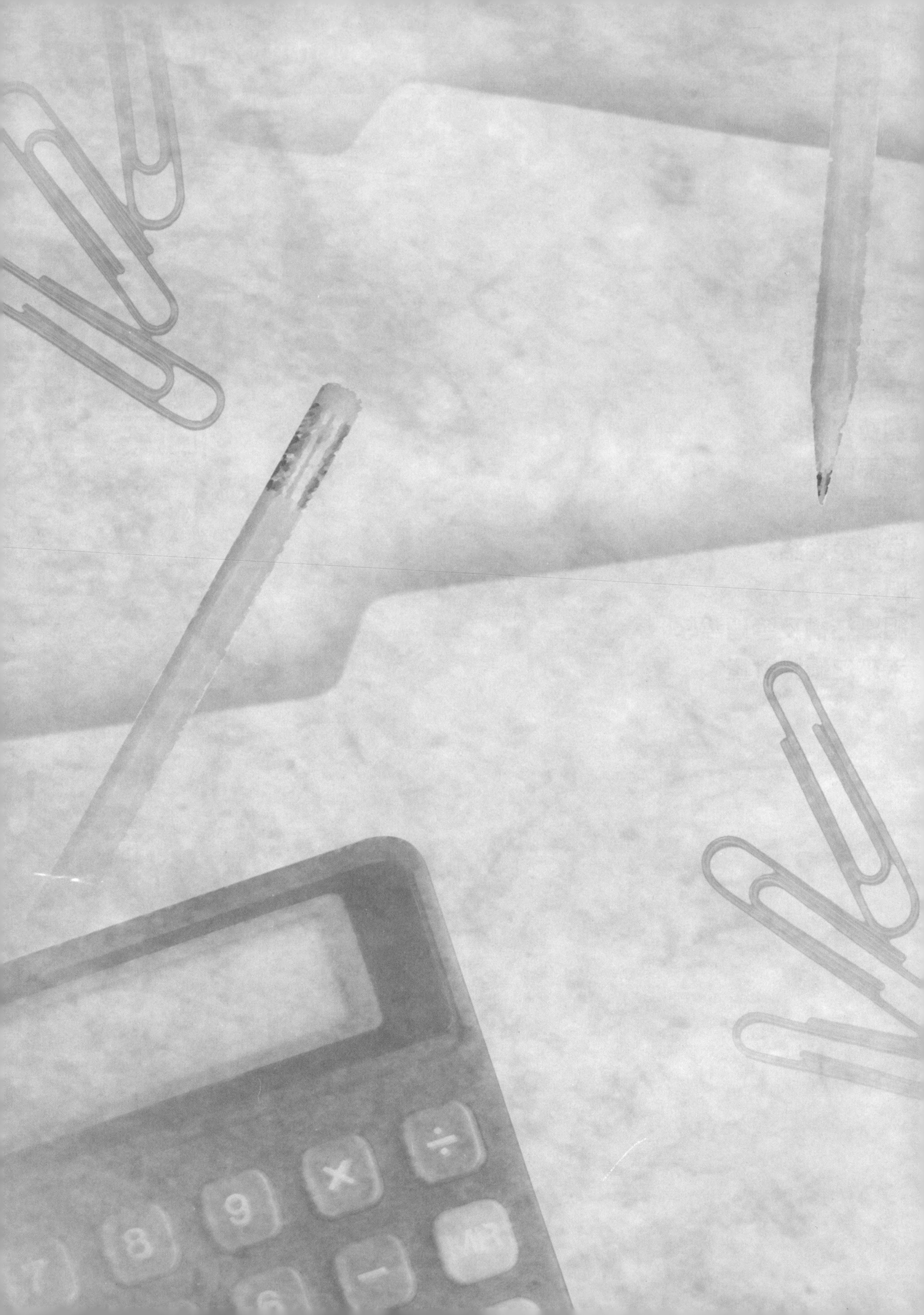

> Springboard公司製造並行銷高品質及高價值之軟體產品，藉以滿足消費者及學生在家中及教育市場上的教育及生產需求。
>
> 公司一直持續生產教育用產品，並以此幫助幼童學習某些特殊的課程。然而，我們目前所著重之產品為能幫助使用者獲取、組織及理解資料，並將資料完美及有效的呈現。

這段由Springboard軟體公司之主席兼總執行長John Paulson，於1986年1月所作之簡評，概述了他公司的主要營運活動。Springboard公司自從三年多前成立起，即經歷了許多變化，整體產業亦同。此公司生產之數種教育用產品已先後名列此產業銷售最佳的產品名單中，然而，公司卻並無開始顯著的成長，直到1985年2月「編輯部」軟體（THE NEWSROOM）的推出，其爲一種可利用個人電腦創造小份報紙的軟體，這項產品的成功大大地增加了Springboard公司管理階層的選擇。於1986年1月，John Paulson及Springboard軟體公司所面臨最有趣的抉擇即爲，是否進入此事業區隔，以及如果欲進入該如何著手。

公司背景

Springboard軟體公司（前Counterpoint軟體公司）從事研發、行銷及銷售高品質之教育及生產用軟體，以因應家庭及學校市場。成立此公司前，John Paulson爲Wayzata公立學校體系中的一名音樂老師，雖然身爲一名老師，Paulson仍自行學習電腦程式設計，他首次的電腦程式即爲爲其小孩所設計，是經由一系列的九種活動以助於學習基礎技巧。Paulson相當小心地設計此產品，以致於不會令孩童受到挫折，反而會讓其獲得滿足感及成就感：

> 年幼的孩童鮮少能掌控任何事情。然而，一套設計良好的軟體程式能讓他們控制其電腦的活動，此能幫助建立他們對自己的信心及融入世界的能力。

由於第一套程式的使用者介面及健全的教育原則，相當的有效且受孩童的歡迎。Paulson決定以「給年幼孩童的早期遊戲」（EARLY GAMES FOR YOUNG CHILDREN）的品名來行銷，並決定零售價爲29.95美元。他的第一位顧客爲

Dayton's，明尼亞坡里最大之百貨公司，雖然此產品並無專業的包裝，但Dayton's初次仍購買了十二單位，也由於對消費者的銷售相當順利，所以Dayton's亦開始追加訂貨。

由於受到其他零售店相似經驗的激勵，Paulson決定辭去教職、尋覓資金並成立一家教育性軟體公司。此公司成立於1982年8月24日，初期資本額爲40,000美元。Paulson以其女兒的彩色相片作爲封面，重新包裝「EARLY GAMES」這項產品，並僱用兩位電話銷售人員，且獲得蘋果電腦公司全美有登記的代理商名單。於1982年9月，他寄給每家蘋果電腦的代理商一份免費的產品樣品，且於數日後安排銷售員以電話與其連絡。即使初期的訂單相當小── 介於一與十單位間── 公司仍於10月開始運出產品。到了12月，「EARLY GAMES」已成爲國內蘋果電腦教育軟體產品的第二名，且公司亦於1982年達到損益兩平，銷售額爲87,000美元。

1983年Springboard公司於其產品線中加入IBM、Atari、Tandy及Commodore等版本的「EARLY GAMES」軟體，並加上四種新的品名，包括針對不同機型格式的說明。新的包裝已研發出，且公司亦開始進行小規模的宣傳活動。營運第一年全年的銷售額達到750,000美元。

1983年8月，明尼亞坡里一家創投公司Cherry Tree Ventures，投資約250,000美元於Springboard公司，並幫助Springboard公司解決現金流動問題及協助其定位，藉以因應其於1984年額外的創投資本投資。於此時，公司的董事會決定僱用一位專業、有經驗的經理來擔任總裁，藉此Paulson便能專注於產品之研發。人才尋覓持續的進行，而公司發覺了一位有著顯赫行銷背景的人才，並於1984年擔任總裁的職務。

然而，1984年的成果並不好，公司著重於與大眾零售商建立關係，而犧牲自己所建立的配銷通路，即電腦專門店。基於此爲計畫之一部分，大量的資金投入於廣告宣傳、包裝以及推廣Springboard公司增加中的系列產品，而這些花費經由額外的200萬美元之創投資金所籌措。即使於1984年公司的產品線加入五套新的程式，Springboard公司仍虧損達1.6百萬美元，其中約100萬美元來自於銷售，公司亦開始面臨嚴重的現金流動問題。

於1985年2月，Paulson的產品研發團隊推出了「編輯部」軟體（THE NEWSROOM）這項產品。此爲一相當快速且完美的成功，即便是在沒有消費者廣告及任何推廣的情況下所推出的。因此，John Paulson即刻重新擔任總裁的職務。

產業及競爭

微電腦軟體產業在不到十年的存在期間中，經歷過相當大的成長。然而於1985年間，成長率卻漸減緩，軟體銷售傾向於跟隨相關硬體的銷售情形。1985年整年的個人電腦銷售卻是一片蕭條，產業專家將此蕭條歸因於以下幾項因素：

* 硬體供應商及產品的供過於求。
* 企業及家庭市場區隔的飽和。
* 潛在購買者等待新一代的機器。
* 新應用軟體的需求。

微軟體市場易受科技快速變遷的影響。爲了成功，公司必須能創造出創新的產品，藉以反應軟硬體之科技變化及消費者之需求，且亦須能將最近之產品轉換能爲新硬體格式所接受，而獲取並維持市場佔有率。到1986年，軟體產品的供給超過需求，零售之架上空間有限；因此，競爭更爲激烈，各家更著重於價格折讓、品牌認同、廣告宣傳以及代理商之推銷。

銷售的迅速成長吸引許多不同的廠商進入軟體產業，硬體製造商，例如，IBM、Apple、Commodore及Atari亦後向整合從事軟體研發。隨著硬體價格的下降及配備對消費者而言已無差異，軟體反而成爲增加價值的主要方式。舉例而言，蘋果電腦在其所售出之每套麥金塔系統中，加附一套文書處理程式以及圖表程式。軟體幫助製造商建立其所提供的硬體與競爭者間之差異性。

幾間主要業務活動在其他產業的公司，亦開始從事多角化以進入軟體產業。舉例而言，書籍出版商進入教育市場，藉以利用他們所建立的關係及配銷通路。

有一類不同的公司集團亦在競爭軟體市場，通常它們被稱爲獨立公司或第三勢力軟體公司。獨立軟體公司傾向爲私人持有，且不是以研發者就是以出版者的型態營運，研發者撰寫程式並將其授權予出版者。大部分的出版者授權軟體且提供任何將軟體導入市場所需之專業意見及資源，只有少數同時涉及研發與出版。大部分開始是以出版者型態，但持續增加的競爭迫使他們僅從事研發，或迫使他們離開此產業。此產業最近遭受景氣的低迷，管理階層認爲在不久的將來將會有更多的意外事件發生，並爲生存下來的出版者提供潛在的機會。

雖然有三千五百家公司在軟體產業中競爭，Springboard公司在家庭及學校市場上約有五十位直接的競爭者，並無任何一間公司以品名對品名的基礎與Springboard公司的系列產品直接競爭。競爭者的銷售預估不易取得，由於大部分的公司是爲私人持有。由Springboard公司人員所準備的競爭者資料，可參見附錄A。關於此產業的其他資訊可參見此報告——微電腦應用軟體產業，1986年。

產品

在它歷史的前兩年中，Springboard公司爲孩童生產教育用產品，到了1986年，重心已移至設計有利於各年齡使用者的家庭及學校生活的產品。

Springboard公司產品研發原理的基礎即爲產品之功能，例如，John Paulson所解釋：

> 我們許多的競爭者進入這個市場，但卻無視於消費者的需求，他們通常低估消費者的智慧以及科技的重要性。畢竟人類是工具使用者，而電腦是有史以來最多用途的工具。利用消費者的天真及表面性的好奇心來行銷產品，絕對會產生不良後果。雖然銷售可能能快速成長，但最終消費者會發現錢是花在沒有效用的東西上，那會發生在消費者考慮再次購買軟體之前。
>
> 此外，由於那些行銷低觀念化軟體的廠商無法代表消費者的真正價值，造成電腦滲透性的成長減緩。當一位電腦的潛在購買者調查其所能獲得的軟體時，他或她通常會發現並無具說服性的理由去擁有一台電腦，可能數月甚至數年後，此位消費者才會再次去考量購買電腦。且當這位消費者真的重回電腦店時，第一個問題仍會是「我為何需要一台電腦？」，這完全取決於軟體研發者及行銷者所能提出的令人信服的原因。
>
> 這即為為何Springboard公司的任何產品皆優先考量有效性，每項產品皆利用電腦獨特的性能，相較於無電腦的情形下，來幫助人們更有效果、更有效率及更令其滿意的來完成事情。每套Springboard公司的軟體皆提供一項極佳的原因去擁有一台電腦。

直到1985年底，Springboard公司總共擁有十三套軟體名稱，大部分皆能適用於

Exhibit1 Springboard公司於1985年之系列產品及品名

系列／品名	導入日期	建議年齡	建議零售價
Early Games系列			
Early Games for Young Children	**1982年9月**	兩歲半至六歲	**$34.95**
Stickers	**1984年3月**	四歲至十二歲	**$34.95**
Easy as ABC	**1984年6月**	三歲至六歲	**$39.95**
*Music Maestro	**1983年5月**	四歲至十歲	**$34.95**
*Make a Match	**1983年9月**	兩歲半至六歲	**$29.95**
Skill Builders系列			
Piece of Cake Math	**1983年9月**	七歲至十三歲	**$34.95**
Fraction Factory	**1983年9月**	八歲至十四歲	**$29.95**
Creative Path系列			
Rainbow Painter	**1984年6月**	四歲及以上	**$34.95**
The Newsroom	**1985年2月**		**$59.95**
Clip Art Collection, Vol. I	**1985年6月**		**$29.95**
Puzzle Master	**1984年9月**	四歲及以上	**$34.95**
Mask Parade	**1984年9月**	四歲至十二歲	**$39.95**
Family系列			
*Quizagon	**1984年6月**	青少年及成人	**$44.95**

Source: Company.
*Soon to be discontinued.

不同的機型格式中。Exhibit1提供有關Springboard公司系列產品的資訊。列出的三種品名將被終止，由於它們相較其他產品的觀念、設計及執行下，它們無法代表該水平的精密度。

直到1985年9月爲止，根據Softsel熱門名單及批發規模最暢銷軟體之產業指南，「編輯部」軟體（THE NEWSROOM）已成爲美國最暢銷的家用電腦軟體。如Exhibit2第三個圖所示，10月時，根據領導品牌之市場佔有，不分類別，此軟體與其他軟體共獲九至十四名並佔有2%的市場。到1985年底，「編輯部」及相關軟體，佔Springboard公司將近四分之三的銷售量。

對銷售第二大貢獻的軟體爲「給年幼孩童的早期遊戲」軟體，此爲Paulson的第一套軟體，主要銷售給家中之學前兒童。「EARLY GAMES」軟體於1985年經《華

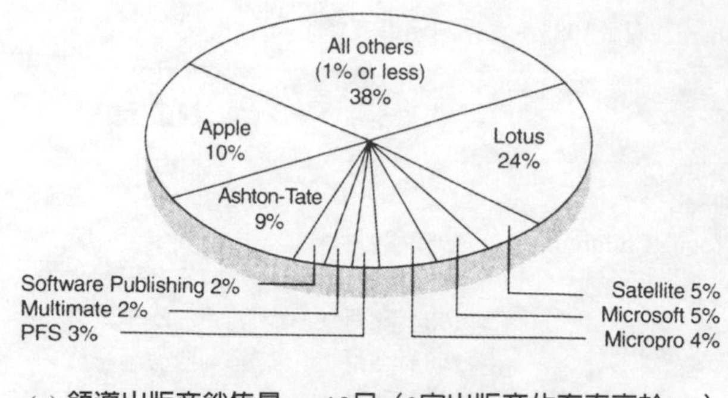

(a) 領導出版商銷售量——10月（9家出版商佔有率高於1%）

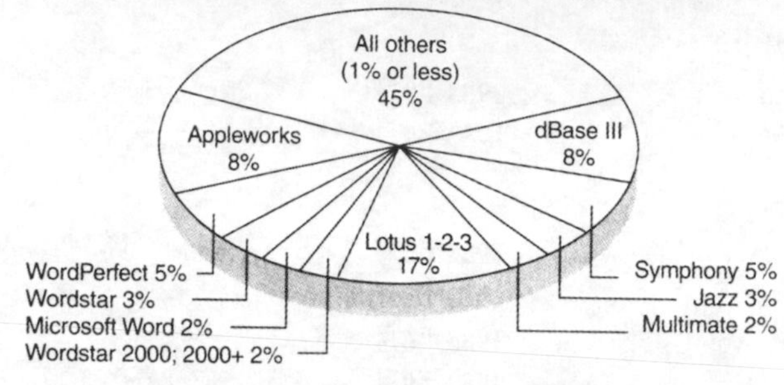

(b)領先出版品銷售量——10月（10套出版品佔有率高於1%）

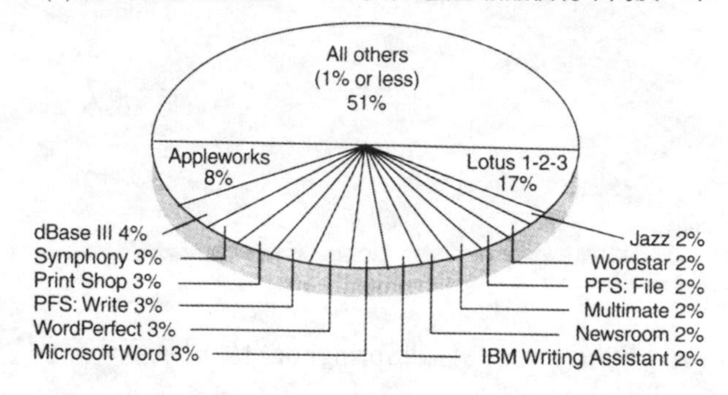

(c)領先出版品銷售單位數——10月（14套出版品佔有率高於1%）

Exhibit2 Springboard軟體公司1985年10月之出版者及品牌市場佔有率

爾街日報》認定爲，全國銷售第四佳的微電腦教育性軟體。

公司對每項銷售的產品皆有保證，此爲產業間相當少見：如果消費者基於任何原因而不滿意產品，產品可直接退回Springboard公司並獲全額退費。至今，退回的總數不超過銷售的1%。

消費者市場

Springboard公司約75%的銷售來自於家庭市場，主要是透過電腦專門店銷售。其餘大部分是來自於學校，不是透過教育配銷商就是當地的零售通路，且大約5%的銷售是經由在世界上不同國家中的獨佔性配銷合約而來。

1985年間，管理階層認定Springboard公司並無資源來有效滲透進入教育市場。結果爲，公司方面與學校軟體公司（Scholastic Software, Inc.）達成一項授權合約，並於美國及加拿大配銷特殊的學校版「編輯部」軟體。在此安排下，Scholastic公司能夠生產包括教師手冊及輔助磁片的學校套裝軟體，那是Springboard公司無力辦到的，而Scholastic包裝盒上會清楚的列示軟體名稱及Springboard公司名稱。Scholastic公司將以75美元價格銷售此學校版軟體。

Scholastic公司在業界有著良好的聲譽，其他知名的公司亦與他們達成類似的協定。舉例而言，國際教育公司（International Educations）將其「銀行街作家」軟體（BANK STREET WRITER）授權成爲Scholastic公司版本。此外，Scholastic公司有著強大的直效銷售力，並已銷售許多種產品給學校。

此種協定的潛在缺點爲，Springboard公司無法避免Scholastic公司販售學校版軟體予自己的教育配銷商。這些配銷商最終可能還是會將學校版軟體銷售給零售商，而造成與Springboard公司的消費者版「編輯部」軟體間的競爭。管理階層認爲這代表著一個小威脅。

產品研發

Springboard公司自行研發產品，這在此產業不太常見，而管理階層認爲內部研發能幫助控制產品的品質、費用以及進度。且公司最近在轉換「編輯部」軟體時的經驗讓其深深瞭解這點的重要，當這套軟體的IBM版本的需求產生時，由於Springboard公司並無IBM的程式設計師所以必須將作業轉包，爲因應3月的交貨，委任轉包於2月開始，然而轉換作業一直到七月底始完成，且將這項轉換軟體導入市場需時更久，且花費更超出預期。

此次經驗與Exhibit3所顯示的IBM個人電腦安裝基準結合後，促使管理階層透過

Exhibit3 Springboard軟體公司

家庭及個人電腦年中安裝基準，1982年至1984年（千單位）

	1982	1983	1984
Apple Ⅱ／Ⅱe／Ⅱc	**500**	**900**	**2,000**
Apple Macintosh	**-**	**-**	**265**
IBM PC／XT／AT	**700**	**1,300**	**2,200**
IBM PCjr	**-**	**275**	**175**
Commodore 64	**1,100**	**1,500**	**3,100**
Commodore 128	**-**	**-**	**-**
All others*	**800**	**1,200**	**2,700**
Total	**3,100**	**5,175**	**10,540**

Source: Marketing Technology, January 1985.

*Includes Radio Shack TRS 80, Tandy 1000/1200/2000, Atari.

增加IBM程式設計師團隊，藉以擴充其自行程式研發的人員。管理階層持續為某些新產品尋找外部資源藉以達到：

* 更迅速地擴充其產品線。
* 降低產品研發風險。
* 鼓勵創意的交互豐富。
* 在某些組織中開發特定的專門技術。

Springboard公司另一項不常見於產業間的特點為，它擁有能容許不相容的電腦IBM、AppleⅡ、Macintosh及Commodore間，能透過其專屬碼來電子轉換圖片。由於教育性產品通常傾向圖片導向，此特性大大降低程式在不同機器間轉換所需的資源。如Paulson所言：

> Springboard公司的這個特性是因其擁有一技巧優異且專門的產品研發團隊，能應用已有的最高技術的程式設計師有著有經驗的電腦繪圖家以及孩童研發專家的支持，這些程式設計師展現了優異的能力，且如市場所要求般的能適

應不同的機型。

所有Springboard公司的產品皆以組合語言來撰寫，雖然使用高階程式語言能節省產品研發時間，但Springboard公司的產品傾向使用組合語言，藉以增加受歡迎的電腦的有限性能。舉例而言，如「編輯部」一樣先進的軟體程式，無法使用如Pascal、C、Forth或任何其他的編輯語言，來爲64K的AppleⅡ電腦研發。雖然使用組合語言會增加產品研發時間，但它卻能讓競爭者更不容易模仿Springboard公司的軟體程式。

爲Springboard公司產品所研發的代碼的另一特色爲它的進化本質，任一研發中的產品代表著程式設計上的挑戰，當問題解決時，即爲下一新產品提供一踏腳石。程式設計師有系統地研發出一套軟體工具，使能輕易適用於特定的程式需求，藉以減少未來產品的研發時間。結果爲，Springboard公司現存的系列產品即代表程式設計性能的進化改良，即爲內部所稱的「世代」(generations)。此外，近來的程式所提供的收入，有助於資助研發中的程式計畫。

在程式研發中，Paulson對於研發有同樣關聯的家族性產品給予最高優先，如同剃刀與剃刀鋒：

舉例而言，「編輯部」軟體為一強大的圖表／文案展示程式，並伴隨六百張精美且實用的簡報插圖，六百這個數目相當有趣，它代表對消費者的真實價值。然而在使用「編輯部」軟體一陣子後，消費者瞭解簡報插圖的數量僅僅激起他或她的慾望，此亦為我們研發「簡報圖集」軟體（CLIP ART COLLECTION）的原因。至今，我們已推出「簡報圖集一」且正考慮推出針對商用簡報插圖的「簡報圖集二」。「簡報圖集一」銷售的相當好，僅次於「編輯部」軟體。

我們在不相容電腦間電子轉換圖片的能力，讓我們的刀鋒相當吸引人，一旦插圖創造完成後，僅需數小時即可適用於所有機型格式間。此外，在我們繼續行銷使用簡報插圖的高品質應用軟體的同時，越來越多的已安裝使用者會購買「簡報圖集」軟體。

Springboard公司僅爲已受肯定的硬體開發產品，在管理階層重新分配資源以支援新電腦品牌及模式前，它們必須先自行建立相當的使用者基礎。

製造

Springboard公司將磁片複製及產品包裝的工作予以轉包，公司近來擁有數位供應商，管理階層傾向支付些許的溢價給複製及包裝工程，藉以與本地之供應商合作。

管理階層已評估且希望持續評估後向整合磁片複製的利益。磁片複製並無技術上的困難性，但須具備有經驗的人員來監控此部分的運作，舉例而言，大量磁片需特殊之處理。複製作業需在氣候控制的環境中執行，且需裝配有特殊之空氣濾淨器。雖然價格正在下跌，但複製所需設備仍相當昂貴，包裝又爲另一獨立的作業且需專業的配備，且其又傾向勞力密集。

在較大型的電腦公司中似乎有自行複製的趨勢。然而，大部分的Springboard公司的直接競爭者並無採取此措施，Springboard公司的管理階層認爲規模經濟尚無法令後向整合優於目前的供應商模式。

公司以每年約96,000美元的價格租賃位於明尼亞坡里市郊的一處約5,000平方英尺的辦公大樓，此租賃至1988年期滿，而公司的行政、行銷產品研發及營運部門皆設置於此。

行銷及通路

1984年初商業計畫的主要結論爲，Springboard公司應將其重心移至大宗零售（Mass Volume Retailer, MVR）的配銷通路，因此制定出大宗行銷的策略。此策略於Spinnaker軟體公司之後形成，該公司爲當時產業中成長最迅速的教育性軟體公司，且在銷售微軟體上，Spinnaker公司爲首先採用精密顧客行銷技術的公司。此方法爲該公司在美國主要的MVR通路中帶來相當多的上架空間，例如，Sears、Kmart以及Toys "R" Us。

採用此相似策略的結果爲，Springboard公司開始忽略其傳統的配銷商及電腦專門店的配銷通路。此舉的其中一例爲，公司將其名稱由Counterpoint改爲Springboard，而與零售商間的溝通無法有效的將這兩個名稱作連結，而造成零售商誤以爲Counterpoint公司已停業，而Springboard公司只是一間他們從未耳聞的新公司。此結果大大的減少Springboard公司現有產品的上架空間，及新產品的取得。

1984年的財務結果並不如預期，該年預期之總銷售額遠超過300萬美元；而實際之銷售額僅僅達到100萬美元。Paulson認爲此落差是由於不明智且不成功的轉移至MVR配銷通路所致，以及現有客戶的不良管理與資源的未有效使用。Springboard公司相較於其1983年的情形，1984年第四季（旺季）的配銷大大的減少。

Springboard公司令人失望的表現，由於整體產業同時所遭遇的困難而多少得以掩飾，研究公司預測1984年的教育軟體銷售將有100%的成長，而實際僅60%。舉例而言，Spinnaker公司發布1,500萬美元的銷售，此爲管理階層今年度預估的5,000萬美元以上的一小部分。結果爲，大宗零售商銷售軟體的能力以及大筆廣告預算的成效與大宗行銷的技術，成爲產業中所爭論的焦點。

當Paulson於1985年重新擔任總裁之時，他將公司重新導回其原來的配銷通路，而電腦專門店，即由公司之批發配銷客戶處購買，再度成爲Springboard公司行銷及銷售團隊所努力的重心。然而，Paulson並未將Spinnaker公司的策略全盤排除，如其所解釋：

> 此時以大金額的方式行銷消費者軟體是不可行的，它能達到平穩的銷售水平，但僅發生於犧牲獲利性之時。許多滿意顧客的口耳相傳是勝過大筆的廣告預算的成效，然而，這將能改變未來。繼續評估何種行銷技術是有效，以及其所需之資本是更為重要的。

公司持續支持其有力的配銷模式，批發配銷，如其欲擴充進入大型連鎖電腦專門店。管理階層相當謹慎的透過某些MVR與新型態的配銷，例如，電子配銷及直效行銷，來測試其配銷。Springboard公司的國際配銷策略爲，透過採用代理商及授權合約藉以擴充。公司的四位最大客戶分別佔有1985年的總銷售額之18%、15%、14%以及12%。

財務

Springboard公司於1984年之淨銷售額爲889,750美元，而淨損爲一百六十萬美元，此爲資訊可獲得之最接近年份。1985年會計年度前九個月的未經審核之財務結果指出，公司在310萬美元的淨銷售下是有利可圖的。見Exhibit4及Exhibit5的歷史及最近之公司財務資訊。雖然最終之結果尚未出來，但1985年底之銷售額預期會達到600萬美元的目標。

Springboard公司於1983年在明尼蘇達做了一次小額的公開發行，由於其規模小且賣出的股數有限，所以得免除於受SEC基於A條款須提出公開財務報告之要求。約8%之最近流通在外的160萬股，透過明尼蘇達一間從事股票交易之二級經紀商來公開交易，去年間股票交易的範圍約在2～3美元。1986年1月時，公司之主要股東及其個別持股如下：

Cherry Tree Venture Capital	30%
Former Chairman and CEO	15%
V. Suarez, private investor	10%
John Paulson	4%

公司最近擁有100萬美元之總信用額度，包括以固定資產抵押之150,000美元期間貸款，以及850,000美元之公定營運資金貸款。Springboard公司至今仍未支付過股利。

組織結構及管理哲學

1985年間，三位全職之員工加入公司──其中兩位為加入新建立之消費者支援團隊，另一位為行銷部門。至1986年1月，Springboard公司總共有二十四位員工，如Exhibit6所示。僱用承包商藉以提昇在廣告、公關及製造方面之能力。雖然公司在其短短的歷史中經歷過許多變革，但Paulson對人事及Springboard公司的前途相當有信心：

> Springboard公司最重要也最優良的資產即為公司之員工，且管理團隊相當具有經驗、能力及專業。這是相當重要的，由於Springboard公司持續在轉變中。一般的公司及產業的成長率皆需要管理階層能對各種困難及機會做出適當的回應。

Exhibit4 Springboard軟體公司1982-1984年損益表

	1984	1983	1982
資產			
流動資產			
現金及約當現金	$408,469	$73,206	$14,372
應收帳款，扣除壞帳準備：1984年—$23,953			
1983—$10,000	354,455	273,252	35,561
存貨	153,605	112,505	7,387
預付費用	74,882	1,286	478
總流動資產	991,411	460,249	54,798
定期存款	150,000	-	-
土地及設備成本	227,849	30,737	1,333
扣：累計折舊	(39,635)	(4,904)	(45)
	188,214	25,833	1,288
產品權利	-	1,229	2,364
	$1,329,625	$487,311	$58,450
負債及股東權益			
流動負債			
應付帳款	$221,293	$154,438	$1,048
營運資本之銀行借貸	154,608	-	-
目前長期負債部位	37,500	-	-
應計負債			
員工薪資及扣繳稅	12,857	31,162	9,762
離職金	10,372	2,515	-
其他	56,230	2,423	-
總流動負債	493,220	190,538	10,810
長期負債扣除目前部分	103,125	-	-
總負債	596,345	190,538	10,810
投入			
股東權益			
可轉換優先股	83,737	14,000	-
普通股	7,850	5,350	4,100
額外實收資本	2,363,490	384,654	43,400
保留盈餘（赤字）	(1,721,797)	(107,231)	140
總股東權益	733,280	296,773	47,640
	$1,329,625	$487,311	$58,450

資料來源：公司年報

Exhibit5 Springboard軟體公司營運報表

1984及1983年12月31日止，以及1982年8月24日至1982年12月31日止

	1984	1983	1982
總收入	$1,017,773	$766,100	$87,062
扣：銷貨退回	128,123	42,452	-
淨利	889,650	723,648	87,062
銷貨成本	471,874	232,337	20,589
毛利	417,874	491,311	66,473
占淨銷貨比率	47.0%	67.9%	76.4%
營運費用			
行銷	816,967	-	-
銷售	264,631	282,062	31,565
人事行政	490,628	231,665	18,358
研發	411,967	92,290	16,645
利息費用	35,473	-	-
其他	12,774	(7,335)	(235)
總營運費用	2,032,440	598,682	66,333
稅前純益（損）	(1,614,566)	(107,371)	140
所得稅費用	-	-	-
純益（損）	$(1,614,566)	$(107,371)	$140
每股純損	$(2.92)	$(.22)	$.00
加權平均流通在外股數	552,077	493,333	400,833

1985年發布

明尼亞坡里，1985年10月18日一Springboard軟體公司宣布估計間年前三季淨銷貨爲$3,066,000美元。去年同期淨銷貨爲$501,000美元。
前九個月的未經審核之財務結果指出公司是有利可圖的。

資料來源：公司

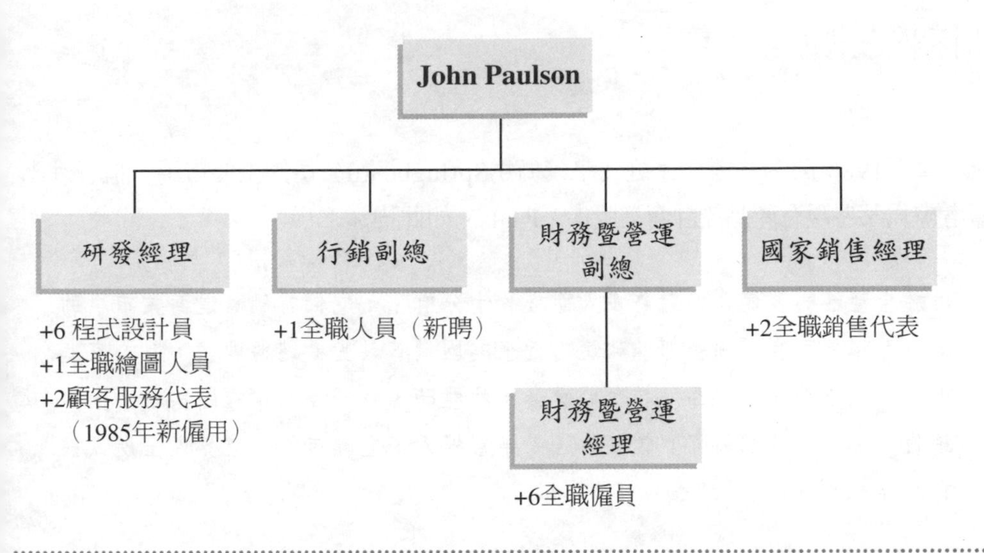

Exhibit 6 Springboard公司組織圖，1986年1月
資料來源：公司

所有的員工皆有才能且負有義務，於午餐時聽到員工討論如何提昇效率及解決難題，是相當常見的情形。他們知道他們能自由的討論公司目前之所作所為，並與管理階層分享他們的想法與建議。

我的工作即為確保所有人皆能瞭解，且感謝他們在公司中所扮演的特殊角色之重要性，以及他們的回應是如何的相互關聯，公司是如何的看重他們的參與。從最初開始，我就相當堅持所有員工皆參與公司之獎勵股票選擇權計畫。我希望我們所有之目標及預期皆相互調和，且我將致力於確保每位對我們的成功有貢獻的人皆能獲得公平之回報。

畢竟，Springboard公司最重要的資產不是一間工廠，亦不是建築物、磁片或現金流量而已，而是我們的員工。我們依賴他們的專業知識、洞察力及創造力，且他們亦願意付出。他們致力於將軟體程式成為銷售最佳的產品，將困難轉化成有價值的機會，以及讓Springboard公司成為此誘人的產業中最受尊敬之領導者。

未來之擴張計畫

直至1986年1月，雖然家庭及學校仍為Springboard公司的主要市場，但管理階層考慮為某些現有產品設計商業版本。Paulson如此描述：

> 由於生產性的軟體產品對許多人而言均十分有用，它們有銷售進商業市場的潛力。舉例而言「編輯部」軟體為近來美國銷售最受歡迎的軟體，且為家庭市場上銷售最佳的產品。在我們研發此軟體時，我們預測了在這些市場上的銷售，然而，「編輯部」軟體的結果相當驚人，它擁有許多業界人士所欲擁有的性能。

Paulson認為此軟體的銷售將受下列因素之影響：

1. 包裝採用一間中學報紙的照片。
2. 所包括的簡報插圖並非商業導向。
3. 價格太低以致於無法獲得零售商的支援。
4. 此軟體的拷貝保護被認為相當的不便。

然而，此種情形須審慎的考量，由於此情形可能會重複發生於其他最近研發中之生產性軟體上，當其研發完成後，其將代表Springboard公司一項新世代的產品。

另一項待處理的議題為，公司一些其他軟體的銷售表現相當令人失望，Paulson卻認為此類產品品質優於競爭者所提供的。Paulson如此說：

> 雖然「EARLY GAMES」軟體銷售持續良好，而「編輯部」軟體亦空前成功，但其他的品牌並無達到它們的銷售潛力。MASK PARADE、RAINBOW PAINTER、STICKERS以及PUZZLE MASTER皆為優良的產品，但它們的銷售並不如預期。舉例而言，EASY AS ABC軟體時常被代理商、教師及父母親誇為是市場上最佳的字母軟體，但其他相差甚遠的競爭產品的銷售卻與該軟體相去不遠。提高這些特別品牌的銷售，是Springboard公司管理階層所面臨的一個重要挑戰。

我們大體上的挑戰為如何運用有限資金銷售Springboard公司的產品。是否能推廣公司品牌或推廣特定品牌反而較為安全？管理階層如何保護「編輯部」軟體及相關產品的高成長，以及如何持續為那些並未達到銷售潛力的品牌開發銷售？推出新產品最佳的方式為何？同業廣告宣傳應扮演何種角色，且其應如何與消費者廣告取得平衡？應投入多少資金於推廣上，購買主旨以及其他相關策略上？

心中有著這些想法，Paulson將其注意轉到微電腦應用軟體產業於1986年的報告上。

附錄A Springboard軟體公司：競爭者側寫

名稱	Spinnaker公司	Broderbind公司
一般策略	* 低成本製造商——品牌 * 系列產品寬度／上架之取得 * 60%採大宗零售——優先到達 * 價格敏感 * 優先購買架上空間經理	* 針對較低複雜度使用者之基本需求 * 30%採MVR（Print Shop軟體的C64版），70%經專門店
優勢	* 先置／架上控制 * 強力行銷管理 * 強力財務管理 * 多樣系列 * 提供多樣 * 廣告支出＝重複回顧 * 持續市場 * 巧妙之行銷人員 * 已制定計畫 * 錄影帶概念支援MVR優勢	* 熱門商品——項目零售商 * 產品策略＝Apple打擊C64 * 版稅策略（版稅收入由33%減至28%） * 降低行政成本由21%～13%——有才能之監視者 * 可能吸引自由創造者 * 非推廣或價格導向 * 國際生意，與日本及MSX聯繫良好 * 先置「genres」——「Good enough」產品／使用者獲得 * 20%科技→ 80%消費者需求
劣勢	* 有缺陷之磁片及程式 * 失去第一軟體 * MVR只要成功產品，非所有產品 * 依賴MVR——通路營運資金（無控制） * 品質形象弱，學校尤盛 * 依賴C64 * 品質／訴求不一致，由於不相關之創造者／資源——並無仔細思索傳統之配銷通路	* 行銷非POS * 乳類產品 * 需要產品 * 缺乏名稱之特許權 * 二流之包裝 * Apple佔60%之銷貨，IBM僅16%
一般資訊		* 1984年銷售額爲$1,110萬美金，淨利20爲萬美元 * 折價（55%）；期間（30天）運輸（FOB總處；無合作；有缺陷者「僅退還更換」） * 政策相當嚴，無協議僅能配合 * 銷售管理人員剩下3/85；公司由財務人員運作 * 訂單履行良好，但須時三至四週 * 支援配銷商，未直接銷售 * 製造家庭及個人生產用軟體且低於100

附錄A（continued）

		美元 * 遊戲占銷售額20% * 基於嗜好及興趣來計畫系列產品 * 於1984年以45萬美元購下Synapse，可能尋求其他公司
名稱	Random House公司	CBS軟體公司
一般策略	* 差異化 * 教育用（大部分），一些生產用及娛樂用 * 高價位	* 差異化 * 娛樂及教育用
優勢	* 強力財務管理 * 大量授權：Peanuts、Garfield及Potato Head * 自行研發程式設計兼外部授權 * 1984年六項新軟體；1985年預計十八項新品牌 * 學校市場部門：內部銷售人員及包裝 * 銷售Handleman兩項品名…此爲優勢嗎？	* 財務優勢 * 提供極優良產品 * 行銷予消費者之能力（娛樂事業） * 品牌認同 * @37項品牌——產品寬度 * 強力配銷（零售服務代表一好或壞？） * 知名品牌授權如：Big Bird * 於Time、Newsweek、People刊登廣告 * 推廣：購買Felony可以外加$5獲得另一免費產品 * 母公司及相關公司
劣勢	* 無主打商品 * 無近來銷售Softsel * 過度依賴教育用產品（開始轉向效能／娛樂用） * 模仿式包裝 * 模仿式行銷 * 對IBM模式相當薄弱	* 試圖滿足所有需求 * 可能太大，無法與產業脈動一致 * 服務 * 系列產品中無相當成功者 * 小幅度存在於CES一退出產業？ * 謠傳將虧損 * 高報酬率，低滿意度 * MVR占事業之50%，學校占10% * 專門店減少（40%） * 模仿式包裝 * 專注於C64及Atari一轉爲IBM及Apple * 授權相當昂貴

附錄A（continued）

一般資訊	* 部門成立於1982年 * 主要格式爲Apple，一些爲C64，對IBM PC相當弱勢	* 主要銷售團隊遭解僱 * 計畫之廣告轉向學校 * 轉爲S.A.T.形式與家庭生產性 * 在外銷售代表可能開始拜訪大的學校地區
名稱	Davidson and Associates公司	EPYX公司
一般策略	* 焦點策略	* 差異化 * 娛樂及效能產品
優勢	* 專注於基本技巧（效能） * 全部五種產品銷售良好（三項圖表） * 行銷運作弱 * 較不知名	* 四月及五月獲利 * 授權：Barbie Dolls、G.I. Joe、Hotwheels、Olympics等等 * 有能力選擇其配銷通路 * 熱門商品（Fastload for C64）
劣勢	* 僅五項產品 * 原來產品屬金牛產品（三年） * 不可靠的產品研發能力 * 包裝／行銷顯得薄弱	* 1984年損失500,000美元 * 電腦專門店僅帶來收入之40% * 大宗零售帶來60% * 過度依賴娛樂軟體（開始從事效能產品） * 模仿式包裝 * 模仿式行銷 * 主要爲C64的收入（欲轉至Apple／IBM） * 可能支付相當的授權及專利使用費 * 很難將形象由娛樂轉爲其他更好的方面

一般資訊	* 1982年成立
	* 1983年銷售額爲750,000美元
	* 1984年銷售額爲2,500,000美元
		* 1978年以Automated Simulations公司名義成立
		* 1983年更名爲EPYX
		* 根據行銷長Bob Botch，產品哲學爲減緩新產品之導入，由於家庭電腦市場成長較慢：
		  * 新產品需要更多計畫
		  * 增加之產品支援
		  * 以往長於銷售娛樂產品，但現今專注於效能產品
		  * 擴充系列以包含高機能機型
		* 以往每年導入二十五項品牌，現今降爲

附錄A（continued）

		十至十五，且僅支援銷售最佳之品牌 * Botch認爲Apple與IBM電腦擁有較多之使用者及較長之生命週期 * 最成功之產品爲Fastload for C64（零售價爲30～40美元）：因此他們計畫推出更多硬／軟體效能及家庭生產性產品
名稱	Houghton公司	Hayden公司
一般策略	* 焦點策略 * 「150年的老軟體公司」…以長久建立之學校用書出版商銷售（美國傳統字典&基本技巧之愛荷華測驗）	* 「以推出許多品牌，端看何者持續較久」（50+種廣泛軟體類之品牌：教育、商業、娛樂及生產性）
優勢	* 受其市場（教育）相當認同及尊敬 * 金錢 * 深穩的滲透於學校市場 * 系列產品良好且一致的形象…以明確界定之系列包裝 * 合理且穩定之價格（c.39.95美元） * 建立一系列之學校代表 * 有其獨特之利基商業教育（DO MORE系列；針對PFS、Lotus & Multiplan的教育性幫助）	* 在最大的市場區隔中擁有各種不同之系列產品（教育、商業、娛樂及生產性） * 在麥金塔體系中擁有五種銷售最佳之產品代表「out of the chute」：Ensemble、I Know It's Here Somewhere、Hayden Speller（皆爲僅麥金塔，商業及教育銷售最佳）、SargonIII以及Music Works（由Apple而來的麥金塔版） *在所有提及之種類中有七項銷售最佳產品：Ensemble、I Know It's Here Somewhere、Hayden Speller、Sargon III、Music Works、Score Improvement System（MAC）、Holy Grail * 公司名稱之認同 * 透過至零售商的代表建立通路
劣勢	* 有限之配銷…幾近100%至學校接透過代表…SoftKat爲獨佔且僅經由零售進入消費者市場…在零售水平相當薄弱之配銷 * 無銷售最佳產品 * 軟體爲其事業之一小部分…可能爲產業中及對消費者的相當低之側寫 * 完全依靠外部資源以因應軟體研發及轉換 * 相當有限之推廣題材…廣告宣傳僅限於學校雜誌	* 幾乎完全依賴代表 * 品牌或系列產品一致形象之缺乏…相當困擾且薄弱之包裝 * 可能現金短缺（Consumer Electronics Show[CES]認爲其財務困難且爲一「compelte bust」 * 幾乎所有軟體研發／轉換皆依賴外部 * 教育系列已油盡燈枯且並非其表現最佳的產品…強調生產性及商業軟體

附錄A（continued）

* 平凡的訓練型軟體

名稱 Grolier Electronic Publishing公司

一般策略
* 差異化…GEP公司的目標爲，利用電子媒體傳遞資訊及教育程式，且以適時、獨特之方法及已往絕不可能之方式）
* 最近進入數種市場利基中：
  * 生產性（表單、資料、圖表）
  * 互動式成人電腦冒險軟體
  * 教育性（學前／小學程度）NEW 6-85

優勢
* GEP公司爲Grolier公司（世界百科全書之領導出版商）之子公司
* 良好之管理團隊，注重出版、微電腦銷售及行銷
* 母公司之強力財務支援
* 二十種系列產品（Apple/IBM/Comm 64）
* 零售價大約爲30～40美金
* 備有廣泛之廣告宣傳計畫以支援銷售
* 導入「Miss Mouse」及「Ryme Land」孩童閱讀軟體（四至七歲）
* 能運用「Grolier」公司之名義及聲譽獲得有品質之教育性題材

劣勢
* GEP公司成立於1982年…於1984年始進入軟體領域
* 大部分軟體程式剛剛推出，且許多產品更於接下來幾個月內預定推出
* 尚無產品名列於熱門名單中

ISG科技公司

ISG產品
醫療影像市場
ISG歷史簡介
ISG的行銷策略

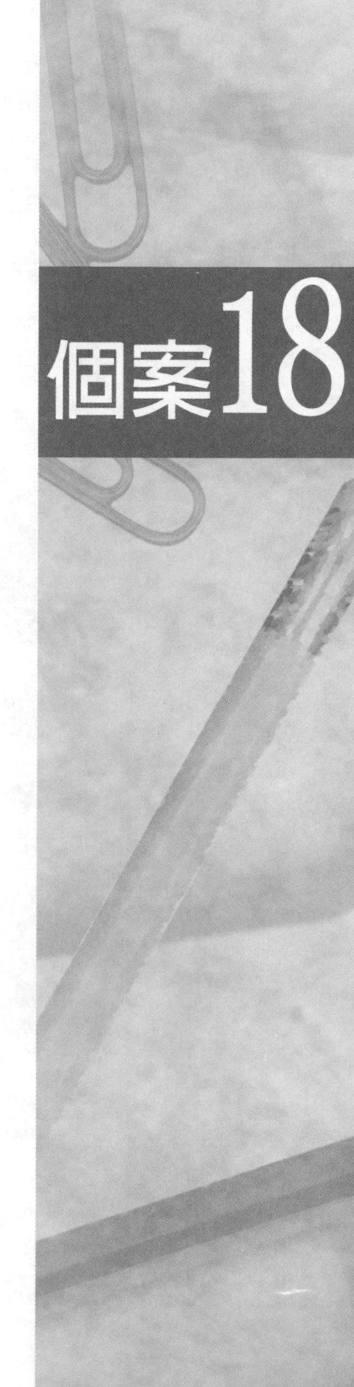

個案18

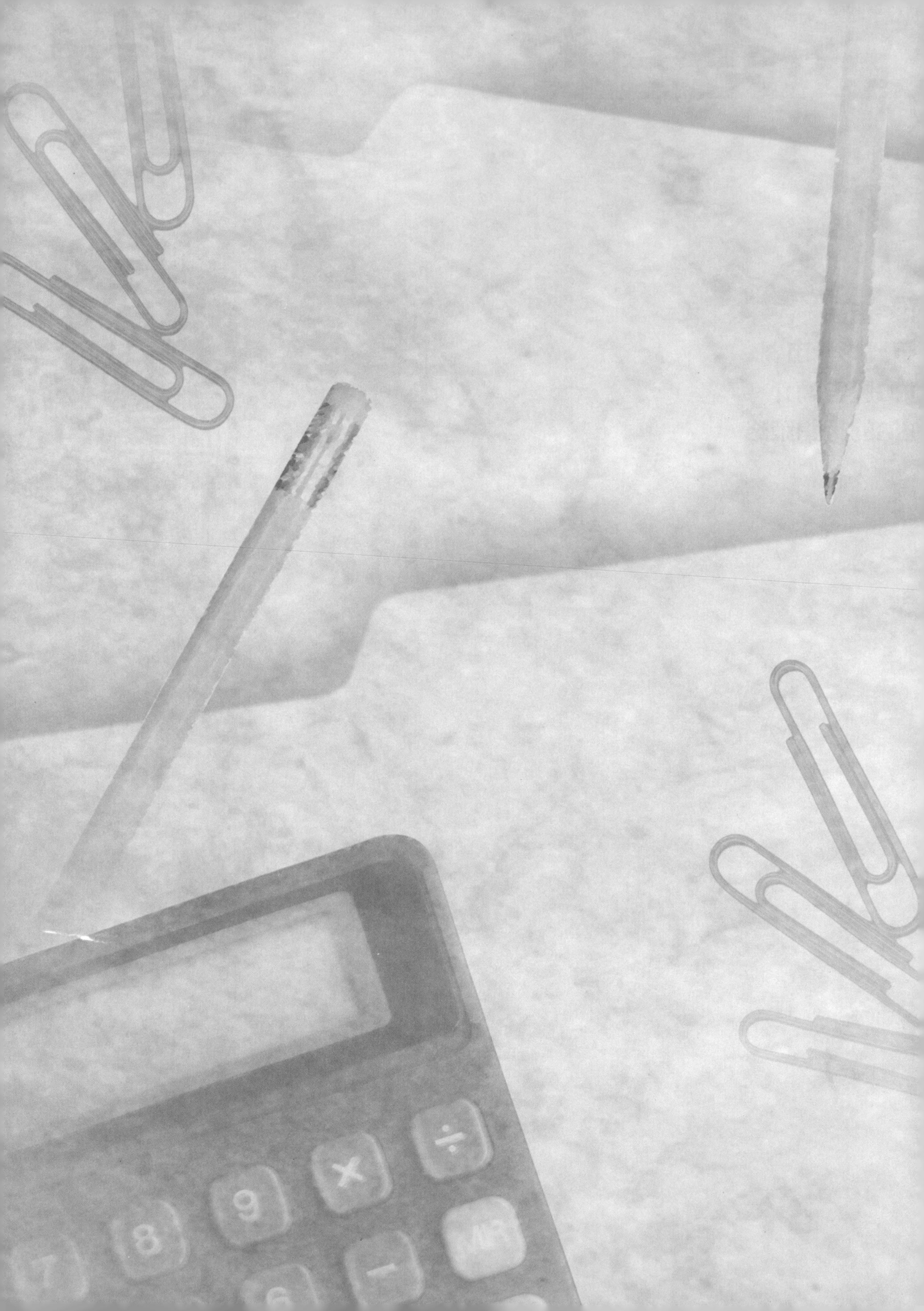

Mike Hopkinson是ISG科技公司北美業務部門的協理，這家公司位於Mississauga的Ontario。Mike一邊在辦公室裡踱步，一邊想著他應該如何處理ISG及其北美通路商「精密醫療儀器公司」（Precision）之間的衝突關係。ISG是加拿大公司，於北美及歐洲銷售醫療影像電腦，1991年的銷售額已達到1,140萬美元。

但當1992年1月時，Hopkinson接到一通來自精密公司的銷售經理的電話後，感到非常生氣。該銷售經理說精密公司在12月份有了四十台磁場共振影像系統的訂單，並創下新的銷售紀錄。但是Hopkinson原本預期ISG的附加影像電腦系統將會有十到十五部的銷售成績，而精密公司卻只賣掉一部。ISG美國的大部分的銷售量皆由ISG自有的銷售或是透過與飛利浦醫療系統的合約，這份合約中，ISG必須供應飛利浦相同的電腦設備產品，並且掛在飛利浦的品牌名下銷售。

儘管精密公司最近主動地提議願意重建與ISG日益緊張的關係，並且承諾會努力使每個月的表現更好，但是Hopkinson覺得是時候考慮其他的選擇了。他知道他現在做的任何建議對ISG公司都是關鍵性的致勝因素，因為有90%的銷售量是在美國。然而Hopkinson必須馬上做出決定，因為他的建議將會馬上影響到計畫中的新產品上市，以及在歐洲和遠東與其他通路商的協商。

ISG產品

放射學家運用電腦繪圖（簡稱CT或CAT）掃描器及磁場共振影響（簡稱MRI或MR）掃描器來檢查病人的生理構造，CT和MRI掃描器是一種X光機器，能夠在病人的生理構造中進行交叉影像處理。CT掃描器是用來檢查骨骼構造，而MRI是用來描繪與軟體細胞相似的影像。MRI在偵測癌細胞時非常有用，例如，腦瘤。

這兩種影像系統讓放射學家及外科醫師能得到許多影像，每一個都是病人生理構造的「切片」。一次檢查可以得到一百五十張相關構造的切片，外科醫師及放射學家必須依此想像一個病人體內構造的三度空間圖。

ISG的產品即是將這些單獨的影像湊在一起，並在電腦中予以結合，成為二維或三維的構造模型，外科醫師或放射學家能夠在電腦螢幕中觀看這個模型，他可以翻轉、移除某部分、將其透明化、將細胞型態分別著色、或用不同的操作方式運用之。比方說，外科醫師能檢視某病人的腦內腫瘤位置，確定這個腫瘤與其他細胞的位置，測量它的體積，並且規劃手術的程序。醫院能夠因為在檢查過程中省下來的時間，而進一步瞭解能在手術房中節省更多時間。在放射學部門，這些影像對於診斷病情是有很大的助益的。

Allegro

Allegro是ISG的主力產品，它是一套電腦工作站，搭配資料處理及影像處理的套裝軟體。放射學家將電腦磁帶中的掃描資料，傳送到Allegro進行二維或三維的模型展示。放射學家或外科醫師接著便能在工作站的螢幕上操作影像，最後可以儲存或是將其列印出來。

ISG將工作站系統的定位有別於其他同類型機器，它在機器中加入專利圖像處理加速器。Allegro與其他競爭性的相似產品和CT及MRI的原廠製造商（OEMs）不同，它有幾項與眾不同的優點。不像其他第三者工作站，Allegro與幾家主要的掃描器能夠相容，而且也不像其他第三製造商，ISG在Allegro的升級上相當積極，以免當ISG軟體或掃描功能增強時，原本的機型變得過時而無用。Allegro比起掃描設備的製造商所提供的工作站有更多力量及彈性。除此之外，雖然其他工作站製造商已可以處理影像，但有時候掃描器本身卻停滯不進。由於Allegro並不直接與掃描器相連，它能免於掃描程序所造成的不便，因此使得醫療單位能自其昂貴的掃描設備中獲得更佳的運用。

Allegro定價介於140,000～200,000美元之間，可依需求分別選擇，雖然比多數競爭者昂貴（競爭產品定價從70,000～300,000美元不等），Allegro賣得仍然很好，原因在於放射學家認為它在影像品質上的表現優越。Allegro的硬體設備速度較快，而且軟體較複雜，使其產生較佳較有用的影像。Allegro和Gyroview（見下段敘述）兩項產品，使ISG在1991年獲得45%的醫療影像市場。在1988年早期到1991年12月，ISG賣掉了一百零六台Allegro，Mike Hopkinson估計在1992年將有八十台的銷售量。

ISG發展出Allegro的幾種延伸產品，稱做平面視覺站。外科醫師及其他專家可用這個工作站檢視並操作原本由Allegro處理過的影像。由於平面站不需要處理掃描輸入，它所需要的計算能力較少，因此定價比Allegro低。

Gyroview

此產品類似Allegro工作站，但它是飛利浦MRI掃描器中的其中一個品牌。飛利浦將其自有工作站運送至ISG，由ISG裝載圖像加速器及專門為飛利浦公司設計的軟體，功能類似Allegro的軟體。ISG最近完成一套新的軟體設備，可以讓Gyroview與飛利浦的CT掃描器一起使用。飛利浦與ISG協議，ISG必須確保用在Gyroview的軟體只能用在飛利浦的產品上，而飛利浦必須付每一台機器的權利金。在1991年12月，Gyroview工作站賣掉一百四十一台，即平均每二台飛利浦的MRI掃描器銷售中，就會有一台Gyroview。

ISG與飛利浦的合約只到1991年10月，目前已延長一個月。雙方準備於1992年冬天協商訂定另一新而有彈性的合約。由於飛利浦提供硬體，ISG收的費用比專門零售給顧客的Allegro更低。Gyroview的建議價格爲每台46,000美元，ISG可從中獲得66%的毛利。

Viewing Wand

Viewing Wand是連結到Allegro工作站的一個巧妙機器手臂，它擁有數個關節，最末端爲一個六寸長的細金屬探針。舉例來說，當病人的生理構造在螢幕上顯現時，在手術的過程中，外科醫師會將探針放入病人的頭內，螢幕上會顯示出探針的位置，並出現病人頭內的內部結構。螢幕上的影像可以旋轉、切片、分區、或用其他方法操作。外科醫師接著就能正確地知道他／她腦中的內部結構圖，如此便有可能減少腦蓋骨的切開面積、減少腦內脆弱細胞的損害數量、以及減少手術所需的時間。試驗階段指出花在建立腫瘤位置的平均時間，在使用Wand之後，已經從原本的數小時降低到只要幾分鐘就解決了。這個產品代表第一次成功地將即時電腦三維影像處理帶入手術房，因此很有可能進一步大幅擴張ISG的潛力市場。

雖然仍在試驗階段，且正等待美國的法律認證，但Wand已經引起神經外科學家的密切注意。ISG預期在產品引入市場後，很快地就能擴張在其他醫療專業的應用。Wand及其搭配的工作站總定價約200,000美元。

其他產品

ISG同時行銷其他幾種產品，有些是設計給特定醫療設備所運用之附加軟體，例如，膝蓋手術。這些產品被總稱爲醫療應用設備（簡稱CAP），ISG將其基本的軟體架構專利授權給GE，用來裝載成GE工作站之基本軟體。ISG希望這個軟體架構（稱爲IAP）能夠成爲業界標準，並能從中賺取授權費用。ISG亦從服務契約及提供現有顧客針對硬體和軟體設備的升級中，賺取利潤。在1991年後半年，產品的銷售狀況爲：Allegro佔46%、Gyroview佔37%、Viewing Wang佔4%、CAP佔4%、升級服務佔4%、IAP佔3%、服務佔2%。

醫療影像市場

顧客

CT和MR掃描器處在同一產品生命週期中的不同階段。CT掃描器出現在1970年代，已經在美國銷售近五千台，每年約銷售六百台，其定價從50萬至100萬美元不等。CT掃描器大約在成熟期，銷售成長率平緩，價格也逐漸下跌。相反的，MR掃描器較新而複雜，其市場狀況約在成長階段，每年四百台的銷售量，單位價格自100萬至200萬美元不等。在1991年，MR掃描器已在美國銷售二千五百台機器，而估計在加拿大，這兩種機型於1992年各會有四十～五十台的銷售量。病人通常會先由CT掃描，如果需要更多的資訊，則會接著再用MR掃描器。有些ISG的管理人員認爲MR掃描器最終會完全取代CT掃描器，只要價格下降。如果這是眞的，ISG會因爲經營團隊相信他們的產品比其他MR影像處理的產品優越而獲利。

醫療影像系統有兩種組織型顧客：（a）醫院，佔ISG70%的銷售量；（b）影像中心，佔了30%。在美國，約有一千個獨立的影像中心，它們是私人公司，擁有昂貴的影像設備，而且運作的很像私人實驗室進行醫療試驗。這些中心會得到私人及公開的醫療背書人，以保證其實施的醫療程序。然而在1992年初，這些中心未來的定位遭到質疑，許多中心是完全或部分由醫師所擁有。積極參與政治活動的人與醫療背書人都取消其對醫生自行設計的實驗保證，尤其是那些被帶有商業動機的診所進行的計畫。由於他們的質疑，數名政客開始鼓動管制，而醫生面臨到巨大的威脅。管制的眞實意涵仍然不清楚，而且困擾許多診所。因此，只有少數診所打算繼續採購主要的設備，而對這個市場的銷售業務也幾乎完全停止。

另一個主要市場是醫院，在美國有六千家，加拿大則有六百家。主要醫院決策制定人典型是放射學科的主導人。放射部門通常包括大多數醫院中影像的處理，包括：超音波、化學治療、X光線、掃描。它提供服務給不同的醫師，例如，執業醫師、腫瘤學家、外科醫師及其他專門醫師。

放射部門的主導人控制大筆的人事及設備預算，並決定該花多少錢。這些主導人遇到從放射部門中幾個不同單位對於設備取得的壓力。例如，化療的主管希望能替換老舊的設備，而超音波部門主管認爲在他的區域應該有多餘的空間。外科醫師及其他醫師，由於他們要求的程序不同，也對設備採購有一定影響力。這是因爲外科醫師負責將病人帶進醫院，才能創造收入。

主導人必須決定目前醫療情況需要哪一種設備，並開始產品調查的第一階段。放射學主要技師會研究產品的特性、要求廠商比價、並找出選擇清單。如果採購是例行事務，主導人會用橡皮印蓋章決定這個過程。如果採購是超出正常預算或在某方面是有風險的，主導人會邀請二～三個夠資格的人開會，這些人可能是非醫院的，共同檢視這些選擇，並提出他們的建議。大型採購建議通常會由醫院主導群來審核。在過去幾年，行政人員對於設備採購評估決定的涉入很清楚。然而在1990年代早期，醫院行政人員對於決策過程涉入更多，以因應可能會影響許多機構的資金危機。

醫療科技市場的經濟受到健康保險的牽動，醫院及影像中心的收入是從公立及私人的醫療保險公司而來。任何一件新設備及引入新的程序必須基於一件醫療事件、商業事件、或兩者同時發生。由於醫療保險的成本是由這些保險公司持續的在監督，這些程序的成本總是有可能會被降低或是消除。對於提高健康醫療費用會如何影響ISG有兩派的說法，一派宣稱昂貴的影像測試有一天會被刪除或被保險公司限制，如此一來才能大幅降低他們的保險支出。另一派則說像ISG的產品能夠改善效率，不太有可能會遭到未來健保成本降低的威脅。

競爭環境

醫療影像市場是高度競爭的，而且特色在於快速的技術進步。對於一家製造商而言，成功是在技術的優越性、價格及表現的衡量、以及設備的升級，讓目前的設備能符合日益複雜的醫療過程需要。除此之外，產品可靠性、有效的服務、以及顧客售後服務也在發展及維持顧客滿意度佔了重要角色。

ISG目前有四個獨立的工作站競爭者，平分整個市場。有些競爭者與重要的掃描器製造商有關。獨立製造的工作站佔了整體影像處理市場的30%，雖然這些產品需與他們要處理的掃描系統合成一體，他們不是比Allegro貴就是品質比Allegro差（見Exhibit1及Exhibit2，掃描器市場的佔有率）。主要的X光設備製造商主導影像工作站市場，約佔了75%的工作站銷售。獨立製造商則佔了剩下的市場。ISG是獨立

北美洲整體工作站影像市場佔有率1990年

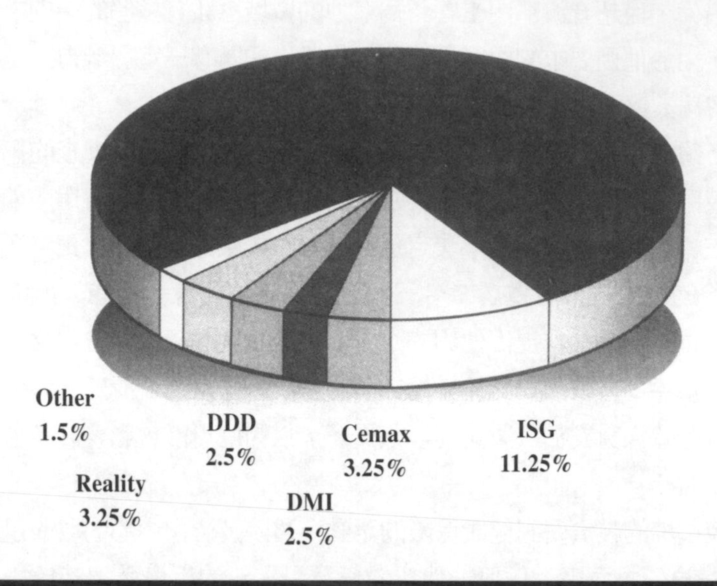

北美洲獨立工作站影像市場佔有率1990年

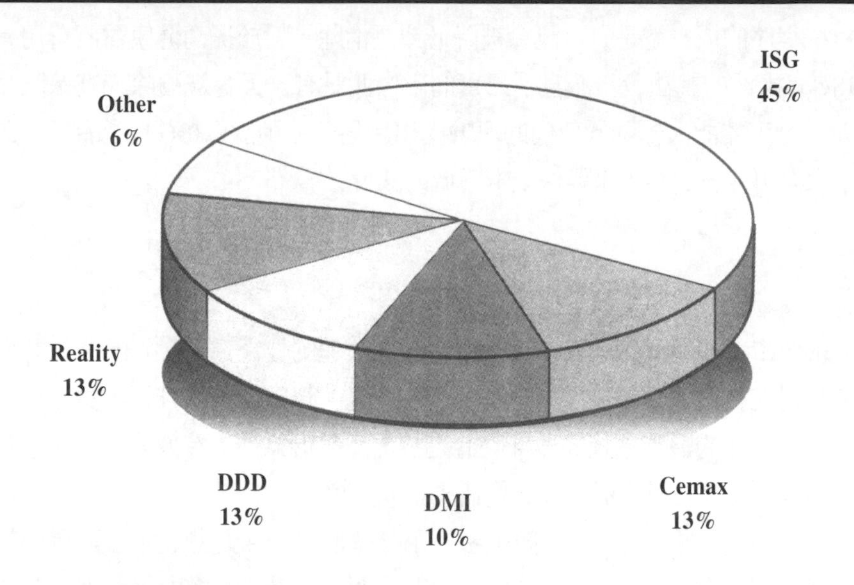

Exhibit1 北美洲工作站影像市場佔有率—1990年

北美洲磁波共振影響(MRI)市場佔有率1990年

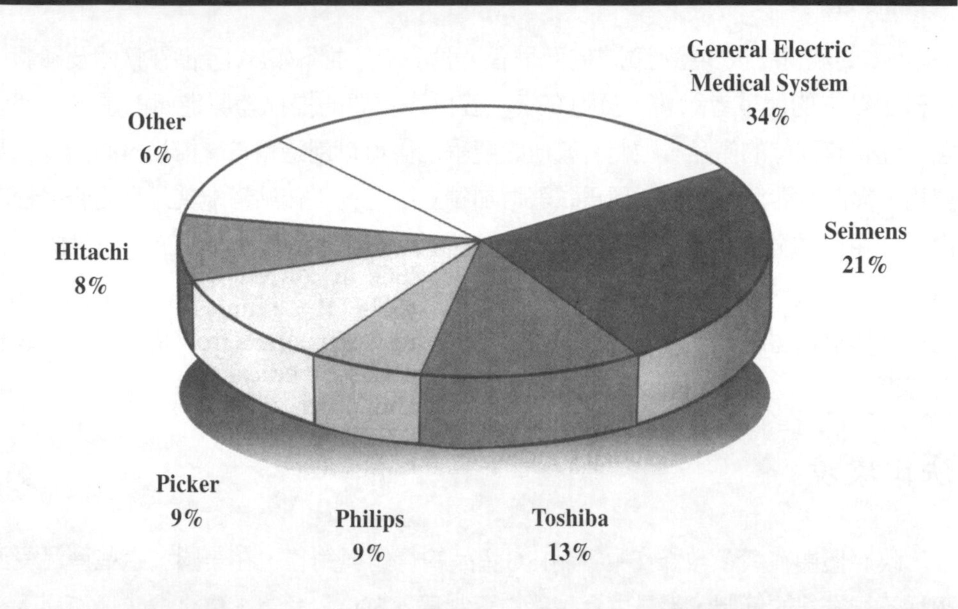

北美洲電腦圖像(CT)市場佔有率1990年

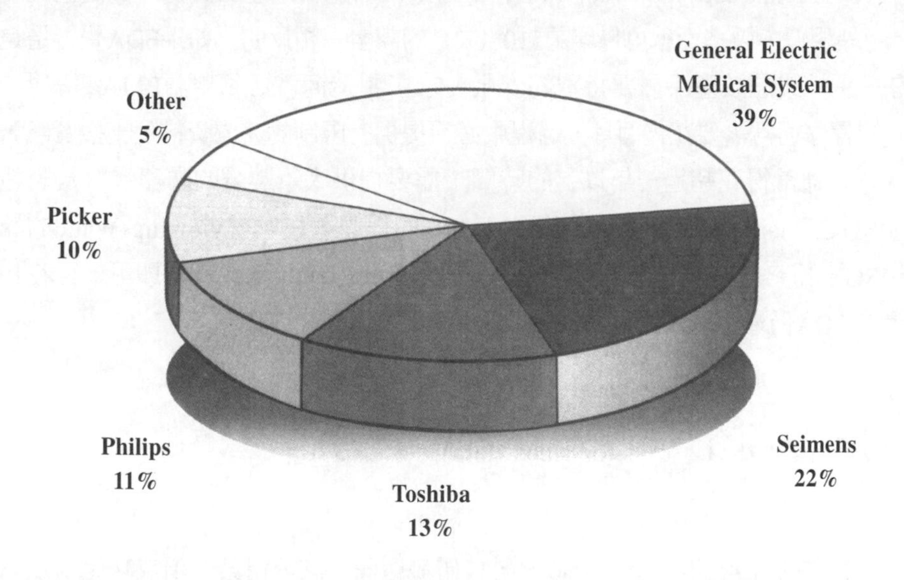

Exhibit2 北美洲磁波共振影響(MRI)市場佔有率1990年

製造商中最重要的，約佔了所有市場中的11.25%。ISG的其他四家競爭者則約各佔市場的3.5%。

ISG的經營者很少擔心獨立的競爭者，競爭產品並不如ISG產品在軟體及硬體上精密。獨立的競爭者銷售人員約有三～五位。主要的掃描器製造商則是另一個議題。儘管有同樣的產品，他們有較佳的競爭位置可以創造銷售。掃描器的銷售人員認爲，醫院及診所應該擔心因爲試著增加獨立製造的工作站搭配其昂貴的新掃描設備而產生的風險。他們宣稱將掃描設備擺在第一位，並維持同一公司提供的工作站，才是比較安全的做法。掃描設備公司也對其工作站大打折，因爲對他們來說，工作站與掃描器相比，反而是低成本附加的產品。主要的製造商銷售人員在美國約有五百名。

法律環境

政府機關在大多數條文中管制ISG產品的行銷與銷售，在美國，這些產品受到兩種不同法律的管制，都是由食品藥物管制局（FDA）負責。FDA要求所有引入市場的醫療機制必須獲得（a）Premarket Notification Clearance──又稱爲510（K）；或是（b）Premarket Approval（PMA）。如果FDA認爲某產品與另外一個已經受認證之產品相似，製造商就可以申請510（K）的認證。相反的，如果FDA覺得這是全新的產品，或是該產品需要特別的安全要求，製造商就必須申請PMA。取得510（K）的程序通常需要花幾個月，過程中必須提供有限制的醫療資料及支援資訊，而PMA認證通常得花超過一年以上的時間，需要提供大筆數量的醫療資料及製造資訊。ISG之前的所有認證都是透過510（K）的程序，在申請Viewing Wand的認證時，ISG宣稱它是Allegro的新應用機型，因此應該由510（K）認證即可。但在1992年1月，FDA仍未通過其認證。

ISG歷史簡介

ISG成立於1982年，是一家影像科技研發廠商。該公司第一項成功是「環球之旅」，這是一部太空飛行推進器，1986年裝置在多倫多的CN塔。之後，ISG專注發展航空產業的影像產品，但發現它是「不完美」的產品，加上有人批評ISG對於處理潛在客戶的能力似乎是不成熟的。有些經營者認爲他們應該將ISG的技術應用在新興且較少競爭者的醫療影像市場。因此該公司聘僱多倫多神經外科學家Dr. Michael Greenberg爲顧問，評估此一可能性。Dr. Greenberg的研究支持此做法，並於1987年全職加入ISG，協助發展醫療影像產品。

1988年早期，該公司擴張其資金，由於現金收入是負的，又沒有成功的產品，在增資時遇到很大的阻力。然而Dr. Greenberg能夠基於醫療影像產品市場的潛力，籌措到新的創投資金。新的資金投注人刺激出不同的情況，它們要求公司所有資源全神貫注於醫療產品的發展，並將Dr. Greenberg升爲公司總裁。有些公司的創始人對於突如其來的降職及失去控制感到不高興，大多數的開國元老選擇離開，讓Dr. Greenberg有完全的控制力。

Dr. Greenberg則證明他是一位有活力的總裁，公司積極的追求產品發展，並架構出一台原型機。主要的進展在於影像品質及MRI掃描器的相容性。他們開始發展並執行行銷計畫。Dr. Greenberg建立起與美國通路商（精密）的關係，並透過個人關係銷售給較重要且有名的顧客，例如，巴爾地摩的Johns Hopkins、Maryland、耶魯大學、加州洛杉磯大學等。1991年度，ISG開始小額獲利（見Exhibit3及Exhibit4的財務報表及銷售資料），並將其主力產品——Allegro工作站，在美國工作站市場佔有10%。

ISG的行銷策略

ISG所有的計畫都是相當直接的，它試著將研發成本放在創新、領先的產品，並有優越的顧客服務爲後盾。Viewing Wand是此策略下的例子，從Allegro的研發，ISG已發展出一個未成熟市場中的全新產品：手術房中即時的三維空間電腦影像。

銷售人員主力放在放射學科的主導人及有可能對於Allegro提供的程序有需要的醫師。ISG描述精密公司，運用了幾種銷售工具。它贊助醫師使用其系統後，寫下醫學研究論文，並提供給其他人做爲醫療案例。錄影帶、小冊子、及其他銷售材料均交給精密銷售人員使用，他們在進行Allegro的商業洽談時，也運用顧客化利潤分析（見Exhibit5的案例）。ISG也參加展覽，以建立品牌知名度及偏好度。然而較好的銷售工具是現場展示，是由ISG策劃，以建立品質。銷售人員及技師會前往顧客的家中拜訪，並將Allegro工作站設置在顧客家中，以處理顧客的診療資料。將此科

Exhibit3 ISG財務報表-ISG科技公司

合併資產負債表

	6月30日		1991年12月31日
	1990年	1991年	（未經審核）
資產			
現有資產			
應收帳款	$2,109,307	$5,975,249	$8,402,449
存貨	1,145,413	1,489,488	1,175,394
預付費用	168,884	160,497	256,404
	3,423,604	7,625,234	9,834,247
固定資產	511,907	569,623	670,240
其他資產	50,000	129,766	1,014,954
	$3,985,511	$8,324,623	$11,519,441
負責與股東權益			
現有負債：			
銀行借款	$569,905	$1,611,390	$1,086,555
應付帳款與預收負債	1,974,060	2,999,424	2,719,109
資本租賃費用	27,182	43,774	38,718
可轉換債券	-	1,100,001	-
	2,571,147	5,754,589	3,844,382
長期負債：			
資本化租賃	49,078	56,539	39,847
股東權益：			
股本	14,146,952	15,295,366	21,151,156
淨損	(12,781,666)	(12,781,871)	(13,515,944)
	1,365,286	2,513,495	7,635,212
特別事項			
遞延事項	$3,985,511	$8,324,623	$11,519,441
簽證人			

Michael M. Greenberg
Director

Richard L. Lockie
Director

Exhibit3 (continued)

	至6月30日					至12月31日（未經審核）	
	1987	1988	1989	1990	1991	1990	1991
銷售	$-	$862,427	$1,784,240	$6,338,678	$11,394,952	$4,745,532	$6,265,398
銷貨成本	-	358,000	862,960	2,926,712	4,738,535	2,091,754	3,032,069
毛利	-	504,427	921,280	3,411,966	6,656,417	2,653,778	3,233,329
其他收入：							
契約收入	56,447	172,494	212,692	278,480	924,111	345,753	624,091
服務及其他收入	82,635	60,902	62,266	116,819	57,922	116,751	444,308
	139,082	233,396	274,958	395,299	982,033	462,504	1,068,399
	139,082	737,823	1,196,238	3,807,265	7,638,450	3,116,282	4,301,728
費用：							
研發	1,114,000	997,000	1,535,520	1,903,104	2,368,169	1,074,573	1,511,186
行銷	671,942	1,882,131	1,426,606	2,098,615	2,415,933	1,015,046	1,850,699
銷售佣金	-	-	134,299	1,043,733	1,242,044	546,234	386,549
行政費用	402,752	767,914	1,564,405	1,555,572	1,710,957	818,127	1,053,138
利息：							
長期	-	90,555	35,258	13,647	78,143	11,412	(45,443)
其他	24,474	38,749	111,460	36,609	105,953	44,138	110,409
折損	206,337	309,959	189,659	224,438	281,848	135,728	176,209
	2,419,505	4,086,308	4,997,207	6,875,718	8,203,047	3,645,258	5,042,747
less expenditures recovered	141,597	-	361,288	570,069	580,466	336,022	92,097
	2,277,908	4,086,308	4,635,919	6,305,649	7,622,581	3,309,236	4,9550,650

Exhibit 3（continued）

	至6月30日					至12月31日（未經審核）	
	1987	1988	1989	1990	1991	1990	1991
減支出贖回							
特別事項前損益	(2,138,826)	(3,348,485)	(3,439,681)	(2,498,384)	$15,869	$192,954)	$(648,922)
特別事項一沖銷應收款項扣除遞延稅額 **$2082500**	(2,417,500)	-	-	-	-	-	-
淨利（損）	$(4,556,326)	$(3,348,485)	$(3,439,681)	$(2,498,384)	$15,869	$192,954)	$(648,922)
特別事項前之每股盈餘	$(1.16)	$(1.81)	$(1.00)	$(.44)	$0.00	$(0.03)	$(0.10)
特別事項後之每股盈餘	$(2.46)	$(1.81)	$(1.00)	$(.44)	$0.00	$(0.03)	$(0.10)

ISG每季收入 1989-91

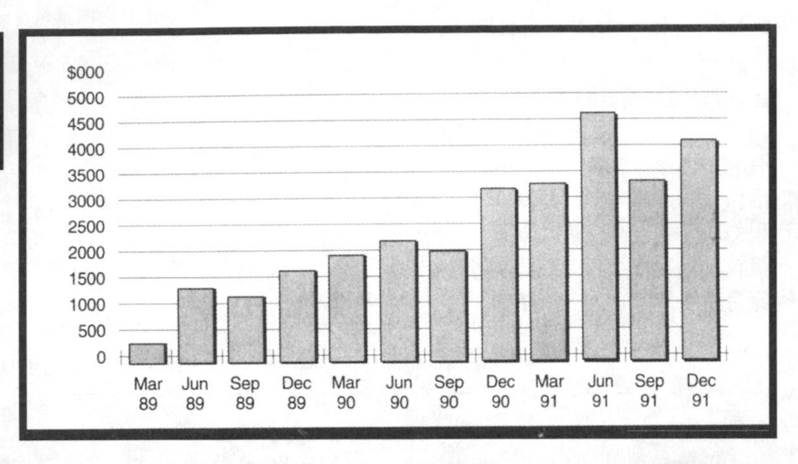

ISG通路商之銷售量 1989-91

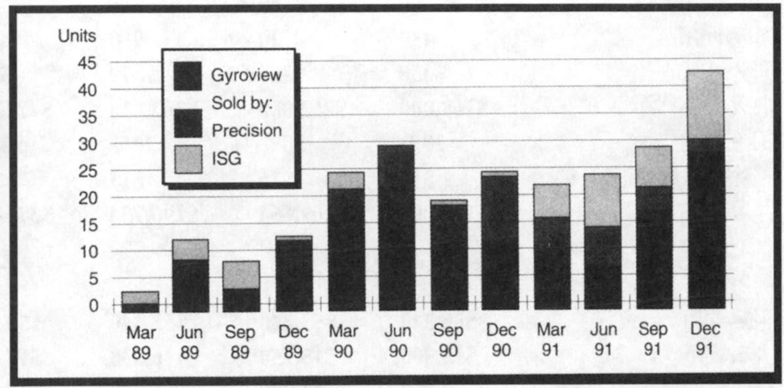

銷售量	Mar 89	Jun 89	Sep 89	Dec 89	Mar 90	Jun 90	Sep 90	Dec 90	Mar 91	Jun 91	Sep 91	Dec 91
飛利浦 (Gyroview)	1	4	3	5	17	22	12	11	9	6	17	28
ISG	2	4	0	1	3	0	1	1	5	10	8	13
精密	0	3	5	7	4	7	6	12	8	8	4	2
總計	3	12	8	13	24	29	19	24	22	24	29	43

Exhibit4 ISG銷售資料—1989-1991

Exhibit5　標準ISG供應商案例

ISG 科技公司利潤分析

租賃人：	
設備：	**Allegro**
價格：	**$175,000**
租借期：	六十個月
租賃費率乘數：	**0.0254**
每月費用：	**$4,445**

	第1年	**第2年**	**第3年**	**第4年**	**第5年**
每日研究	**2**	**3**	**4**	**5**	**6**
每月研究	**40**	**60**	**80**	**100**	**120**
每年研究	**480**	**720**	**960**	**1,200**	**1,440**
研究每筆收費	**$350**	**$364**	**$379**	**$394**	**$409**
收入	**$168,000**	**$262,080**	**$363,418**	**$472,443**	**$589,609**
扣除壞帳	**20%**	**20%**	**20%**	**20%**	**20%**
扣除每筆研究補給	**$15**	**$15**	**$15**	**$15**	**$15**
淨收入	**$127,200**	**$209,664**	**$290,734**	**$377,394**	**$471,687**
費用：					
租賃支出	**$53,340**	**$53,340**	**$53,340**	**$53,340**	**$53,340**
人事費用（1／2倍）	**$15,000**	**$15,750**	**$16,538**	**$17,364**	**$18,233**
維修／服務	**$0**	**$14,000**	**$14,700**	**$15,435**	**$16,207**
房租支出	**$1,000**	**$1,050**	**$1,103**	**$1,158**	**$1,216**
營運利潤	**$57,860**	**$125,524**	**$205,054**	**$290,657**	**$382,692**
損益平衡：					
每日研究	**1.1**	**1.3**	**1.2**	**1.2**	**1.2**
每月研究	**22**	**25**	**25**	**24**	**24**
每年研究	**262**	**305**	**298**	**291**	**285**
每筆研究費用	**$265**	**$276**	**$288**	**$300**	**$313**

技應用在醫師自己的診所時，ISG發現此方法為更能說服顧客購買產品。

ISG主要市場在美國，約佔90%的銷售量。在北美洲之外，ISG將歐洲及日本視為即時發展的市場，ISG在歐洲的工作相當複雜，因為歐洲是飛利浦的主要市場，而ISG的做法是避免直接與飛利浦競爭。在1992年初，ISG在英國有兩人小組的直銷團隊。該公司吸收了其前歐洲通路商因倒閉而釋放出來的銷售人員。ISG和他們簽訂每月契約，讓ISG在歐洲有一定的市場，並獲得足夠的時間發展針對整個歐洲市場的策略。

歐洲是許多截然不同國家市場的集合體，每個國家有自己的宗教、文化、經濟和政治特色。例如，英國的國家健康服務已經由於柴特政府對於健康看護預算的削減，而陷入危機。德國得將前東德的醫療水準提昇到與西德一樣的水準。ISG瞭解它必須針對每個不同市場發展策略，或是找到一個人能為他們做這些事。

相反的，日本是同質性較高的市場，與加拿大和其他醫療支出集中在政府健康局的國家一樣。日本的醫師比其他國家更技術導向，也願意認識他們使用的產品之技術資料。日本人也製造自己的掃描器，價格較低，也廣受使用。ISG主要的問題在於發展文化認知及對商業行為的不同人際關係，尤其是發展屬於非日系產品的誠信度，以解決進入日本市場時的困難。在1992年冬天，ISG積極地尋找能協助應付這些障礙的聯盟公司。雖然與精密公司有過負面經驗，它還是想在日本建立代理商關係。

與精密公司的歷史

當Greenberg在1988年春天接掌公司後，ISG發現它在美國的五千家醫院中只有一個銷售人員。在Dr. Greenberg及一些工程師團隊兼職進行銷售後，ISG能夠有四名銷售人員。這個銷售團隊規模仍然太小，無法提供ISG經營者希望公司達到的成長程度。經營者得知1988年虧損300萬美元，而收入只有100萬美元時，ISG仍無能力支付自行僱用銷售人員的支出。為了建立起有效的團隊，ISG認為它需要六個月的時間訓練新的銷售人員，並提供足夠他們與其他主要廠商及獨立供應商的銷售人員競爭的資源。

由於實施此策略的成本困難度，ISG為其北美市場尋找一家通路商。在考慮了許多家通路商後，由於他們很少有ISG需要的產業經驗，大多數都是區域性的，而非全國性的，因此在數個月後，ISG與精密簽約，它是大型的全國通路商，其醫療影像設備銷售額達7,000萬美元。精密在北美洲有二十五人的銷售團隊，並擁有有效率的服務及支援組織。

精密公司的策略及成功因素在於積極的銷售比大型美國掃描器公司較便宜的產品，例如，精密銷售Hitachi的MRI掃描器，它比GE賣的同型機器便宜30%。其市場重心完全專注在放射部門，銷售的產品有CT及MRI掃描器、特製照相機、超音波設備等等。ISG及精密合作的原因是當精密找到一個打算購買掃描器的買者時，它能夠同時促銷ISG的工作站，因此在銷售功夫上花的精力較少。

ISG及精密簽署的合約是從1989年6月1日起一年內有效。合約中載明精密是ISG在加拿大及美國大陸市場中，唯一代理銷售CAMRA S2000（Allegro的前身）的廠商，除了ISG打算直接進行交易的顧客除外。ISG同意訓練精密公司的銷售人員，提供銷售資料及促銷材料，處理顧客訓練，以及在貿易展中促銷產品。精密同意努力成爲銷售領導者，達成明訂的每季銷售額，與ISG參加貿易展及現場展示，並且每個月到ISG總公司開銷售會議。如果任何一方覺得對方違反或不能完成合約中的任何一個條款，他必須提前三十天以書面通知解除合約。合約若雙方同意，得以延展之。

ISG預期在簽署合約後的第一年，北美會銷售六十台CAMRA S2000，並預期精密能負責五十四台，而ISG負責六台。然而，合約中並未正式地規定工作站系統、零件、或週邊產品的銷售額度，精密的銷售預測反然被視爲非正式的額度。典型的銷售程序如下所述：

1.精密的銷售人員透過拜訪客戶後，確定掃描器或相關設備的潛在目標。
2.精密開始第一步的銷售比稿計畫。
3.同樣的步驟會由精密和ISG共同認證。
4.精密安排現場展示；ISG人員參與其中。
5.精密透過ISG代表的協助完成銷售。
6.ISG安裝機器，並訓練客戶的人員。
7.精密要求ISG付佣金。
8.ISG向客戶收取費用，付精密的佣金。

ISG的佣金比例是經過複雜的計算過程，即用實際的銷售價格與產品的標價相比。在這個系統之下，佣金可因顧客實際支付的價格已折抵0%～12%之故，而有23%～27%的不同。這表示一台150,000美元的工作站銷售中，佣金約爲20,000到35,000不等。

ISG在1989年3月合約生效時，即開始在多倫多訓練精密的銷售人員。新訓練的銷售人員在1989年4月開始從事業務工作，與第一季得銷售六個系統比較起來，精密本季只需銷售三個系統，而ISG認爲在精密銷售人員的努力之下，銷售成績應該是前景看好的。然而在1990年3月，訂單數開始減少。ISG詢問精密爲什麼會有這種情況發生時，精密回答得很含糊。雖然精密辯稱此時並非季末，而銷售仍然在進行中，但在4月或5月都沒有任何改善。

在6月時，ISG一位技師得知精密正在改變其銷售策略，而且完全地重組其銷售團隊。精密確認此做法後，通知ISG其目前的架構並不適用快速變遷的市場，且不能有效地競爭。精密告訴ISG銷售人員常常發覺花了太多的時間在銷售工作站上，而不是掃描器。精密承諾ISG會有一群新的且有能力的銷售人員負責此項業務工作。ISG對此情況感到困擾，因爲新的銷售團隊成員是二十名幾乎沒有銷售經驗的大學畢業生。除了Allegro（已替換掉CAMRA S2000），這群銷售團隊也必須負責新的Hitachi的心臟超音波產品。

當新的銷售團隊接受訓練時，ISG的股東必須面對接下來的六個月慘淡的銷售量情形，而變得坐立不安。然而在1991年1月，新的銷售團隊開始有進展，而且銷售量達到ISG滿意的水準。不幸的是它成爲精密的銷售工具之一，並將產品以低價折扣銷售。低價折扣的做法對ISG的利潤有很嚴重的損害，連帶影響精密的佣金。以包括其他選擇而不收費的折扣方式向來是雙方同意的銷售技巧。ISG現在開始質疑精密的做法，並思考以較低的標價也許會更合理。爲了因應精密的要求，ISG 設下最低佣金標準，若折扣金額不超過60,000美元，則佣金最低爲25,000元，若超過60,000美元，則佣金最低爲20,000美元。此計畫在2月及3月施行，ISG認爲設下比最低標準更低的做法會抑制過度折扣的做法。

3月份的銷售開始再次反轉，但由於報告的時差，ISG並非馬上知道這項消息，一直到6月份才被告知。在ISG的壓力下，精密解釋這個問題源於其他銷售團隊的責任問題。Hitachi心臟超音波產品的銷售開始成長，而精密已將原本負責ISG產品的銷售團隊轉回到Hitachi的MRI銷售團隊。這就像一年前精密對Allegro團隊的做法一樣。這個銷售團隊理論上有二十名人員代表負責ISG的產品。ISG的經營者對於這些代表感到懷疑。

ISG的經理人對這項發展感到非常難過，他們覺得ISG喪失銷售的控制權，而精密從來不把ISG的產品發展成有競爭力的市場。這樣的思維下，促成了ISG組織自己的銷售組織。公司已經有三名技術銷售經理，因而他們成爲直接銷售組織的中心。

然而公司在做這個決定時，負責業務、行銷及售後服務的副總裁離開了公司。

決策

Mike Hopkinson在1991年加入ISG，成爲北美業務協理。他在電腦化醫療影像設備的業務經驗長達二十年，之前是多倫多Dornier Medical Systems的全國業務經理以及多倫多的Quantified Signal Imaging Inc.的北美業務經理。

Hopkinson認爲ISG有幾個不同的選擇。第一，維持與精密的關係，重新教育新的銷售團隊，並在合約中載明最低的銷售量限制。第二，改變方向，發展與其他主要掃描器公司的關係，例如，與飛利浦的協議模式，並且同時進行直接銷售。第三，與一家主要掃描器公司達成排他的聯盟協議。第四：發展ISG的直接銷售團隊。

有幾個議題將影響Hopkinson的決定。有一位外界分析師預測ISG在1992年在北美洲總銷售額爲1,700萬美元（見Exhibit6，ISG銷售量的地理區隔）。其中有一半的收入會是Allegro的銷售，40%爲Gyroview，7%爲Viewing Wand的銷售，其他則是授權給GE的專利軟體。Hopkinson認爲如果精密把ISG的產品擺在第一位，這個目標可以由其銷售團隊達成。但他並不確定ISG新訓練六個月的銷售團隊，是否能在年度報表中展現成績，達成目標。

有個粗略的調查顯示一名業務員得花ISG每年60,000美元的年薪，每個月5,000美元的差旅及行政支出，以及每次交易的5,000美元佣金。這些費用可以由原本支付給精密的佣金費用中抵消。其他行銷的支出，在1991年約爲240萬美元，不受產品是由ISG或是精密負責銷售而影響。如果Hopkinson不是選擇維持與精密合作，他必須考慮最佳的時機解約、在關係結束前得準備多久、以及其對ISG收入上會造成的影響。

Hopkinson也知道他對精密的決定會影響ISG在歐洲及日本與其他通路商間的協商。將Viewing Wand引入市場的時間逐漸逼近，Hopkinson必須儘速做出決定。

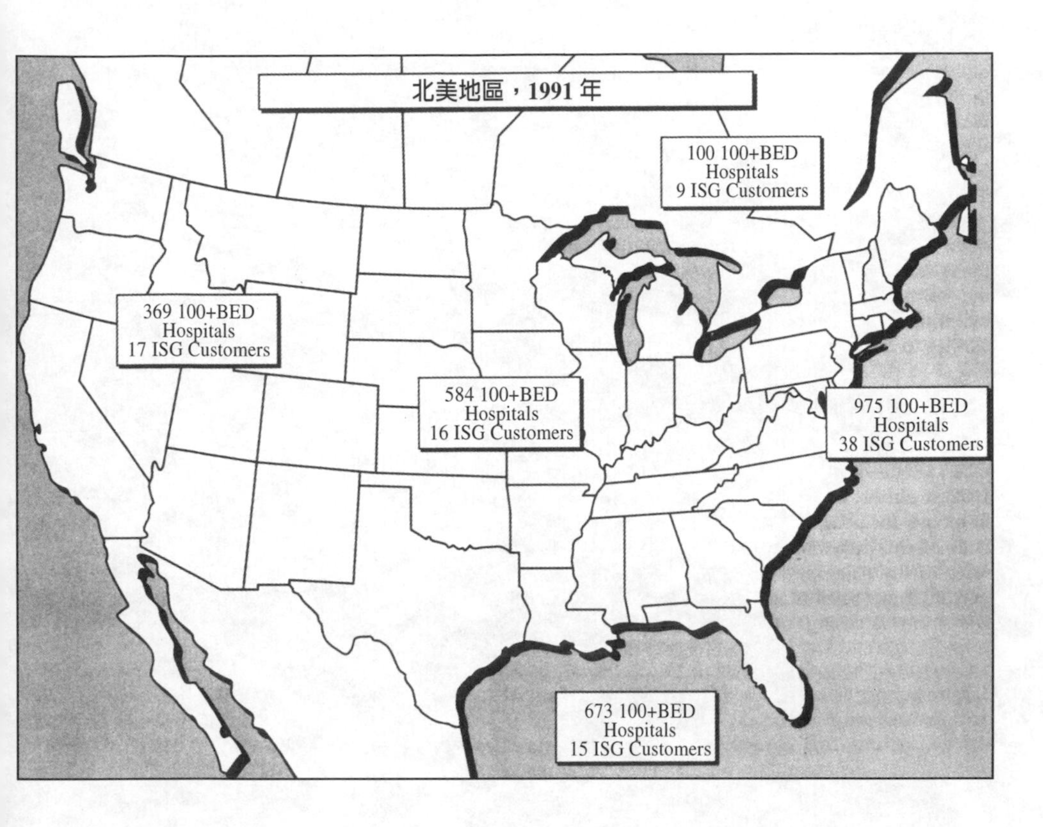

Exhibit6 以地理位置區分ISG銷售

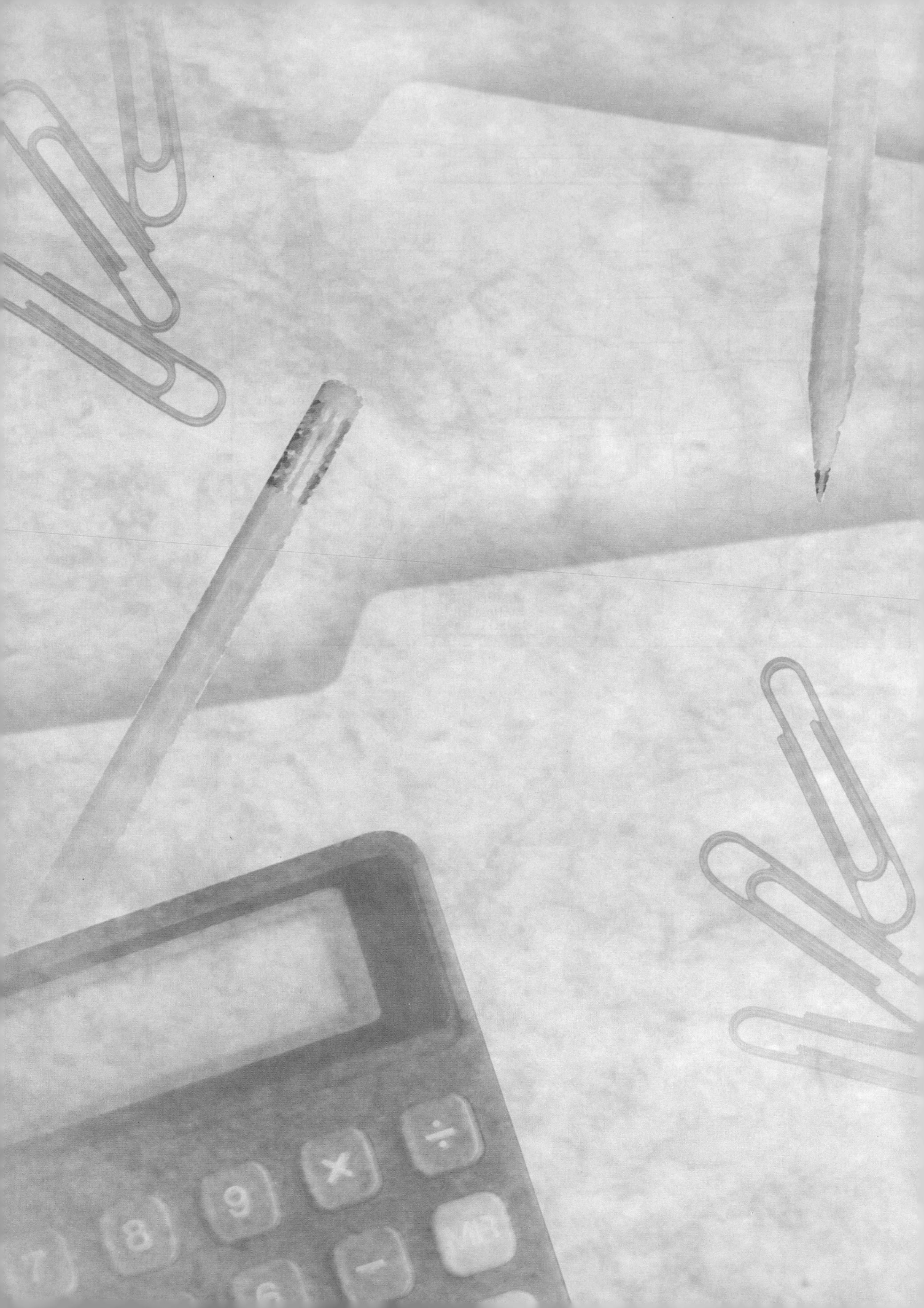

個案19

早期歷史

The North Face 的產品

行銷哲學

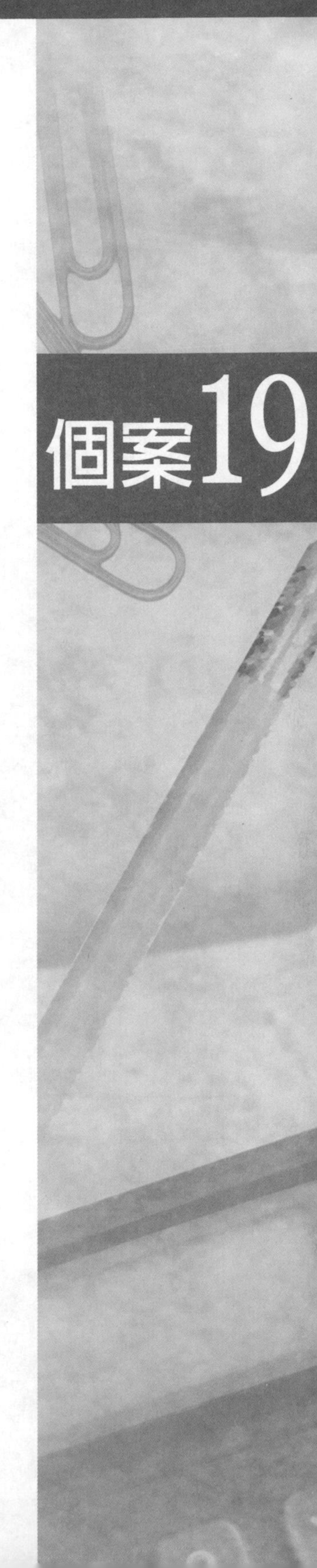

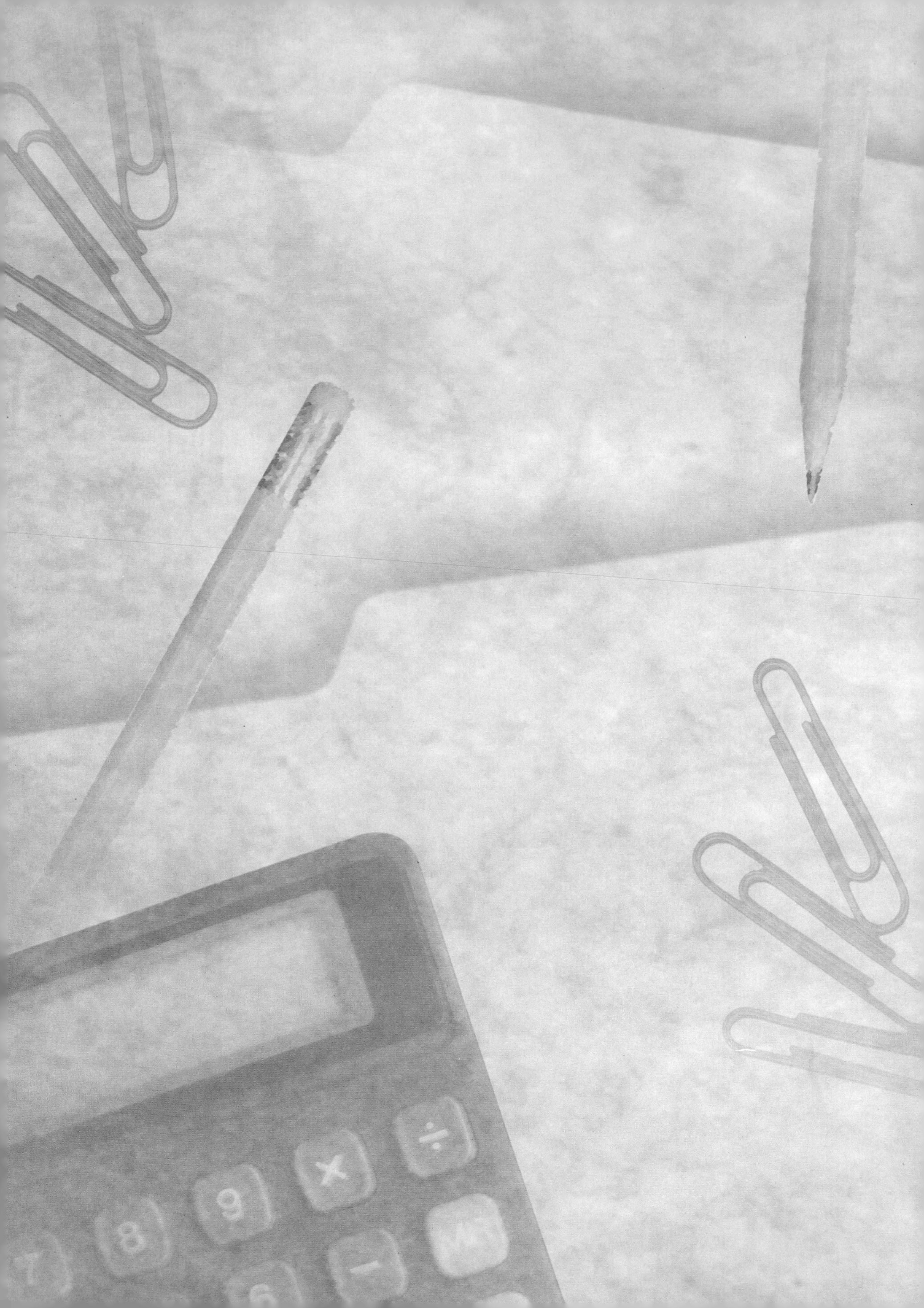

The North Face是一家設計、製造及銷售高品質戶外運動用品及衣著的私人公司。它從1966年於San Francisco的登山用品專賣店起家，在1968年於柏克萊開始從事生產。從那時候開始，該公司著重背包及登山設備的品質，並強調頂尖的設計及功能訴求。The North Face很快地主導整個市場，並在其製造的四個產品種類——帳篷、睡袋、背包及衣著，其中有三個成爲市場領導者。1980年的銷售額超過2,000萬美元（見Exhibit1及Exhibit2的歷史財務報表），且其所有的商品都在國內的柏克萊生產製造的。在1980年早期，The North Face有五家地點良好的零售店及兩家工廠，工廠分別位於San Francisco海灣及西雅圖。除此之外，它僱用十四名獨立的銷售代表，負責美國的帳篷銷售業務。通路商架構中，則包括美國的七百家專門店及二十個海外國家的代表。

該公司對於逐漸成熟的背包市場持續成長的要求，促使Hap Klopp——The North Face總裁及公司成功的背後推手，開始調查擴張至與目前背包市場相關新產品。其中具有高度成長潛力的管道是Alpine雪衣。這個機會在The North Face的雪衣產品線於1981年秋天正式引入後開始運作發揮。

在經營者腦中最重要的問題是：行銷這條雪衣新產品線時，什麼才是最有效的方式？

Exhibit1 損益比較表（單位：千）

	1977	1978	1979	1980
銷售				
生產	**$11,437**	**$13,273**	**$15,153**	**$17,827**
零售	**2,254**	**2,570**	**2,879**	**3,368**
總計	**$13,691**	**$15,843**	**$18,032**	**$21,195**
銷貨成本	**9,337**	**11,188**	**12,443**	**13,964**
毛利	**4,354**	**4,655**	**5,589**	**7,231**
銷售及營運支出	**2,186**	**2,320**	**2,646**	**3,306**
雜支費用	**2,168**	**2,335**	**2,943**	**3,925**
行政費用	**686**	**685**	**777**	**924**
利息支出	**242**	**268**	**438**	**658**
目的性補償及**ESOP**	**235**	**204**	**253**	**330**
總計	**$1,163**	**$1,157**	**$1,468**	**$1,912**
總稅前獲利	**$1,005**	**$1,178**	**$1,475**	**$2,013**
總稅後獲利	**$498**	**$609**	**$776**	**$1,019**

Exhibit2 資產負債比較表（至9月30日截止之會計年度，單位：千）

	1977	1978	1979	1980
資產				
現有				
現金	**$110**	**$149**	**$201**	**$370**
應收帳款	**2,765**	**3,765**	**3,910**	**4,573**
存貨	**4,496**	**4,494**	**4,452**	**5,947**
其他	**319**	**329**	**229**	**196**
長期	**803**	**1,012**	**1,256**	**1,437**
其他資產	**65**	**68**	**100**	**104**
總資產	**$8,558**	**$9,817**	**$10,148**	**$12,627**
負債				
現有				
應付票據	**$2,624**	**$3,180**	**$2,563**	**$2,613**
應付帳款	**2,019**	**2,186**	**2,109**	**2,231**
預收負債	**693**	**589**	**627**	**783**
應付所得稅	**318**	**339**	**360**	**568**
長期負債之現有部分	**141**	**159**	**222**	**316**
其他				
長期負債	**351**	**302**	**360**	**1,103**
遞延所得稅	**33**	**73**	**143**	**230**
股東權益				
股本-**A**	**1,687**	**1,687**	**1,687**	**1,687**
股本-**B**	**0**	**2**	**2**	**2**
保留盈餘	**692**	**1,300**	**2,075**	**3,094**
總負債	**$8,558**	**9,817**	**$10,148**	**$12,627**

早期歷史

The North Face 三十九歲的總裁Hop Klopp，是畢業於史丹福大學的MBA，在San Francisco海灣的另一家背包零售店做了一陣子經理後，於1968年買下原始的公司。在那時候，其營運範圍包括三家零售店及一家小型的郵購公司。該公司銷售一私有品牌的背包及具品牌名的滑雪設備。Klopp關掉其中兩家店，購入股權，並在加洲柏克萊的主店支持下，開設絨毛睡袋製造工廠。在1969年的總銷售仍不到500,000美元。

在1971年前，大多數銷售Alpine（downhill）滑雪設備的零售店，都在激烈競爭下降低毛利。爲了爭取喘息的空間，經營者決定著重在背包及滑雪旅行（跨國）的市場，這個市場的毛利較高，而且較不受季節、流行趨勢及氣候因素的反效果而影響。

The North Face的產品

The North Face製造四個主要背包產品線：睡袋、背包、戶外衣著、帳篷。所有的產品均標榜品質、設計及耐久性，並在市場上定價甚高。所有的產品均有永久的產品保證期。

睡袋

The North Face的睡袋從特別需求的款式（可提供在華氏零下四十度的保護）到有不同的亮度及保暖度的組合（主要是滿足純度假、休閒導向的旅遊者需求）。The North Face的睡袋品質及耐久性一向被視爲比其他競爭產品優越，並能提供在不同溫度及重量下的最適組合選擇。當公司營運開始成長，TNF提供更多不同的睡袋來滿足美國旅行者可能碰到的各種環境。其中主要的差別在於使用的羽絨品質、尼龍纖維絲的成分、特殊的拉鍊、以及縫合之技術。Goose羽絨睡袋之零售價介於162美元到400美元之間，價錢愈高，則代表睡袋愈保暖。剛開始睡袋只用羽絨塡充，但在最近幾年，已引入一種完全合成塡充模型。合成塡充物較被用來因應一些惡劣的氣候環境，及當重量和耐壓性較不被重視時使用。合成睡袋的零售價自75美元至205美元不等——在競爭市場中位居高價位之首。

從最初開始，公司只製造兩種尺寸的睡袋，且不像產業中其他公司所研發的另外三種。這個策略不只簡化生產程序，也降低零售商存貨的需求及減少佔據零售貨架的空間。當TNF開始營運時，睡袋是背包產業中成長最快的產品，但此成長自1970年代早期已開始下降。

Parkas及其他户外服飾

Parkas及功能性的戶外服飾於1981成爲TNF的明星產品，其產品線包括一系列針對不同旅行者設計的的Parkas。設計主要強調在溫差大的環境下，能夠提供最高的舒適度，並有針對通風控制的方便調整裝置。其他的特色，例如，口袋設計、快速拉動的拉鍊、及大片塡塞式衣領等，則更進一步的增強產品特色。當產業開始成長，而時尚成爲另一成功因素後，此產品線添加更多的顏色及表面纖維的選擇。例如，Gore-Tex（透氣又防水的材料）被引入產品中，它能提供比市場上其他產品更具功能性的優勢。他們還提供另外兩種型式的Parkas：基本型，能適應冷酷惡劣的環境（通常是合成材料）；以及用來因應乾冷氣候的（主要是羽絨材質）。在纖維材質選擇中，有許多廠商積極推廣新又耐用的合成纖維，例如，Thinsulate、Polarguard、以及Hollofill，他們將其放入產品線中，以符合日益多元化的消費者特性及需求。Parkas的價差很大，從50美元用合成塡充的多用途汗衫到265美元的豪華專用型。該公司試著銷售一個有系統的衣著，稱做「分層」，其中運用多重的衣著階層來因應不同的氣候環境。

帳篷

1981年，The North Face所採用特殊設計．在全球輕量的帳篷市場掀起革命。在知名的設計師R. Buckminster Fuller的協助下，該公司的員工創造並申請geodesic帳篷的專利。這些帳篷利用最少的材料創造出相當大的內部空間，並能符合各種帳篷設計的強度一重量比率。他們也有更多的高度設計、將地板空間運用得更佳、並更能因應氣候的挑戰。由於geodesics是有專利的，他們也需要全球的認同。全世界的競爭者開始仿製此產品，但到目前爲止，該公司並未採取任何法律行動來保護其專利權。其他一些特殊的帳篷特色包括了加強接縫，而經營者也認爲聚合棉防水纖維能提供強3倍的強韌性，並在零度氣溫下，提供更佳的品質。該公司協助發展特殊的帳篷頂，並開放給全世界使用。The North Face仍然有兩種A級的帳篷，其價錢約爲200～240美元，而geodesic產品線中則有八種帳篷，其價錢自220～600美元不等。在其他The North Face的產品中，這些都是價格區間中的高級品，但是經營者相信消費者會善用他們的錢，並會做很好的價值評估。

帳篷市場最近隨著geodesics的推出開始加速成長，geodesics比A級帳篷更能符合顧客需求。經營者認爲在二～四年的急速成長後，geodesic帳篷銷售會持續，但A

級帳篷則會開始消失，然後市場回歸其成長初期的水準。

背包

The North Face將背包市場分成三個部分：

* 軟背包／日用型。
* 內架背包。
* 外架背包。

The North Face引進國內第一型的內架背包，它創造了市場利基，並帶來非常好的銷售成績。零售價自45～115美元不等，位居高價位，但經營者相信品質（包括：特別強韌的尼龍、棒式縫合法、特別的穿孔及鍊狀設計、韌性高的鋁等等）會是最終消費者金錢的流向。

在軟背包的領域中，該公司的產品與其競爭者產品較無特色上的差別。因此價格競爭——競爭者的價格自16～37美元不等——在市場中較被注意。

在外架背包市場中，傳統上是由Kelty主導，該公司引入一個相當著名且有專利權的產品，稱做魔術背包。它以精密的人體工學設計，配有獨立的肩膀及臀部的懸掛支架，將整個背包的重量放在旅行者的重心位置，這是其他背包所不及的。雖然其價錢很高（150～160美元左右），也遭遇到煩人的外包簽約商延遲交貨的問題，但該公司很快的在這個領域中取得市場佔有率。

除此之外，爲了擴張公司銷售的貨品，並爲其通路商開啓更全面的新市場，The North Face在1981年引進一條全軟行李箱的產品線。公司試著利用到處走走看看的顧客心態，及其對顧客想要在傳統市場上可發現的行李箱店中得到更高品質商品的信念，發展此產品線。其中包括了幾項特色，例如，在所有接縫上加釘、在尼龍表面加上皮革、肩帶上加上皮革、還有一些內部口袋的拉鍊設計。價錢大約是40～65美元。

行銷哲學

The North Face推廣的不只是一個產品，而是追尋生活的方式。在經營者的排名中，第一名是找出戶外活動熱愛者的中心思想。

Hap Klopp是這樣看自己公司的生意：

> The North Face銷售背包、帳篷、睡袋、鞋子、和parkas，但我認為人們是在買更好的健康、社會交際、陽光、冒險、自信、年輕、刺激、浪漫、尋求速度、或破浪和逃離都市的污染、經濟崩潰、及擁塞。

The North Face的基礎是由一個中心主題而起，Hap Klopp做了最佳的詮釋：「做最好的產品，將其價格訂在能獲得最公平收益的水準，並永久保證其品質。」Hap認爲利潤並非來自於賣給顧客的第一個生意，畢竟第一次購買是需要審愼的考慮及金錢考量的。然而顧客一旦被某產品吸引住，則必須被好好地款待。重複購買是企業獲利的關鍵，因此提供一個能永遠滿足需求的產品是絕對必要的。

The North Face用來分析背包市場及類似的專門市場的觀念性工具是Klopp稱做「影響力金字塔」的工具：

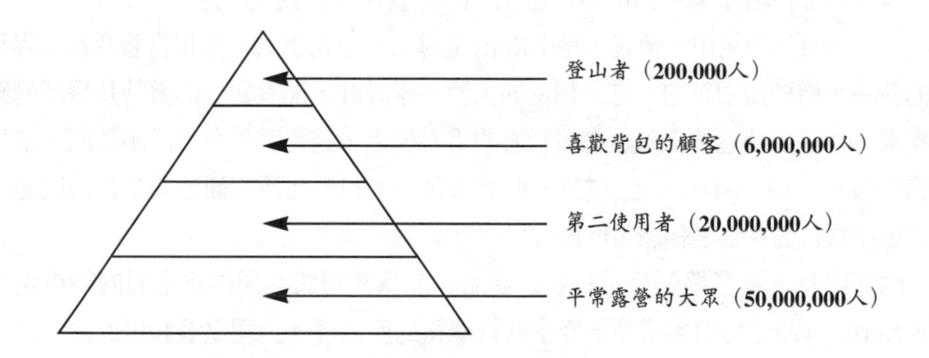

在這個階層中，經營者覺得口耳傳播導致一連串的反應，從登山者到喜歡背包的顧客，再到第二使用者，最後到平常露營的大眾。那群位於階層最高階的族群，屬於「科技專家」，他們會試著影響普通戶外活動者的購買決策，後者會依照旁人的推薦和品牌印象而做決策，而非個人的研究調查。The North Face對於這個市場階層之特色總結於Exhibit3。

該公司相信有一些競爭對手犯了一些嚴重的錯誤，他們改變其通路及產品，以迎合更廣、低所得階層大眾的需要，而忽略金字塔的影響模式及企業的架構，以致於損害其品牌名及在所有大眾中的信用保證。相反的，The North Face的長期策略是

Exhibit3　市場金字塔特性

區隔	使用狀況	價格	偏好產品特色
登山者	經常，重度	沒有定見	耐久，功能，完美的輔助效果
喜歡背包者	經常，小心	注重價值	輕，可修復，舒適，品牌很重要
第二使用者	不常，小心	注重價值	耐久，多用途，舒適，品牌名
普通露營者	不常，粗心	價格敏感	簡單，實用，多用途，品牌名

維持與金字塔頂端的互動，慢慢的擴展產品線，以使其現有的通路代理商能夠滿足金字塔頂端及其他衍生的顧客需求。

The North Face相當具信心的宣稱，在特殊市場的影響模式只要花一天的時間就可以完成── 由上往下傳播。除了爲金字塔頂端的顧客設計及銷售高品質的功能性產品，該公司也很有系統地建立起市場形象，並附加保證書。Klopp不認爲將「由上而下」的策略轉而「由下而上」的影響模式是聰明的做法。許多公司很短視地用財務的角度看每個市場，並改變其通路網絡及產品，企圖迎合更廣大而較低階層的需求。Klopp認爲這種做法最後會失敗，因爲他們忽略企業的生存架構，最後會在金字塔的各個階層心目中產生「信用破產」。總之，降低產品品質及服務，以維持銷售成長的做法是不可能贏的遊戲，而且不可避免的會破壞其市場及形象，尤其是對一些在塔頂的民眾，他們的要求更高。如果某公司想要長期地維持其對市場及顧客的承諾，它必須專注於「由上而下」的方法。

由於The North Face對其經營哲學非常重視，它對於市場進入採用下列的策略：進入專門市場；小心地同化他們；專心研發金字塔頂端的需要；採用專門店來鎖住市場；強打趨勢引導者的推廣成效。一旦在市場上建立起主導地位，會由兩條路徑成長：

1.尋找新的地區或將市場重新經營。
2.推出新的高品質產品。

1980年，該公司在背包市場的市場佔有率如下：

	市場佔有率	產業中排名
戶外衣著	**47%**	**1**
睡袋	**48%**	**1**
帳篷	**28%**	**1**
背包	**20%**	**3**

The North Face在1980年的專門店中，背包產品的銷售佔了21.9%，而其最接近的競爭者有13.5%。該公司最關鍵的核心能力，即與競爭對手不同之處，在於製造具設計的高品質功能性產品，以高價銷售，並附有永久保證。普遍認爲其關鍵成功因素在於該公司爲高品質產品的專門供應商之信譽背書、其與通路之間的關係、及其出色的經營團隊。The North Face常被視爲產業中最佳的經營團隊，原因在於他們對產業知識的深度瞭解，還有經營企業的時間經驗。

雖然背包市場已在過去數十年有顯著的成長，美國專門店銷售量自1971年的15,400,000美元到1980年的81,700,000美元，可以看出背包市場已開始成熟，其在1985年的預測銷售額會成長至95,100,000美元（詳見Exhibit4之歷史及預測市場規模

Exhibit4 美國背包產品之專門店銷售額（量販價，單位：千）

	總銷售額
1971	**$15,400**
1972	**$21,600**
1973	**$27,400**
1974	**$40,700**
1975	**$44,800**
1976	**$57,050**
1977	**$65,850**
1978	**$70,400**
1979	**$77,500**
1980	**$81,700**
1981(est.)	**$84,300**
1982(est.)	**$86,900**
1983(est.)	**$90,100**
1984(est.)	**$92,400**
1985(est.)	**$95,100**

*Domestic only.

資料）。Klopp相信此產業即將脫離產品生命週期的高成長階段，開始朝向成熟期；他們在產品差異化上所碰到的困難似乎更印證此項發現。

通路

The North Face對於影響金字塔的哲學也同樣套用在通路鋪貨上。由於他們是專門市場，The North Face較偏好小心地建立其品牌名，做法是以這些專門店做爲基礎。一旦建立完成，The North Face試著小心地同化它們，提供通路商新的產品及銷售技巧（以及訓練課程）來吸引新的顧客。該公司在特別地區需要地理覆蓋時，不只會使用普通運動用品商店（例如，Herman's, EMS ），它會試著將通路限制在某幾家店家中。它儘可能地不在大型量販店中鋪貨，TNF覺得專門店可以發展品牌知名度及顧客對其產品的信心，而普通商店會破壞其品牌名。因此，它相當重視這些專門店，小心控制通路是TNF行銷策略的核心。

量販：背包市場通常會在下列幾種零售店中鋪貨：

	收益百分比	店家數百分比
背包專門店	50%	40%
運動用品專門店	25%	30%
普通運動用品店	10%	5%
滑雪店、百貨公司等	15%	25%

銷售狀況是均等地分佈在美國大西洋區、中北區及東北區，而在山區及南部省分則較少。

The North Face主要在近七百家零售店銷售，其中75%是背包及登山用品的專門店，其他則是普通運動用品店。量販通路則由十四家獨立的銷售代表來負責滑雪、登山及跨國滑雪的產品線。這些代表佔了美國的十個省分，並以佣金方式給薪。The North Face的產品是其主要收入來源，經營團隊覺得這個網絡若視爲資訊管道是相當有價值的，他們可從中獲知市場情況、產品知識、零售商的經營計畫、及競爭者情況。據估計，55%～60%的顧客購買是由於口耳相傳的效果，通常是由一個對產品感到滿意的朋友或是銷售代表的推薦。因此，The North Face主要的行銷策略在於：

1.使通路商銷售公司的產品及市場。

2. 提供資訊及銷售技巧協助前端的銷售人員。

這些銷售代表均是經過業務行銷副總裁及合夥創辦人──Jack Gilbert仔細挑選並教育出的。這些代表被視爲一個團隊，在產業界中有平均七～八年的經歷，他們大多也是戶外活動的愛好者，並在The North Face出現在市場時即喜歡該產品。他們經營的非常成功，公司在過去幾年提供他們的待遇也相當優渥。他們的責任隨著時間，也開始從發掘新客戶的前鋒地位，轉變成訓練產業中現有客戶及傳授他們經營技巧，同時將The North Face塑造成背包產業中的專家。

該公司長期以來與通路商的策略爲與仔細挑選過的通路代理商建立穩定而持續的關係，它遵從有限制的通路策略，即試圖在任何地方都能維持代理商與市場需求平衡。該公司分別檢試並印證所有可能代理商位置，並承諾維持並加強其代理商之能力。在尋找新的產品地區時，它會考慮對The North Face的重要性，來評估目前代理商是否有能力在擴張市場時可以負擔重任。

零售：The North Face的零售目標是只有在量販並不能達到令人滿意的市場涉入時，運用自有零售店來維持其目標市場佔有率及利潤目標，而此策略對量販通路並無任何負面影響。爲了達成這個目標，TNF策略即擴張現有店家，並有順序地引入新店家，並只設在對量販部門衝突最小的地方。這個策略用以下這段話來說明更能瞭解其意涵：

> 零售部門會持續檢試地區市場擴張的可能性，它不會擴張到任何對The North Face之量販銷售有嚴重負面影響的任何地方。擴張市場的重點將只會以The North Face現有店家的區域為重心。

The North Face目前擁有並經營五家地點良好的零售店，及二家分別位於San Francisco海灣及西雅圖的工廠店面。在1980年，它關閉了郵購業務，因爲它缺乏利潤及其對量販通路的明顯衝突。在最近幾年，零售部門在銷售和利潤經營上都有很好的成績，而且成長均高於產業平均值：

企業家數（單位：千）	1977	1978	1979	1980
銷售	**$2,189**	**$2,574**	**$2,884**	**$3,368**
毛利	**N/A**	**974**	**1,156**	**1,446**
利潤	**N/A**	**104**	**220**	**364**
存貨週轉率	**6X**	**1.7X**	**2.1X**	**2.1X**
店內銷售（即由量販部門賣給零售部門）	**$918**	**$908**	**$770**	**$1,120**

注意店內銷售指的是由公司的量販部門賣給公司的零售部門。如果公司直營店不存在的話，經營者並不覺得所有這類型的銷售均是獨立的。在檢視The North Face總獲利時，這是很重要的一點。我們可以比較一些數字來看這個數據的重要性，The North Face直營店從量販部門平均買進200,000美元，而每年量販店則買進約30,000美元左右。而零售部門針對某些促銷計畫及產品經由工廠店家的測試行銷，則約花費500,000美元——如果採取量販通路銷售的話，有可能會產生形象問題——那些囤積過多的存貨產品也有同樣的情況。雖然對公司利潤的實際影響很難衡量，但這並非不可能發生，因此需要仔細地被考慮。

零售與量販間的衝突：由於零售商有可能會擴張至原本不屬於它的區域，零售商及量販商之間的衝突一直都是存在的。為了稍稍緩解此一問題，零售部門關閉其郵購業務。西雅圖的零售擴張使得量販商產生某部分的損失，且被競爭者代表視做抹黑工具。然而由於The North Face並沒有解除任何一家代理商的契約，此一議題自然消失。雖然仍有數量眾多的量販商保持關係，但The North Face並沒有對其進行銷售，因為它對其通路代理商已有地理上的保護規定。該公司覺得它能夠獲得忠誠度及採購，是因為這項保護規定，如果客戶呈不規則成長，則有可能失去他們。

對於零售擴張的問題，公司的高階經營人也有不同的意見。至少Klopp覺得零售擴張是取得市場佔有率及促銷品牌名的最有效方式，然而Jack Gilbert，業務行銷副總，仍有所保留：

1.對通路代理商的影響：Gilbert覺得產業中的零售商「過度妄想」，他們一直假想零造商會擴張其零售業務。事實上，競爭者代表絕對會告訴這些通路商不要「給The North Face太多生意，因為他們會從你這裡得到你這一區的市場資訊，然後企圖擴張他們自己的零售業務」。他相信The North Face的零售擴張會破壞公司目前與通路商間的良好關係。

2.利潤意涵：零售的毛利爲40%，而量販則爲30%，但是選擇擴張零售業務以短期來看，並非有利可圖的策略。投資一家店的最初投資額包括硬體及資本，約需40,000美元，加上市價100,000美元的存貨支出。據估計得花三年的時間讓一家獨立店面成長到經營者所期望的水準── 12%的毛利及8%的稅前淨利。

3.成長：最後，Gilbert對於The North Face是否在量販及零售兩條途徑下，能夠達到成長目標感到擔憂，尤其是在公司有限的財務資源下。

另外The North Face的財務副總裁John McLaughlin，則關心存貨控制和店長發展及其訓練計畫。

成長預期

維持有規律的成長速率也是經營的一個主要目標。該公司的方式是積極且具企業家精神的。Klopp及其經營團隊並不希望使公司內年輕而有活力的同事遭遇挫折。正如同之前所述，背包市場正在進入其產品生命週期的成熟期。在過去幾年，市場之年平均成長率只成長5%。The North Face比整個市場的成長率稍高，持續地取得市場佔有率，但這個情況已證實不能永久維持，特別是當公司所依恃的「影響力金字塔」理論繼續受重視時。

在評估有潛力的新市場時，經營團隊必須尋找能符合下列目標的機會：

* 與現有顧客群重疊。
* 產品與現有機器設備能夠相容。
* 產品線能與季節性的生產尖峰呈互補狀態。
* 「由上而下」的策略仍能奏效。
* 產品線能符合目前經營團隊所重視的利益及專業。
* 產品線能夠維持並加強The North Face目前的通路網絡。
* 產品線不會威脅或互食基礎市場。

TNF的決策模式使得情況更複雜。公司支持一個策略制定及執行的合作方式，員工的投入及共識是相當重要的，Klopp利用父系的管理方式來加強此一環境。事實上，每個人會覺得他或她對TNF的決策都有影響力。在進入市場策略的決策內容中，若打算進入一個新市場，行銷方式必須獲得普遍的認可。

雪衣產品線

公司對於持續成長的期望，尤其是在背包市場以面臨成熟期時，經營者必須開始審視擴張新產品。在看過生產及行銷的成長機會後，該公司分析其銷售、通路商的狀況、及市場，以進一步找出是否有機會是尚未完全開發出來的。有趣的是，該公司發現雖然它從來不特別製造或行銷其滑雪產品線，仍持有接近2%雪衣市場；某些產品中，例如，絨毛衫，則有接近5%的市場。它同時也發現持有The North Face產品的代理商中，有三分之二也販賣雪衣。最吸引人的是，市場似乎是高度分化的。如同1980年一份產業研究發表的：「大多數雪衣產品市場中，有一個或兩個市場領導者，但沒有一個品牌能在所有地區主導市場。事實上在研究的市場中，約有九～十二家品牌囊括70%的市場佔有率。」

市場規模（1980）（單位：千）	
成人絨毛衫	**$30,000**
成人非絨毛衫	**54,000**
成人圍裙及褲子	**21,000**
外褲	**1,600**
跨國滑雪衣	**2,600**
	$109,200

Exhibit5及Exhibit6是有關滑雪衣市場的資料。

這些因素加上對於幾項滑雪指導者對於制式「功能」（例如功能性、耐久、保暖）的要求增加，滑雪者及其他專業使用者被視爲能夠影響市場，並引領The North Face引進滑雪產品線。該公司在雪衣市場的策略據稱與其背包市場是相同的策略－功能性設計、典型的衣著。雪衣的目標鎖定在專業滑雪者（並非競賽者），因爲經營者覺得Trendsetter及Uniform Program目標在於滑雪者，而教練會影響銷售，正如同運用登山專家影響背包的影響力金字塔一樣。

Exhibit5 雪衣市場銷售額1979-1980（百萬）

	美元	市場佔有率
1. White Stag	**$27.0**	**12.5%**
2. Roffee	**19.0**	**8.8**
3. Skyr	**13.5**	**6.3**
4. Head Ski& Sportswear	**13.0**	**6.0**
5. Aspen	**12.5**	**5.8**
6. Gerry	**12.0**	**5.5**
7. Swing West (Raven)	**10.0**	**4.6**
8. Alpine Designs	**9.0**	**4.2**
9. Obermeyer	**8.0**	**3.7**
10. Sportscaster	**7.5**	**3.5**
11. Beconta	**7.0**	**3.3**
12. Bogner America	**7.0**	**3.3**
13. C.B. Sports	**6.0**	**2.8**
14. Serac	**5.0**	**2.3**
15. Profile	**5.0**	**2.3**
16. Demetre	**5.0**	**2.3**
17. Woolrich	**4.5**	**2.0**
18. The North Face	**4.0**	**1.9**
19. 其他	**41.0**	**18.9**
	$216.0	**100.0%**

*Excluding underwear.

與雪衣相關的議題

引進雪衣的決定也不是完全沒有問題，雖然大多數的通路商持有雪衣，但有些仍然沒有。後者可能會反對「The North Face」的商標名進入同區的其他商店中，即使有可能那只是他們沒有持有的產品線其中一小部分。然而目前的通路商並非永遠是那些在必須建立市場時，最有影響力的最頂尖商店，他們的滑雪部門有可能不把「The North Face」的滑雪相關產品看得與他們的背包產品一樣重要。同樣的，有些能影響整個市場的最佳滑雪店目前並不是The North Face的店家。在三千家Alpine滑雪通路商的總家數中，只有大約四百七十五家目前持有The North Face產品。此外，銷售代表已經有一條很昂貴的產品線，這點也是經營者在考慮推動滑雪產品最關鍵

Exhibit 6 雪衣市場區隔之估計市場佔有率

Down Parkas				Non-Down Parkas				Bibs			
男		女		男		女		男		女	
1.Gerry	21.7%	1.Gerry	15.0%	1.Roffee	14.6%	1.Roffee	12.4%	1.Skyr	13.7%	1.Roffee	15.0%
2.Roffee	8.6%	2.Slalom	9.8%	2.White Stag	8.7%	2.White Stag	12.3%	2.Roffee	12.4%	1.Skyr	14.6%
3.Alpine Designs	7.4%	3.Roffee	8.7%	3.Skyr	8.0%	3.Skyr	10.6%	3.White Stag	11.0%	3.White Stag	9.1%
4.Powder-horn	5.4%	4.Head	7.8%	4.Head	7.7%	4.Head	10.2%	4.Head	7.2%	4.Head	6.6%
5.Head	5.3%	5.Moun-tain Goat*	6.1%	5.C.B. Sports	7.2%	5.Slalom	6.2%	5.Beconta	5.2%	5.Slalom	6.5%
6.White Stag	4.7%	6.White Stag	4.7%	6.Serac	5.9%	6.Swing West	5.0%	6.Swing West	4.9%	6.Swing West	4.6%
7.Moun-tain Goat*	3.6%	7.Tempco	4.2%	7.Cevas	4.6%	7.Bogner	4.4%	7.Gerry	4.1%	7.No.1 Sun**	4.6%
8.C.B. Sports	3.3%	8.Sports-caster	3.9%	8.Slalom	4.2%	8.Cevas	3.2%	8.Slalom	3.9%	8.Beconta	4.4%
9.Ober-meyer	3.1%	9.No.1 Sun**	3.4%	9.Swing West	4.2%	9.No.1 Sun**	3.0%	9.No.1 Sun**	3.8%	9.Gerry	3.8%
10.Sports-caster	3.1%	10.C.B. Sports	2.8%	10.No.1 Sun**	3.8%	10.C.B. Sports	2.6%	10.Alpine Designs	3.7%	10.Bogner	3.1%
11.All other	33.8%	11.All other	33.6%	11.All other	31.1%	11.All other	30.1%	11.All other	30.1%	11.All other	27.7%

*White Stag的第二個品牌名稱

**Head的第二個品牌名稱

的起步階段時，會遭遇到的困難。而擴至新的領域，事實上需要建立起銷售代表組織，來重新開始經營新客戶，這個任務將會挑戰他們的能力與期望。

在TNF的每個市場中各有不同的複雜問題，接下來的例子是加州市中心所遇到的議題。

TNF的背包產品主要是經由一家位於市中心的大型專門背包／滑雪商店負責通路業務，市郊的鄰近店家是用來做爲額外的市場覆蓋之用。市中心的商店在TNF的通路商中名列前二十名。過去TNF答應這家供應商得持有直接競爭者的產品做爲報酬。

TNF服務這個客戶的方式，主要是經由地區銷售代表的定期拜訪、銷售經理的經常拜訪、每年通路商研討會、以及高階經營者的定期資訊收集拜會。這家店的年銷售額高達100萬美元，其中65%～70%來自於背包產品，TNF產品的銷售則佔了其中的絕大多數。TNF的經營者覺得這家店是該地區中最大的專門店，並「製造」出地區背包市場。TNF發展消費者知名度及與這家店的緊密關係，並有定期的合作廣告來維持。簡言之，如果有位本地旅遊者需要裝備，他或她很有可能會到這家店採購。

在背包市場中，這家店的競爭很少。雖然有些隨之在後的專門店存在，他們提供的可接近容易度低，產品選擇也較少。擁有多種類的普通運動用品店也在這裡相互競爭，他們都有背包產品，但不強調服務。TNF並不與這些店打交道。

不幸的是，滑雪市場在這個地方的分化度很高。雖然TNF主要的背包客戶也銷售滑雪產品，然而它並非位居重要的位置。這家店是持有雪衣產品之大型通路商其中之一，因此不能「製造市場」。相反的，它時常需回應環境來制定價格、製造、及產品選擇策略。除此之外，五家市場大小互相匹敵的滑雪專門店（完全沒有背包產品）在這個市場中競爭。每家店均持有幾乎相同的產品線。軟性商品是主要的獲利來源，主要提供給運動員及功能性需求者。

TNF經營者很明顯地面臨到將雪衣產品線引入市場的嚴重問題。一方面說來，他們對於主要背包客戶有特別的考量，但另一方面他們也知道這個客戶不會單獨發展足夠的品牌知名度，以進一步成爲雪衣產品線的先鋒。如果TNF決定提供其產品給其他地區商店時，主要客戶的老闆會擔心損失背包銷售。這個地方和其他地方一樣，TNF需要儘快且小心地行動。

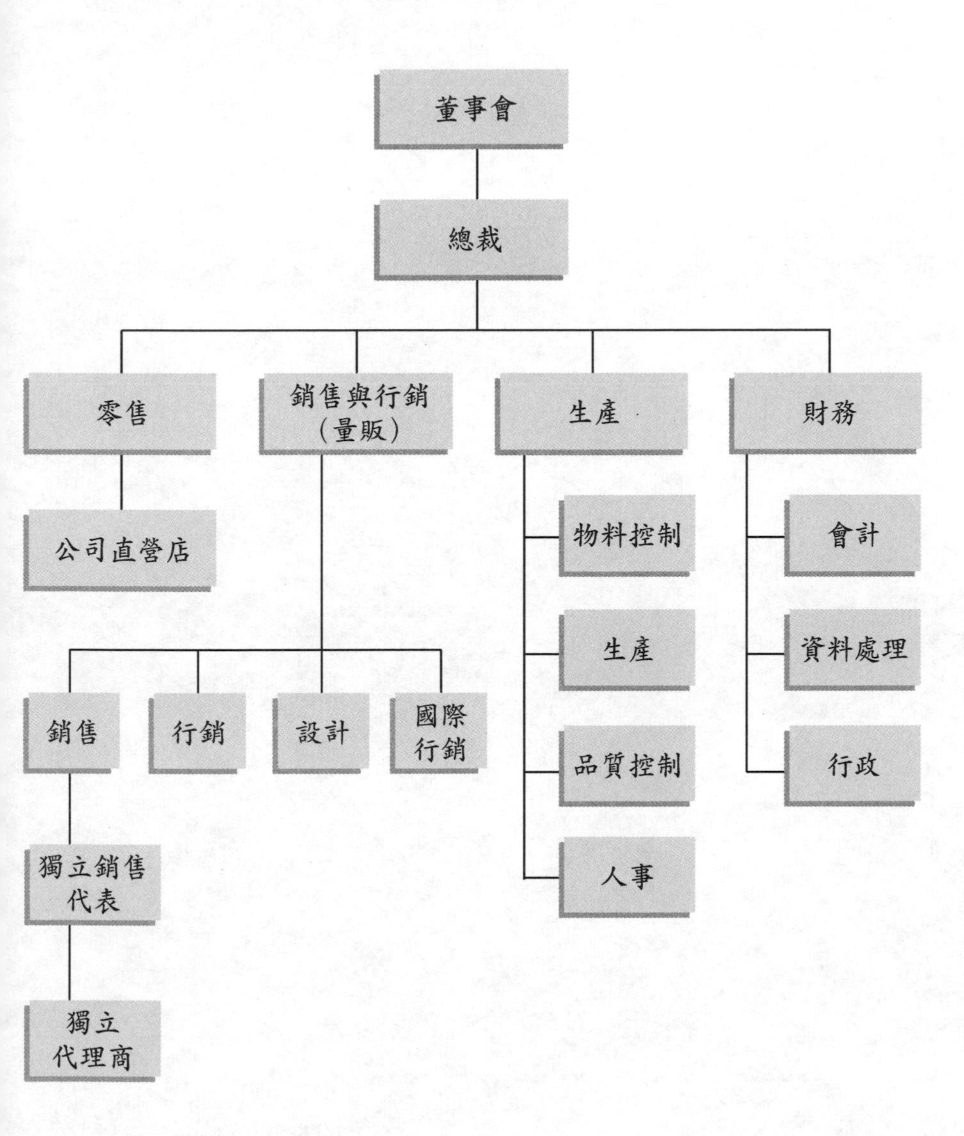

Exhibit7 部分組織圖

Mike Ravizza, Retail–Joined The North Face in 1969; Stanford undergraduate.

Jack Gilbert, Sales & Marketing–Co-founder of The North Face in 1968; Stanford undergraduate.

Morrie Nelson, Manufacturing–Joined The North Face in 1975; University of Washington undergraduate,Santa Clara MBA.

John McLaughlin, Finance–Joined The North Face in 1970; Dartmouth undergraduate, Stanford MBA.

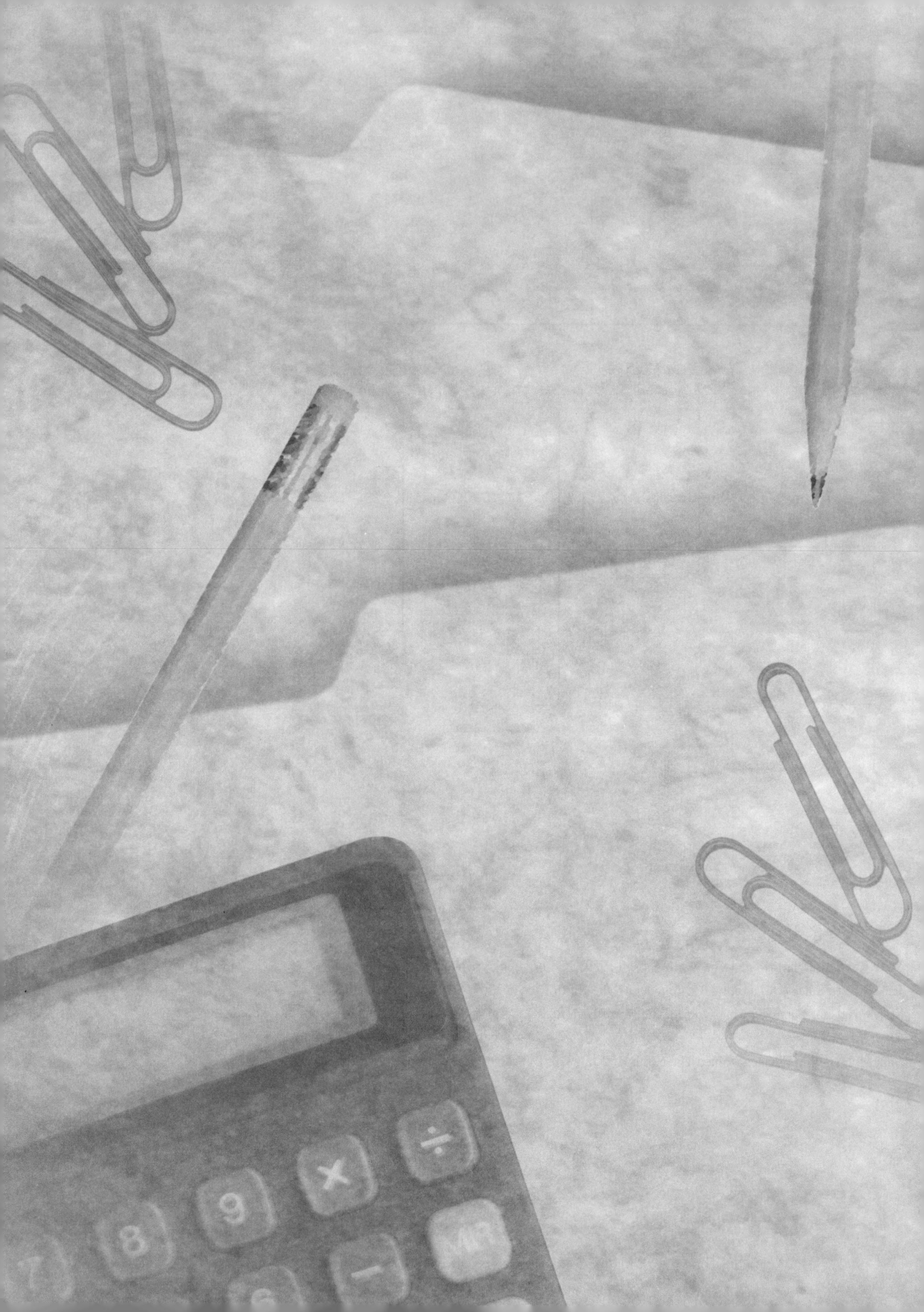

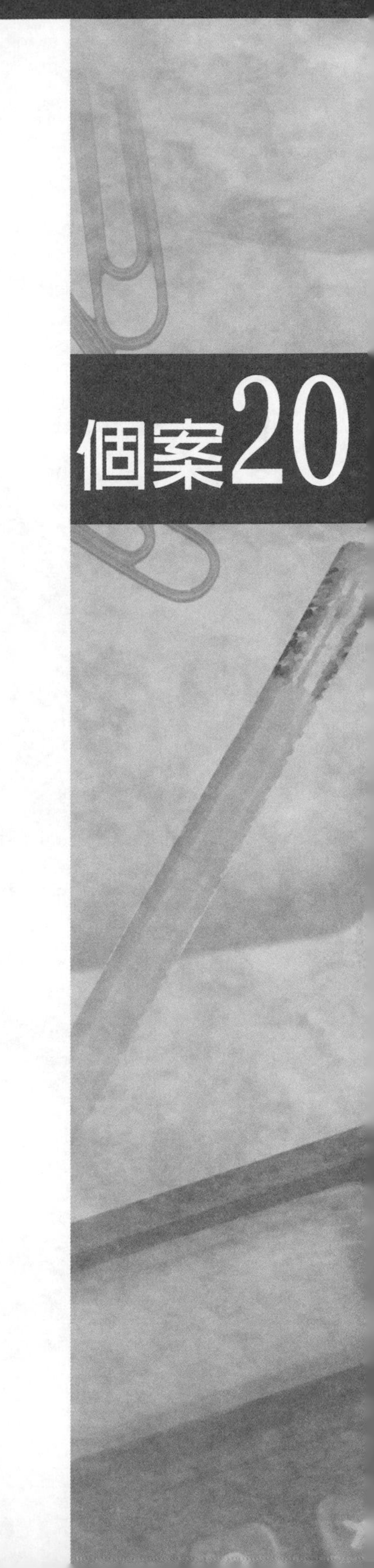

公司背景

1980年之前汽車電腦與監視器的發展

1981型號年推出時的監視器產業

汽車電腦監視器的市場

監視器製造商的新產品引進策略：1981—1984

由車種劃分監視器區隔

是產品修正的適當時機？

決策時的重大考量

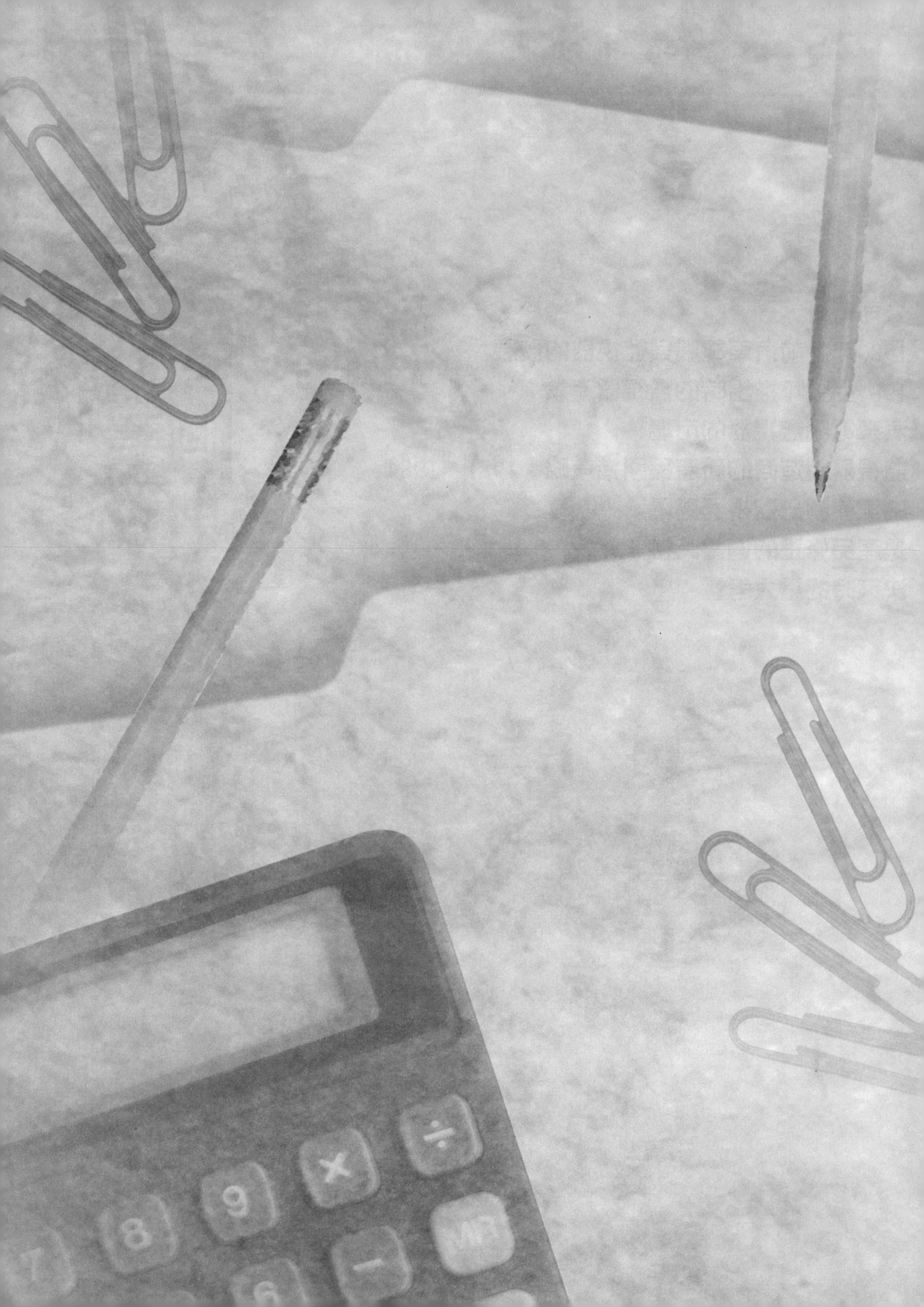

時間是1984年的8月，Owatonna Tool Company（OTC）電子部門產品經理Steve Fergusson先生正在仔細思考他的發展工程師遞來的報告。很明顯的，他的技術專家們想出了一些非常新鮮、有創意的點子，可用在部門的領先產品── 汽車電腦監視器的設計修正上。不過Fergusson懷疑這報告中的某些點子是否超越了他們目前的能力。他不確定什麼是將先進設計引進市場的好時機，特別是在當下，並沒有任何迫使公司如此做的外在壓力。他明白一旦到了9月，汽車產業將展開1985的一年（1984年9月到1985年8月）。因此他必須立刻做出他的決定，不能有任何遲疑。

公司背景

OTC在1922年成立於中西部靠北方的一個工業小城，當時製造汽車修理與維修所需的手動與水力拉具。到了1980年代，公司已成爲美國在汽車工具與設備方面的主要製造商與行銷商之一。

公司發展出矩陣型組織結構，依直線與幕僚功能，形成了一矩陣。在組織內，建造、採購、財務、生產、行銷（包含廣告、通路、銷售）形成了直線功能，公司內所有的產品都有這些功能部門。銷售部門進一步又依據不同的市場區隔，被分爲幾個分部。另外，在產品副總裁底下，有六個產品經理，負責幕僚功能，他們要爲自己所代表的產品集團，統整所有直線部門的活動。Fergusson先生是電子分部的產品經理。Exhibit1顯示了公司的組織結構。

在1984年，電子部門的銷售額爲1,000萬元，佔公司銷售額的15%。此部門稅前盈餘爲12%。銷售額每年以15%的速度成長。

1980年之前汽車電腦與監視器的發展

前言

1969年Environmental Protection Agency（EPA）開始緊縮汽車業的排放限制。全球性的石油危機也在此時嚴重影響汽車業。汽車業面對這些變遷，發展出了汽車

Exhibit1 OTC的組織結構

OTC的矩陣型組織結構			OTC的幕僚部門（根據產品別）					
			電子與診斷	特殊工具	拉具	水力	設備	其他
OTC的直線部門（根據功能）								
1. 採購								
2. 財務								
3. 生產								
4. 行銷	廣告							
	通路							
	銷售	基本設備製造商（OEMs）						
		汽車商與常用者						
		工業買主						
		國際性銷售						
		加拿大						
		特殊計畫						
		訂單作業						
		公司內部作業						

source：Owatonna Tool Company.

用電腦，它可監控汽車內所有的系統，並調整空氣一燃油的時機、組合、以及燃油何時進入汽化器，以保持引擎能在最佳狀態中運作。不過，這些電腦卻一點也不親近使用者。爲了要取得電腦自我診斷的結果，使用者要經過繁複的、一連串的系統診斷，而這些原本是汽車技師（到了1980年代稱爲服務技師）爲了檢查汽車電子系統才會用到的技能。因此，美國主要的汽車商都鼓勵OTC、及另一家位在東北方的公司Mega Systems Inc.（MSI），發展出掃描器或監視器。

汽車用電腦監視器

傳統的監視器長得像計算機，有數個字母與數字鍵。將它的插頭插入香煙打火機的電源插座，以及它的輸入一輸出插頭插入汽車內underdash裝配線溝通連結（ALCL），它就可連接汽車的電腦。只要一連接上，包含辨識器車製造商、型號、年代、以及電腦系統的編碼等參數，都必須使用按鍵輸入到監視器內。一旦設定後，監視器能提供嶄新的方法來獲得電腦內所含的所有資訊。只要有正確的指令，它就可以展示電腦所使用的不同變數值，以便控制汽車的不同功能。汽車的性能也可直接由監視器上讀出。使用不同的編碼，監視器也可指出不同子系統間的衝突。因此監視器可用質問電腦系統，並獲得有關汽車性能全方位的資訊。監視器附贈一份簡易使用手冊，提供了所有所需的指引，任何技師只要擁有基本的汽車常識，很容易在短時間內就能上手。Exhibit2展示了一個監視器的圖。

監視器的設計

一開始，一輛汽車有數個監視器可搭配，它們被設計成各具不同的功能。也許因爲這產品大家的經驗有限，以及監視器有限的記憶容量，這樣的設計不無道理。在過去，大家普遍認爲隨著一年年過去，汽車商會引進新設計的電腦系統，能擴充對汽車的控制能力。更進一步，既然汽車一般預期生命週期爲十～十五年，第一批搭配有電腦的汽車就必須至少要留有存貨這麼久。搭配監視器診斷的汽車，就可回溯到十～十五年之前那麼久。之後每年最舊的汽車才會被淘汰出局，新的車款才會引進。

因此在汽車推出的第一年，監視器就只要能夠診斷當年製造出的電腦就好。不過在第二年，它們的能力就要擴充到能診斷搭配在新車款上較新、較先進的電腦，另外還要兼顧第一年生產出的汽車。因此每年監視器就要不斷擴充累積它的能力，以便能診斷不斷增加的汽車電腦系統類型。

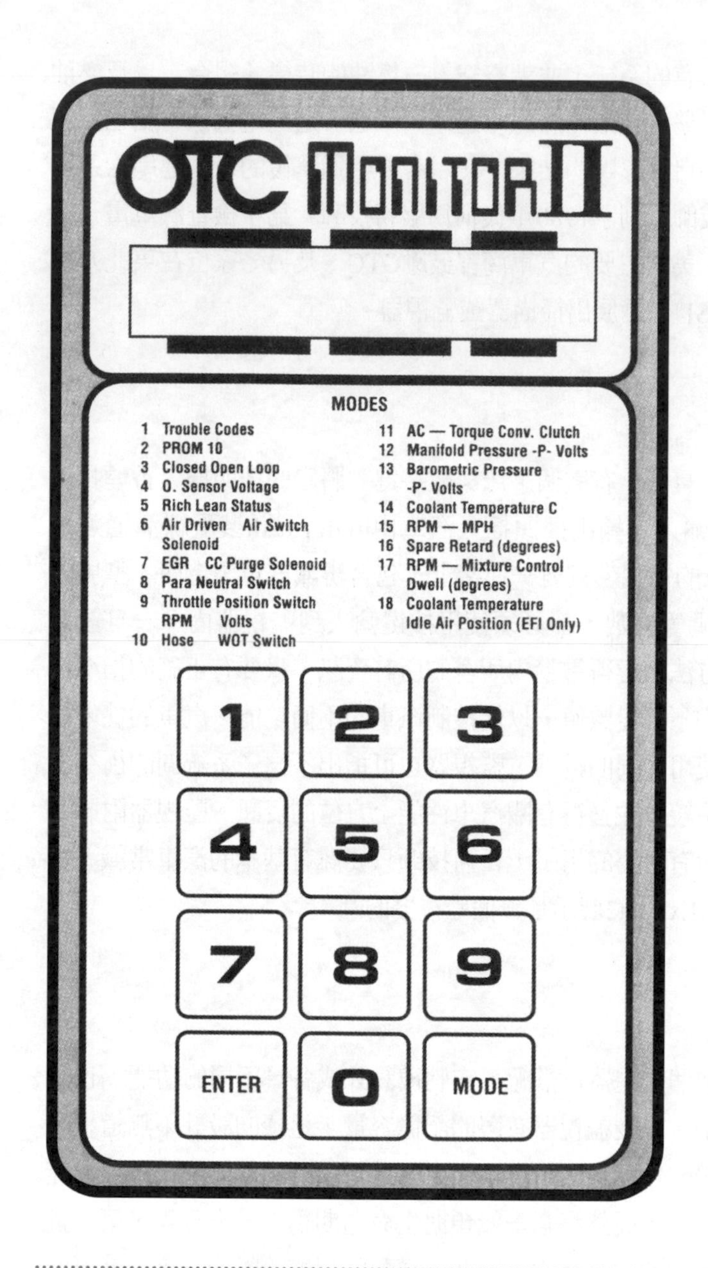

Exhibit2 汽車用電腦監視器

這類不斷升級的困擾可由兩個角度分析。第一，所有新的監視器都必須附有升級後的設計。第二，也必須要替現有的客戶，將過去的監視器予以升級，特別是針對那些要替客戶維修汽車的顧客而言。

這些考量引領出可洗掉或可重新設定記憶的發展。可洗掉記憶是監視器內一個很小且可替換的零件，它可重新設定，且／或重新設計，以便擴充監視器累積的診斷能力。這種升級法將使監視器能使用在汽車商新引進的電腦系統上，還有過去的使用者上。此方法也使監視器製造商能夠將監視器的設計標準化。每年只替換可洗掉記憶的程式，以便替監視器注入新的、升級後版本的程式。此方法也簡化了已售出之監視器升級的困擾。每年，所有曾買過監視器的客戶，都會被要求送回他們的監視器給製造商，以便將可洗掉記憶零件替換成新的、重新設定的、升級後的記憶，之後製造商再將監視器送還客戶。

1981型號年推出時的監視器產業

1981型號年一開始，所有主要的汽車商大規模引入了他們自己版本的汽車電腦。有兩家欲引進電腦監視器到市場上的主要製造商：OTC與MSI。每家都開發出了三類型的監視器，可用在通用汽車、福特、以及克萊斯勒上。監視器的價格在300～400元之間。預估監視器生命週期平均爲6.67年。不過在任何一年，顯著的技術突破都可能使舊型的監視器完全無法升級到能控制未來的汽車電腦。既然汽車電腦與監視器都同處於生命週期的早期階段，且監視器的發展需要汽車商的全力配合，監視器一開始只裝配在美國製的客車上。

汽車電腦監視器的市場

汽車電腦監視器的市場，概念上可區分成爲三大主要區隔。第一個區隔包含了主要汽車商的新車經銷商。每年，新車經銷商會購買汽車用具、設備，以便使他們有能力維護及升級十～十五年老的車子。這些採購由主要的汽車商帶頭。當有新款的汽車上市時，汽車商發展出標準的主要用具及設備，以便未來能有效找出問題、修理、維護的工作。另外，汽車商還指定特定的供應商來生產這些主要用具，使經銷商能夠獲得。汽車商要求他們的經銷商參與主要服務工具的訓練，並要向特定的供應商購買工具。在1981年，經銷商購買一套傳統的用具要400～500美元。這類的課程是確保經銷商明白新車正確的修理方法、維護服務。不過事實上，經銷商若希望增加他們的效率與獲利，可自由採買其他的工具與設備。

因此對汽車商而言，把某個零件納入主要服務工具中是拓展區隔最簡單──雖然不是唯一──的方法，因爲這樣能吸引夠多的經銷商代理，形成經銷商網絡。由於觀察到監視器的功能比起傳統利用幾個電子零件的診斷箱要來得優越，OTC認爲監視器應該要被主要汽車商納入在他們的主要服務工具中。

第二個區隔是售後市場，包含了三個子區隔：服務站、獨立維修店、以及汽車維修中心──專門維修客戶的車。傳統上，這個區隔視經銷商爲意見指標，因爲經銷商能帶來最新的技術知識。不過以其他多個角度來看，此區隔的需求與經銷商有很大的差別。第三個區隔是終端的買主，包含了房車買主。除了少部分寧願自行修車的車主，可預見絕大部分的車主都會對監視器這類產品很有好感。它能在車子需要維修前，先幫車主執行初步的診斷。同時也能在服務技師維修時，做再次檢查的動作。汽車專家們認爲監視器僅能對此區隔內的車主，提供有限的資訊。不過如果能以量取勝大舉進入市場，將監視器價格壓至100美元以下，這個消費區隔可就大量需求監視器了。

此三個區隔中任一車主都可被視爲有能力購買至少一個以上監視器的潛力顧客。車主們與爲數眾多的汽車商、技師（例如，大型經銷商、或服務站）周旋，有可能需要一個以上的監視器。進一步說，所有的車主都可代表是替換消費的潛力，因爲他們都會遇上不敷使用監視器的問題。另外根據需求天性，某些區隔的車主可能需要每年將舊的監視器升級。Exhibit3顯示出在1980～1983年（日曆年）三個區隔大小的資料，以及1984與1985年的預測資料。儘管汽車業以9月到8月爲型號年，本個案中所有表內顯示的數據資料都是1月到12月的日曆年。

監視器製造商的新產品引進策略：1981-1984

OTC與MSI早期的失敗

在1981型號年初，OTC與MSI都覺得，透過主要汽車商向新車經銷商行銷監視器，是將產品引進市場的最佳方法。首先這方法不用與太多客戶交涉。第二，一旦監視器能被納入主要服務工具中，它立即就能享受在現成經銷網路流通的好處。最

Exhibit3 美國汽車電腦監視器的市場

(A) 新車經銷商12月31日

	經銷商數目					
汽車商	1980	1981	1982*	1983*	1984*P	1985*P
通用汽車	10,635	10,590	10,160	10,040	9,965	9,830
福特	5,667	5,643	5,414	5,508	5,564	5,517
克萊斯勒	3,807	3,791	3,637	3,864	3,988	4,003
美國汽車	1,663	1,656	1,589	1,526	1,465	1,421
其他	978	975	934	906	899	877
總計	22,750	22,655	21,734	21,844	21,881	21,648
公司內部的重複計算	979	975	935	1,003	979	975
淨值	21,772	21,680	20,799	20,841	20,902	20,673

*source：1983-1986年汽車新聞（*Automotive News*）、市場資訊（*Market Date Books*），密西根底特律：Crain Communications。所有的數據以外插法預估。

(B) 售後市場客戶12月31日

	客户數（單位：千）					
	1980	1981*	1982	1983	1984*P	1985*P
服務站	119	120	119	118	115	120
獨立維修店	135	136	140	143	150	155
汽車維修中心	38	39	39	39	39	40
總計	292	295	298	301	304	315

*source：服務性工作分析，1984年伊利諾Des Plaines：Hunter Publishing Company。所有的數據以外插法預估。

(C) 一個日曆年內，買主登記的新車

	汽車製造商新車登記數（單位：千）					
	1980	1981	1982	1983	1984P	1985P
通用汽車	4,066	3,758	3,413	3,928	4,501	4,583
福特	1,466	1,378	1,294	1,527	1,951	2,045
克萊斯勒	625	740	668	820	963	1,121
美國汽車	151	133	109	191	189	128
其他	4	4	3	1	1	1
總計	8,761	8,444	7,754	8,924	10,129	10,889*

P：由Fergusson預估1985年8月的數據

source：1983-1986年汽車新聞、市場資訊，密西根底特律：Crain Communications。

後，新車經銷商是另兩個市場區隔的意見指標。因此就邏輯上來看，經銷商區隔理應是第一選擇。可是OTC與MSI在說服三大主要美國汽車商時都面臨挫敗，因爲汽車商不願意將監視器納入主要服務工具中，寧願沿用傳統的診斷箱。

這種結果有兩個原因。第一，監視器不是EPA所要求的「能普遍取得的工具」，因此不能被納入主要服務工具中。第二，因爲監視器有較高的價格，汽車商怕經銷商會拒絕它，且不願意積極參與監視器的促銷活動。

這件事只有兩個例外，兩件都很短暫。在1981型號年，美國汽車將OTC的監視器納入主要服務工具中。同樣的在1982模型年，通用汽車Buick分部將MSI的監視器納入主要服務工具中。兩者都因爲經銷商的拒絕，監視器在接下來的一年就被撤掉了。

OTC修正後的行銷策略

雖然OTC無法取得汽車商的協助，好將監視器引入新車經銷商的區隔中，這並不表示這個區隔的重要性因此降低。在1981年，OTC直接與經銷商接觸，洽談監視器事宜。但是也如同事前所預期，它只在這區隔中贏得了遲來、有限的成功。在1981～1984年，20%OTC的監視器賣給了經銷商。

到了1982年，OTC直接在售後市場的服務站、獨立維修店、以及汽車維修中心推出了適用通用汽車的監視器。OTC直接將產品推薦給會眞正使用的技師們。OTC的銷售代表教導技師如何使用電腦診斷的基本功能。

傳統上，汽車技師們將汽車視爲幾個不同獨立系統的組合。因此他們錯誤的診斷，可能來自他們對於系統間的不瞭解。對他們而言，一個汽車電腦將汽車視爲完整系統，動一髮而牽動全身，這觀念令他們難以理解。舉例來說，燃油不正常的耗損，可能來自汽化器損壞，或是監測器判讀冷卻劑時讀錯了，造成引擎過熱。因此OTC的銷售代表必須教導技師們對電腦化汽車有全新的概念。另外，訓練也包含了使用電腦來偵測汽車各種指標，以便診斷出有誤的地方。

一旦經過訓練後，技師們很快瞭解運用幾個電子零件的掌上型監視器，比傳統診斷的過程要快多了，汽車製造商的宣稱並沒有誤。因此，提供直接的訓練課程，成爲OTC最終能在售後市場中贏得領先地位的關鍵。在1981～1984年，80%的監視器銷售來自售後市場這區隔。直到1984年8月，OTC一直都還沒將監視器引入車主的這區隔。

競爭者的行銷策略

MSI直到1982年才開始行銷方面的營運。早期它採用了類似的策略來推出監視器。身爲市場中唯一另外的監視器製造商，它也獲得了可觀的市場佔有率。

在1984年，MSI授權Electra Corporation在售後市場中，製造並行銷GM的監視器。Electra引入的監視器比OTC的明顯低價，MSI很快就成爲市場主力。第一，Electra的監視器比OTC的難以操作許多，多少限制了它們被市場的接受度。第二，市場不斷在成長，讓所有的競爭者都有銷售成長的空間。因此在OTC明白它確實失去市場佔有率之前，Electra的低價滲透策略已成功拿下了可觀的佔有率。

福特汽車公司與克萊斯勒公司都各自發展它們的監視器，並於1984年開始上市。不過這些產品只有普通的品質水準，缺乏如OTC、MSI、Electra密集的行銷支援。因此它們只有很少的佔有率。這五家監視器製造商，沒有一家將監視器引入車主區隔中，直到1981下半年。

由車種劃分監視器區隔

如之前所述，不同的車種有不同的監視器。因此監視器市場也可由車種來區隔：通用汽車、福特、及克萊斯勒。每個區隔中銷售額的大小，主要取決於車商採用何種電腦傳輸方法。在1981年，通用汽車就已定出它電腦傳輸的速度，讓監視器製造商可發展出最佳功能的監視器。克萊斯勒在1983型號年也做出了類似的決定。不過克萊斯勒只爲它可填充油車種發展出溝通鏈結（ALCL）。這種車在當時只佔克萊斯勒所生產的車型中很小的一部分。除此之外，因爲克萊斯勒只有較少的市場佔有率，越來越少克萊斯勒的車可以使用監視器。福特並沒有替它的電腦車種發展溝通能力，因爲預見了診斷的複雜性。因此它選擇讓電腦進行自我診斷並產出代碼訊息，稱爲服務編碼。此舉延後了福特車型監視器的發展。另外，福特的監視器也只有有限的功能，因此限制了它的可用性與銷售量。

到了1984年，幾乎所有OTC所賣出的監視器都是通用汽車的車型，只有少數是克萊斯勒的車，福特的車則沒有。MSI與Electra也有相同的情況。所有賣給福特與克萊斯勒的監視器都只用作它們自己的車用。除此之外，OTC認爲賣給福特、克萊斯勒、與美國汽車的監視器在未來前景不錯。因此未來的市場計畫要擴充到所有美國製的車子，而不只是通用汽車的車子而已。

Exhibit4追溯了三家領先的美國汽車商其不同汽車電腦系統的發展。Exhibit5展現了第腦監視器可診斷資訊的沿革。Exhibit6展現了監視器品牌、它們的製造年份、產品屬性（有限或全功能）、以及價格。Exhibit7展現了一些主要監視器製造商，在1984年12月的基本財務資訊。Exhibit8展現了OTC在1981～1984年間每個車型監視器的銷售量。

Exhibit9展現在1981～1984年間，根據監視器製造商的銷售額，得出的市場佔有率一覽表。一般認爲1984年相對佔有率已達穩定階段，除非有些不可見因素，否則不會有劇烈改變。在1980～1984年間，其他監視器製造商倚重新車經銷商與售後區隔的情形，與OTC的情形很類似。

Exhibit4　汽車電腦系統的演進

系統編號	系統名稱	引入的型號年(X)				
		1981	1982	1983	1984	1985P
(A) 通用汽車						
1	1981	X				
2	EFI/TBI		X	X	X	X
3	FULL		X	X	X	X
4	OLDS LC		X	X		
5	Min-T		X	X	X	X
6	CFI 2BL TBI			X	X	X
7	PONT 4 PFI				X	X
8	BUI 6 PFI				X	X
9	ISUZU			X	X	
10	CHEV TRK			X	X	
11	PONT EFI				X	X
12	OLDS FULL				X	X
13	CHEV PFI					X
14	PONT 6 PFI					X
15	6.2L DSL					X
	總計	1	4	7	10	11
(B)福特						
1	MCU	X	X	X	X	X
2	EEC IV			X	X	X
	總計	1	1	2	2	2
(C)克萊斯勒						
1	EFI/TBI			X	X	X
2	TURBO				X	X
3	FBC					X
4	MEX				X	X
	總計	-	-	1	3	4

P：預估

source：Owatonna Tool Company.

Exhibit5 可由監視器診斷出資訊的演進

型號年	監視器（可燃油注入的車型所使用）可診斷的功能數目		
	通用汽車（EFI）	福特（MCU）	克萊斯勒（EFI）
1981	**28(1981)**	**3**	**-**
1982	**35**	**3**	**-**
1983	**38**	**3**	**2**
1984	**37**	**3**	**13**
1985P	**38**	**3**	**15**

P：預估

source：Owatonna Tool Company.

Exhibit7 主要監視器製造商在財務方面的比較，1984年12月（預估）

	監視器製造商				
	OTC電子部門	MSI	Electra	福特	克萊斯勒
每年銷售額（百萬）	**10.000**	**7.000**	**5.000**	**N.A.**	**N.A.**
每年銷售額成長%	**15**	**10**	**10**	**N.A.**	**N.A.**
利潤佔銷售比例%	**10**	**15**	**13**	**N.A.**	**N.A.**
產品線	**OEM** 計畫 電子設備 汽車用件	電子設備 汽車用件	電子設備 汽車用件	汽車 汽車附件	汽車 汽車附件

N.A.＝未知。這些公司的監視器銷售額數據未知。因爲福特與克萊斯勒均爲大公司，它們整體銷售龐大，要分割出哪些是監視器銷售沒有意義。

source：Owatonna Tool Company.

Exhibit6　互相競爭的監視器品牌、其特性、價格

型號年	汽車商	監視器製造商				
		OTC	MSI	Electra	福特	克萊斯勒
1981	通用汽車	監視器	-	-	-	-
	福特	-	-	-	-	-
	克萊斯勒	-	-	-	-	-
	美國汽車	MT 501 （已不再生產）				
1982	通用汽車	監視器2 399元	Meg 440元	-	-	-
	福特	-	-	-	-	-
	克萊斯勒	-	-	-	-	-
	美國汽車	-	-	-	-	-
1983	通用汽車	監視器2 399元	Meg與Minimeg 440元與275元			
	福特	-	-	-	-	-
	克萊斯勒	-	-	-	-	-
	美國汽車	-	-	-	-	-
1984	通用汽車	監視器4 399元	只有Minimeg 275元	Electra 349元		
	福特	-	-	-	Scat有限 功能185元	-
	克萊斯勒	數據掃描 全功能 349元	-	-	-	數位讀取盒 有限功能 185元
	美國汽車	-	-	-	-	-
1985 預估	通用汽車	監視器85 299元	Minimeg 275元	Electra 249元	-	-
	福特	有限功能 179元	-	-	Scat 有限功能 185元	-
	克萊斯勒	數據掃描 全功能 349元	-	-	-	數位讀取盒 有限功能 185元
	美國汽車	-	-	-	-	-

source：Owatonna Tool Company.

Exhibit8　OTC在1981-1984年的監視器銷售量

汽車製造商	日曆年中賣出的監視器數量			
	1981	1982	1983	1984
通用汽車	**500**	**7,200**	**11,273**	**7,720**
福特	數量很少	數量很少	數量很少	數量很少
克萊斯勒	數量很少	數量很少	數量很少	數量很少
美國汽車	**3,500***	-	-	-
其他	-	-	-	-
總計	**4,000**	**7,200**	**11,273**	**7,720**

＊不再生產、已經不能再升級。

source：Owatonna Tool Company.

Exhibit9　主要監視器製造商的市場佔有率

監視器製造商	日曆年中銷售量佔市場佔有率%			
	1981	1982	1983	1984
OTC	**100**	**60**	**60**	**40**
MSI	-	**40**	**40**	**20**
Electra	-	-	-	**35**
福特	-	-	-	**3**
克萊斯勒	-	-	-	**2**

source：Owatonna Tool Company.

是產品修正的適當時機？

在1981～1984年，OTC的電子部門忙碌地不斷改進監視器技術。在此階段採用了許多有趣的技術創新。OTC認為要在新設計出的原型製造出且測試後，才可以採用新創新與產品修正。此舉使公司能在新款式上市之前的兩個月，就能開始製造並運出。在1984年8月的產品發展報告中，OTC的工程師依Fergusson的要求，展示了三種設計上的修正方案。很明顯的這些設計新潮、又有創意。但是Fergusson不確定某些點子是否超過了公司內定的時程。他很關心如果過早讓新設計上市，會對公司的競爭地位造成何影響。

兩個互相矛盾的理由讓人不得不擔心。第一，三家主要製造商都很積極地研究發展。即使OTC是這些競爭者中的超前者，Fergusson相信只要給定足夠的時間，所有的製造商都可在實驗室中，發展出類似的技術。這給了提早讓創新上市的好理由，因為這樣能享受市場中第一人的好處。第二，電子產業以模仿性競爭出名，監視器也不例外。因此最先推出重大設計的公司，只能享受短暫的好處── 最多一年。除此之外，其他的競爭者也會推出類似、或更好的產品，使相對的市場佔有率退回到原本穩定的階段。這給了不要急著推出產品一個好理由，除非其他不得不如此做的原因。

因此我們要根據產品的長遠影響，來判定何時讓修正產品上市。額外的貢獻利潤等指標將對OTC帶來好處，其他影響力如整體市場潛力、整體市場利潤的擴充等，也會替監視器產業帶來好處。在1984年8月時Fergusson所考慮的三種修正方案如下。

方案一：保持不變

方案一是維持不變。公司目前的產品技術已領先、性能優越、比競爭產品要容易使用。另外，目前每個車型採用的不同設計，使市場分裂成三塊，對新製造商要進入市場而言較不經濟。因此此方案可持續採用，直到需求有所改變，或競爭者形成威脅。雖然此方案目前看來很安全，Fergusson覺得此回應策略與OTC慣有的積極、事前回應的策略不符。

1985年是電腦化汽車上市後的第五年。現在新車經銷商與售後市場區隔都已累積珍貴的維修車經驗，也開始重視監視器在診斷方面的價值。OTC、MSI、與

Electra加速它們在行銷上的努力。另外，預期Electra在1985年會將每個監視器價格降低100元，OTC也必須對通用汽車與克萊斯勒的監視器有相同動作，才能維持住佔有率。MSI並不打算降價，因為考量到它較少的佔有率，還有目前它們的價格也已經很低。這些因素會使得監視器整體銷售額上升。因此預估產業銷售量，監視器商們將可賣出至少一種新的監視器給45%的新車經銷商，加上至少三種新的監視器（不同車型有不同設計）給5%的售後客戶們。OTC將能維持1984年的市場佔有率。除此之外，過去幾年已不能再用的監視器（壽命已到期），亦可以舊換新方法賣回給監視器商。在此方案下，一個舊的監視器可換一個新的。

以目前的設計，需要將監視器升級的客戶，要主動將它們送回OTC。這項服務每個監視器要75元。總計將有半數的客戶會使用升級服務，包含新車經銷商、售後市場的客戶。由於沒有一家監視器商將產品引入買主區隔中，也就沒有對於新的監視器銷售、與使用升級服務的預估數據。不過多數的車主覺得他們不會用到任何的升級服務。在此方案下，OTC的銷售利潤中有20%為邊際利潤。

方案二：三合一設計

第二個方案是將通用汽車、福特、與克萊斯勒車型的監視器實體功能合而為一，保持基本設計不變。近年來記憶體的擴充，使得單一監視器就能使用在三家主要汽車商的汽車電腦系統上。除了能使用在三種車型上，新的監視器與現有的完全相同。

由技術與便利車主的觀點考量，此方案明顯比目前三家分開的設計要好。另外，藉由產品簡化、標準化、及減低生產不同款式、存貨上，都可達到規模經濟。製造三合一監視器的成本，明顯比分開製造三種監視器的總和要來得低。監視器的價格將為420元。預估此設計的需求將呈多元化。三大市場區隔對此設計的反應，將視監視器基本功能、性能而定。比起前一個方案，此產品將增加市場對監視器的肯定達5%，並減少市場的不良反應達10%。此合一性的設計，將使市場中只剩一種能適用所有車型的監視器。因此要保守估計市場情況，可假設每個買主都只有一個監視器。另外，過去已賣出、壽命已盡的監視器，其汰舊換新速度會加快。因為三合一監視器將取代舊的監視器。

如果1985年就推出三合一設計，舊的設計將不會再生產，也不會有升級服務。因此1985年將不會有升級服務的需求。使用新設計的話，所有想升級的客戶仍要主動將監視器送回給OTC。此換新的服務每個監視器將要100元。但是此服務的需求只會發生在1986年之前。如同在第一個方案，升級服務的收入來自半數新車經銷商與售後市場區隔中，需要三合一監視器的客戶。買主區隔不需要升級服務，因爲一般的車主也只有一台車。在此方案中，OTC的邊際利潤將增加25%。較高的邊際利潤，可視爲未來競爭的緩衝籌碼。

Fergusson擔心的還有另一件事。在過去，進入障礙是相當高的，因爲爲了能在小的獨立市場中開發並推出三種分開的監視器，研究經費相當龐大。但是，三合一設計帶來的規模經濟，卻可能更鼓勵潛在競爭者進入市場。

方案三：可替換的設計

就技術上而言，方案三是最創新的。OTC的工程師發展出新的監視器，它有標準配備，可用在任何車上。可洗去記憶的區塊，被插入型的記憶替換體取而代之。每個車型會有不同的替換體。因此基本的配備── 兩個轉接器纜線、記憶替換體，就能適用在通用汽車、福特、或克萊斯勒的車型上。一個有三個替換體的監視器成本，會低於三個分開的監視器，但是卻高於一個三合一型的監視器。可替換的設計仍然會有規模經濟、獲利增加的利益。

此類的監視器最大的好處，有賴客戶如何發掘。對客戶而言，它擁有極佳的配備彈性。它符合客戶的任何需求，只要購買適合的替換體就好。另外，每年也不用將監視器送回製造商處以便升級。客戶只要購買新的、已升級的記憶替換體就好。過去調查顯示大眾對於監視器每年升級的印象非常負面。因爲這顯示了產品缺乏品質與耐久性。替換體的設計可克服這些缺點，並能說服客戶接受監視器其實擁有很長久的壽命。

這種監視器，基本型（基本功能，加上一個可挑選、免費贈送的替換體）的價格將爲400元。額外的替換體每個售價50元。因此全功能型（基本功能加上三個替換體）的價格爲500元。

要替此監視器預估需求量很困難。三個區隔的反應要視監視器基本功能、以及它能帶給客戶什麼新的功能而定。與第一個方案比起來，此設計會增加對此產品有良好印象的區隔達10%，並減低不良印象的區隔達5%。預估整產業能賣給每個新車經銷商至少一個基本型、還有售後市場客戶至少一個全功能型的監視器。對於已賣出的監視器，新設計也會有替代銷售出現。新車經銷商處已耗盡的監視器將會被基本型取代，而售後市場處的則會由全功能型取代。

隨著替換體的引入，老舊監視器與其升級服務也將不再。另外，新設計將不再需要任何升級服務。因此每年升級的情形將在1985年初消失。自1986年起取而代之的，是替換體的銷售。每年約80%使用替換體設計的車主及新車經銷商，會有更換一個替換體的需求。同樣的，80%售後市場中的客戶每年會有更換三個替換體的需求。買主區隔中可能不會有這種需求。在此方案下，OTC的邊際利益會達20%。

決策時的重大考量

Fergusson最關心的，莫過於理想的上市時點無法確定。他不確定如此重大的創新是否能在器產品還在生命週期的早期階段就上市。首先，此產品仍在它的「嬰兒」期。因此產業所關注的，應該是注重客戶對於產品基本性能的需求。這方面的努力，需要有技術穩定的產品支援。如果產品設計不斷頻繁更新，新客戶可能決定等待，直到產品穩定。此舉會對銷售額非常不利。另外，Fergusson認為這種更新對於目前OTC在監視器方面的成功，並不那麼迫切需要。他覺得目前分裂的市場，已經讓潛在競爭者難以進入市場。他不確定如果有新設計上市，這種障礙是否會繼續存在。

Fergusson瞭解不論決定為何，他都必須儘速做出決定，讓1985年的行銷規劃早日定案。

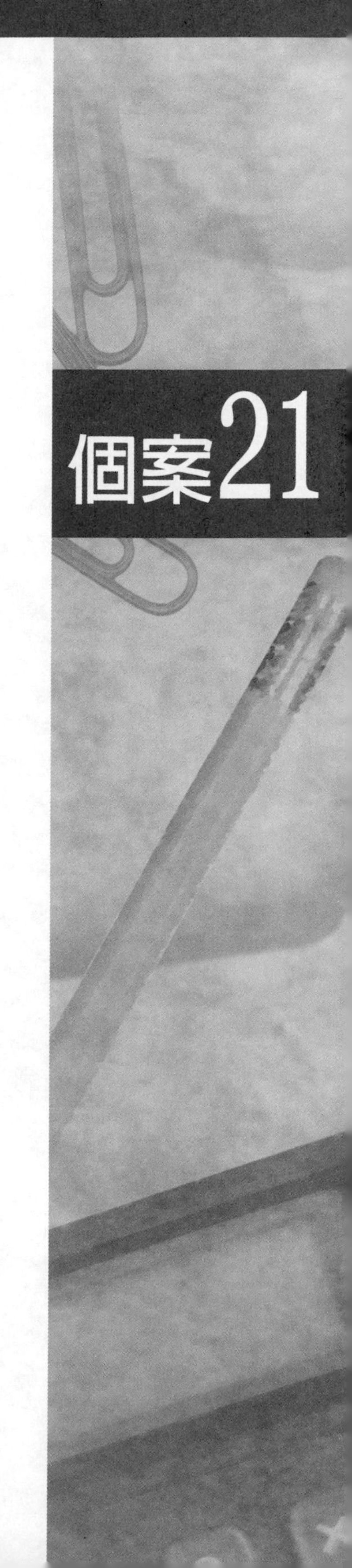

個案21 Kmart與Wal-Mart的折扣商大戰

折扣零售業

Kmart公司

Wal-Mart商店

Wal-Mart成功的策略分析

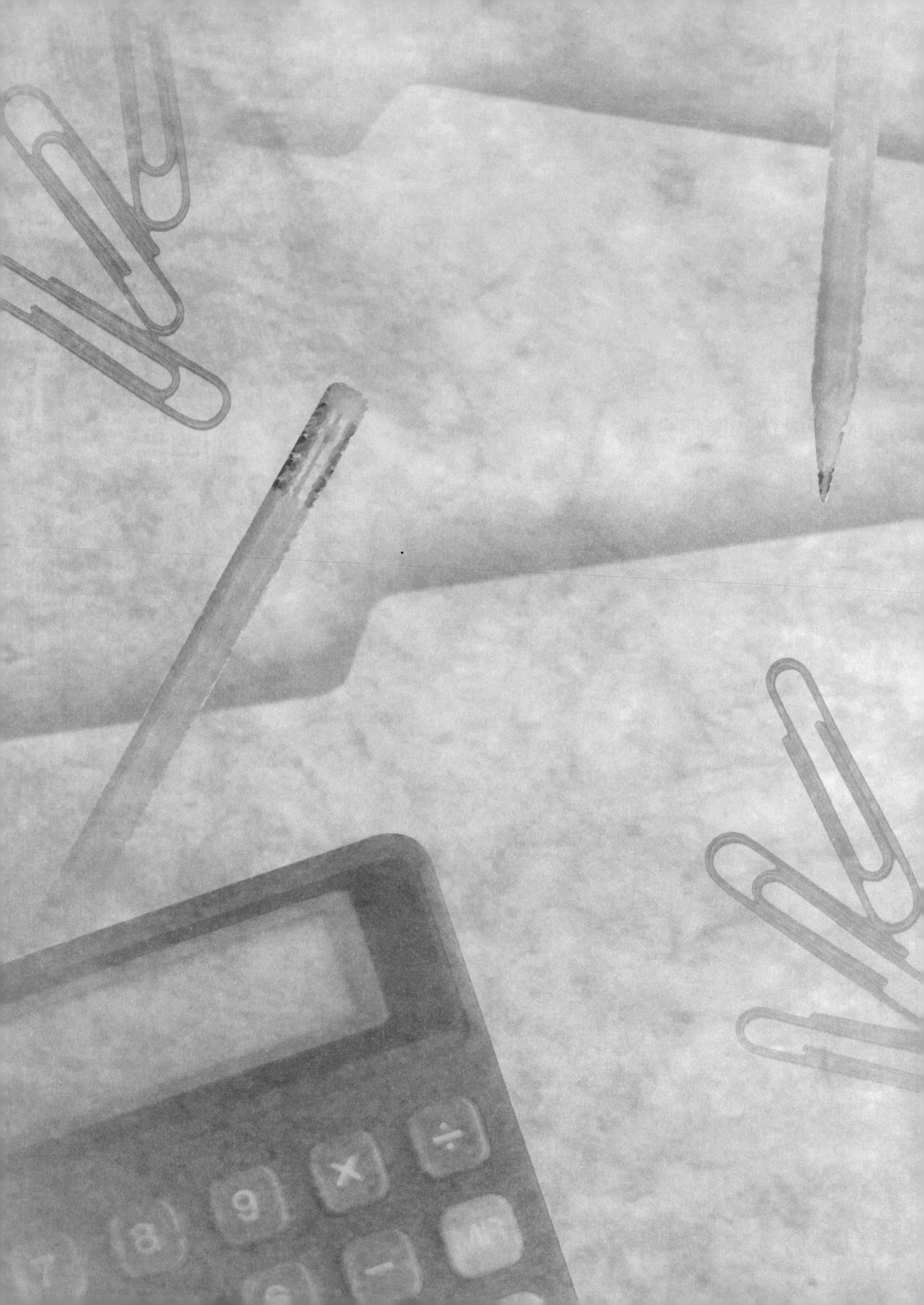

於1995年6月Floyd Hall擔任Kmart公司的總裁。公司前任總裁Joseph Antonini任職七年之久，他因爲該公司面對其主要競爭對手Wal-Mart時只能保持普通的績效，而被迫於三個月之前辭職。目前，該公司必須要構思出一套致勝策略。

折扣零售業

在七年之內，Joseph Antonini帶領著這家折扣商店去對抗像是孿生兄弟一樣的對手。這兩家連鎖店外觀看起來差不多、銷售相同的商品、挖掘彼此的客戶。然而，這樣的競爭已經結束了：Sam Walton的Wal-Mart大獲全勝。

Kmart的前景是如此的黯淡，以至於在1995年2月有一家出價競標業務的廣告公司N.W. Ayer & Partners建議該公司停止與Wal-Mart競爭而轉型圍攻客戶購買牛奶與香菸的大型便利商店連鎖。N.W. Ayer & Partners簡報的結論為：「Kamrt生存的唯一方法似乎是必須尋找另一個利基。」當然，Kmart婉拒了這個點子。

雖然這個新的領導者對於賺取現金的能力有很高的期許，Kmart還有一些重大的營運與管理課題需要處理。

當一股失敗無可避免的氣氛在Kmart中流傳時，稍微往後看就可以發現許多觀察者十分相信Kmart與Antonini先生。事實上，許多被任命爲總裁的投資者打賭他可以在不久之後勝過他在Wal-Mart的競爭對手。他們質疑Wal-Mart創立者Walton先生的一些策略。他們也認爲Antonini有更多的經歷、較佳的地點、以及強而有力的反擊計畫。

一位著名的零售分析師在1991年的《富比世雜誌》的一篇說明Wal-Mart的股價高估，並推薦Kmart股票的文章中做出如下表示：「他接下一個疲累、沮喪的公司，並讓它重生。」

看看這兩間公司商店以及任務的相似性，分析師認爲Kmart與Wal-Mart命運不同的主要原因在管理。他們認爲Sam Walton比Antonini先生聰明得多。

當Antonini先生於1987年任職時，他擁有滿手的資源。他接下一些營運十七年之久的商店，這些商店的地板不平、裝潢毀損、貨架太過密集、而且廉價的展示就設置在走道中央。此外，前任總裁忽視而未運用協助Wal-Mart迅速有效地追蹤、補貨的複雜電腦系統。

然而，整體而言Kmart仍然是產業的領導者。其商店數目幾乎是許多折扣商店的兩倍，2,223間比1,198間。密西根的Troy連鎖銷售額爲256.3億美元，而Wal-Mart爲159.6億美元。由於廣告以及大城市的商店，Kmart以及它的紅色「K」商標有較高的曝光率。

雖然Wal-Mart在獲利以及收益成長上的記錄較穩定，在許多專家的眼中，該公司並未在重要的戰場中競賽。不像Kmart的商店位於昂貴都會地區並與其他大型折扣商競爭，Wal-Mart設在小城外的平地上並挑選高齡的顧客。

如同小聯盟選手對大聯盟選手的敬意一般，Walton先生對於Kmart又敬又畏。Walton在他的自傳中提到：「他們的商店遠優於我們，以至於我不認爲我們能夠與他們競爭。」而另一方面，內部人員聽到Antonini先生將Wal-Mart的管理人員貶抑爲「蛇油售貨員」。

由於Wal-Mart在郊區迅速拓展，使得它開始入侵城市地區──它無可避免會與Kmart遭遇。爲了因應這樣的接觸，Antonini先生專注於自身的優勢：行銷與銷售。Antonini是一個有著大嗓門以及燦爛笑容的促銷高手，他大量投資於全國電視廣告活動，以及如前「查理天使」中的電視明星Jaclyn Smith般魅力十足的代表，在Kmart擁有自己的服裝產品線。

這樣的努力僅擴大了大眾對這兩間折扣零售商的認知差異。即使在Smith小姐成功的活動之前，Kmart的「藍光精選」已經聞名全國。同時，在1980年代末期，大部分的美國人從來沒有見過Wal-Mart的廣告，更別提他們的商店了。

Walton先生並未試圖改變這個事實。他避免公關活動。而且他專注於營運而非行銷上。他在公司內部將收銀機與總公司連結的電腦系統上，投下了數千萬的資金，這個系統讓他可以迅速地補充賣完的貨品。他大量投資卡車以及配銷中心，在這些配銷中心附近他也開設了商店。除了強化控制以外，這些措施也大幅度地降低了成本。

這樣的作法是一種賭博。在Kmart努力改善其形象並增加顧客忠誠度的同時，Walton先生持續地降低售價，他打賭將會證明價格比其他因素來得重要。

在折扣熱席捲美國的同時，分析師以及股東開始預期這些折扣零售商會享有高度的成長。爲試圖滿足這些預期，Antonini與Walton再度依循不同的路徑。Antonini先生想要以購買其他零售商的方式成長，這些零售商包含：Sports Authority運動用品連鎖、OfficeMax辦公用具商店、Borders書店、以及Pace會員倉庫俱樂部。除了增加的營收以外，這些連鎖店可以降低對於折扣上獲利的依賴程度。Antonini先生在宣布這些多角化計畫時說：「這是通往未來之路。」

同時，在阿肯色州Bentonville，Walton先生採取截然不同的途徑──他把所有的一切都賭在折扣零售上。他開設了山姆俱樂部（Sam's Club），這模仿位於加州的Price Club，是一間會員專屬的折扣商店。然後Walton先生測試一個折扣品牌──食品雜貨店，這樣的想法Kmart已經嘗試過且在1960年代放棄了。他的第一個實驗誕生了──面積超過23萬平方英尺的超級商場（Hyper-mart）。顧客們抱怨產品不新鮮或展示不良──而且他們在這樣大的商店裡面找東西十分困難，而使手推車的輪子加速磨損。Walton先生承認超級商場並不成功。但是他仍不畏懼地宣布修正的概念：商業中心（supercenter），在這之中結合了折扣商店以及食物雜貨商店，且比超級商場來得小。

在Antonini先生負責Kmart三年後的1991年，Wal-Mart超越Kmart。在零售年度結束的1991年1月，Wal-Mart銷售量達到326億美元而Kmart爲297億美元（參閱Exhibit1）。對Kmart而言，更駭人的部分是Wal-Mart的商店數目仍然比Kmart還少一

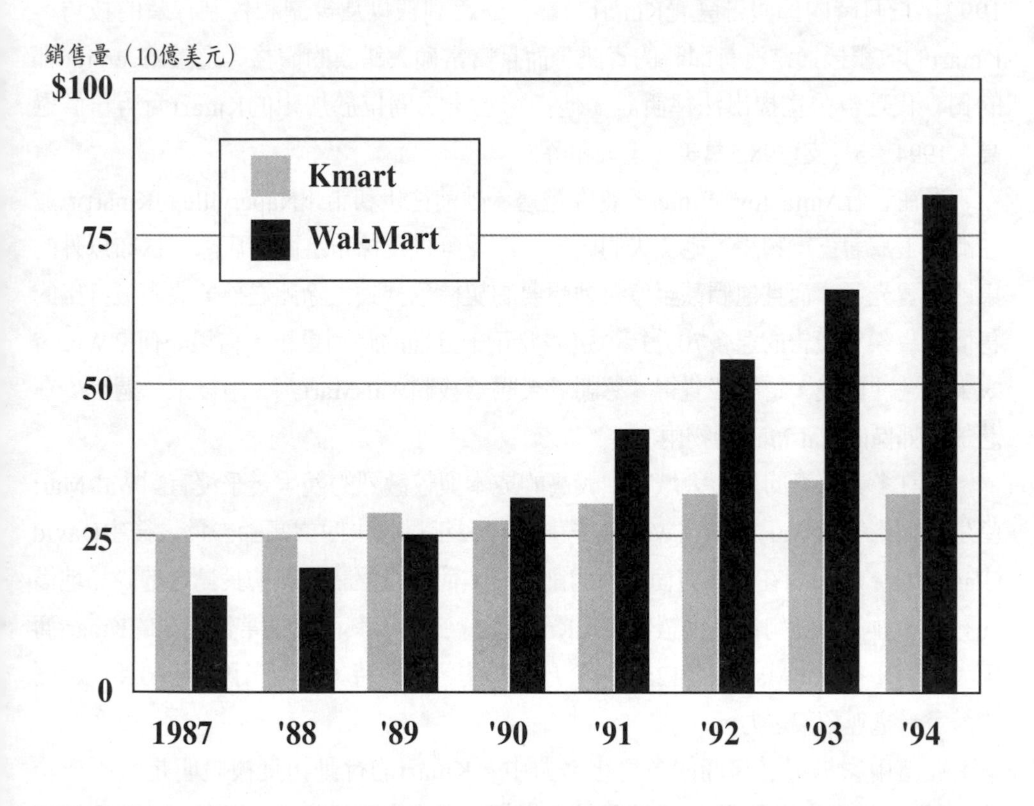

Exhibit1 財富的變化

source: Company annual report.

—1,721間對2,330間。

然而Antonini先生以及其他Kmart的支持者在知道Wal-Mart已經沒有小城市可以征服之後都鬆了一口氣。爲了維持成長，它必須要入侵Kmart的領土：較昂貴且競爭激烈的大城市。Antonini先生爲了預防這樣的入侵，他宣布了一項35億美元的五年計畫，以更新、擴大、或替換Kmart的老式破舊商店。分析師認爲他十分具有遠見，且常常加入他拜訪樣版商店的行程。

然而，在Wal-Mart和Kmart間最不容易覺察到的差異開始發揮作用。Wal-Mart可靠複雜的配銷、倉儲以及掃瞄系統代表顧客幾乎不會遇到空曠貨架或在收銀機前價格輸入延遲的情形。同時，在Kmart的商店內常常流傳著配銷的慘狀。監控配銷的Joseph R. Thomas回憶說：當他發覺在聖誕假期高峰的12月15日倉庫內塞滿貨品時，他可以預知會有麻煩產生。

雖然Antonini先生傾全力想要追趕上Wal-Mart，Kmart實在落後太多了，而使得1993年11月時內部報告發覺Kmart的員工缺乏訓練以及規劃和控制存貨的技巧。Kmart的收銀機通常沒有即時的資訊，而且常常輸入錯誤的價格。這讓Riverside郡的獨立代理辦公室提出法律訴訟，他指控七十二間位於加州的Kmart商店售價過高。1994年5月支付98.5萬美元達成和解。

現在看看Anita Joy Winter的實際遭遇。她前往伊利諾州Naperville的Kmart，並在清單上寫著三項物品：她丈夫的內衣、清潔劑以及抹布這間商店除了抹布以外的東西都賣光了，而且他們甚至沒有她想要的灰棕色款式。除此之外，收銀機打出的售價比貨架上廣告的還多70分錢，這需要花十分鐘的時間更正。結果如何？Winter太太說：「此後，這讓我覺得『感謝老天賜給我們Wal-Mart』」，她後來每週至少在芝加哥郊區的Wal-Mart購物兩次。

讓許多人驚奇的是，大城市中較高的成本與較激烈的競爭幾乎沒有對Wal-Mart產生任何影響，Wal-Mart在Walton先生於1992年以七十四歲高齡去世之後由David Glass繼任。該公司在許多方面積極的削減成本而能克服諸如紐約長島之地高昂地價的影響，並仍然能夠輕易地讓價格比Kmart低。此外，其商店通常較老式的Kmart商店大兩倍。在Wal-Mart開設125,000平方英尺的新店面時，擁有老舊60,000英尺店面的競爭者毫無招架之力。

在這兩家折扣零售商的多角化努力中，Kmart的行動再度被證明是較不成功的。Antonini先生想要讓Kmart成爲結合折扣與專賣的零售帝國之努力在1993年底開始鬆動。雖然專賣店——販售書籍、辦公用品、或運動用品——在那一年以前貢獻

30%的銷售量，他們卻只佔營運獲利的15%。而且Kmart的折扣商店迅速地把市場佔有率拱手讓給Wal-Mart。股東要求Antonini先生處分其他的事業並專注於折扣商店。在股東堅持與Antonini的希望相左的情形下，Kmart於1994年底宣布一個出售旗下三個專賣零售連鎖大部分股權的計畫。

同時，Wal-Mart無法迅速推行其新式商業中心計畫。在一家商電用折扣價格購買一般雜貨與食品的觀念被認爲可以在這個國家中運行良好，這喚醒Kmart去開設一個類似的連鎖店。然而，開設Super Kmart的費用只會損傷想要更新Kmart之持續、且令人失望的努力。雖然這家店可望在1996年有新的展望── 較寬廣的走道、光亮的地板、較寬闊的部門── 仍然有三分之一的店之問題並未觸及。而這些仍在更新的商店將無法創造如預期的銷售成長。

因此，即使在1994年出售18億美元的資產後，Kmart的營運獲利仍然令人失望，該公司只能發出每股96分錢的股利，並將讓資本支出由至少10億美元的水準降到只剩下8億美元（參閱Exhibit2）。

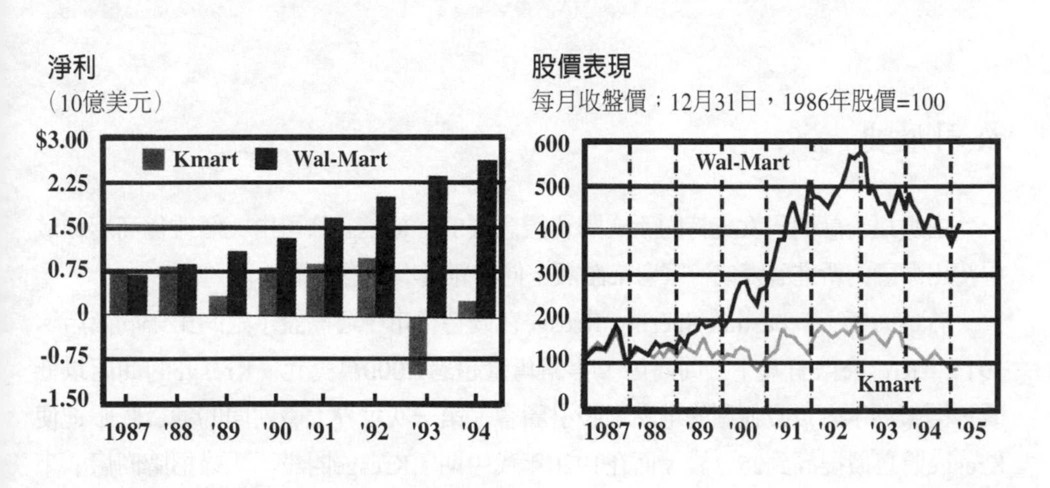

Exhibit 2 不同的路徑：Wal-Mart與Kmart的比較

source: Company annual report, *Baseline.*

最顯著的統計數字如下：Kmart佔整體折扣銷售的市場佔有率由Antonini先生擔任董事長兼總裁之1987年34.5%下降到1995年的22.7%。Wal-Mart卻由20.1%急升到41.6%。

最後，態度造成的差異可能比策略來得大。在Bentonville，Walton先生與Glass先生詢問下屬哪些事沒有做好，並責怪他們沒有告知壞消息。高階主管在一星期中必須要花費大部分的時間在拜訪商店，以及積極地尋求部屬的提案上面。而且Walton先生的作爲就像總是有強而有力的競爭對手在追趕一般。即使在公開場合中，他和Glass先生仍然較偏好討論Wal-Mart的劣勢而非自己的優勢。

相反地，在Troy，Antonini先生不認爲其他人可以告訴他任何有關事業的消息。他由1964年起就在Kmart從副理幹起，他被稱爲「鐵弗龍外裝」的老闆，因爲改革建議都自動避開。內部人員說他不會僱用來自公司以外且可能威脅自己地位的經理人員，此外他批評或解聘建議管理變革或將目標消費市場縮小的顧問。

於1993年秋天，Antonini先生在一間輝煌的新Super Kmart中一面大口咀嚼著三明治，一面表示他可能要跟隨Walton先生的腳步寫一本關於零售業成功的書籍。

Kmart公司

公司歷史

由數以千計的男女支持的新式購買觀念讓S.S. Kresge公司由一個雜貨商店領域中初出茅廬的新進者變成一家營業額數十億的雜貨與專賣連鎖。

於1899年，Sebastian Spering Kresge在底特律市中心開設了她的第一間商店。1912年Kresge擁有八十五間商店，年銷售量超過1,000萬美元。Kresge的商店以低價、開架展示、以及便利的地點來吸引顧客。第一次世界大戰期間的通貨膨脹迫使Kresge將售價提高到25分錢，而在1920年代中期，Kresge開設了「綠招牌商店」來銷售1美元以及1美元以下的商品，通常會緊鄰紅招牌的一角商店。Kresge在1929年開設第一間郊區的購物中心── 位於密蘇里州堪薩斯的國家俱樂部廣場。1930年雜貨商店已經十分普遍，因爲他們用很低的價格提供多樣商品。同時，超市連鎖開始向大眾推廣自助購物的方式。Kresge公司在1930年代早期推行報紙廣告活動。廣播促銷在二十年之後開始採行，而電視在1968年開始推行。今日，印刷宣傳品仍然在Kmart的廣告活動中佔著最重要的位置，每週在全國各地一千五百家報紙中會夾帶七千二百萬份的宣傳品。

1953年在美國所開設的第一家折扣商店象徵一個新的零售時代的來臨。位於羅德島的這家Ann and Hope Mill Outlet製造亮片與絲帶，把絲帶、慶祝卡片以及女士家居服裝以每件2.19美元的折扣價出售。一些折扣商店在1950年加入這個陣容，首先投入的是Kresge總裁Harry B. Cunningham，他針對自己的組織研究類似的策略。其成果就是於1962年在密西根州Garden中市第一家Kmart折扣百貨公司的開設。在Kmart營運的第一年內，公司個銷售量就衝到4.83億美元。在1966年，擁有一百六十二間Kmart商店營運的Kresge經歷了第一個營業額10億美元的年度。公司在1977年更名爲Kmart公司以反應公司95%的銷售量都來自於Kmart商店的事實。在1994年，Kmart爲全國第二大雜貨商店並擁有340億美元的銷售量。今日，在美國、波多黎各、加拿大、捷克、斯洛伐克、墨西哥、新加坡、以及澳洲有超過二千四百家Kmart商店。Kmart在世界各地僱用超過三十萬人。忠誠度與長期服務十分稀鬆平常；數以千計的Kmart關係機構已經爲該公司工作超過二十五年之久。商店管理團隊負責自身單位的獲利，並有權力對某些關於營運的事向獨立地進行決策。

在1970年代早期，該公司採行積極擴充的策略，這也包含在1971年開設二百七十一間商店的計畫。於1981年，該公司將重點變爲重新翻修現有的商店。對於80%的美國大眾而言，Kmart幾乎是一次購足的購物中心。此外，該公司持續努力要讓顧客在更多採購需求出現時會想到Kmart。1980年代，Kmart在這個國家擁有最多的購物人次。

今日的Kmart與60年代的先驅者有很大的不同。Kmart針對價值導向顧客而強調高級品牌以及私有品牌的強力推廣活動。這些產品現包含：Jaclyn Smith服飾、Fuzzy Zoeller高爾夫服飾、針對紳士與淑女特別設計的牛仔褲、名牌運動鞋、家用的Martha Stewart流行款式、名牌化妝品和香水、以及許多有名的家用保健與美容用品。該公司遵行「永遠滿意」的政策，這表示顧客可以輕易的退貨或是替換。Kmart價格保證讓商店經理與助理擁有因應競爭者價格的權力。此政策讓Kmart仍然在美國維持價格領導者的地位。該公司更進一步地推行更有效率的營運模式。Kmart資訊網路（KIN）是一個電子系統，這個系統連結所有的商店、配銷中心、以及公司總部，並使不同的辦公程序更有效率。採購點設備已經在全部二千四百家商店中採用。於1986年，Kmart與GTE建立了衛星通訊網路。十三個配銷中心提供商店基本庫存的數量；大部分的商店距離配銷中心的距離都少於一天。

多角化與現代化

購買全國最大書店連鎖Walden Book公司的行動在1984年8月9日完成。除了書籍以外，Walden書店也販售錄影帶、音樂精選以及電腦軟體。商店大小平均爲3,000平方英尺，且主要位於區域的購物中心以及機場商店。Kmart公司在1984年9月27日買下Builders Square公司（前身爲Home Centers of America）。標準的Builders Square商店佔地約80,000平方英尺，特色爲以折扣價銷售的名牌商品。種類包含：木材、建築材料、硬體、油漆、水管及電子材料、還有園藝及家庭配件。1987年公司慶祝Kmart商店誕生二十五週年並宣布與阿拉巴馬州Birmingham的Bruno公司結盟在美國發展概念結合的商店American Fare。該公司也持續讓營運更有效率、關閉位於密西根州Plymouth的中央區域辦公室並重新整合其餘五個區域辦公室。此公司也成立行銷部門以強化Kmart商店與顧客的聯繫。

1988年Kmart宣布由Builders Square子公司發展出來的兩個新式銷售概念──運動用品超市連鎖的運動巨人（Sports Giant）以及倉庫式的辦公用品店辦公廣場（Office Square）。1990年2月Kmart宣布一個五年計畫，將花費35億美元的資金開設新商店、擴大營運並進行現代化。這個野心勃勃的計畫包含成立約二百八十家全新的Kmart商店、擴充七百家現有商店、搬遷三百家現有商店、並將其中的六百七十間重新裝潢，讓其裝潢與陳設可以達到新商店的標準。在1990年初的運動專家（Sports Authority）購併案讓公司可以跨足運動用品超市的領域。公司的運動巨人商店變更爲運動專家商店。1990年9月Kmart買下OfficeMax22%的股權，這是一家辦公用品超市的連鎖。OfficeMax同意買下Kmart子公司Builders Square旗下的辦公廣場。Kmart在1991年11月買下OfficeMax剩餘的股權。

1990年9月展示全新的黑體Kmart標誌，這象徵著這家連鎖商的改變與創新。新象徵讓Kmart能趕上時代，並反應公司承諾革新的動態與刺激。1991年Kmart運用可贖回累積特別股（Preferred Equity Redemption Cumulative Stock, PERCS）籌集了10億美元的資本，並確保其1996年現代化計畫的完成。於1991年底，大約30%的Kmart連鎖店都有全新的外觀。

1992年Kmart的子公司包含：Builders Square、OfficeMax、運動專家、Waldenbooks以及Borders，它們的營運都置於零售專賣集團旗下。1993年底Kmart完成更新計畫的一半以上。Kmart同時推行稱爲Super Kmart Centers的組合商店。1993年Kmart把Pace Membership Warehouse子公司賣掉。Kmart亦宣布將Payless

Drugstore Northwest賣給Thrifty Drugs。1994年底美國境內有六十七間Super Kmart Centers。Borders-Walden公司宣布重整，更名為Borders集團公司。Kmart賣掉Coles Myer有限公司21.5%的股權，並宣布將讓運動專家、OfficeMax以及Borders集團公司的股票上市計畫（Initial Public Offerings, IPOs）。

Kmart展開生產力改善過程並在1996年底將費用降低6億美元而成為8億美元。這個過程包含重新檢視企業的所有層面以確保銷售與收益的成長。公司成立採購流程工作團隊以追蹤存貨的流動，尤其是高周轉率的消耗品。公司的財務資訊請參閱Exhibit3。

國際擴充

Kmart於1992年5月以購買捷克一家商店的方式進入歐洲市場。該年稍後，Kmart在捷克與斯洛伐克一共再買下十二家商店。Kmart也宣布擴充國際營運的計畫，在墨西哥與新加坡透過合資的方式。1994年Kmart在科羅拉多州Brighton開設第十三個配銷中心，並在墨西哥與新加坡開設店面。

企業文化

1992年Kmart慶祝第三十週年的慶典象徵著一個深植於美式生活的機構。由Kresge開始，Kmart成功地面對美國家庭需求的改變。

三位重要領導者在Kmart歷史中扮演著重要的地位。第一位是創辦人Sebastian Spering （S.S.） Kresge，他不僅創立了一個成功的銷售連鎖店，更重要的事它變成一個充滿彈性與反應能力的組織；第二位是Harry Cunningham，他在Kresge轉變成為Kmart時加入公司的陣營；直到1995年6月為止擔任公司總裁與董事長的Joe Antonini，成為Kmart面對今日顧客時革新的先鋒。在所有Kresge年代開設的大型雜貨商店中，只有Kmart仍然維持在美國零售業的領導地位。

Kmart是一位來自賓州的旅行銷貨員Sebastian Spering Kresge所創立的。Kresge雜貨店隨著美國的都市化而拓展。稍後這家逐漸擴大的商店一面增加產品線，另一方面又擴大顧客層。藉此，S.S. Kresge成為一個與美國同步成長的人。雖然他個人十分樸素── 而讓他的同事與助理十分吃驚的是他大量借貸而前往所有顧客在的地方投資開店。

Kresge相信一個人必須要吸引並傾聽顧客；他每週都在店內舉辦特別的活動，

Exhibit3 Kmart公司合併損益表（除了每股資料以外單位爲百萬美元）

	會計年度結束		
	1995年1月25日	1994年1月26日	1993年1月27日
銷貨	$34,025	$36,694	$33,366
授權費與其他所得	288	296	292
	34,313	36,990	33,658
銷貨成本（包含購買與佔用成本）	25,992	27,520	24,516
管銷費用	7,701	8,217	7,393
子公司公開發行利得	(168)	-	-
公司重整與其他支出	-	1,348	-
利息費用：			
債務─淨額	258	303	243
資本租賃與其他	236	192	185
	34,019	37,580	32,337
持續營運部門稅前與股權所得前利得（損失）	294	(590)	1,321
公司合併前淨利	80	52	54
所得稅費用	114	(191)	474
非常事項與會計變動前持續營運部門淨利（淨損）	260	(347)	901
停止營運部門包含會計變動影響，分別扣除7、（61）與11元的所得稅。	20	(77)	40
處分停止營運部門利得（損失），分別扣除215與（248）美元的所得稅	16	(521)	-
非常事項，扣除（6）美元所得稅	-	(10)	-
會計變動影響，扣除（37）美元的所得稅	-	(19)	-
淨利（淨損）	$296	$(974)	$941
普通股與約當普通股每股收益：			
非常事項與會計變動前持續營運部門淨利（淨損）	$.55	$(.78)	$1.97
扣除所得稅後之停止營運部門包含會計變動影響	.04	(1.7)	.09
扣除所得稅後之處分停止營運部門利得（損失）	.04	(1.14)	-
扣除所得稅後之非常事項	-	(.02)	-
扣除所得稅後之會計變動影響	-	(.04)	-
	$.63	$(2.15)	$2.06
加權平均股數（百萬）	456.6	456.7	455.6

Exhibit3 (continued)

	1995年1月25日	1994年1月26日
資產		
流動資產：		
現金（包含短期投資，分別爲93與32元）	$480	$449
存貨	7,382	7,252
應收帳款與其他流動資產	1,325	1,816
流動資產總額	9,187	9,517
關係公司投資	368	606
資產設備（淨額）	6,280	5,886
其他資產與遞延費用	910	799
商譽（分別扣除累積攤銷額45與59元）	284	696
	$17,029	$17,504
負債與股東權益		
流動負債：		
一年內到期之長期負債	$236	$390
應付票據	638	918
應付帳款──來自日常交易	2,910	2,763
應付薪資與其他負債	1,313	1,347
所得稅以外的稅賦	272	271
所得稅	257	35
流動負債總額	5,626	5,724
資本租賃債務	1,777	1,720
長期負債	2,011	2,227
其他長期負債（包含商店重整債務）	1,583	1,740
股東權益：		
特別股，核准1,000萬股		
A系列，核准並於1994年1月26日發行575萬股	-	986
C系列，核准790,287股；分別發行658,315股與784,938股	132	157
普通股，核准15億股；分別發行464,549,561股與416,546,780股	465	417
資本公積	1,505	538
遞延報償限制	-	(3)
保留盈餘	4,074	4,237
庫藏股	(86)	(109)
外幣轉換調整數	(58)	(130)
股東權益總額	6,032	6,093
	$17,029	$17,504

Souce: Kmart Corporation 1994 Annual Report.

因此每週都有到Kresge購物的新理由。他也給予Kresge員工很大的自主權來實行他們的決策以及做好他們的工作── 替他工作過的人都說他從未盯著他們做事（在一個高度監督員工的年代）──這是早期一個授權員工的案例。

Kresge／Kmart的第二個領導人Harry Cunningham也以其傾聽顧客著稱。在他是一個年輕經理的時候，他要求銷售服務人員在小張的藍色卡片上記錄顧客的要求。在一年之內，Cunningham讓他店內的銷售量增加一倍。在他1959年擔任董事長之前，他傾聽人們的聲音，而且他認爲新的郊區生活方式逐漸抬頭。他看見許多年輕家庭需要裝修自己的家園，然而，因爲他們缺乏資金，所以他們希望能購買高品質且低價的商品。這些戰後的世代新貴就是嬰兒潮，並是首先在假期購物的世代。

在其旅程中，Cunningham拜訪新類型的商店── 折扣店。雖然這些商店管理得不好，他看到這個概念可取之處，而且瞭解職業的Kresge組織可以作得更好。一開始Kresge的董事會抱持懷疑的態度，因爲這些早期的折扣商店還不很成功，然而Cunningham十分篤定Kresge可以在維持高品質標準的同時也提供顧客價值。針對未來投資，他們花了超過8,000萬美元。在第一家Kmart於1962年3月開設的同時，已經有三十二家以上的地點已經準備要開始營運了。

Cunningham的藍色索引卡與S.S. Kresge的特別促銷活動都成爲獨特的美式經驗── 藍燈精選。其起源十分謙遜，但是藍燈精選開始變成一種習慣，且已經註冊成爲商標。

承襲Harry Cunningham與S.S. Kresge的精神，Joe Antonini也十分強調Kmart的核心客戶──今日仕女們的需求。在1983年他擔任服飾的頭頭時，他開始改變Kmart的組織以及Kmart的購物經驗。仕女服飾部門完全翻新，且開創了Jaclyn Smith精選。他讓許多產品現針對今日「忙碌、關心預算的母親」設計，婦女們在今日的家庭與社區中扮演著許多的角色。

Antonini對於婦女以及Kmart顧客的瞭解讓他想要帶給她們全新的購物經驗。如同其他大型零售商進入顧客的靈魂一般，Kmart瞭解她們── 時間壓力與多元的角色、方便性的需求、價值的要求、轉換新時尚以豐富自我人生和家庭的渴望。對顧客的關心以及想要讓購物經驗變得更充實有趣的期望，是由商店本身至與供應商關係大幅度重新設計資訊系統，而能帶給所有購物者最新時尚的催化劑。Antonini對Kmart顧客的承諾產生35億美元的投資以更新並建立適當的商店。

Super Kmart Center

Super Kmart Centers的大小由16萬至19萬平方英尺，它提供顧客購物的終極經驗以及一系列聳人聽聞的商品。Super Kmart Centers以下列商品爲號召：家用烘焙用具、USDA新鮮肉品、生猛海鮮（每日運送）、一系列精心烹調的冷熱餐點、小點心、咖啡吧、店內餐飲、新鮮外帶沙拉吧、以及「外帶」餐點。爲確保產品的新鮮，Kmart設置了食品採購與營運部門。訓練良好的食品人員與地區供應商密切合作以確保顧客可以購得最新鮮的食品。交互採購帶給Super Kmart Centers更多的便利。舉例而言，烤麵包機就置於新鮮的麵包之上，廚房配件就放在產品附近的走廊上，而嬰兒中心有從食物到衣服，所有關於嬰兒的產品。在許多地方，Super Kmart Centers提供顧客特別服務的選擇，例如，影帶出租、美髮沙龍、花卉、UPS貨運、自動提款機、樂透獎、以及傳眞與影印服務和採用最新式設備的快速沖洗服務。

第一家Super Kmart Center於1991年7月25日於俄亥俄州Medina開設。這間商店的成功與顧客壓倒性地接受讓Kmart決心在接下來的三年內，在全國推行其他六十七間Super Kmart Center。1995年計畫開設超過二十五間Super Kmart Center，讓總數達到一百間。

一份公司報告顯示：

> Super Kmart購物中心模式是一種有力的新型零售通路，這可以建立我們的核心競爭力並有很強大的利潤成長潛力。Super Kmart模式奠基於食品導向、高頻率的概念，而這樣的概念若適當的運行就可以產生極佳的銷售生產力，並比我們傳統的Kmart折扣商店更能吸引年輕與富有的家庭購物者。

我們以增加購物的便利性、在店內提供更多視覺上的刺激以及一致性、創造較佳的相關商品連結、並降低費用的方式來尋求改進Super Kmart「大盒子」概念的方法。我們也開設較小的Super Kmart模式以進入無法支持「大盒子」的社區。

購物中心的概念是我們傳統事業的一種自然的發展，這讓我們缺乏時間的顧客——需要便利、價值、與一次購足——與我們增加購物頻率的願望連結在一起。

Wal-Mart商店

Samuel Moore Walton這個阿肯色州Bentonville的億萬富翁建立了一個深信價值、由諸如授權之類概念所引導、並且革新零售過程的帝國，他在長期對抗癌症後以七十四歲高齡去世，他並未發明折扣百貨商店的概念，雖然很難說這不是他發明的。他在1962年掌握零售的先機，並且沒有讓它再失去，創造了一具似乎比他的記憶還要長命的價值導向購物機器。

1994年這個仍然很年輕的公司在670億美元的銷售量中賺取23億美元。在Wal-Mart股票開始交易的1970年投資1,650美元，則今天價值300萬美元（參閱Exhibit4公司的財務資料）。他教導美國的企業許多美國人民渴望價值的想法。他洞悉未來，也創造未來。根據一位零售主管的說法，雖然Walton是零售業中最佳的展示員之一，若他可以在電視傳道節目中出現的話，他就會變成教宗。身爲一個經理人，他遠在名詞創造之前就運用了諸如：扁平式組織、授權以及獲利分享的觀念。在1950年代他就與所有的員工分享資訊與利潤。他竭盡所能地吸收他可以獲得的所有資訊以接近顧客以及貼近競爭。他比深思熟慮更強調彈性與行動。

Wal-Mart是顧客的一個紀念碑：它幫他們省下數十億美元。Sam Walton眞摯地相信直到顧客帶著某種目的走進商店、買一些東西、然後走出商店之前不會發生任何事。其哲學十分簡單：滿足顧客。Wal-Mart在四十七州運作接近二千家商店，它仍然是折扣零售產業的領導者。此外，因爲擁有超過四百家的Sam's Club，Wal-Mart在倉庫俱樂部產業也成爲一個重要的參與者。結合一般雜貨與食品的購物中心是公司成長最快的部門，預計在1995會計年度會在現有六十八間的基礎上開設六十五至七十家店。

Walton在很久之前就希望製造商將自己、大盤商、零售商以及顧客視爲單一顧客中心程序的一部分，而非一系列交易的參與者。他個人持續改善製造商與零售商的關係，用較斯文的方式會將它們長期的關係形容爲互相敵對。在約五年之前他要求寶鹼公司主管巡視Wal-Mart主管的核心群體，並與這家包裝產品的公司商討他們的敏感關係。其結果令人十分滿意。其策略很清楚的就是我們必須密切合作來同時降低製造商與配銷商的成本，並替顧客爭取到較低的價格。Walton讓雙方的焦點都集中在配銷成本以及節約成本的方法上。Wal-Mart與寶鹼公司的電腦連結以自動定貨、因而避免定貨流程中的暫時性地增加。由於購買方面較佳的協調，寶鹼的規劃可以和製造循環更一致、配銷更合理、同時降低成本並保留一些節約的好處。這樣

Exhibit4　Wal-Mart公司合併損益表

(除每股資料以外單位千元)

1月31日會計年度結束	1994	1993	1992
收益：			
銷貨淨額	$67,344,574	$55,483,771	$43,886,902
授權部門租金收入	47,422	36,035	28,659
其他所得——淨額	593,548	464,758	373,862
	67,985,544	55,984,564	44,289,423
成本與費用：			
銷貨成本	53,443,743	44,174,685	34,786,119
管銷費用	10,333,218	8,320,842	6,684,304
利息費用：			
債務	331,308	142,649	113,305
資本租賃	185,697	180,049	152,558
	64,293,966	52,818,225	41,736,286
稅前淨利	3,691,578	3,166,339	2,553,137
所得稅準備：			
當期	1,324,777	1,136,918	906,183
遞延	33,524	34,627	38,478
	1,358,301	1,171,545	944,661
淨利	$2,333,277	$1,994,794	$1,608,476
每股淨利	$1.02	$.87	$.70

淨利（百萬美元）

source: Wal-Mart 1994 Annual Report.

Exhibit4 (continued)

1月31日（單位千元）	1994	1993
資產：		
流動資產：		
現金與約當現金	$20,115	$12,363
應收帳款	689,987	524,555
銷售／租回應收費用	280,236	312,016
存貨：		
重置成本	11,483,119	9,779,981
扣除LIFO（後進先出法）準備	469,413	511,672
LIFO	11,013,706	9,268,309
預付費用與其他	182,558	80,347
流動資產總額	12,114,602	10,197,590
廠房設備：		
土地	2,740,883	1,692,510
建築物與改良	6,818,479	4,641,009
裝潢與設備	3,980,674	3,417,230
運輸設備	259,537	111,151
	13,799,573	9,861,900
扣除累積折舊	2,172,808	1,607,623
廠房設備淨額	11,626,765	8,254,277
資本租賃財產	2,058,588	1,986,104
扣除累計攤銷	509,987	447,500
資本租賃財產淨額	1,548,601	1,538,604
其他資產與遞延項目	1,150,796	574,616
資產總額	$26,440,764	$20,565,087
負債與股東權益		
流動負債：		
商業本票	$1,575,029	$1,588,825
應付帳款	4,103,878	3,873,331
應付款項	1,473,198	1,042,108
應付聯邦與州所得稅	183,031	190,620
一年內到期之長期負債	19,658	13,849
一年內到期之資本租賃債務	51,429	45,553
流動負債總額	7,406,223	6,754,286
長期負債	6,155,894	3,072,835
資本租賃之長期負債	1,804,300	1,772,152

Exhibit4 (continued)

1月31日（單位千元）	1994	1993
遞延所得稅	321,909	206,634
股東權益：		
特別股（面額0.1美元；核准10萬股，未發行）		
普通股（面額0.1美元；核准550萬股，1994年與1993年流通在外股數分別爲2,298,768股與2,299,638股）	229,877	229,964
資本公積	535,639	526,647
保留盈餘	9,986,922	8,002,569
股東權益總額	10,752,438	8,759,180
負債與股東權益總額	$26,440,764	$20,565,087

source: Wal-Mart 1994 Annual Report.

的系統化方式現在廣泛地運用於產業之中。Walton一直被形容爲一個夢想家，而過去他確實是一位夢想家。他的夢想在1956年成爲Ben Franklin雜貨店老闆時變得更爲具體。爲了說服他的第一位商店經理Bob Bogle離開州立保健部門，Walton向他展示帳目並且在薪資之外提供他公司淨利的25%報酬。

Wal-Mart成功的策略分析

Wal-Mart的競爭能耐

哪些因素造就Wal-Mart今日非凡的成功？大部分的解釋集中在少數知名且可見的要素：創辦者Sam Walton的天才，他激勵員工並鑄造卓越服務的文化；在門口歡迎顧客的「迎賓者」；允許員工擁有部分事業的激勵力量；提供顧客絕佳交易並節省購買與廣告費用的「每日低價」策略。策略家也指出Wal-Mart的大型店面也提供規模經濟以及多樣的商品選擇。

然而這些解釋只是重新把問題再定義一遍。Wal-Mart爲何認爲大店面較合適？爲何只有Wal-Mart可以擁有較低的成本結構以支應每日低價和迎賓者？以及什麼原因讓該公司的成長速度遠超過Sam Walton人格魅力可以達到的地步？Wal-Mart成功的奧秘較爲深層，在一系列策略事業決策之中，這些決策讓公司逐漸變爲一個善用能耐的競爭者。

起點爲永不休止地專注於滿足顧客需求上。Wal-Mart的目標定義十分明確，但是難以執行：提供顧客高品質商品、讓顧客在需要的時候就可以買到、發展能夠擁有具吸引力售價的成本結構、同時建立與維持完全可靠的聲譽。達到這些目標的關鍵在於將公司補充存貨至於其競爭策略的中心位置。

這樣的策略觀點充分表現在被稱爲「交互倉儲」的一種難以用肉眼察覺之物流科技。在此系統中，物資持續運送到Wal-Mart的倉庫之內，在倉庫中通常不丟到存貨中就將它們分別選擇、重新包裝並迅速運送至商店之中。商品不在倉庫中浪費寶貴的時間，而在四十八小時之內由一個放置地轉移到另一個地點。交互倉儲讓Wal-Mart可以達到經濟效益，這效益來自於購買一整批的物資而避免一般的存貨與處理成本。Wal-Mart經由自身的倉儲系統操控85%商品——相對的Kmart只有50%，這讓

Wal-Mart的銷貨成本比產業平均低2%～3%。這樣的成本差異讓每日低價得以施行。

然而，這並非全貌。低價也意味著Wal-Mart可以降低促銷的頻率而節省更多。穩定的價格也讓銷售量變得可以預測，因而降低存貨不足或庫存過多的機會。最後，每日低價帶來更多的顧客，這讓每平方英尺面積的銷售量更高。這些優勢讓公司可以負擔迎賓者與利潤分享。

有了這些顯著的好處，爲何不是所有的零售業者都採行交互倉儲的方法？其理由爲：這個制度難以控管。爲了讓交互倉儲運作，Wal-Mart必須進行在許多連結系統上，進行遠超出傳統投資報酬率標準的策略投資。舉例而言，交互倉儲必須要Wal-Mart的配銷中心、供應商以及商店中的所有銷售點持續保持聯繫，以確保訂單可以暢通，並集中後在一個小時內執行。因此，Wal-Mart運轉一個私有的衛星通訊系統，該系統每天將銷售點資料直接傳送給Wal-Mart的四千個供應商。

Wal-Mart物流建設的另一項關鍵成分爲公司的快速反應運輸系統。公司的十九個配銷中心擁有約二千部卡車。這些專用卡車隊讓Wal-Mart可以在四十八小時內將商品由倉庫運送到商店之中，並能夠平均每週兩次重新補充貨架上的商品。相對地，產業的慣例爲每兩週一次。

爲了充分運用交互倉儲的好處，Wal-Mart爲了管理的方便也對自身的流程進行了根本的修正。傳統上在零售業中，有關購買、定價、以及促銷的決策都是高度集權並集中在公司階層制定。然而，交互倉儲把這樣的命令控制邏輯整個扭轉過來。現在不是零售商把產品推到系統裡面，而是顧客在需要時把產品「拉」到他想要的位置。這樣的方式十分重視商店、配銷中心，以及供應商之間頻繁且非正式的合作——以及中央較少的控制。

因此，Wal-Mart資深管理者的工作就不是要告訴個別商店經理該做哪些事，而是要創造一個他們可以由市場以及彼此中學習的環境。舉例而言，公司的資訊系統提供商店經理關於消費者行爲的鉅細靡遺資訊，而機隊定期地把商店經理載送到阿肯色州Bentonville總部進行市場趨勢與購買的會議。

在公司持續成長且商店越來越多時，即使是Wal-Mart所擁有的公司機隊無法維持商店經理間必要的接觸。因此，Wal-Mart設置了影像的連結，讓所有的商店都可以和總公司以及彼此連結。公司經理頻繁地召開視訊會議以交換現況資訊，諸如哪些產品賣得好以及哪些賣得不好，哪些促銷活動成功以及哪些失敗。

公司能耐的最後一片拼圖就是Wal-Mart的人力資源系統。公司瞭解第一線的員工在滿足顧客需求上扮演著關鍵的角色。因此，他試圖用諸如股權分享以及獲利分享的計畫來強化其組織能耐，讓員工更能針對顧客需求做出回應。即使是Wal-Mart商店本身的組織也促成這個目的。在Kmart的每家商店內有五個不同商品部門，而Wal-Mart卻有三十六個。這意味著訓練可以更集中也更有效，而且員工可以更專注於顧客的需求。

Kmart與Wal-Mart比較

Kmart並未用這樣的方式看待自身的事業。雖然Wal-Mart對事業程序以及組織運作進行微調，Kmart仍然依循過去讓它成功之傳統教科書上的方法營運。Kmart營運方式是專注於一些產品別的策略事業單位，個別利潤中心至於強而有力的集權直線管理之下。個別SBU制定策略——選擇商品、制定價格、並決定要促銷哪些商品。高階管理者花費大部分的時間和資源制定直線決策而不是大量投資於後勤基礎建設上。

同樣地，Kmart評估價值鏈上每個階段自身的競爭優勢，並把管理者認為其他人作得更好的活動外包。Kmart不向Wal-Mart建立自己的地面運輸車隊，它將貨運外包，因為外包車隊較便宜。雖然Wal-Mart與供應商密切合作，Kmart卻持續的更換供應商以尋求較佳的價格。Wal-Mart控制商店內所有的部門，而Kmart卻基於出租的部分可以營運的比自己還好之理論而把公司內許多部門租出去。

這並不是說Kmart的管理人員並不關心事業流程。畢竟他們也有品質計畫。這也不是說Wal-Mart管理者忽略了策略的結構維度：他們就像Kmart一樣專注於相同的顧客區隔，而且仍然必須制定一些諸如在何處開設新店之類的傳統策略決策。他們的差異在於Wal-Mart強調行為——深植能耐的組織行動以及事業流程——就是主要的策略目標，因此將管理者的焦點著重於支持能耐的基礎建設上。這樣些微的差異卻造成績效上很大的不同。

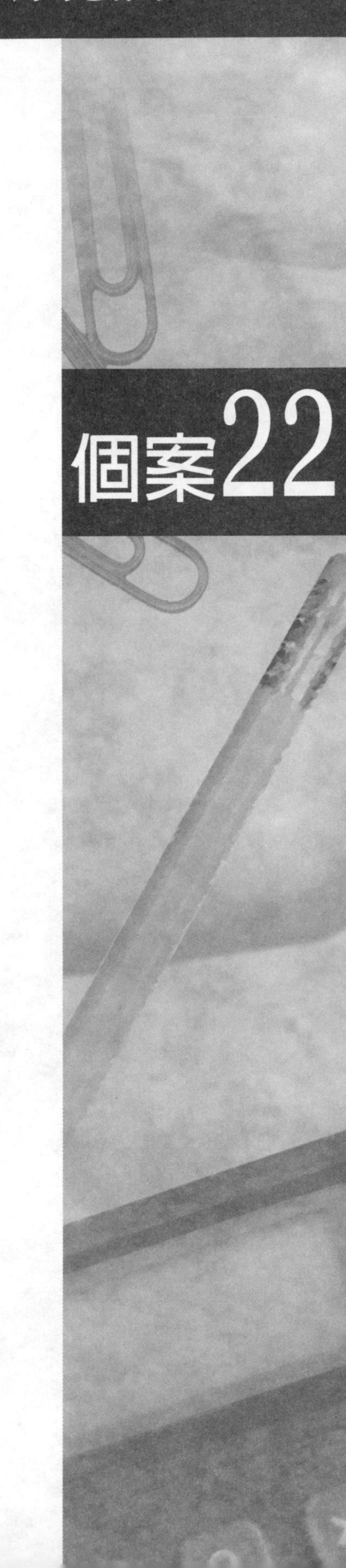

個案22

歷史沿革
產品線
管理活動
參與式管理計畫
品質
營運週期
組織內部關係
研究與發展
管理科技回顧
分割

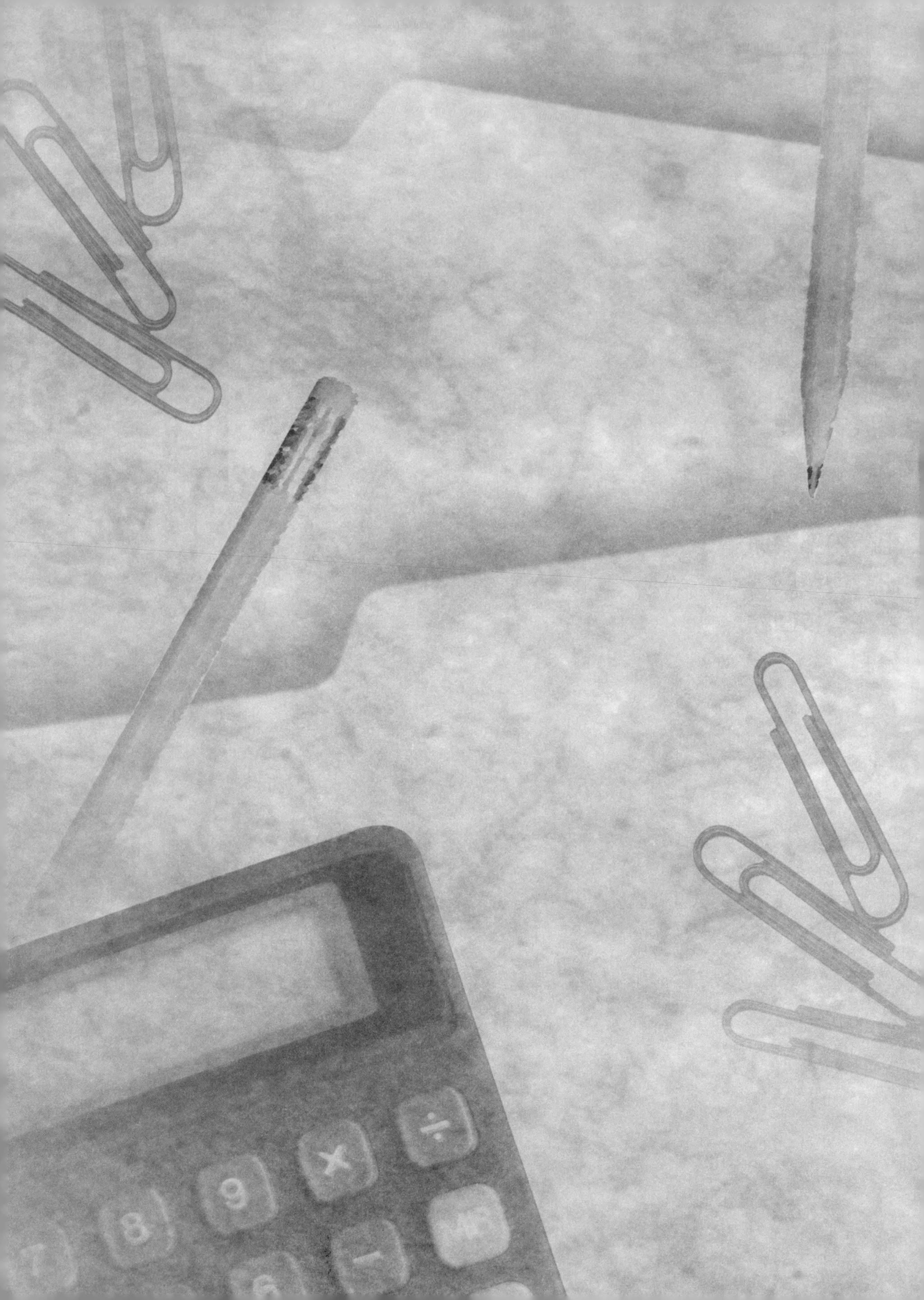

摩托羅拉（Motorola）是世界上電子製造商的領導者之一，它提供全球市場無線通訊、半導體科技、以及高階電子設備與服務。在許多美國的競爭者退出以及美國公司面對不景氣而不斷重整和裁員的年代中，摩托羅拉仍然在產業中保持亮麗的成績。摩托羅拉的收益由1983年不到50億美元成長到1993年的160億美元，而且在過去兩年因爲海外無線通訊市場的成長而讓年成長率達到18%。根據公司前任總裁的說法：「我看不到任何讓我們公司無法在1990年代中維持這樣成長的理由。」這樣驚人的成長並非由犧牲獲利或鉅額舉債而來：獲利率以及股東權益報酬率仍然很穩定，而且債務只佔資本額的24%，這樣的比率比營運資本還低。摩托羅拉在全世界僱用大約十萬七千名員工，依照總銷售量排名名列美國產業前40大公司。

因爲摩托羅拉所遭遇到的競爭對手而讓摩托羅拉的成功更讓人印象深刻。在其兩大主要市場半導體以及通訊之中，摩托羅拉與日本的產業菁英在日本政府重點支持的產業中競爭。然而摩托羅拉在手機、傳呼機、雙向無線電、以及商船隊的高階傳遞系統上是世界的領導品牌。在電話通訊方面，與AT&T和Ericsson競爭的摩托羅拉，其地位在第一名與第二名之間遊走。在微處理器（MPUs）方面，摩托羅拉地位僅次於英代爾（Intel）。摩托羅拉不只在這些市場中出現，他依賴創新的產品與先進的科技而在這些市場中爭奪領導地位。就如一位觀察者所言：「其卓越性在於培養持續在創新曲線上前進和發明新事物的能力，同時在老舊產品變成普及商品之時仍然積極運用相關科技。」

歷史沿革

Paul V. Galvin於1928年在芝加哥創立了Galvin製造公司。公司的第一個商品是「電池交流器」，這讓顧客可以直接運用現有的家用設備來操作收音機，而不需要使用舊式的電池。雖然這樣的創新最後失敗了，由於另一個採用「摩托羅拉」品牌的冒險行動讓車用收音機成功商業化，而使得Galvin在1930年成功了，「摩托羅拉」是結合馬達（motor）以及手搖留聲機（Victrola）而成的字。在此期間內，公司設立了家庭收音機以及警用無線電部門，成立先鋒人事計畫，並開始進行全國性的廣告活動。1940年代公司開始替政府工作，而且在亞歷桑那州的鳳凰城開設了一間研究實驗室，以發展固態電學。公司在1947年更名爲摩托羅拉公司。

在Paul Galvin於1959年去世的時候，摩托羅拉在軍事、太空、以及商用通訊上都佔有主導的地位；開設了第一個半導體生產設施，並在消費性電子上逐漸成長。在Paul Galvin之子Robert W. Galvin的領導之下，摩托羅拉在1960年代進入國際市場，並在世界各地進行銷售與生產活動。1970年代公司面臨日本日益高漲的競爭，尤其是消費性電子產品。公司將焦點由消費性電子轉移出來，賣掉諸如彩色電視之類的事業。摩托羅拉面對來自海外的這股強而有力的競爭，它的管理以革新來開創公司的未來。公司設立了參與管理計畫，這個計畫將員工的需求與利益緊密地與公司結合。1979年管理者開始在公司所有的營運與產品上推行全面品質管理。這樣對品質的承諾讓摩托羅拉在1988年獲得第一次頒發的Malcolm Baldrige品質獎。

1988年被任命的總裁George Fisher持續將摩托羅拉的精力集中在商業、工業以及政府部門的高科技市場，因而產生公司今日的全球顧客基礎，並在一系列相關的電子產品線中擁有絕佳的地位。在Fisher的領導下，摩托羅拉在過去五年之中有了創紀錄的銷售成長，並成爲美國產業中的佼佼者。Fisher在1993年10月離開摩托羅拉而接掌柯達公司的總裁職位，他離去時已經讓該公司在開拓未來最看好的市場中佔據良好的位置。

產品線

摩托羅拉提供四個相關領域的電子產品——零件、通訊、計算、控制。這些領域內以及領域間的商機依大小而由高度分權的部門、集團、或分部負責。目前有三大部門（半導體、路地無線通訊產品、一般系統）、四個集團（傳呼及無線資料集團、政府與系統科技集團、資訊系統集團、汽車與工業電子集團）。公司裡面也有新事業單位，該單位作爲新事業的培育機構。若是像摩托羅拉這樣大的多角化公司要說有一個單一的策略，摩托羅拉的策略就是要維持、發展、並善加運用其專門技術與科技以成爲其傳統領域的世界頂級製造商，同時持續發展可以拓展、延伸、以及橫跨這些領域新產品及科技。

半導體產品事業部設計並製造廣泛地半導體組件以及整合的線路來滿足電腦、消費者、汽車、工業、聯邦政府／軍方、以及電子通訊市場的高科技系統需求。1992年此部門佔摩托羅拉銷售量的32%，而在1993年第三季該部門連續第19季成長，銷售量成長31%達到15.1億美元。摩托羅拉是北美最大的半導體製造商，在世界上排名第四，僅次於Hitachi、NEC、與Toshiba。雖然觀察家對於摩托羅拉維持半導體成長並同時大量投資於其他事業的能力提出質疑，管理者十分肯定半導體事業不可因此而放棄。公司超過五萬種組件的組合是產業中擁有最廣產品線的製造商，而且摩托羅拉在8位元的微控制器、數位訊號處理、邏輯線路、半導體產品、RISC微處理器、以及16位元和32位元微處理器上有重要的地位（參閱附錄A）。其MPUs（微處理器）變成諸如：蘋果電腦、Sega遊戲機、以及其他底特律出產的新車之產品標準。而在於IBM和蘋果電腦的策略聯盟上，摩托羅拉發展出一系列的PowerPC的MPUs，這些產品威脅到英代爾的市場領導地位。IBM已經開始量產PowerPC601，且摩托羅拉將要推出針對筆記型電腦設計的小型省電PowerPC603。公司位於德州Austin的MOS-11裝配工廠是世界上第一個製造8英吋晶圓的商業半導體工廠，這讓每片晶圓可以生產更多的晶片。

半導體事業部就像其他摩托羅拉的事業一樣向海外拓展，尤其是亞洲的拓展，因爲亞洲是一個半導體的大市場。日本佔摩托羅拉半導體銷售量的10%～15%，且亞太區域讓摩托羅拉1993年第三季的訂單成長25%。1992年摩托羅拉52%的銷售量在美國以外的地區。包含日本的7%在內，亞洲佔了銷售量的22%。整體而言，公司在亞洲的銷售成長速度是美國與歐洲的2～3倍。根據摩托羅拉國際營運主管Rick Younts的說法，亞洲在十年之內會變成摩托羅拉最主要的獲利來源。摩托羅拉深耕亞洲市場的成功是長期承諾這個區域的結果。該公司已經在韓國、台灣、以及馬拉西亞生產超過二十年的時間。根據Younts的說法，摩托羅拉已經準備好要進入新興的亞洲市場以及世界上其他的市場以開發這些市場的潛力。這包括在中國向西方企業開放前就在中國做生意，並在日本以及受日本影響的亞洲地區與日本企業競爭。與日本企業的競爭開啓1970年代晚期至1980年代初期讓公司更新的品質改善以及組織再造。如Younts的看法：「日本是品質的標竿。」在日本與日本企業競爭代表摩托羅拉的品質與服務具有相當水準。就Younts的看法：「日本的顧客是世界上最挑剔的顧客——他們不接受差勁的服務或是劣質的商品」。

在諸如半導體之類以產量爲關鍵成功因素的事業中，摩托羅拉在世界各地與日本公司競爭。摩托羅拉的國際策略是要「瞭解文化與市場、在營運的地方變成局內人、並對促進這些市場的福利以及社會有所貢獻。」變成局內人表示要將活動分散到世界各地。公司在世界各地開設設計與製造中心以接近顧客與競爭者。香港被選爲區域事業中心以及半導體生產地，該地可以在一天之內複製矽谷產學合作的設計。在日本，日本摩托羅拉成功地讓摩托羅拉的零組件打入日本產品中。舉例而言，摩托羅拉與佳能合作設計由微處理器控制的新式自動對焦的佳能35釐米照相機。摩托羅拉也與記憶晶片的領導廠商Toshiba合作。摩托羅拉並未參與256K記憶晶片的研發工作，此後在記憶晶片上一蹶不振。這個合資的Tohoku半導體公司最近宣布要在Sendai投資7.27億美元設立一個生產16K記憶晶片的工廠。這個行動目前每個月可以生產九百萬個零組件，包含DRAMs、微處理器及微控制器，而且兩間公司也用這間公司發展FDTV周邊商品以及豐田汽車引擎所使用的晶片。

陸地無線通訊產品部門針對農業、商業、營造、教育、各州、政府、保健、採礦、石油、公用事業、以及運輸公司設計、製造、並銷售雙向無線電以及其他電子通訊系統。該公司對這些產品的涉入可追溯至第二次世界大戰，當時摩托羅拉替美國軍方製造軍用無線電。摩托羅拉是產業中最大區隔，諸如：計程車、警察及消防部門、和卡車公司所使用之無線電私人用雙向無線電的領導廠商。

一般系統部門設計並製造運用電腦的無線電話機以及系統、個人通訊系統、電腦、微電腦板、以及資訊處理和操作設備。摩托羅拉是世界上最大的無線通訊電話製造商，且獲得最多的無線系統獎項。超過二分之一的無線系統利潤來自於美國以外的區域，而且摩托羅拉甚至成功地將無線系統銷售給日本的NTT。

無線電話是摩托羅拉最成功的事業。摩托羅拉在需求出現之前花費十五年的時間以及1.5億美元發展無線科技。這項投資有了豐碩的成果，因爲過去兩年無線電話賣得比一般電話還多，而顧客數目超過一千二百萬且持續成長。然而，摩托羅拉的管理者相信公司僅掌握市場的一部分而已。摩托羅拉前總裁Bob Galvin之子，助理營運長Chris Galvin相信：「在這十年之某一個時點，POTS『舊式電話服務』將隨處可得。這是一個十分驚人的市場。」公司宣稱是唯一一家同時提供無線與攜帶式電話以及相關硬體、測試設備、和轉售服務的製造商。由於無線電話申請者除了電話的費用以外，平均需要約值1,500美元的輔助設備以及服務，這個市場代表難以置信的成長機會。

摩托羅拉跨足無線科技是公司將新科技與事業抽離出來的經典範例。在無線科技發展初期，Edward Staiano看到這個新興的科技被專注於雙向無線系統的通訊集團視爲累贅。因此，摩托羅拉給予Staiano獨立自主控制科技發展的權力。Staiano說：「因此我與一些人員搬出這棟建築物，在這條路上找到一間房子，而且我們就像自行創業一樣地營運。摩托羅拉是少數你可以擁有機會來開創並運作自己事業的大公司。」Staiano目前是一般系統部門的經理，而摩托羅拉現在在無線科技上也佔有一席之地。

摩托羅拉不只在無線科技有領先地位，它持續地領先競爭者開發新產品與新市場而能維持領導地位。摩托羅拉於1989年所推出的世界上最小的攜帶式無線電話MicroTac™是一個值得注意的例子。這具電話迅速獲得成功而且讓諸如：NEC、富士通、三菱、以及LM Ericsson的競爭者花費十八個月的時間才能推出足以競爭的產品。根據摩托羅拉董事長Gary Tooker的看法，電話很清楚的說明了摩托羅拉是如何預測顧客需求並推出領先潮流的商品。Tooker說：「當我們成立MicroTacTM團隊時並沒有人說他需要這個商品。」

摩托羅拉不僅用諸如MicroTac™來預測顧客的需求，它也用開發新市場的方式來創造需求。一般系統部門投資無線網路服務以創造尚未發展無線通訊的國家對無線設備的需求。無線網路可能會變成這些國家的主要系統，因爲透過傳統的電話線路來連結一個國家需要大量的投資。摩托羅拉六年前初次介入香港的網路服務。根據Staiano的看法，這個殖民地內並沒有無線系統，因此，他決定要在新成立的公司中佔有30%的股權。摩托羅拉一開始決定不與設備顧客競爭，所以並未在美國投資無線網路。瞭解這些喪失的機會會帶給他們多大的成本後，Staiano現在在六個國家中加入（採用摩托羅拉設備）建設無線系統的競標行列，而這個網路事業是摩托羅拉獲利最高且成長最快速的事業之一。摩托羅拉也控制過去傳遞系統所使用的無線頻道，而且有技術可以將這些類比系統轉換成爲高承載的數位網路，因而能夠與無線網路競爭。根據一些摩托羅拉的高階主管所言，這些投資只是促進設備銷售的媒介，而其長期策略是要在這些市場成熟後退出這些事業。

摩托羅拉在歐洲以及日本市場的涉入對無線產品尤其重要，因爲它預期日本與歐洲會比美國更快轉移使用高階數位系統。摩托羅拉以經由日本通訊當局NTT獲得一些合約，以及泛歐數位無線網路或GSM。摩托羅拉已經在一些國家提供認證系統，而且選擇在瑞典、西班牙與英國供應營運系統。

傳呼與無線資料集團在全球設計、製造、與銷售傳呼與無線資料系統的產品。摩托羅拉是世界上呼叫器與傳呼系統的領導者。呼叫器接收由簡單的嗶嗶聲到可以儲存並展示在視窗的文字與數字之單向訊息。顧客傳統上習於用此來找人並要求回電，現在顧客發現摩托羅拉呼叫器新的使用方法。餐廳使用呼叫器讓侍者知道訂單已經收到了。在只有電話基礎建設有限的中國，呼叫器用來輸入訊息通知現場員工，並引導他們進行下一個工作。

摩托羅拉的傳呼營運過去與陸地無線產品結合成爲通訊部門，該部門佔1992年銷售量的29%。此部門在1993年分割，而傳呼與無線資料營運變成獨立的部門。這個新的組織架構主要的理由是要鼓勵無線資料科技的發展，過去這被重心主要放在陸地無線產品的通訊部門所忽視。

目前無線資料系統僅有大約二十萬個使用者，包含五萬個UPS的駕駛人，他們在卡車上經由摩托羅拉的設備來傳輸包裹的資料。無線資料服務的收益仍然十分有限，根據位於伊利諾州Wilmette的資料通訊研究機構Ira Brodsky的看法，預計在1993年爲1.92億，1994年爲3.3億美元。然而傳呼與無線資料集團副總裁Robert Growney預計全球市場的使用者將在2000年達到2,600萬人。這個市場的前端是個人數位助理（PDAs），這是一種在行動時可以革新個人組織與流通資訊方式的掌中型電腦。摩托羅拉授權兩種PDA模式：蘋果電腦牛頓系統以及通用魔術系統。他們也和南韓的三星公司合資生產掌上型電腦。摩托羅拉也與GE-Ericsson的合資以及AT&T在讓PDAs以及新世代的電腦運作的無線數據機上競爭。惠普公司的95LX是率先堆出的PDA之一，而摩托羅拉提供由小型資料收發器支援的全國性廣播服務DataStream™強化它的功能。

如一般系統部門一樣，傳呼與無線資料集團也拓展網路發展以創造設備的需求。該集團在巴西等國設置了傳呼的營運，並在沒果設置諸如與IBM合資Ardis™、以及單向接受電子郵件的Embarc™之無線訊息網路。

政府與系統科技集團專注於針對美國國防部以及其他政府部門、商業使用者、以及國際顧客所需要的電子系統與設備之研究、發展、以及生產。摩托羅拉擅長滿足複雜的軍事與太空市場需求，且其設備幾乎所有美國的太空任務中都會用到。由月亮傳回地球的第一句話是透過摩托羅拉的異頻雷達收發儀。1988年由航海者二號所拍攝的海王星照片是由摩托羅拉的設備傳回地球的。

此集團目前參與銥計畫，這是一個要讓無線通訊可以在世界上各個角落使用的計畫。這個全球網路的基礎爲七十七個環繞地球軌道的衛星。雖然這樣的服務對於習慣舊式有線與無線電話服務的人而言可能過於昂貴，對在居住地以外的地方或低度開發國家的旅行者而言，這個系統可以讓他們透過無線電話迅速地與世界各地通訊。摩托羅拉把銥計畫獨立成爲一個個體，將股權賣給國際銀行團、公司以及政府。而摩托羅拉預計將保留15%的股權，且提供維持系統運作所需要的設備。這個33.7億美元的計畫預計在1998年開始營運。

資訊系統集團結合Codex公司以及全球資訊系統的能力，使用基本的數據機到網路管理系統而透過電話線提供資料與聲音傳輸。Codex透過提供可以滿足今日類比服務以及未來數位服務需求產品的方式，協助產業內將類比資料轉換爲數位資料。摩托羅拉也針對ISDN發展出一系列的產品，包含高速轉換接頭、以及和北方電信一同開發的商品。

汽車與工業電子集團研發並生產一系列的電子組件、模子、與整合電子系統以提供汽車與工業設備產業。高科技汽車應用設備包含動力與監視電子、動力控制、以及感應器。公司奠基於部分汽車感應器的市場龍頭地位，希望能夠發展新的汽車應用設備，並以這樣的學習經驗以及產量優勢爲基礎進入獲利更高的醫療儀器產業。一些新的產品開發包含引擎管理控制、反鎖死煞車系統控制、卡車儀器、農業監視系統、以及自動汽車防盜警鈴。摩托羅拉也準備發展未來車所使用的電子設備，包含聲控導航系統以及多重系統。

新事業組織管理摩托羅拉進入新興、高成長、以及高科技領域的計畫。這個針對創業活動的出路讓摩托羅拉可以將相關領域人員的創意引導到與現在營運活動沒有直接關聯的營運之中。目前進行的兩大活動就是Dascan與Emtek保健系統。Dascan設計並生產高階控制與資料處理系統（SCADA）以及針對公用事業設計的小組控制系統。Emtek提供醫院加護病房臨床資訊系統。營運成功的部分通常會出售給他們的管理者，或在策略合適時整合至摩托羅拉之內。

管理活動

摩托羅拉的核心是高階主管的三人辦公室，過去的組成份子爲執行長George Fisher、董事長與營運長Gary Tooker、以及資深執行副總與助理營運長Chris Galvin。George Fisher無預警地於1993年11月離開公司接掌柯達公司的執行長職位，而繼任者還未確定。這個辦公室分擔營運、地理區域、以及相關議題的責任。1993年10月George Fisher負責人力資源、法務、策略、科技、以及外部關係。他同時也負責日本區域的營運。他監管的工司營運包含美國政府關係、貿易、企業目標、婦女與少數民族發展、貿易政策協會、TQM、以及產品發展。Gary Tooker負責半導體、陸地無線通訊、以及政府集團，並聽取財務、品質、以及公司生產的報告。他負責的地理區域包含其餘的亞洲以及美洲部分。他監管的營運部分包含鉉計畫、營運週期、技術轉移、管理誘因規劃、產品改良、授權、以及環境議題。Chris Galvin負責一般系統、傳呼與無線、汽車、資訊系統以及新事業。他負責的地理區域爲歐洲、中東、以及非洲，和直接併購、消費性產品、個人通訊、以及高階雇員計畫。

雖然高階主管辦公室十分重要，摩托羅拉仍然是一個高度分權的公司，並將營運與策略權責置於事業的階層。摩托羅拉採用財務控制的方式來協調各事業，財務部門與營運部門只有間接關係，而直接向公司幕僚單位報告。財務、研究、策略規劃、以及品質是位於公司層級的小群體。公司幕僚負責發展不適合置於事業層級的不同功能。事業依靠自身的專業並向公司幕僚求助以加速諸如營運智慧之類的新能耐建立。然而摩托羅拉不是一個頭重腳輕的公司；它維持公司幕僚與事業之間比重微妙的平衡。套一句高階主管的話：「它維持小規模的幕僚單位、用人很緊並合乎需求。他們不能老是自己找要做哪些事。若是如此，那就代表他們的人太多或是用錯地方了。」根據直線經理的看法：「在日常營運中不會有很多公司幕僚涉足的時候。我們只有在尋求指引、建議、以及對未來看法時才會找他們。」

公司的法務、環境、品質、人員關係、以及策略部門的幕僚發展並傳播新點子，並設定與摩托羅拉任務、價值和歷史一致的政策準則。在這些準則的限制內，摩托羅拉的事業群就有發展策略的自主權。然而讓事業策略一致的卻是企業任務。總公司將企業任務明文化：

> 在電子產業之內我們選擇的每個區域之中，我們在全球顧客需要的時候，以Six-Sigma的品質以及最佳的營運時間之內，提供他們想要的的產品，因而讓我們迅速成長。我們努力達到我們公司根本的完全顧客滿意目標，並達成我們列出的全球市場佔有率增加、最優秀的人員、產品、行銷、生產科技與服務目標；以及優越的財務報酬。

參與式管理計畫

摩托羅拉非正式的重要文化基礎爲公司的參與式管理計畫（Participative Management Program, PMP）。摩托羅拉根植於創立者Paul Galvin高度參與風格，管理者於1970年代以及1980年代建立這樣的系統，讓公司員工比日本頂級企業的員工能夠在摩托羅拉未來佔有更重要的位置。

PMP的重要組成爲五十至二百五十名員工的工作團隊。團隊中所有員工都享受相同的紅利計畫。此觀念爲在同一計畫中的人負責自身的績效—— 依照團隊可以控制的生產成本與使用原料多寡、品質、產品等級、存貨與成本數量、家計標準、以及安全記錄來衡量。不論在何時團隊中所提出的計畫可以降低成本或增加生產，團隊中所有成員可以透過紅利計畫分享此成果，這樣的紅利可以達到底薪的41%（平均約爲8%～12%）。

現在以位於德州Fort Worth工廠的裝配工人爲例說明PMP計畫如何增加生產力。發現他用來裝配收音機的螺絲中每十個就有一個是壞的。他不止是把它們丟掉或向工頭報告而已，這位員工找上供應商。在一開始的對話之後，他的工作團隊與供應商一同努力而解決了這個問題。結果是若螺絲經過適當的熱處理之後就不會壞掉。另一個節約的例子是在生產半導體中黃金的使用。在PMP之前，使用的黃金中大約40%都浪費掉了。分析了兩個月之後，摩托羅拉的員工找出製程中五十個浪費黃金的地方。最後，他們把浪費降至零。

爲了讓這個系統可以在大公司內運行，摩托羅拉建立了階層委員會的溝通網路。每個團隊都有代表參加公司上一級的指導委員會（Steering Committee, 而這個委員會又有代表參加更上一級的委員會）。指導委員會有下列主要的功能：

1. **協調**：指導委員會依照工作群體的意見行事，而這樣的意見需要一個或多個工作群體通力合作。
2. **橫向溝通**：指導委員會把一個工作群體的構想或行動傳遞給另一個工作群體，，因而加速組織學習。
3. **向下溝通**：指導委員會確保每個工作群體擁有工作所需的所有管理資訊。
4. **向上溝通**：由於個別的指導委員會以上及指導委員會連結（這些指導委員會又向高階管理者報告），最下級的事務到達摩托羅拉高階管理者只須經過四個層級。
5. **控制**：指導委員會與向它報告的工作團隊協調產出水準以及績效衡量指標。這是一個持續不斷的過程，在過程之中於衡量績效之前就由被衡量的單位清楚地建立績效標準，因而建立互信。
6. **評估**：指導委員會基於協調後的績效標準衡量工作團隊的績效，並基於事先協調好的方式給予團隊報酬。

雖然一開始只針對生產員工，諸如品質與營運時間的創新，後來摩托羅拉將這樣的概念運用於整個組織之中。專業的、辦公室的、行銷的、研究的、以及其他幕僚人員也依照團隊的方式組織，並基於相應的績效標準參與PMP的紅利計畫。PMP

系統以摩托羅拉的「員工建議計畫」支持。公司裡面的每個工作區域都有看板，在看板上員工可以書寫問題或提出建議。這些問題與建議可以用簽名或匿名的方式處理。不論何種方式，負責該區域的主管必須要在七十二小時內答覆。若是無法迅速處理的問題，管理者必須要說明誰正在處理這個問題，以及什麼時候可以得到回答。

PMP讓參與變成摩托羅拉的文化。根據前營運主管Willam Weisz的看法，摩托羅拉建構通常只見於小公司或日本公司之參與制度的理由是「基於我們對人行爲的假設。」很明顯地，在摩托羅拉員工的PMP操作手冊中，這樣的討論以闡明公司對員工與工作的假設爲起點。（參閱附錄B james O'Toole對摩托羅拉假設的摘要。）

品質

另一個摩托羅拉與其他美國公司不同的地方在於對品質的承諾，以及公司品質部門的重要性。摩托羅拉將品質視爲公司所有活動的基礎。其目的是爲了要達到Six Sigma品質── 每百萬件中只有3.4個不良品。根據外部品質計畫主管Paul Noakes的說法，摩托羅拉目前已經在一些製程與產品中達到這個目標，且希望能夠每兩年讓品質改善1倍。雖然品質由所屬的事業負責，公司幕僚也在協調組之內發展與維持中扮演著重要的角色。他們在公司中的地位是要教導品質並維持其結果、確保原料與技術的更新、並衡量顧客滿意且扮演支持顧客的角色。公司品質幕僚在半年的檢討會議中爲重要的參與者。摩托羅拉也擔負傳播品質福音的任務。外部計畫不僅指導TQM以及品質的重要性，同時也告訴其他公司摩托羅拉如何達成品質的方法。

摩托羅拉的品質改革始於1979年的公司主管會議，當時一位參與者坦率的指出：「這裡所有的問題都圍繞著低劣的品質。」由此開始針對品質的對話最後迫使摩托羅拉高階主管正視某些產品與營運無法達到標準的事實。根據摩托羅拉董事長Gary Tooker的說法，高階主管們面臨一項抉擇：回歸基本或繼續將顧客拱手讓給品質較佳的日本對手。回歸基本意味著讓公司總部對於最終品質負責。根據副董事長與品質主管Richard Buetow的看法：「沒有人想要做糟糕的工作。若公司有品質問題，95%的錯誤是來自於管理階層。」因此，高階主管開始管理摩托羅拉營運中的品質，加入參與式管理風格，並讓品質變成每個人的責任。爲了協助員工將工作作得更好，摩托羅拉現在每年花費約1億美元在員工訓練上，並堅持每個員工必須要修習一週與工作相關的公司課程。品質的結果不只帶來較佳的產品、較滿意的員工、以及增加的市場佔有率；也降低了抽查與測試需求──Buetow估計約可省下銷貨成本的3%～4%。

營運週期

為了要持續地改善品質，摩托羅拉品質部門尋求新的方法協助各事業達成他們全面顧客滿意的目標。其中一個重要的新構想就是降低營運週期時間的計畫。該計畫最初是回應顧客抱怨摩托羅拉產品設計與製造上前置時間過長。經過環境檢視、與負責的事業接觸、以及持續重視顧客滿意，公司幕僚確認了此一領域改善的必要性。在高階主管辦公室批准這個構想之後，公司品質部門負責整個組織內縮短營運週期的計畫，一開始針對生產與產品設計，之後延伸到公司所有的營運之中。一開始這就不是以小型的指導計畫方式執行，而是同時在整個組織內部施行。在一個為期兩天的會議中，公司幕僚提出這個問題，並誘發負責營運事業的一百八十～二百個公司主管討論，以尋求縮短營運週期的方法。最後公司品質幕僚與直線事業人員發展出解決問題方法。一開始先繪出所有流程圖，然後區分哪些步驟重要哪些步驟不重要。剔除沒有附加價值的活動、簡化流程、而且只專注於關鍵附加價值活動。

組織內部關係

雖然公司總部幕僚可能會預先尋求解決問題的方法，他們並不常插手直線的事務。公司幕僚希望提供必要的知識與資訊後，問題可以在事業層級中就解決。預先參與以諸如提出營運週期問題，或購併辦公室要在其他公司進行策略投資而提出建議的方式出現。公司有能力以比直線經理廣泛的觀點觀察公司與環境，因此有時他們的參與是必要且有益的。舉例而言，當貝爾公司為了巴爾地摩的展示而向無線通訊部門訂購一些設備時，由於設備目前並未製造出來，而且工程師仍在組裝中，無線通訊部門無法在截止日之前供貨。貝爾公司可能會覺得這個部門保留實力，而提供自己公司展示設備的優先使用權。他們向總裁會議以及退休執行長Bob Galvin抱怨這樣的情形。Galvin介入並命令其他營運部門的十五名工程師加緊趕工，因而能在到期之前完工。

摩托羅拉各獨立事業之間的關係就像和一般的供應商與顧客關係沒什麼不同。雖然設備部門在零組件部門可以提供較佳的價值時向它們購買，它們也不排斥尋求公司以外的供應商。然而根據一般系統部門的一位主管的說法，各部門極爲希望爭取內部的訂單。由於忠誠的顧客具有十分有用的回饋資訊，摩托羅拉努力貼近顧客，且每半年進行顧客調查並重視持續水平式的接觸。設備部門有本身與半導體部門的關係，然而外部顧客也具有相同的管道。公司內部有一些合作的發展計畫，如想要由內部使用者合作的方式來發展未來整合迴路之整合迴路應用研究實驗室（Integrated Circuit Applications Research Lab, ICAR）。然而，實際上獨立事業間的協調是透過分享研發資源與管理科技回顧過程。

研究與發展

摩托羅拉於1992年花費13億美元的研發費用。研究結合了集權與分權的機構。營運單位由組織內不同的研究機構中購買研發的時間，以研究他們有興趣的案子。事業、個案與研發人員間存在著半永久的關係。部門之內也進行自己的研發活動。公司支助諸如無線電與系統之類與關鍵能耐有關的一般研發費用，以及諸如語音輸入之類對於不同事業均極爲關鍵的新科技發展。公司參與研發活動並不只是確保技術發展的穩定，也執行一項政策：「我們就像在糖果店裡的小孩一樣興奮」Fisher作了以上的表示。「現實中有許多的機會，但是我們知道我們不可能追求所有的事。」

管理科技回顧

管理科技回顧是摩托羅拉的一項特有的管理活動，他們用這個活動整合公司內部不同種類的技術來源。每隔半年，公司幕僚在事業管理回顧與科技管理回顧中檢視不同的事業。雖然課題通常會彼此相關，但是這兩個回顧過程仍分別舉行，以避免相互衝突的議題會讓檢討過程停滯。在科技回顧過程中，摩托羅拉將預期的產品與科技發展繪於一張技術路徑圖上，這張圖中說明了未來科技的進展預測以及中間的里程碑、產品目標、以及達成這些目標的清楚途徑。這是一個互動性很強的過程，且各種層級的技術人員都會參加。所有擁有技術知識的員工都參與最初預測的制定，並執行基於這些預測所產生的計畫。這樣的回顧過程通常由諸如：總裁辦公室人員、品質、策略、及研發主管、資深幕僚人員以及其他事業的資深人士參與。摩托羅拉其他事業的參與者十分重要，因爲他們可能知道所需的科技處於摩托羅拉內的那個位置，以及可能的外部資源、其他可能應用、和投資或授權的機會。在這樣的回顧中，這些主管分別依照競爭者優勢、經驗曲線、銷售歷史、以及摩托羅拉特有的檢能力與利益的角度來檢視路徑圖。由這些原始資料創造出長期的產品計畫，指出何時在哪裡分配公司研發資源、何時開始產品研發、何時推出新產品、以及何時停止生產現有產品。

這樣的回顧過程產品各個部門對於這樣科技突破的看法。由於任何科技進展都會部分依賴其他部門以及外部供應商的技術發展，這樣的回顧過程就變成不同營運部門間的關鍵協調機制。部門如何預測其他部門的技術突破呢？舉例而言，通訊設備部門需要半導體部門發展出新型晶片以配合新產品生產。在確認未來的技術需求後，公司可以確認由目標部門的某人負責滿足該項需求。爲了要求其他部門技術突破，管理者必須要對於科技突破的重要性以及可行性擁有一致的看法。根據一位一般系統部門的高階主管所言，技術人員通常知道哪裡會是下一個科技突破發生的地方，而這樣的過程讓需要這些突破的應用來激發這些突破產生。

管理科技回顧也是公司管理者策略性調整事業的一個重要機會。一個部門的產品可能因爲很多原因而轉移到另一個部門或分割出去。一個事業通常會因爲無法發現某種類型的技術而僅能在現有領域中佔有較次要的地位。當公司發覺一個有前途的科技有出局的危機，他可能會決定要負責培育與發展該項科技、給予他成長的時間而不計較規範現有事業的獲利限制。公司總部幕僚由回報網路、回顧程序、以及非正式接觸中得知這些機會。各事業被預期要在回顧過程中揭露相關資訊，而這樣的行爲被摩托羅拉文化中直言不諱、坦白的討論與解決問題所支持著。另一個摩托羅拉文化的證明是溝通中的協助通常較不正式，可能是因爲工程師通常較不拘小節。若執行長有一些疑問，他可能與相關工程師而不是工程師的老闆直接討論。Fisher說：「我認識公司裡面的技術人員。我們都知道公司怎樣運作，因此在我詢問工程師哪些事情作得好，或他的意見如何時不會有任何人介入。」

分割

根據高階主管的看法，創造新產品與科技是摩托羅拉慣用的手法，而且堪與3M新事業發展媲美。因此，員工對於機會十分敏感。成功有很豐厚的報酬，而且成功被視爲攀登公司階梯的主要方法。公司開拓公司內部的企業家精神，並以提供與特定事業任務無關的創意財務資源，或將他們換到合適的地點的方式以發揮他們的潛力。許多管理者因爲培育新事業而升任資深副總。無線通訊與半導體是最著名的例子。

實行分割有許多原因。通常營運工程師自發的創意會創造出與所處事業無關的產品。在有突破產生時，這會變成特別組織安排以促進進一步發展的候選者。來自於顧客對於特定部門產品或服務不滿的壓力也是一個重要的因素。而且若外界顧問、分析師、或出版品指出未來關鍵的新科技領域，摩托羅拉可能會用分割的方式涉足此領域。這個過程通常十分直接，因爲不想要將少數資源用來追求與現有產品線無關事務的部門可能會尋求公司的協助或讓這項科技由部門中分割出去。

營運分割事業失敗的管理者不會被迫離開公司。由於無法保證這些管理者可以回到原來的位置，這可維持冒險行爲的風險／報酬平衡。成功的百分比高以及刀鋒邊緣的刺激感確保仍會有許多具有企業家精神的工程師願意遵循這條途徑。

附錄A 摩托羅拉的商品

半導體產品

Bipolar, BiCMOS, and MOS Digital ICs
Bipolar, BiCMOS,CMOS, and Combined
  Technology Semi-custom Circuits
Custom and Semi-custom Semiconductors
Customer Defined Arrays
Data Conversion Circuits
Digital Signal Processing
Fiber Optic Active Components
Field Effect Transistors (FETs)
Industrial Control Circuits
Interface Circuits
Microcomputers and Peripherals
Microcontroller ICs
Microprocessors and Peripherals
Microcontroller ICs
Microprocessors and Peripherals
Microwave Transistors
MOS and Bipolar Memories
Motor Control Circuits
Open Architecture CAD Systems
Operational Amplifiers
Optoelectronics Components
Power Supply Circuits
Presssure and Temperature Sensors
Rectifiers
RF Modules
RF Power and Small Signal Transistors
SMARTMOS™ Products
Telecommunications Circuits
Thyristors and Triggers
TMOS and Bipolar Pager Products
Voltage Regulators Circuits
Zener and Tuning Diodes

陸地無線通訊產品

Automatic Vehicle Locations Systems
Communications Control Centers
Communications System Installation and
  Maintenance
Emergency Medical Communications Systems
FM Two-Way Radio Products
  Base Station and Repeater Products
  Mobile Products
  Portable Products
  Signalling and Remote Control Systems
FM Two-Way Radio Systems
  Advanced Conventional Systems
Digital Voice Protection Systems
  Communication Systems
  Trunked Radio Systems
HF Single Sideband Communications Systems
Integrated Security and Access Control Systems

傳輸與無線資料產品

Pagers and Components
CT2 (telepoint systems)
Radio Paging Systems
Mobile Data Systems
  Data Radio Networks
  Portable and Mobile Data Terminals
  RF Modems

附錄A（continued）

一般系統

Cellular Mobile, Portable, Transportable, and Personal Subscriber Products
Cellular Radiotelephone Systems
Multi-User Super Microcomputer Systems and Servers
Electronic Mobile Exchange (EMX) Series
HD, LD, and HDII Series Cellular Base Stations
Microcomputer (VME) Board Level Products
Software for Workgroup and Network Computing Communications
Wireless In-Building Network Products

汽車與工業電子

Agricultural Vehicle Controls
Anti-lock Braking Systems Controls
Automotive and Industrial Sensors
Automotive Body Computers
Gasoline and Diesel Engine Controls
Ignition Modules
Instrumentation
Keyless Entry Systems
Motor Controls
Multiplex Systems
Power Modules
Solid State Relys
Steering Controls
Suspension Controls
Transmission Controls
Vehicle Navigation Systems
Vehicle Theft Alarm Modules
Voltage Regulators

政府電子產品

Fixed and Satellite Communications Systems
Space Communication Systems
Electronic Fuse Systems
Missile Guidance Systems
Missile and Aircraft Instrumentation
Secure Telecommunications
Drone and Target Command and Control Systems
Video Processing Systems and Protucts
Intelligent Display Terminals and Systems
Electronic Positioning and Tracking Systems
Satellite Survey and Positioning Systems
Surveillance Radar Systems
Tracking and Command Transponder Systems
Tactical Communications Transceivers

資訊系統

Codex Corporation Products
Network Management:
Integrated network management that supports emerging international standards and complements key de facto industry standards
Digital Transmissions:
DSU/CSUs, digital platforms, ISDN terminal PADs, statistical multiplexers
LAN internetworking:
LAN/WAN bridges

UDS Products
Modems
Multiplexers

附錄A（continued）

adapters
Analog Transmission
V.32 and other dial modems, leased line modems
Data and Data/Voice Networking:
T1 and subrate multiplexers, x.25 switches and
High Speed Digital Communication Products
ISDN Terminal Adapters
Micro-to-Mainframe Plug-in Boards
Network Management Services
Custom Data Comm Products

新事業組織

EMTEK Health Case Systems
DASCAN

附錄B 摩托羅拉員工假設摘要

1.員工行爲反映出雇主怎樣對待他們。
2.員工是聰明、好奇、且負責的。
3.員工需要理性的工作環境，在這環境內他們知道對他們的期望是什麼，以及爲什麼如此。
4.員工需要瞭解他們的工作和其他人的工作以及公司目標之間的關聯性。
5.所有的員工只有一種階層，並不是一個由具創意的管理團隊以及其他人來讓公司運作。
6.管理並沒有唯一最好的方法。
7.沒有人比工作的人更瞭解他的工作。
8.員工想要以他們的工作爲榮。
9.員工想要參與影響他們工作的決策。
10.誘發員工對於事業問題與危機的智慧與能力是每個管理者的責任。

附錄C 摩托羅拉公司財務資料（單位：10億美元）

	1992	1991	1990	1989	1988
銷貨淨額	13,303	11,341	10,885	9,620	8,250
生產與其他銷貨成本	8,508	7,245	6,882	5,905	5,040
管銷費用	2,838	2,468	2,414	2,289	1,957
折舊費用	1,000	886	790	650	543
利息費用（淨額）	157	129	133	130	98
費用總額	12,503	10,728	10,219	8,974	7,638
稅前暨會計原則變動累積影響前淨利	800	613	666	646	612
所得稅費用	224	159	167	148	167
會計原則變動前淨利	576	454	499	498	445
淨利	453	454	499	498	445
會計原則變動前淨利佔銷貨百分比	4.3%	4.0%	4.6%	5.2%	5.4%
淨利佔銷貨比率	3.4%	4.0%	4.6%	5.2%	5.4%

工廠直銷

Cironi舉辦的Viking-White FDC

勝家之FDC計畫

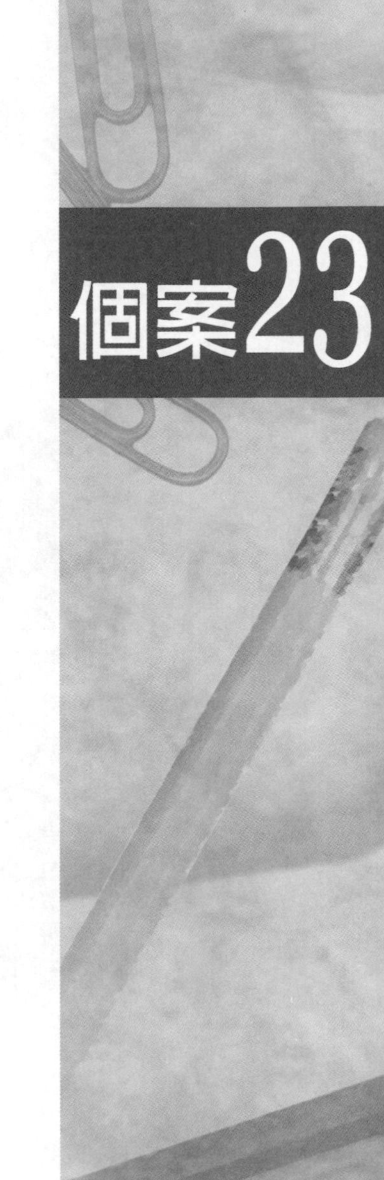

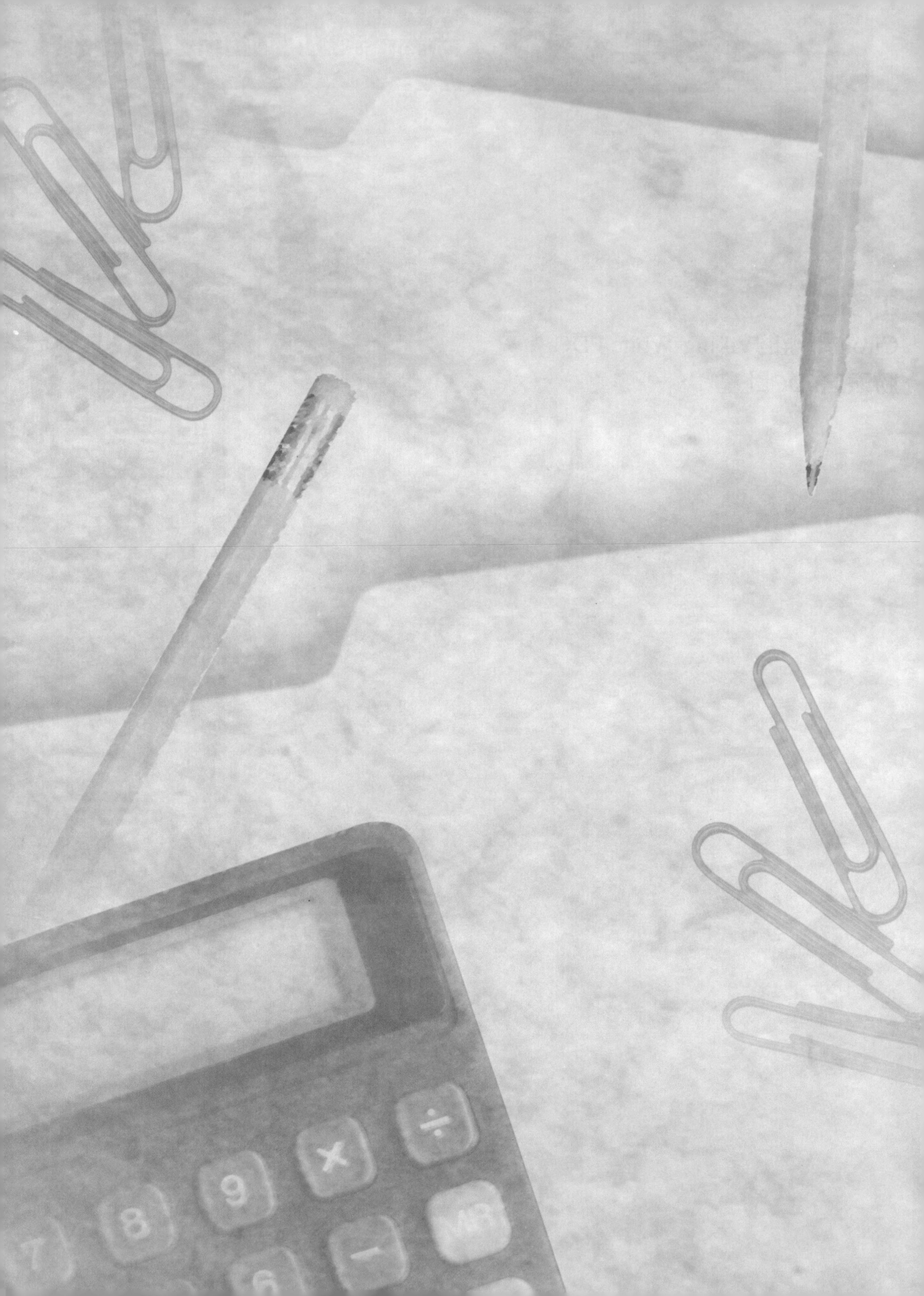

「做或不做，其他工廠倉庫也會賣。這就是問題所在！」這是Tony Cironi在思考是否要進行另一次工廠直接面對顧客（FDC）的倉庫特賣時，對自己所說的話。一年之前，Tony充滿熱情地和一個位於Ohio克里夫蘭的縫紉機製造商Viking-White Sewing（VWS）一同投入營運初次、到目前爲止唯一的FDC倉庫特賣。然而，Tony的售後評估讓他對於促銷形式有著複雜的感覺。獲利讓人十分失望，雖然他可以保住自己的地盤，他考慮到關於FDC的形式以及對於獨立縫紉機經銷商的長期影響。因此，他並未推行另一個計畫。然而現在，他必須要整理現狀並解決對於FDC的矛盾情感，因爲勝家（Singer）的銷售代表來電詢問Tony是否有興趣爲勝家紡織機器公司（SSMC）開設一間FDC。

Tony同意與這個代表會面討論相關條件與安排。然而在他翻閱去年的Viking-White的FDC檔案時，他覺得十分沮喪。他暗自對自己說：「不管我做不做，我都會恨自己。」

長得像個製造商對我做這些FDC而言有百利而無一害。然而若我不做，也有別人會做，而且一年內我的勝家縫紉機銷售額會下降。

工廠直銷

工廠直銷可以用許多不同的方式施行，且在家庭用具產業中十分盛行。在縫紉機產業，工廠直銷以製造商或經銷商共同贊助的特別促銷形式出現，通常以工廠負責的庫存出清或FDC倉庫特賣的方式呈現。典型的模式包含倉庫或商店前的地點、廣泛大眾廣告、短期、並由地區經銷商負責售後服務。

在縫紉機產業中，Viking-White紡織是第一批採行FDC的縫紉機製造商。這個點子由Joe Fulmer發起，他是位於Ohio州Dayton的一家大型縫紉機經銷商The Stitching Post之店主。Fulmer將這個點子提供給VWS的銷售代表John Howitt，而他回去說服公司核准這樣的促銷方式。1988年Fulmer在全國各地與當地經銷商合作舉辦FDC，而其他縫紉機製造商也開始模仿VWS的模式。

在縫紉機產業中，工廠直接面對消費者的倉庫特賣一直是個激烈與爭議的議題。許多經銷商將之視爲一種掠奪性的方法，而其他的代理商卻因此坐享高額的獲利。無獨家代理權的小型經銷商冒著外部經銷商入侵他們領域，透過FDC輕易銷售，且將售後問題丟給當地商店處理的風險。中大型縫紉機經銷商將FDC視爲一種與低價零售商、工廠通路或購物商場、以及大型用品超市經銷商對抗的方法。

獨立縫紉機經銷商聯合會（The Independent Sewing Machine Dealers Association, ISMDA）對此行爲採取反對的態度，並尋求經銷商支持訴訟基金，以控告在自己經銷領域以外舉辦FDC的經銷商。最後，ISMDA贊助了一系列置於產業貿易刊物（*Round Bobbin*）上的全版廣告，闡明協會對於FDC，以及經銷商在經銷區域以外未經核准之任何銷售形式的反對態度（參閱Exhibit1）。ISMDA反對的FDC典型爲美國境內數個大型紡織機器經銷商所舉辦的「汽車旅館銷售」方式。這樣的銷售方式通常在當地的報紙中廣告，且在一間汽車旅館的房間舉辦一天。若卡車上有足夠存貨的廣告商品就能夠立刻供應顧客。

ISMDA反對經銷商在自身經銷區域外未經允許地銷售有兩個基本理由：（a）他們代表一種不公平的競爭方法，以及（b）他們通常使用詐欺顧客的手法。ISMDA主張在自身經銷領域以外舉辦FDC的經銷商入侵、「採取不正當手段」將顧客由一些品牌與式樣價格比廣告選定者高的當地經銷商手中奪取過來。FDC與汽車旅館銷售方式可在任何時間出現，且經銷商對於在自身領域這樣的銷售並無任何警訊。經銷商可能將採行FDC或汽車旅館銷售的先期指標就是當地報紙上出現的廣告。但是對任何當地的經銷商來說，那個時間就太晚了。

當地經銷商面臨一系列的挫折。首先，他們無法每天讓所有品牌與式樣維持低價，而且他們也無法預測那個品牌與式樣可能是FDC或汽車旅館銷售的目標。因此，他們通常在銷售發生時毫無保障地受到傷害。第二，他們將產品售後服務問題丟下不管。他們與製造商的合約中要求他們對於住在他們行銷區域內的顧客所購買之掛著製造商品牌產品提供售後服務。由FDC或汽車旅館銷售的產品有較高的故障率，因爲他們並未在交貨之前確認或測試。在這些售貨之後處理這些憤怒的顧客會造成當地經銷商的困擾，包含在問題無法解決時對品牌與經銷商信賴感的喪失。

FDC與汽車旅館銷售也創造出詐欺行爲的機會。舉例而言，缺乏大多數縫紉者特色要求（例如，「可旋轉的手臂」）的縫紉機通常以非常低的價格出售。因爲購買者對於縫紉機的式樣型號並不熟知，他們被看起來很不錯的機型卻只需要這樣低廉的價格吸引而去購買。在銷售時，他們被說服去購買一個可提供銷售贊助者良好獲利空間的不同式樣。

另一類常常發生的問題是產品無法取得。由非當地來源購得的產品可能永遠不

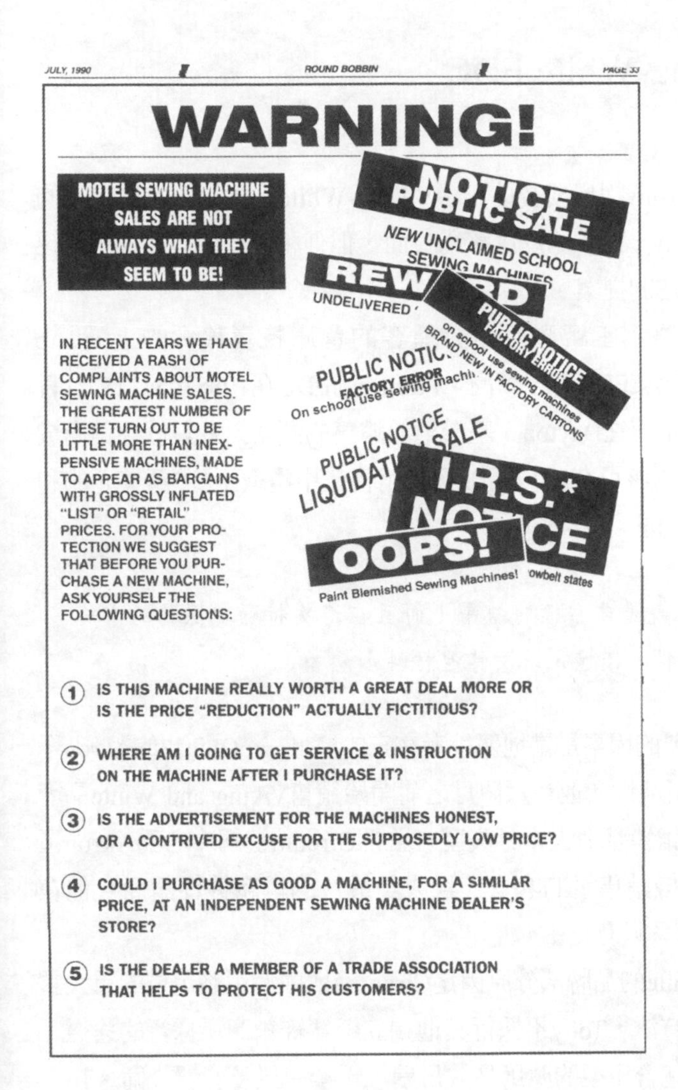

Exhibit1 ISMDA支持廣告：The Round Bobbin, 1990年7月第33頁

會送達，且購買者手邊也沒有可用的追索權。購買者在產品以不當的方式介紹時也沒有任何追索權。銷售贊助者與售貨人員是由「小鎮外」的地方來的，因此很難遇到他們。

雖然有這些重大的反對意見，ISMDA對於在自身領域以外進行未經允許銷貨的經銷商只有很小的影響力。大型經銷商與美國製造商並不支持。部分大型經銷商甚至開始透過免付費的800電話號碼銷售。

Cironi舉辦的Viking-White FDC

最初，於1988年春天向Tony提出要贊助一項Viking-White工廠倉庫特賣提案的是一位VWS的銷售代表。Tony一開始的反應較為負面，但他稍後對於其他經銷商經驗的徵詢讓他決定要參與VWS的提案。

提供Tony初次直接觀察到工廠直接面對顧客的倉庫特賣機會的人為Joe Fulmer，他是開創紡織機器產業FDC的經銷商。Fulmer的FDC在1988年5月18-21日中舉辦，而Tony為此特地開車前往Dayton。基於對於銷售的觀察以及對於經銷商成本的知識，Tony瞭解Fulmer應該可在約12萬美元的銷售量中獲取至少3萬美元的利潤。如同Tony稍後對他妻子所言：

> 這對於少數幾天的工作來說是非常棒的結果！而且在這次特賣中採購的人將會回來購買配件、縫紉配件、櫥櫃、以及其他材料！

最後，在Tony心中最重要的因素是當地競爭者在它的區域——Ohio州的Akron舉辦一場Viking-White FDC的可能性。他在六個月之前開始銷售Viking and White品牌的縫紉機，但是這些品牌的銷售量令人十分失望。雖然Circoni縫紉中心為Akron區域最大（佔Akron區域縫紉機銷售量的44%）且成長最快的縫紉機經銷商，他在Viking-White領域銷售的佔有率只有15%。

Tony增加Viking and White的品牌部分原因是Cironi縫紉中心策略定位的重大調整。為了尋求增加銷售量的方法，Tony不採行其他獨立縫紉經銷商所採行的途徑，也就是涉足新的商品領域，包含小型的應用品、吊扇、電子、以及音響設備。Tony決定要將商店定位為「區隔殺手」。他看過其他專門零售業者，諸如玩具反斗城之類，專注於提供單一區隔中廣泛商品選擇業者的成功經驗。Tony決定他要讓Cironi縫紉中心變成縫紉機領域的超級商場。

Tony一部分的困難是因為VWS採行密集配銷的策略。因此，大部分位於Akron區域的縫紉機經銷商都會銷售Viking and White品牌的商品、廣泛廣告、且時常提供他們價格優惠。事實上，Akron市場是一個價格競爭激烈且縫紉機庫存過多的地方，主要的原因是該地八家獨立縫紉機經銷商以及Jo Ann Fabrics（在Akron區域擁有四家商店的紡織連鎖店）、Sears、Montgomery Ward、Zayre、以及Best Products都銷售勝家的產品。

然而，定位成爲區隔殺手，Tony就必須要銷售其他品牌的縫紉機（Baby Lock、Bernina、Pfaff、Elna、勝家、與Necchi），而他擁有該區域部分品牌（例如，Bernina、Pfaff以及Elna）的獨家經銷權。許多當地顧客不習慣高品質、高價格的歐洲機器。然而，原本進入Cironi縫紉中心比較諸如：Viking-White或勝家之類，一些有名、不昂貴、獲利低品牌商品價格、式樣、與經銷商保證的顧客通常會改變心意而購買高價的Bernina、Pfaff或Elna縫紉機。因此，Tony獲利一直能夠比當地辛苦賺取30%～35%毛利的其他縫紉機經銷商來得好（約高40%）。

另一個造成Tony驚人銷售成長的因素——1988年銷售量成長45%——是密集的廣告與促銷活動。這些活動有一些組合。Tony在*Yellow Pages*中購買四分之一頁全彩廣告、比最接近的競爭者廣告大上1倍，而競爭對手的廣告還是黑白的。他密集地在市中心報紙與一些郊區報紙中進行廣告。在數年之中他發展出一套縫紉機的電腦資料庫，這套資料庫主要用來進行直接郵件促銷。最後，他每一季都將折扣券夾在以郵寄的方式在區域之中廣泛散播的折扣書之中。

結合新縫紉機經銷權與頻繁促銷讓Cirnoi在這個成熟市場中締造了不平凡的成長記錄。Tony的銷售區域由當地拓展到區域。增加的縫紉機器產品也開拓了新市場。舉例而言，Tony成功獲取兩個學校區域的工業用縫紉機之重要合約——這項成功可直接歸因於他擁有區域獨家銷售Bernina與Elna機器的經銷權。增加高價品牌商品對於Tony銷售成長以及市場佔有率表現有很大的助益。較高的價格會增加銷售收益，而它們的品質吸引來自Ohio州東北的顧客。

然而，雖然他在高價品牌中佔有優勢，Tony知道他仍然必須是一個Viking-White完整服務的經銷商。Viking-White縫紉機在Akron區域中擁有很高的品牌忠誠度，而且若無法銷售Viking and White商品會損及其產品完整之全方位縫紉中心聲譽。然而，若競爭者爲VWS採行工廠直接針對消費者的倉庫特賣，Tony該年之Viking and White機器銷售量就會得到一個「大大的O」，而且甚至會喪失經銷權。

最後，Tony說：

> 真令人憤怒！我會舉辦VWS的FDC。即使我只能損益兩平，至少我能保衛我的領域。在它出現的時候，一些加州的經銷商可能同意贊助以VWS在我的領域中舉辦FDC！我無法允許這樣的事情發生。競爭已經非常的激烈了。

規劃Viking-White的FDC倉庫特賣活動十分的簡單。VWS銷售代表提供時間、地點、促銷與管理相關的許多指導。Tony遵循建議的模式並想出下列的計畫：

時間：1988年10月20～23日。

地點：位於小鎮另一端，據Tony店10英里遠的商業倉庫。在1988年10月18日至10月25日期間（含銷售前兩天、銷售四天、以及銷售後兩天）租用2,400平方英尺的倉庫的租金爲1,000美元。

產品：White and Viking產品線（二十種式樣）的90%。VWS提供一千具機器寄銷；所有的運費由製造商負擔。六十個縫紉機櫥櫃來自於櫥櫃公司；所有的運費由經銷商負擔。

價格：Viking（198美元）、Sergers（278美元）與White（78美元）之領導商品式樣以最接近的經銷價（零售加價5%）銷售，並置於廣告中的明顯位置。其他商品平均加價爲零售價的40%（一般零售加價爲44%）。櫥櫃的零售加價爲20%（平常加價爲50%～60%）。

廣告：週三全版雙面的新聞夾頁（Exhibit2與Exhibit3）、週五的四分之一頁廣告、以及週日的四分之一頁廣告（Exhibit4），支出分別爲12,000美元、2,500美元、以及3,500美元。

銷售：五個售貨員（區域經銷商）支付佣金（銷售額5%）以及膳宿（每天40美元）。製造商也支援VWS銷售代表。

銷售評估

在銷售期間，Tony一直十分小心地檢查每日的銷售量、訪客數目、以及購買人數（Exhibit5）。銷貨之後，他評估認爲這是他能夠達到最佳的效果（Exhibit6），將與特賣相關的所有資料歸檔，並對自己說：

> 這真是一件瘋狂的事！我在銷售期間作得要死要活，而結果呢？我賣掉總值91,000美元的二百七十八具機器與二十二個櫥櫃。機器的銷貨成本為56,550元，而櫥櫃的為3,200美元——更不用提運費了。我必須要退回大部分的櫥櫃，因此我的運貨費用就是1,000美元！在這團亂之中唯一合理的費用是電話費——只需要150美元的臨時安裝與銷售期間使用費。

特賣結束後Tony的問題還沒結束。如他所說：

PUBLIC NOTICE

FACTORY DIRECT SEWING MACHINE
WAREHOUSE SALE

ALL RESIDENTS OF NORTHEAST OHIO HAVE A UNIQUE OPPORTUNITY TO GET THE SEWING MACHINE OF THEIR CHOICE AT A REMARKABLE SAVINGS, DURING THE MILLION DOLLAR FACTORY AUTHORIZED STOCK REDUCTION SALE. MANY PRICES ARE BELOW OUR REGULAR WHOLESALE COST!!!

FREE ARMS-FLAT BEDS-PORTABLES-ZIG-ZAGS
AUTOMATICS-COMPUTERS-OVERLOCKS-CABINETS

VIKING

VIKING EUROPEAN QUALITY
A real value from Viking, all metal construction, automatic buttonhole, adjusting tension, 100% jam proof sewing, never needs oiling, suggested retail $449.00 LIMITED QUANTITIES.

WAREHOUSE PRICE $198

SERGERS

CUT YOUR SEWING TIME IN 1/2

FROM $278

WHITE

ALL METAL

HEAVY DUTY
White heavy duty zig-zag sews silk to leather, appliques, overcasts, darns and much more. Suggested retail $329.00.

WAREHOUSE PRICE $78

4 DAYS ONLY!!!

THURS., OCT. 20; FRI., OCT. 21; SAT., OCT. 22; SUN., OCT. 23

9 AM - 9 PM

ONE THOUSAND MACHINES TO CHOOSE FROM. ALL ARE NEW IN FACTORY CARTONS. SOME OPEN STOCK DISPLAY MODELS, AND BUSINESS SCHOOL MACHINES. ALL IN FIRST CLASS OPERATING CONDITION, WITH FULL FACTORY WARRANTY. THIS LOCATION ONLY. HURRY, SOME QUANTITIES LIMITED.

OUR GUARANTEE
We will provide our full line of FREE SERVICES with all machines sold, even at these incredibly low prices.
- Up to 25-year factory parts warranty
- Up to 5 years free service

Complete training done to assure each individual full satisfaction with their new sewing machine. (Lessons and Service given by Barnes Sewing Center, State Rd. Shopping Center, Cuyahoga Falls, Ohio).

SALE HELD AT
VIKING/WHITE WAREHOUSE
3200 GILCHRIST RD.
MOGADORE
(Across from O'Neil's Dist. Center)
EXIT 27 OFF I-76
PHONE 784-5673
LIMITED QUANTITIES

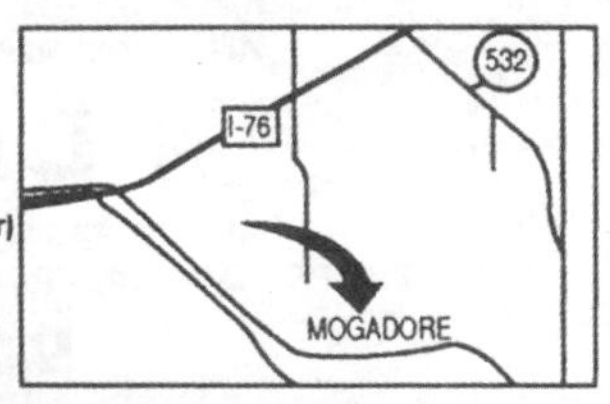

MASTERCARD, VISA, DISCOVER, PERSONAL CHECKS, INSTANT CREDIT & 90 DAYS SAME AS CASH

Exhibit2 爲Viking-White倉庫特賣所做的報紙夾頁（正面）

SAVE!!! SAVE!!! SAVE!!!

WAREHOUSE SALE

ONE THOUSAND
SEWING MACHINES TO CHOOSE FROM:

VIKING

#105

• 12 built in stitches including overcast, blind hem, and stretch stitches • Easy button holes (any size) • Automatic tension • 100% jam free • Never needs oiling • All metal construction • Reg. $599

WAREHOUSE PRICE $298

VIKING

#620

• 21 built in stitches • Easy button holes (any size) • Self-adjusting tension • 100% jam free • All metal construction • Never needs oiling • Reg. $899

WAREHOUSE PRICE $498

VIKING

#945 COMPUTER

• Computer regulates speed and provides stitch control • Computerized stitch selection & ability to mirror stitches • 16 stitches of which 8 are [illegible] • Easy automatic buttonholes • Push button stitch selector & digital length width display • Self adjusting tension • Never needs oiling • Jam proof floating shuttle • Two lights for maximum visability • Advanced Swedish construction • Everything you need for easy enjoyable sewing • For hundreds of dollars less than any other sewing machine in its class • Reg. $1099

WAREHOUSE PRICE $698

CUT YOUR SEWING TIME IN HALF

VIKING HUSKYLOCK
&
WHITE SUPERLOCK
SERGERS
FROM

$278

PARSONS
ALL WOOD CABINETS
TO FIT ANY SEWING MACHINE
50% - 70% OFF

One Example
Reg. $399
4 Drawer
Pecan
Model 250

WAREHOUSE PRICE
$148

14 Styles To Choose From

WHITE

#221
QUILTER'S FRIEND

• Zig Zag • Two stretch stitches • Manual Buttonhole • Super portable free arm • Only 11 Lbs. • Reg. $299

WAREHOUSE PRICE $98

WHITE

WORLD FAMOUS JEANS MACHINE
#221

• Sews denim to lingerie • Free arm • Basic stitches • Color coded stitch dials • Drop feed • Lighted sewing area • Reg. #349

WAREHOUSE PRICE $148

WHITE

#1505

One dial stitch selection • Zig Zag • Overcast • Stretch stitches • Blind hem • Built-in buttonholer • Darns • Embroiders • Sews on buttons & much more • Reg $479

WAREHOUSE PRICE $188

ALL MODELS SPECIALLY PRICED FOR THIS EVENT!

4 DAYS ONLY

ALL MODELS SPECIALLY PRICED FOR THIS EVENT!

THURS., OCT. 20; FRI., OCT. 21; SAT., OCT. 22; SUN., OCT. 23

9 AM - 9 PM

INSTANT CREDIT & 90 DAYS SAME AS CASH

Exhibit3 爲Viking-White倉庫特賣所做的報紙夾頁（背面）

Exhibit4 爲Viking-White倉庫特賣所做的季頁廣告

Exhibit5 Viking-White FDC的每日縫紉機銷售額與訪客人數預測

日期	銷售額	銷售單位數	訪客人數
10月20日星期四	$39,150	165	420
10月21日星期五	23,490	70	270
10月22日星期六	17,660	50	150
10月23日星期日	6,700	15	60
總額	$87,000	300	900

Exhibit6 Viking-White FDC由1988年10月20～23日的銷貨、成本與獲利

	縫紉機	櫥櫃	
銷貨	$87,000	$4,000	
銷貨成本	56,550	3,200	
毛利	$30,450	$800	
毛利總額			$31,250
費用：			
倉庫租金	$1,000		
廣告	18,000		
電話費	150		
運費（櫥櫃）	1,000		
銷貨佣金	4,550		
銷貨費用	800		
費用總額			25,500
獲利			$5,750*

*不含售後服務成本

> 我已經開始感受到銷售過後的問題了——顧客打開紙箱結果發現裡面的機器不對、安裝過程中的機器損壞、或只需要完全安裝的機器。而相關的課程令人十分頭痛！目前為止有二百名以上的顧客要求擁有交易過程中所允諾的免費課程。每節課兩小時，容納五～十人，每人每小時花費5～6美元，我至少必須要在這些課程上花費400美元。

「重新包裝出售」的事情讓Tony倒盡胃口（「重新包裝出售」是退回給製造商的貨品，若有必要的時候稍加修理，然後重新包裝並視爲全新商品出售）。當Tony重新審查一具在特賣會第一天就購貨的顧客所退回之White機器時，他察覺這句機器弄髒而且無法適當的運作。他說：「謝天謝地。我能提供顧客新的機器並分辨出在倉庫中的其他重新包裝出售的存貨。在思考White會對我採取哪些行動時，我所能做的只有祈禱在我清楚之前我不會賣掉其他重新包裝出售的商品。」

勝家之FDC計畫

在與勝家最初接觸之後的很短的期間內，就有一位勝家銷售代表與Tony接觸並解釋勝家的FDC倉庫特賣之模式。就如同Tony所感受到的，勝家的模式與VWS僅有細微差異。勝家將會以寄銷的方式，（免費）提供倉庫特賣地點許多式樣的機器，並有一位銷售代表隨時協助銷售事宜。然而，Tony必須要處理所有關於租用倉庫、廣告、接洽願意以銷售佣金方式工作的地區經銷商、舉辦此特賣會等等工作。倉庫租金、廣告、電話、以及銷貨費用之類的固定成本與VWS的FDC並無不同。這一次的FDC將視倉庫與經銷商情況排訂於1989年9月或10月舉辦。

Tony再一次面臨這樣的兩難問題。若他不同意舉辦勝家的FDC就可能會有其他人願意去做。勝家品牌在Akron區域佔所有縫紉機（1988年爲96萬美元，不包含大型賣場的家用品牌）接近45%。勝家由所有的地區縫紉經銷商銷售，競爭十分激烈；經銷商在勝家商品獲利爲產業中的最低水準（僅有25%，Necchi爲30%，Viking-White或Elna爲37%，Bernina或Pfaff爲45%）。此外，Cironi縫紉中心在1988年勝家在Akron區域的銷售量中僅佔有5%。

影響是否舉辦勝家FDC的因素與制定Viking-White時有很大的不同。Cironi縫紉中心在VWS倉庫特賣之前，於在當地12%縫紉機器佔有率之Viking-White中佔有15%。即使VWS倉庫特賣反應不佳，Tony依然認爲Viking and White品牌對於提供全方位服務的縫紉機經銷商而言是很重要的商品。VWS透過試圖改善經銷商銷售與獲利表現之創新性商品／促銷活動來積極地支持全方位服務縫紉機經銷商。相對地，縫紉機經銷商也對會對Viking and White品牌有較佳的向心力。

相反地，勝家採行的價格與通路策略似乎有害於全方位服務經銷商的生存。舉例而言，勝家經由Sears銷售該品牌縫紉機的決定嚴重打擊獨立經銷商的銷售成績。獨立經銷商將勝家買主視爲惡名昭彰的價格購買者，而Sears可以大量銷售以維持較低加價。然而，在機器需要維修或售後服務時，獨立經銷商必須要提供相關服務，不管是誰賣出這部機器。雖然勝家會爲這些保障付款，仍然有許多經銷商將這樣的業務視爲一種阻礙。

Tony質疑他是否必須要將自己優良的名聲借給勝家去舉辦一場倉庫特賣。若勝家無法要求具名望的當地經銷商贊助並提供售後服務，潛在的買主可能會「掉頭離去」。對於Tony而言不管賣給潛在買主其他任何品牌的縫紉機之獲利都會較佳。勝家FDC若舉辦成功就可能會侵蝕其他品牌的潛在銷售量——而且其他品牌的獲利較佳。依照這樣的方式思考，Tony去拿他的檔案資料，並對自己說：

> 我還沒有認真的去檢討侵蝕的影響。這些倉庫特賣銷售的商品真的會侵蝕其他品牌的銷售量？我Viking-White的銷售量增加會僅是由未來的銷售量轉移到這次特賣會之中？在我舉辦這場FDC時我是否必須要為現在的銷售犧牲未來獲利？若是這樣，我將不接受勝家的邀請——勝家商品的獲利無法說服我去做。我會因此得到比Viking-White交易中更少的利潤。若我無法做得至少和Viking-White那次倉庫特賣一樣好，我就不去碰勝家的FDC。

Tony去拿他的銷售日誌。他心中關於競食效果的答案就在裡面——在逐月品牌的銷售額之中（Exhibit7）。若Viking-White倉庫特賣銷售量對於整體銷售與獲利產生不利的影響，勝家的FDC可能有機會產生相同的效果——甚至更糟。

Exhibit7 1988年6月至1989年5月間不同品牌的銷貨額

	品牌名稱						
月份	Baby Lock	Bernina	Elna	Pfaff	Necchi	勝家	Viking White
1988							
6月	$3,695	$8,180	$965	$8,758	$1,180	$299	$1,270
7月	5,293	12,400	1,250	3,950	1,000	1,310	2,800
8月	4,958	14,560	1,400	11,400	2,026	3,315	965
9月	2,395	11,500	1,350	11,833	395	290	2,750
10月	3,550	7,950	680	4,800	750	500	87,770*
11月	5,620	11,855	1,100	14,459	580	1,650	7,848
12月	2,605	31,500	1,850	15,980	600	2,680	4,900
1989							
1月	6,391	14,800	1,680	9,850	650	420	1,700
2月	9,706	10,880	575	3,800	648	800	4,500
3月	10,283	17,295	2,950	8,850	1,005	1,775	5,260
4月	5,882	12,980	1,100	13,640	720	1,920	1,800
5月	4,867	16,268	2,350	5,950	817	650	4,700

1988年6月至1989年5月商店銷貨總額 = $431,176

*含工廠倉庫銷貨

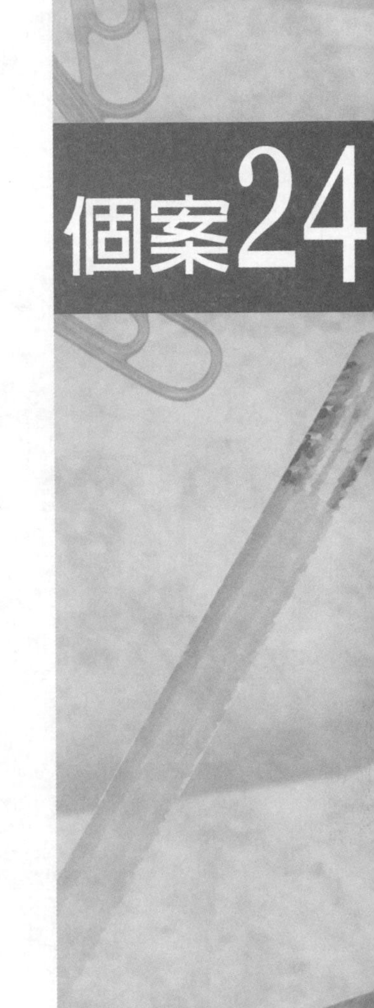

公司背景
加拿大漱口水市場
Plax的推出
現況
法規環境
三年計畫
產品發展（PDD）
銷售
市場研究（MR）
財務
採購
廣告代理
你會如何建議？

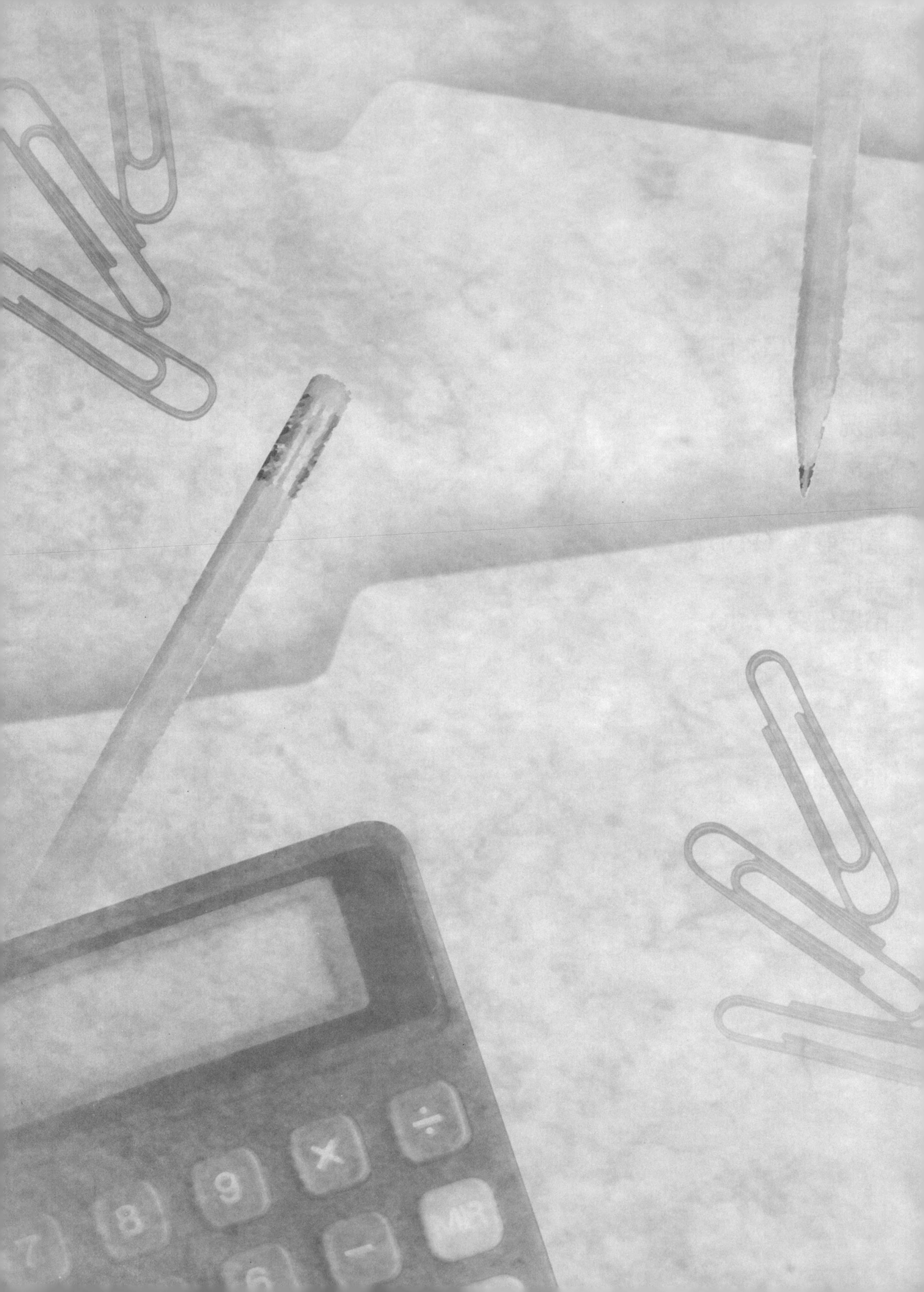

Gwen Hearst檢視年底報告時，她很高興的看到Scope在1990年漱口水市場中的佔有率維持32%。她擔心刷牙前漱口水Plax之入侵對市場帶來的衝擊。自從Plax於1988年推出以來，在市場上的佔有率已經達到10%，並對Scope造成嚴重的威脅，身為品牌經理，Hearst爲寶鹼公司（P&G）漱口水市場品牌Scope規劃、發展、並指導全部的行銷活動。她負責擴充該品牌的市場佔有率、銷售量、以及獲利。

在Plax入侵之前，所有市面上的漱口水品牌定位圍繞著兩大主要訴求：口氣清新以及殺菌。Plax依照新的訴求定位──「名牌對抗者」── 並使諸如李斯德林之類的其他品牌也主打這樣的訴求。對於Hearst的挑戰在於發展出能夠確保Scope面對這些競爭威脅時仍有辦法維持獲利的策略。她特別的工作在於針對寶鹼未來三年的漱口水事業準備行銷計畫。現在是1991年2月上旬，而她將在3月份向高階主管作簡報。

公司背景

寶鹼公司基於提供高品質與價值產品以滿足顧客需求的哲學，而成爲世界上最成功的消費用品公司。公司於1990年時在超過一百四十個國家中使用其品牌，淨收益達到16億美元。1990年加拿大的子公司貢獻14億美元的銷售量以及1億美元的淨收益。該公司是加拿大包裝品產業的領導者，且其消費品牌在參與的大部分區隔中都爲領導品牌。

1987～1990年間，寶鹼公司全世界銷售量增加80億美元，淨收益增加13億美元。寶鹼公司的高階主管將公司的成功歸因於許多因素，包含發展眞正創新的商品以滿足顧客需求。Exhibit1說明加拿大子公司的目標與策略。

加拿大寶鹼公司有五個依照產品區隔劃分的營運部門。這些部門與主要品牌如下：

1.紙製品：Royale、幫寶適、Luvs、Attends、Always。

2.食品飲料：Duncan Hines、Crisco、品客、Sunny Delight。

3.美容保養：海倫仙度斯、潘婷、飛柔、維達沙宣、Clearasil、Clarion、Cover Girl、Max Factor、歐蕾、Noxzema、Secret。

4.保健用品：Crest、Scope、Vicks、Pepto Bismol、Metamucil。

Exhibit1 加拿大寶鹼目標與策略說明

我們將提供能夠滿足顧客需求的優質商品。

我們將透過吸引最合適的員工、充分發展並挑戰個人才能的組織與工作環境達到此目的；並維持公司的正直、做對的事之歷史傳統。

我們將在加拿大建立獲利豐厚的企業。我們將應用寶鹼公司全球的知識與資源以提昇我們的成功率。我們將資源集中在最有利可圖的區隔以及加拿大獨有的重要市場區隔之中。我們也將對傑出人才以及開創性的商業點子之發展做出貢獻，以供公司在世界各地使用。

我們將達成我們的事業目標，並經由持續創新、策略規劃、以及持續在我們所做的每一件事中追求卓越的方式達成最佳的成本效率。

我們將持續維持在競爭前端，並在不考量短期獲利的情況下積極地防衛我們現有的事業，以對抗重要的競爭挑戰。

透過對我們承諾的追求，我們預期我們的品牌將在佔有率以及獲利上佔有領導地位，而且這會讓我們的事業、我們的員工、我們的股東、以及我們生活與工作的社區繁榮昌盛。

5.清潔用品：汰漬、Cheer、Bounce、Bold、Oxydol、Joy、Cascade、Comet、Mr. Clean。

每個部門都擁有自己的品牌、銷售、財務、產品發展、與營運的直線主管團體，並以利潤中心的方式營運。一般而言，在個別部門之中會針對每個品牌（例如，Scope）任命不同的品牌經理。Hearst身處保健用品部門並向口腔保健的助理廣告經理報告，而這位經理也向部門經理報告。Hearst在1986年於著名的Ontario商業學校完成她商業學位（B.B.A.）後就加入寶鹼公司成爲品牌助理。1987年她成爲Scope的助理品牌經理，而於1988年她晉升爲品牌經理。Hearst在寶鹼公司內部迅速竄升顯示她的經理們對她能力的信心。

加拿大漱口水市場

直到1987年爲止，過去十二年之中漱口水市場以每年3%的速度成長。1987年因

Exhibit2 漱口水市場

	1986	1987	1988	1989	1990
零售總額（百萬）	**$43.4**	**$54.6**	**$60.2**	**$65.4**	**$68.6**
工廠銷售總額（百萬）	**$34.8**	**$43.5**	**$48.1**	**$52.2**	**$54.4**
總銷售單位數（千）[a]	**863**	**1,088**	**1,197**	**1,294**	**1,358**
（變動百分比）	**3**	**26**	**10**	**8**	**5**
（變動百分比－僅計算「花香」者）[b]	**3**	**26**	**0**	**3**	**5**
滲透率（%）[c]	**65**	**70**	**75**	**73**	**75**
使用量（每週使用次數）[d]	**2.0**	**2.2**	**2.3**	**2.4**	**3.0**

source：公司資料

a一單位或統計個案等於10公升或352盎司的漱口水

b不含Plax以及其他刷牙前漱口水

c在家至少使用一個品牌的家庭百分比

d家庭中每個成年成員

爲推出了諸如薄荷之類新的香味而經歷了26%的成長。由那時候起，成長率逐漸降低到1990年的5%水準（Exhibit2）。

漱口水市場一開始是由Warner-Lambert推出先驅品牌李斯德林。該品牌定位爲治療殺菌用且能去除不佳口氣的漱口水，並一直主宰這個市場直到1967年Scope出現爲止。Scope是一種綠色薄荷風味的漱口水，定位爲一種風味絕佳之清新口氣品牌，而提供對抗不佳口氣的防護。這是第一種同時能有效對抗不佳口氣並擁有較佳風味的漱口水。其廣告有一部分專注於李斯德林較爲周知的弱點上── 藥味（例如，「Scope對抗不佳口氣，不要被好風味所迷惑」）── 而於1976年Scope成爲加拿大的市場領導者。

1977年Warner-Lambert推出李斯德美品牌直接與與Scope競爭。此品牌與Scope一樣是一種綠色的薄荷風味漱口水，其定位爲「風味佳且能保持好口氣的漱口水」。一年之內其市場佔有率達到12%，主要是來自於李斯德林以及市場中的其他品牌。

1970年代Merrell Dow大藥廠推出Cepacol，該品牌的定位與李斯德林十分接近，並在1980年代初期達到並維持約14%的市場佔有率。

在1980年代中，加拿大漱口水市場的主要競爭變化如下：

*李斯德林，主要採行「對抗不佳口氣」策略開始將定位移轉，並在1988年開始提出：「對抗牙菌斑並預防牙菌斑所導致的紅腫」。在美國，李斯德林獲得美國牙醫師協會對其抵抗牙菌斑能力的認可，但是目前爲止尚未在加拿大獲得類似的認可。

*李斯德美在1980年代初期加入氟化物，並於1983年得到加拿大牙醫師協會對其預防蛀牙能力的認可。近來李斯德美不再強調氟化物以及這項認證。

*1987年早期包含Scope、李斯德美、以及許多商店品牌在內，有數個品牌推出香味配方。這在1987年大幅度地擴大市場，但並未明顯改變主要品牌的市場佔有率。

*高露潔氟化物漱口水於1988年推出。由加拿大牙醫師協會認證其預防蛀牙的功效，該產品宣稱「高露潔新的氟化物漱口水可抵抗蛀牙，且其溫和風味可以讓學童漱口更頻繁且更久」。高露潔的市場佔有率躍升2%而稍後下滑。市場中謠傳高露潔將要結束這個品牌。

*1988年Merrell Dow與策略品牌（Strategic Brands）達成授權於加拿大銷售Cepacol的協議。策略品牌是一間在加拿大銷售多款消費家用品的公司，專注於讓Cepacol配銷得更廣，並用價格爲武器進行促銷。

*1988年Plax建構新戰場，其推出與迅速成功讓產業中許多廠商大吃一驚。

Plax的推出

Plax在1988年晚期在加拿大上市，並建構與傳統漱口水截然不同的市場。首先這不像平常漱口水用在「刷牙後」，它定位爲「刷牙前」漱口水。使用者在刷牙前漱口，而Plax可以讓牙菌斑鬆弛，而使得刷牙的功效更佳。其次，該產品並未強調口氣。他宣稱：「用Plax漱口，然後正常的刷牙，可以比單獨刷牙多消除3倍的牙菌斑。」

輝瑞（Pfizer Inc.）藥廠在加拿大推出Plax，並用預計花費接近400萬美元的促銷活動預算。這個活動涵蓋1988年最後三個月以及1989年整年，包含預計300萬美元的廣告以及廣泛地銷售促銷，包含：（a）在三個藥房連鎖中的試用品展示（6萬美元）；（b）向二百五十萬戶寄發折扣券（16萬美元）；（c）提供立即折價的折扣券（11萬美元）；（d）針對藥房與超市連鎖的專業郵件處理者（3萬美元）；以及（e）數次價格折扣（64萬美元）。Plax於1990年持續花費大約120萬美元的廣告預算來支持這個品牌。1990年Plax佔有整個市場10%。

Plax於美國推出時宣稱「能比單純刷牙消除多3倍的牙菌斑」。這樣的說法被其他漱口水競爭者質疑，而導致Better Business機構的調查。這個調查發現Plax所宣稱的效果基於一項受試者僅花費十五秒鐘刷牙的研究── 而且他們在刷牙時並未使用牙膏。進一步的研究讓受試者依照他們「平常的習慣」並使用牙膏刷牙，結果顯示使用Plax的小組與未使用Plax的控制組在牙菌斑形成水準整體上並無差異。Plax因此修正它的標語成爲「消除比單純刷牙多3倍的牙菌斑」。牙菌斑相關資訊請參閱附錄A。

現況

在決定策略計畫時，Gwen Hearst重新審視漱口水市場以及Scope的相關資訊。如Exhibit2所示，1990年中75%的加拿大家戶使用一種或更多的漱口水品牌，而且平均每個成年人每週使用三次。公司市場研究顯示使用者可以依照使用的頻率區隔爲40%的「重度」使用者（每日一次或一次以上），以及45%的「中度」使用者（每週二至六次），和15%的輕度使用者（每週不到一次）。刷牙前漱口水並無相關使用習慣資訊。

未使用者目前並不購買漱口水的原因爲：（a）他們不相信他們的口氣不好；（b）他們相信他們刷牙的方法正確；以及／或（c）覺得口香糖與薄荷糖比較方便。

消費者使用漱口水的主要原因如下：

使用漱口水的主要理由	%*
這是我基本口腔保健的一部分	40
消除不好的口氣	40
殺菌	30
讓我更有自信	20
避免冒犯他人	25

*允許複選

Exhibit3 消費者的品牌印象

所有使用者 [a]

特性	Cepacol	高露潔	李斯德林	李斯德美	Plax	Scope
消除口臭	...	...	...	...	-	...
殺菌	+	...	+	...	...	-
去除牙菌斑	...	...	...	...	+	-
牙齒保健	...	...	...	...	+	-
預防感冒	...	-	+	...	...	...
醫師／牙醫師建議	...	...	...	...	+	...
口腔清潔	...	...	...	...	...	...

品牌使用者 [b]

特性	Cepacol	高露潔	李斯德林	李斯德美	Plax	Scope
消除口臭	+	-	+	+	-	+
殺菌	+	...	+	-	-	...
去除牙菌斑	-	+	+	-	+	-
牙齒保健	...	+	+	-	+	-
預防感冒	+	-	+	-	-	-
醫師／牙醫師建議	+	+	+	-	+	-

source：公司資料

[a] 包含所有使用漱口水者。要求回覆者對所有品牌的特性評分（即使他們並未使用該品牌）。「+」代表分數高於平均。「…」代表分數約等於平均。「-」代表這個品牌的分數低於平均。舉例而言，使用漱口水者認爲Cepacol較其他大多數品牌能有較佳的「殺菌」效果。

[b] 只包含使用該品牌的使用者。如：使用Cepacol的人認爲它「消除口臭」的能力比別的品牌還要好。

1990年時進行一項使用者對於市場上主要漱口水品牌的印象調查（Exhibit3）。這樣調查要求回覆者對不同的廠牌進行特性的評鑑，而結果顯示Plax在「消除牙菌斑／牙齒保健」特性上有很好的品牌印象。

市場佔有率資料顯示Scope在食品店的佔有率（42%）與藥房（27%）有很顯著的差異（Exhibit4）。漱口水整體銷售額約有65%透過藥房，而其他35%是透過食品店。近來諸如Price Club與Costco之類的銷售俱樂部佔越來越高的銷售比率。（銷售

Exhibit4 加拿大漱口水市場佔有率

單位

	1988	1989	1990	1990平均	
				食品店	藥房
Scope	33.0	33.0	32.3	42.0	27.0
李斯德林	15.2	16.1	16.6	12.0	19.0
李斯德美	15.2	9.8	10.6	8.0	12.0
Cepacol	13.6	10.6	10.3	9.0	11.0
高露潔漱口水	1.4	1.2	0.5	0.4	0.5
Plax	1.0	10.0	10.0	8.0	11.0
商店品牌	16.0	15.4	16.0	18.0	15.0
其他	4.6	3.9	3.7	2.6	4.5
總額	100.0	100.0	100.0	100.0	100.0
零售額(百萬)	$60.2	$65.4	$68.6	$24.0	$44.6

source：公司資料

俱樂部包含在食品銷售量之中）一般而言，這些俱樂部會銷售Cepacol、Scope、李斯德林以及Plax。

公司也收集了廣告支出與零售價格的競爭資料。如Exhibit5所示，1990年所有品牌的媒體支出總額爲500萬美元，而Scope、李斯德林、以及Plax就佔了整體支出的90%。零售價格依照750毫升瓶裝容量計算：李斯德林與Plax在食品店都定較高的價格，而Plax在藥房中的定價也比較高。

1989年美國市場的資料見Exhibit6。相對於加拿大，李斯德林在美國市場中具有主導的地位。由1989年早期開始，李斯德林在美國大量廣告，宣傳自己是「唯一被美國牙醫師協會認可，具有預防與減少牙菌斑與牙齦發炎功效的非處方漱口水。」在美國的臨床測試中顯示，李斯德林可以顯著地減少20%～35%的牙菌斑，降低相同比率的牙齦發炎機會。在加拿大，1990的廣告活動宣稱李斯德林臨床證明能夠「協助預防因爲牙菌斑結石所導致的紅腫。」李斯德林的配方中包含四種基本原料──薄荷腦、尤加利油、麝香草酚、以及甲基水揚酸鹽──都是酚的衍生物，這是一種強而有力的防腐劑。

李斯德林尚未取得加拿大牙醫師協會（CDA）的核可，因爲該協會不相信漱口

Exhibit5 1990年市場競爭資料

廣告支出（千元）

Scope	**$1,700**
李斯德林	**1,600**
Plax	**1,200**
李斯德美	**330**
Cepacol	**170**

媒體計畫

	播放週數	GRPs[a]
Scope	**35**	**325**
李斯德林	**25**	**450**
Plax	**20**	**325**

零售價指數

	食品店	藥房
Scope	**98**	**84**
李斯德林	**129**	**97**
李斯德美	**103**	**84**
高露潔	**123**	**119**
Plax	**170**	**141**
商店品牌	**58**	**58**
Cepacol	**84**	**81**
市場總額[b]	**100**	**100**

source:公司資料

[a]GRP(Gross Rating Points)是廣告影響的衡量指標，計算方式爲將廣告接觸的人數乘上平均每人接觸的次數。GRPs數字每月公佈一次。

[b]分別針對食品店與藥局計算出所有漱口水品牌之零售價加權平均指標，並以100爲標準。Scope訂價略低於食品店指標，而在藥房部分低於指標16%。

Exhibit6 1989年加拿大—美國市場佔有率比較

品牌	加拿大	美國
Scope	**33.0**	**21.6**
李斯德林	**16.1**	**28.7**
李斯德美	**9.8**	**4.5**
Cepacol	**10.6**	**3.6**
Plax	**10.0**	**9.6**

source：公司資料

水會有醫療上的價値。CDA目前重新檢視於加拿大銷售的數種在美國的測試。事實上，任何針對漱口水配方或是廣告訴求的改變計畫都必須要不同主管機構的認可。

法規環境

1.保健部門（Health Protection Branch, HPB）：此政府機構依照產品對於人體的機能以及廣告宣傳的效果，將產品區分爲「藥物」或「化妝品」。藥物是會影響人體機能的產品（例如，預防蛀牙或牙結石）。對於「藥物」產品而言，所有的產品配方、包裝、原稿、以及廣告必須要事先通過HPB嚴格的法規後才核准。諸如Scope之類只宣傳可去除口臭的漱口水被視爲「化妝品」。然而，若做出任何關於防止牙菌斑產生的宣示，該產品就會視爲「藥品」，且所有廣告必須要重新檢討。

2.加拿大牙醫師協會（The Canadian Dental Association, CDA）：CDA在製造商的要求之下，將會對於產品對抗蛀牙或牙菌斑及牙齦發炎的功效進行認證。然而，通過認證的產品之包裝與廣告必須提出並通過CDA的同意。CDA與美國牙醫師協會（ADA）分別是獨立的個體，且不互相隸屬，在議題上也並非總是採取相同的立場。舉例而言，CDA在臨床研究顯示明確的效果之前不提供「牙菌斑或牙齦發炎」的認證。

3.糖精／Cyclamate調味料：所有的漱口水都會包含人工調味料。在加拿大，類似被禁用的糖精之cyclamate被用來當作調味料。相反地，美國使用糖精因為cyclamate是非法的。因此，即使許多品牌同時在加拿大與美國銷售，在這兩個國家中的配方也不會完全相同。

三年計畫

為了準備Scope的三年計畫，寶鹼公司內部組成了一個團隊以審閱不同的抉擇方案。這個團隊包含來自：產品發展（PDD）、製造、銷售、市場研究、財務、廣告、以及營運部門的人員。在過去數年中，該團隊完成了許多關於Scope的行動。

對Hearst而言，最關鍵的議題在於寶鹼公司如何善加運用漱口水市場中新興的「健康概念」市場區隔，而不是Scope傳統的策略。尤其是在Plax推出之後，漱口水市場區隔成為「重視好口氣」的品牌（例如，Scope）以及推廣其他優點的品牌。Plax定位為刷牙前漱口水，看起來並不像，嘗起來也不像Scope一般「恢復清新口氣」的漱口水。

Gwen Hearst相信將一個產品線延伸定位以抵抗新進入新市場的Palx之計畫最有意義。若漱口水市場被區隔的更細，且若其他品牌繼續成長，她擔心寶鹼公司可能只能在重視「口氣」的區隔中稱霸，因而使得市場佔有率下降。然而，她也瞭解這樣的提案也有一些關於策略與財務的問題。Exhibit7提供Scope的財務資料歷史。在最近的會議中曾提出其他的點子，包含「什麼也不做」，以及看看在不增加產品的前提下，除了「口氣」以外Scope還能運用哪些訴求。部分團隊成員因為Plax定位與Scope十分不同，而質疑是否眞的會產生實質上的威脅。在她思考這些方案的時候，Hearst重新檢視團隊的行動以及部分團員所提出的議題。

Exhibit7 Scope的財務資料歷史

年份	1988		1989		1990	
整體市場規模（銷售單位數）（千）	1,197		1,294		1,358	
Scope市場佔有率	33.0%		33.0%		32.4%	
Scope數量（銷售單位數）（千）	395		427		440	
	$（000）	$/Unit	$（000）	$（Unit）	$（000）	$（Unit）
銷貨	16,767	42.45	17,847	41.80	18,150	41.25
銷貨成本	10,738	27.18	11,316	26.50	11,409	25.93
毛利	6,029	15.27	7,299	15.30	6,741	15.32

Scope行銷計畫

Scope採行的行銷支出

年份	1990	1989	1988
廣告（千元）	$1,700	-	-
促銷（千元）	1,460	-	-
總額（千元）	3,160	3,733	2,697

行銷支出成本		
廣告		（如上）
促銷	樣品	（包含配送）：每份0.45美元
	郵寄折扣券	每配送1,000份花費10美元
		每張兌現的折扣券花費0.17美元的處理成本（不計入面額）
		兌換率：10%～15%
	店內促銷	每家商店200美元（固定支出）
		每張兌現的折扣券花費0.17美元的處理成本（不計入面額）
		兌換率：85%以上

source：公司資料

產品發展（PDD）

在Scope的產品測試中，PDD顯示Scope因為具有抗菌配方，因此在減少牙菌斑上的能力比單獨刷牙還要好。然而到目前為止，寶鹼公司並沒有足夠的臨床資料說服HPB讓Scope運用這些能夠對抗牙菌斑的訴求（如同李斯德林所採用的方法一般）。

PDD近來發展出效果和Plax一樣好的新刷牙前漱口產品，但是它在消除牙菌斑的表現上沒辦法做得比Plax更好。事實上，在Plax本身的測試中，PDD無法複製輝瑞宣稱之「用Plax漱口然後正常的刷牙，可以消除比平常只刷牙多3倍的牙菌斑」之牙菌斑消除結果。寶鹼公司刷牙前漱口水的重大優勢為其風味較Plax佳。除此之外，他和Plax也具有類似的品質──這樣的品質讓其「口腔內」的經驗與Scope帶來的體驗截然不同。

產品研發人員特別關心Hearst想要讓產品線延伸的構想，因為在牙菌斑的去除效力上，這個產品僅與Plax約略相當。傳統上寶鹼公司僅針對未滿足的顧客需求推出新產品──特別是功效更佳的商品。然而，Hearst指出因為新產品提供類似的功效但有較佳的風味，這與Scope一開始推出的情形十分類似。一些PDD的成員也關心若他們無法使用寶鹼公司嚴苛的測試方法複製Plax的臨床功效，以及若產品無法提供比用任何液體漱口還要好的功能，牙醫界專業人士對於寶鹼公司的形象與可信賴可能會受到影響。對於這樣的議題產生了激烈的爭論，而其他人覺得只要該產品真的能夠提供較佳的口腔保健功效，這就能夠提供實質的好處。此外，他們注意到許多專業人士會推薦Plax，這更進一步支持他們的論點。整體而言，PDD較不想要再推出新產品，他們只想要再宣傳Scope產品時增加消除牙菌斑的訴求。他們基本論點認為這比推出一個全新的產品更能夠保護寶鹼在目前所處事業中的地位。若是採行產品線延伸的作法，產品測試必須要花費2萬美元。

銷售

眼睜睜看著Plax入侵市場的銷售人員深信Scope必須要迅速的回應。他們有個重要的信念──當許多區隔的存貨增加時，零售產業對於接下來要接受的產品會有更嚴苛的標準。現在品牌爲了要陳列在貨架上，就必須要在競爭之中夠獨特，以吸引更多的購買——否則該區隔的銷售量只是在不同產品中彼此轉移而已。當這樣的情況發生時，零售點的獲利能力會降低，因爲庫存成本上升但是並未產生銷售利潤。當新產品無法產生更多的銷售量時，零售商可能仍然會擺設這個品牌，但會與現有的產品線置換（例如，變動Scope的排列方式），或是製造商必須要爲增加新品牌的每個SKU（stock-keeping units）支付約5萬美元陳列費。每個SKU5萬美元的陳列費讓製造商可以在諸如Shopper's Drug Mart或Loblaws之類的零售通路中進行全國性的配銷鋪貨。

市場研究（MR）

Hearst廣泛地運用市場研究以尋求消費者中的機會。到目前爲止他們的工作如下所示：

1.目前重新保證Scope去除牙菌斑的能力（即「現在Scope可以對抗牙菌斑」）並不會增加向競爭對手購買商品的顧客想要購買Scope的欲望。這樣的事實代表此行動將不會增加銷售量，而可能只能讓現在的顧客不會流失。

MR也警告說在「重新保證」產品的能力時，要消費者接受這樣的觀念一直採取行動之間需要經過一段時間。這樣的議題對Hearst而言，就變成光是重新保證是否已足夠？她認爲這樣的行動最多只能讓事業穩定，但是這樣的行動是否可以帶來成長？

2.針對Plax的顧客進行「風味較佳的刷牙前漱口水」產品研究結果較佳，但並不能增加目前爲使用這樣漱口水的顧客之購買意願。MR預測若使用「Scope」的品牌推出採取這樣定位的漱口水將會持續佔有漱口水市場約6.5%。歷史上必須要花費兩年的時間才能維持這樣的水準。然而，MR並沒有辦法準確評估對於Scope潛在的競食效果（cannibalization）。MR說：「你自己判斷。」然而，MR警告雖然這是在完全不同的情況下使用的產品，這卻不是一個憑空增加銷售量的事業。Hearst粗略的樂觀估計認爲這個產品侵蝕Scope的銷售量數字可能介於2%～9%。另一項還沒有解決的議題是產品名稱——若是推出了，這要不要使用Scope的名稱？有人會擔心若使用Scope的名稱可能會讓將Scope視爲消除口臭產品的忠心使用者「不再使用」，或是讓他們迷惑。

MR質疑Hearst是否已經由各個角度去檢視她的目的。因爲大多數的工作必須要越快越好，他們質疑是否Scope還有其他對顧客有益的議題可以使用，並能達成相同的目的。他們建議Hearst參考其他的方法而不是僅在「重新保證Scope對抗牙菌斑的效果」，以及「產品線延伸，並定位爲『風味較佳的刷牙前漱口水』」這兩個提案中打轉。

財務

來自財務部門的觀點就極爲分歧。一方面Plax每公升的售價較高，所以推出新的漱口水變成一種獲利豐厚的抉擇。而另一方面他們關心推出新的產品線必須的資本費用以及行銷費用。有一種方法就是由一個已經擁有設備的美國工廠中生產。若產品來自於美國，每單位的運費將增加1美元。Scope目前的財務表現以及Plax財務狀況的預測如表Exhibit8、Exhibit9所示。

採購

採購經理已經收到產品線延伸的配方，並預估每單位原料成本將會因爲增加新的原料而提昇2.55美元。然而，因爲有一種原料很新，財務部門覺得眞實的原料價格變化可能會在±50%之間。包裝費用因爲開辦的費用將以較小的基礎分攤，因此每單位將貴上0.3美元。

廣告代理

廣告代理機構認爲針對Scope採行任何新的訴求都意味著該品牌的一種劇烈的策略轉變。他們較偏好延伸產品線。Scope的策略總是強調「口氣清新與好風味」且他們將抗牙菌斑訴求視爲一種截然不同，且具有潛在的重大策略意涵。他們在唯

Exhibit8 Scope1990財務績效

	千美元	美元／每單位
銷貨淨額	**18,150**	**41.25**
原料成本	**3,590**	**8.16**
包裝費用	**2,244**	**5.10**
生產成本	**3,080**	**7.00**
運費	**1,373**	**3.12**
雜項支出	**1,122**	**2.55**
銷貨費用	**11,409**	**25.93**
毛利	**6,741**	**15.32**

source：公司資料

附註：

* 銷貨淨額＝寶鹼公司收益
* 生產成本：50%爲固定成本，其中包含2億美元的折舊費用。20%爲勞動成本
* 雜項支出：755的雜項支出爲固定成本。
* 公司管理費用爲13億6千6萬元。
* 稅率40%。
* 目前廠房以五天一班制的方式營運。
* 寶鹼公司的加權資金成本爲12%。
* 1990年銷售總單位數爲44萬單位。

Exhibit9 Plax財務預測

銷貨淨額	65.09
銷貨成本	
原料成本	6.50
包裝費用	8.30
生產成本	6.50
運費	3.00
雜項支出	1.06
總額	25.36

source：公司資料

note: General overhead costs estimated at $5.88/unit

一一次只強調風味而並未強調口氣清新功效的廣告之後，市場佔有率就下降了。若是增加抗牙菌斑或任何「與口氣無關」的訴求，他們擔心Scope現有的顧客可能會感到十分困惑，且在這樣的情況下，Scope的市場佔有率將會顯著地下降。他們也指出在同一個商業廣告中想要傳達兩種不同的訊息是十分困難的。他們相信產品線延伸是和Scope完全不同的產品，也有著不同的訴求與使用時機。對他們而言，產品線延伸所需要的支援與Scope現存的支援完全分離。

你會如何建議？

Hearst瞭解事業團隊對於這個議題已經很認真地思考很久了。她也瞭解管理階層必須仰賴事業團隊去替寶鹼公司構思正確的長期規劃── 即使這代表不推出新產品。然而，她覺得若不做任何事，可能會讓寶鹼公司在口腔漱口水市場的長期地位受到影響。這沒有簡單的答案── 而在緊要關頭時事業團隊又各有不同的見解。她同時面對著提供Scope的建議，而且必須要確保不同意她的決定之事業團隊或資深管理者的合作與承諾的兩難。

附錄A　牙菌斑

牙菌斑是一種柔軟、具黏性的薄膜，會在刷牙後一小時內覆蓋牙齒，且最後可能會硬化為牙石。為抑制相關疾病──某些時候有多達90%的加拿大人罹患該疾病──必須要抑制牙菌斑。研究顯示不刷牙的話，在二十四小時內牙菌斑開始散佈在牙齒中，且數日後變為具黏性的膠狀物，牙菌斑細菌由糖份與澱粉中分解出來。在牙菌斑增加時，他變成更多細菌的溫床──數以打計之不同種類的細菌。成熟的牙菌斑大約有75%的細菌；其餘的部分為來自於唾液、水以及其他由口腔軟體組織脫落細胞的有機固體。

在牙菌斑的細菌分解食物時，他們亦製造有臭味的副產品，這些副產品滲入薄膜下的裂縫時都會傷害牙齒組織。因人而異，在十～二十一天之內，牙齦發炎的徵候──輕度發病──開始出現；黏膜的顏色變深、隆起，喪失原有的韌性，並依照牙齒的外型覆蓋著，這樣牙齦發炎的症狀可以完全消除。他可能會在正常刷牙及使用牙線棒一週後消除。然而若牙菌斑無法控制，牙齦發炎會變成更嚴重的periodontitis，在這樣的情形下骨頭與其他支撐牙齒的結構會受損，牙齒會變得鬆弛、脫落，或必須拔除。

傳統且仍然是最佳的控制牙菌斑之方法為仔細的刷牙並使用牙線棒，以消除牙菌斑。事實上，牙膏抗牙菌斑的訴求通常必須在刷牙時看產品清潔牙齒的能力。牙膏包含研磨物、清潔劑以及泡沫成分，這些成分可以提昇刷牙的功效。

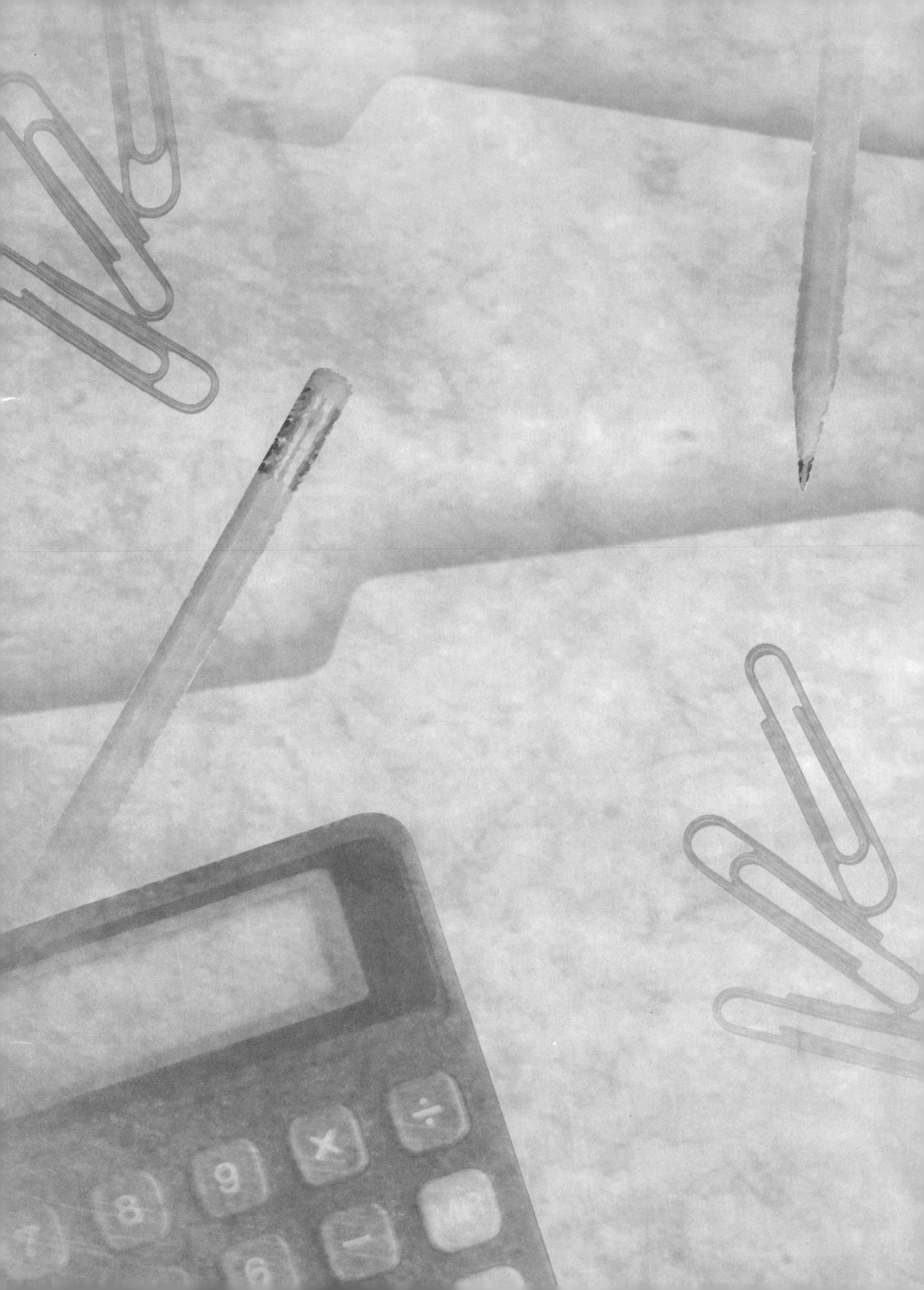

Johnson Controls
架構的形成
執行

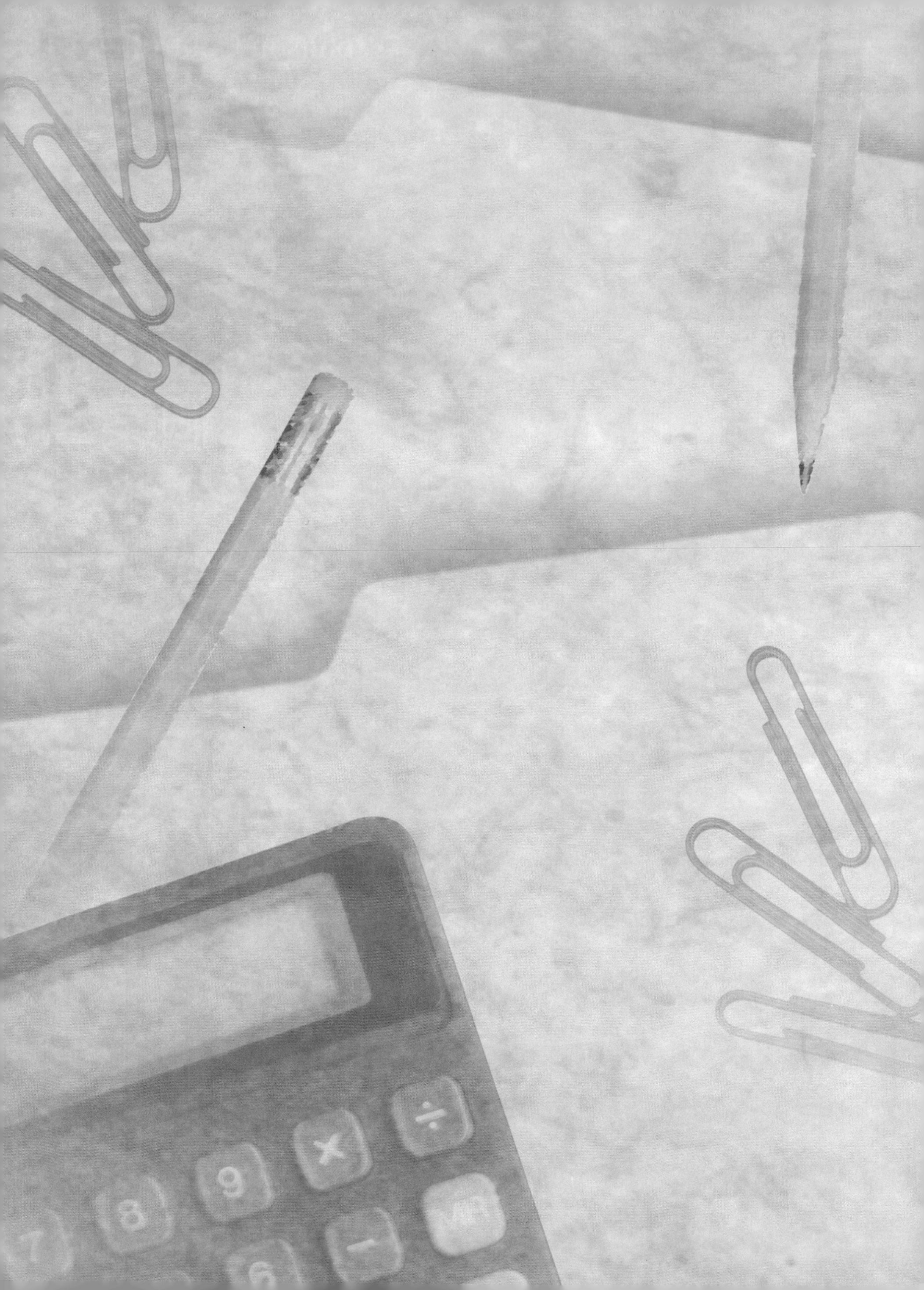

市場、產品及組織動力，都可由產品生命週期圖的量化或質化方式來解釋。這種分析提供了重大策略決策的一覽表，也看得出競爭者態勢。它能顯示出外在環境如何讓一個策略走向成功或失敗。它也能用來作爲在決定行銷行動時，要以什麼爲標竿，以及用來監控執行狀況。生命週期分析提供產業公司行銷與策略執行的重大記錄，是競爭上非常有力的工具。

產品生命週期理論（PLC）在三十多年前提出。基本上，它依據時間，將銷售量（或利潤）點在座標上，以便看出產品是位在生命週期的何階段（Exhibit1）。

雖然這概念看似直覺與富邏輯性，但也由於過於簡化，許多產業公司其實並不瞭解如何畫出、並應用生命週期分析，因爲：

*PLC研究大多集中在消費財中耐久與非耐久財，很少發展出產業模型。
*許多產業公司缺乏可用來應用PLC策略的行銷資源。
*經理人必須在做出任何產品或市場決策前，就要對市場情況做出假設。
*大多數產業並沒有對產品的推出或利潤做記錄，而這些卻是PLC所必須的。
*工業產品傾向有較長壽命、緩慢變更、以及較保守的市場，這使得監控PLC的改變一點都不符合經濟效益。
*在管理上，工業產品的市場環境比消費品產品要來得難多了。

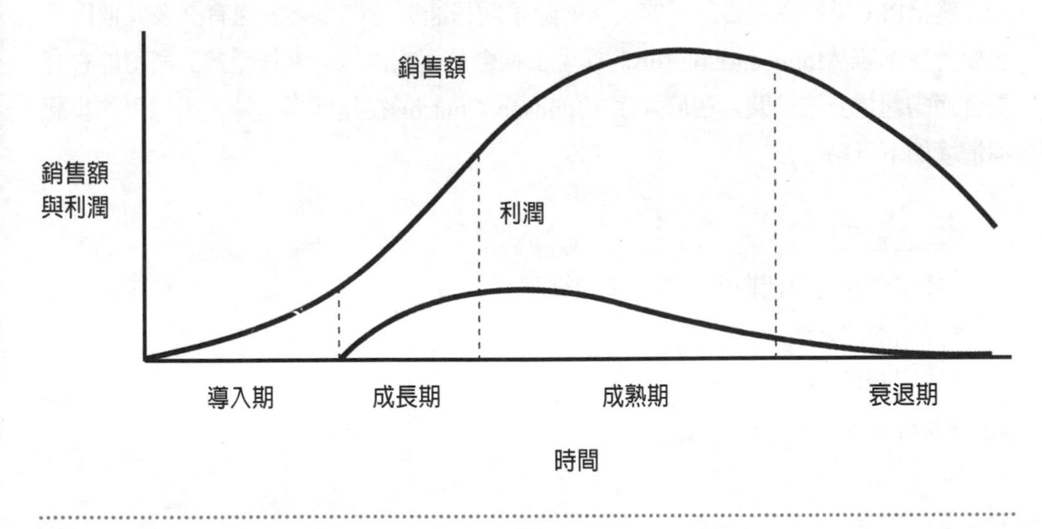

Exhibit1 傳統產品生命週期階段

Johnson Controls

儘管有這些困難，Johnson Controls公司仍成功發展出一套生命週期程序，以便研究建築自動化系統（BAS）的產品與市場變動。

由第一位發明電子室內自動調溫器的Warren Johnson，於1885年建立的Johnson Controls，是溫度控制技術、以及近幾年來建築控制技術的領先者。公司現在已是多國籍組織，有將近三萬名員工。在1984年淨銷售額超過14億，Johnson Controls在《財星雜誌》中名列300大的企業。以國際觀點來看，Johnson Controls比世界上任何公司參與更多的房屋建造。它的系統與服務部門，是建築控制產業中最重要的三大影響勢力之一。

Johnson Controls的建築自動化系統（BAS）產品，提供了近乎完美的科技，能控制並增加暖氣、冷氣、通風、防火、安全、照明、溝通等性能，系統並有維護非住宅建築的功能。

架構的形成

建構PLC是一件需要創意的工作。除了銷售額與時間以外，還有許多其他因素也要考慮。雖然Johnson Controls的模型很適合公司的需求，其他產業公司可能會有更合適的建構方法。關鍵在於彈性。Johnson Controls在建構模型時，所採用的步驟與情境如下五點：

*建立量化模型。
*找出產品生命週期中一般會有的議題。
*提出解決方法。
*決定關鍵策略。
*執行。

建立量化模型

行銷研究、銷售報告、工廠營運報告、價格與財務資訊以及組織圖，這些在建構基本的PLC模型時都需要仔細研究，以便找出銷售額與時間的關係。通常過去產品的銷售資訊很難取得，尤其若期待數據要以何種格式表達。

要將各種BAS產品，歸類到各個管理上有意義的生命週期階段，也是一件困難的事。在1965～1982年間，許多系統紛紛引入市場，每個都在功能與技術上超越前者。有些系統很複雜，可處理大型建築的能源與設備管理，而有些則針對小的建築物做處理，擁有的功能也較少。

我們可替每個BAS產品做出個別的分析。但是最實際的方法，還是以技術將產品劃分出類別：

* 三個早期的系統屬於硬體技術。這些系統在產品生命週期階段上，分屬於T-6,000這個家族。
* 第二類的系統特色是電腦化、中央化，不只能提供基本的能源控管，還增加了建築管理的能力。這些產品可歸類到產品生命週期中的JC/80家族。
* 第三類的系統特色為更進步的電腦技術，更重要的，是先進的電腦層級設計，它有助更多更分散的處理、增加系統性能、以及設備管理的能力。這類別稱為JC/85。

Exhibit2展示了BAS家族中T-6000的產品生命週期。JC/80與JC/85也有像這類的基本模型。公司也發展出1965～1984年展示BAS銷售額的模型，有助我們分析這三類家族間的重疊關係。

藉由產品銷售的變動比率，劃分出各個生命週期階段。導入期與成長期理論上來說，在銷售額方面成長快速。成熟期階段銷售額成長趨緩，原因是負的成長率。要訂出PLC的各個階段，多半倚靠過去累積的經驗，因此不太可能非常精細。

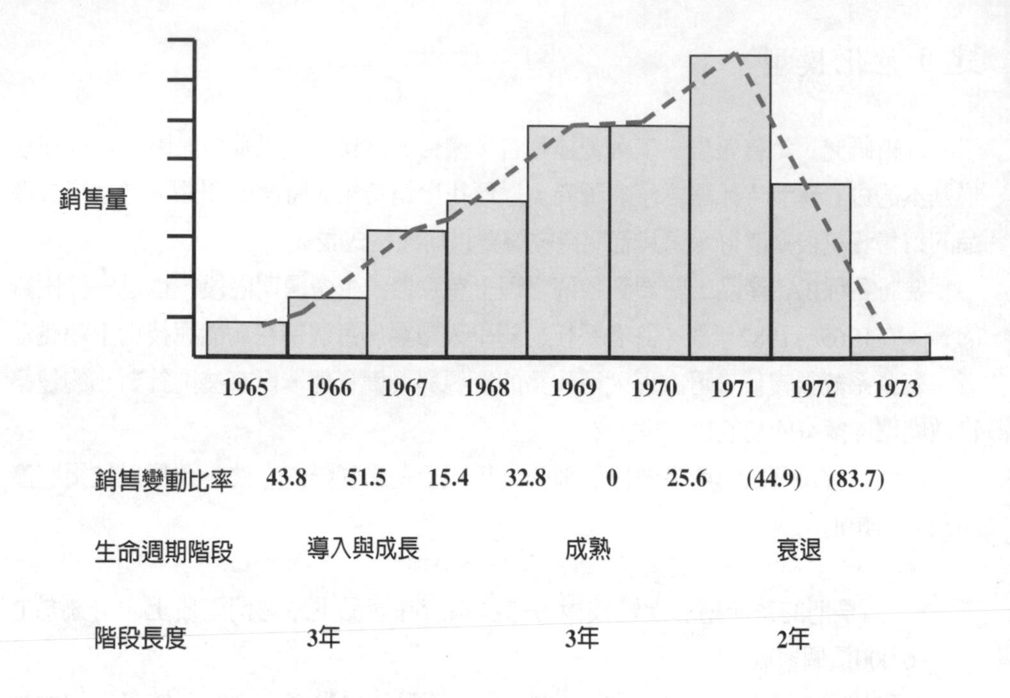

Exhibit2 T-6000系列的產品生命週期階段

議題辨認

一旦我們有了模型，我們可以開始問自己一些關鍵議題，以便找出問題：

*我們眞的可以替BAS產品，找出它們位於過去與目前的生命週期哪個階段嗎？

*產業中有哪些重大環境議題，它們會對BAS的市場與產品造成哪些影響？（例如，能源成本與非住宅建築物的建造？）

*公司內部功能部門（行銷、發展、建造）間有什麼關聯，會影響到PLCs？

*Johnson Controls最主要的競爭者爲？它們提供什麼產品？它們主要的行銷策略爲？這些如何影響到建築自動化系統的PLCs？

*爲何在某些時點PLC曲線會有高峰與低谷？

*有哪些技術發展會影響BAS的生命曲線？

*公司的行銷策略如何影響銷售額——包括：定價、促銷與通路？

由於以上問題的特性，這些問題的解決方法無法明確。沒有遇到我們先前預設的參數，一些隱藏的議題不會浮現出檯面。在大量的研究後，我們決定要採用訪談的過程。

提出解決方案

我們連絡了十九位人士進行訪談，包含了：經理級的人士，與研究發展、行銷、建造、財務、與銷售方面的幕僚專家們，以便得出生命週期趨勢的合理解釋。我們之選擇這些人，是根據他們在公司的任期、對BAS產品累積的經驗。訪談採開放問題、沒有先前提示的方式。

訪談的過程證明有效。訪談的方法，是顯示每個BAS產品家族的三個數量化PLC模型，接著請受訪者解釋他們在曲線的關節點上，預見了哪些議題。更明確來說，受訪者被要求要描述出產品的發展、推出與過渡期；定價策略；廣告策略；如何執行；組織的影響力；以及競爭者、外在因素等對於不同時點的銷售額的影響。

我們採用了滿意度分析的方法──由Megatrends的John Naisbitt所開發出──來找出趨勢、議題與關鍵因素。Exhibit3顯示了收集來的回答如何歸類、分析、並與1965～1978年美國經濟連結的一種方法。類似的滿意度分析，能將Johnson Controls的BAS銷售額與競爭者的變動態勢、建築與能源產業的變動互相連結。

決定關鍵策略議題

此步驟中，較明確的關鍵生命週期議題已漸浮現。這些議題，對於BAS過去的銷售額最具影響力，也可能繼續影響未來的銷售額。基本上這些議題包含：

*上市的產品與採用的技術。
*價格。
*市場定位。
*整體的行銷策略。
*促銷重點。
*競爭者的影響力。

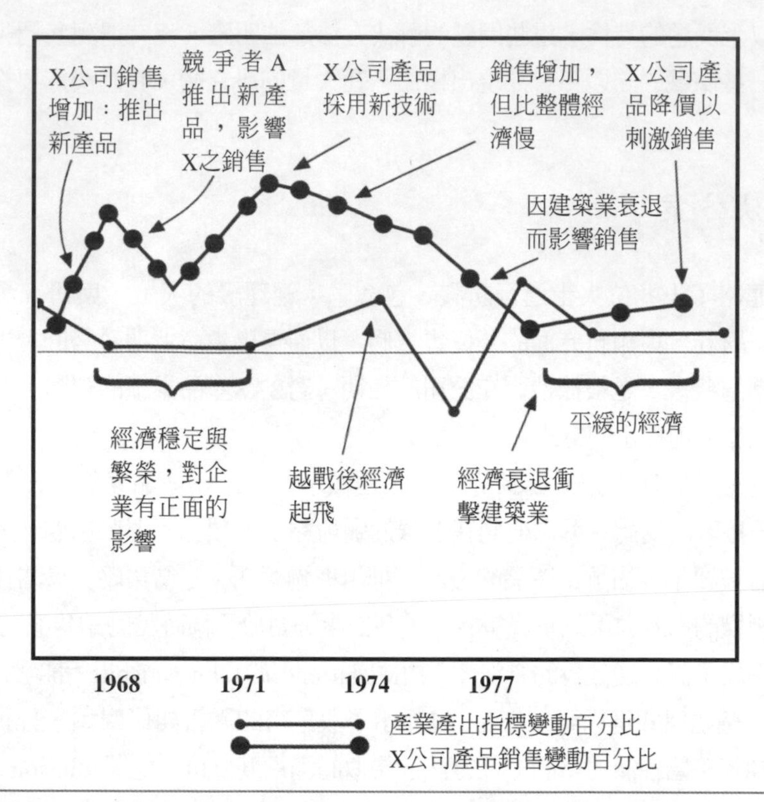

*假想的資料

Exhibit3 比較X公司銷售額與整體經濟狀態

Exhibit5顯示了我們採用的一種分析方法，與T-6000家族的產品生命週期關鍵議題有關。JC/80與JC/85也有類似的分析。Exhibit5中的訊息是根據Exhibit4對於生命週期的理論假設。在現實情況中，當然並非所有的產品都會遵循這些理論。例如，Johnson Controls的BAS產品的引入與成長期，通常界線都不明顯，兩者其實可合而為一，讓PLC階段只剩下三個，而非四個。

三個產品家族T-6000、JC/80與JC/85，彼此間在生命週期劃分上，有某些的相似性、甚至共同性存在。

導入期：每個新產品家族的推出，都被認為是引發潛在需求的誘導體。Johnson Controls應該要適當預測出需求──以及未來階段中會如何降低──以便讓獲利、投資更有效率。

Exhibit4　不同產品生命週期階段所使用的策略

	產品生命週期階段			
效果與反應	引入期	成長期	成熟期	衰退期
競爭者	* 不重要（如果是領先者）。	* 有些模仿者（如果是領先者）。	* 當產品／市場的利潤增加時，有更多的對手。	* 由於產品衰弱，對手較少。
整體策略	* 建立市場；重點在早期的競爭者。	* 市場滲透；重點在跟進者、與找出新市場。 * 如果是跟進者，重點在能產生優勢的區隔。	* 保衛市場／產品地位；檢視競爭蠶食情況。 * 提高品質以維持佔有率，促銷、廣告增加。	* 準備將產品移出市場。 * 獲得、並維護任何可能的利益。 * 以減少投資、廣告、研究發展來使現金流量最大化。
利潤	* 可說沒有，因爲高產出、發展、及行銷成本。	* 達到頂峰，因爲高價、持續成長的需求。	* 競爭日趨激烈，將使邊際利益減少，終究使利潤下降。	* 銷售量減少使成本升高，直至將利潤完全吞食。
價格	* 比後來的階段要訂得高，因爲有發展、引入成本。	* 開始降低價格，以防止新競爭者進入，並建立佔有率。 * 如果是跟進者，將價格保持比領先者低。	* 價格將降低並趨穩定，因爲有更多替代性產品、以及產品差異化不再。	* 價格持續降得更低。
行銷與廣告	* 比起成熟產品，廣告與行銷支出很高。	* 支出持續很高，因爲鞏固產品的花費很高，但會因爲快速的銷售量成長，使得成本下降。	* 行銷與廣告支出比上銷售額的比率將大幅下降，因爲毛利與需求的減少。	* 支出持續減少。
通路	* 選擇會買、以及會將產品介紹給他人的客戶。	* 投入大量心血，以獲取佔有率。 * 開拓更多元、開廣的通路。	* 投入大量心血在維持佔有率上。	* 砍除無法獲利的通路。

Exhibit 5 T-6000系列的產品生命週期的效果與回應*

	1965-1968		1969-1970	1970-1972
效果與回應	導入期	成長期	成熟期	衰退期
產業技術	系統規格爲英文，並具中心控制能力。		使用同軸電纜以及數位傳送	* 開發出BAS的防火與安全設備。 * 採用微處理器技術。
競爭	競爭者A並不構成威脅。		競爭者A引入使用最新科技的新產品。	競爭者A在行銷與銷售上形成強大威脅。
JCI市場策略	T-6000系統引入（第一個產業的BAS）	T-6000升級，以增加市場滲透力。	T-6000升級，以便防衛競爭者A。	逐步淘汰T-6000以便引入新的系統-JC/80。
JCI產品通路	根據不同公司工作內容賣出系統一因工作不同而有所修正。			BAS有樹枝狀的通路網。
訂價	資訊未知	資訊未知	競爭者A的價格在JCI之下。	競爭者A的價格在JCI以下。
JCI組織	公司獲得電腦與電子經驗。		* 選擇出負責T-6000銷售與服務的工程師團隊。 * 地區負責設計與營運。	

*資訊來自JCI機密保護的訊息。

成長與成熟期：T-6000與JC/80在此階段的產品生命週期，指出我們的主要競爭者，似乎在我們接近降低階段時，對新產品進行行銷。無論這是不是競爭者預先規劃的策略，我們必須發展出新的策略，以便保全我們的地位，方法之一爲在競爭者之前就推出最新的產品。這種前瞻性的規劃，能幫助我們對目前產品在生命週期的定位更加明確，使我們能將利潤最大化，而不至於因爲同時致力於開發與引入新產品，使得我們失去了原有地位。

競爭者會使用的手法，不外乎價格與促銷戰。雖然我們認爲以技術考量的話，競爭者的產品性能不比我們的產品，客戶們仍會相信他們的產品是好的。這是因爲競爭者的廣告團隊高度倚賴情感訴求，例如，尊貴—— 能成爲第一個裝設這些系統的人諸如此類的。

在1970年代中期，Johnson Controls開發出一類系統—— 屬於JC/80大家族的一部分—— 成功的保住了它成熟期的產品地位。此系統能讓我們的客戶依他們的需求，將系統升級。我們擁有性能好、親近使用者、可升級的產品、堅強的廣告團隊、以及深思熟慮的市場定位，來訂出策略，讓JC/80家族即使處在成熟期，仍能持續帶來利潤。

今日，我們努力讓我們的產品線更成功，來將投資報酬最大化，同時在激烈的行銷競爭中，繼續維持產品的優勢。

衰退期：我們注意到每個BAS產品家族的銷售額都快速減少，未來二十四個月內，銷售量都非常的少。此階段通常伴有新JCI產品的引入期。雖然我們可藉由增加新產品的銷售，來彌補此時的銷售損失，我們明白如果能將舊產品更加妥善管理，整體的銷售情況一定會更好。如果我們逃避一個成功的成熟產品可能提早衰退的問題——尤其在一個快速成長、技術複雜的市場中，我們將會面臨危機。

這個訊息提醒我們要培養一群經驗豐富的行銷經理，以利未來在決策規劃上的努力投入。Exhibit6顯示了T-6000家族在成熟期與衰退期可採用的策略。

沒有任何產品生命週期的模型，能夠被所有企業長久的採用。即使是Johnson Controls，新產品生命週期研究的方法，也必須有適度調整。在某些時候，這種分析方法很可能難以採用。而有時候，不同功能、技術的產品線，可能會被歸類在一起。這成爲Johnson Controls在研究BAS產品生命週期時，最有效的方法之一。

Exhibit6 T-6000可能的生命週期策略

成熟期
1968-1971

* 增加市場滲透力。
* 維護已建立的市場。
* 儘早維護利潤，並降低成本。

產品
選擇性增加新的功能。

價格
很高，盡量利用高需求。

通路
在主要的市場區隔中。

促銷
創造買主的偏好。
與競爭者差異化。

衰退期
1971-1973

* 搾取所有可能的剩餘利益。
* 預備將產品移除或改造。
* 降低內部支援的成本。

產品
不再有新功能。

價格
很低，以便獲取任何可能利益。

通路
選擇性的移出不獲利的區隔。

促銷
花費最小化，以減低成本。

執行

BAS產品生命週期的研究，大約花了六個月完成。最直接帶來的好處，在於它提供了後續市場研究的根基。根據未來產品規劃的經理William P. Lydon的說法：「這研究提供了BAS產品後續更精細研究的關鍵訊息，包含了未來的生命週期分析、市場區隔分析、市場潛力的預估、以及技術預測」。

策略規劃的總裁Lee Feigel認為「PLC研究提供了行銷與產品經理，在成本控制、與目前產品在生命週期上的限制很重要的訊息。」現任BAS行銷支援服務的經理Joel H. Richmond，正利用這訊息執行這些活動。他建構出了價格情境，適用於現有成熟期DFMS產品線的回收發展與行銷成本分析，使得公司不必因為要引入新的DFMS產品，就砍掉這成熟產品。根據Richmond表示：「在我們做PLC分析前，要替現有的軟體與新開發的軟體定價是很困難的。」

PLC研究重新強調了要替不同產品生命階段，訂出適合策略的重要性。許多建築商在建構PLC上有困難，除了以上提及的原因，也還因為在行銷與研究發展部門間，通常都會有溝通歧異存在。

BAS行銷經理Mike McLean認為：「PLC研究能幫助行銷維持在預期銷售額、與工程發展的平衡點上。銷售永遠在最新的產品屬性上競爭── 那些在前次競爭中銷售表現不太好的產品── 而工程師的角色是不斷提出新設計、要做的更好、或讓產品更加複雜。」

PLC的研究讓我們能預見這些問題：

*產品需要改頭換面嗎？
*產品要繼續生產嗎？如果不，何時將不再生產？
*廣告有幫助嗎？
*我們投資在新設計的時間間隔為多久？

PLC研究對於Johnson Controls在確認與建立過去的機會與威脅上非常重要，同時對揭露競爭者的策略、以及公司如何因應這些挑戰上也多所貢獻。

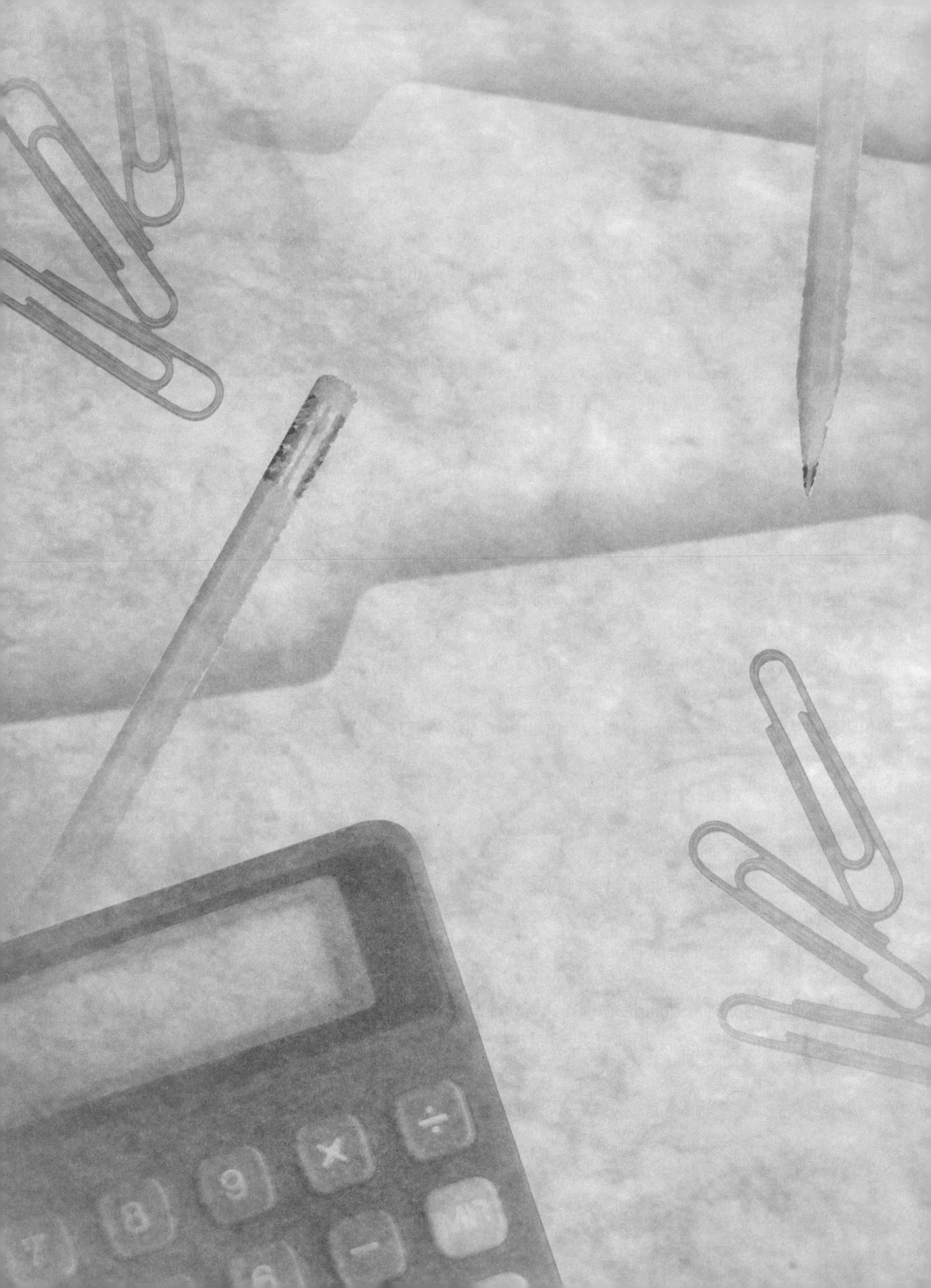

行銷計畫與策略個案研究

商學叢書

著　　者☞Subhash C. Jain
譯　　者☞李茂興
出 版 者☞揚智文化事業股份有限公司
發 行 人☞葉忠賢
責任編輯☞賴筱彌
登 記 證☞局版北市業字第1117號
地　　址☞台北市新生南路三段88號5樓之6
電　　話☞（02）23660309　23660313
傳　　真☞（02）23660310
郵政劃撥☞14534976
印　　刷☞鼎易印刷股份有限公司
法律顧問☞北辰著作權事務所　蕭雄淋律師
初版一刷☞2002年1月
定　　價☞新台幣550元
I S B N☞957-818-247-3
E-mail☞tn605541@ms6.tisnet.net.tw
網　　址☞http://www.ycrc.com.tw

國家圖書館出版品預行編目資料

行銷計畫與策略個案研究／ Subhash C. Jain 著；
李茂興譯 · --初版. --台北市： 揚智文化 ，
2002[民 91]
面 ；公分.-- (商學叢書)
譯自：Marketing Planning & Strategy
ISBN 957-818-247-3(精裝)

1.市場學-個案研究

496　　　　90001112